IN DANKBARER ERINNERUNG
AN MEINE BEIDEN ELTERN

ERGEBNISSE DER
ANGEWANDTEN MATHEMATIK

UNTER MITWIRKUNG DER SCHRIFTLEITUNG DES
„ZENTRALBLATT FÜR MATHEMATIK“

HERAUSGEGEBEN VON F. LÖSCH

2

DIE KONFLUENTE HYPERGEOMETRISCHE FUNKTION

MIT BESONDERER BERÜCKSICHTIGUNG IHRER ANWENDUNGEN

VON

HERBERT BUCHHOLZ

A. PL. PROFESSOR AN DER TECHNISCHEN HOCHSCHULE DARMSTADT
WISSENSCHAFTLICHER MITARBEITER UND REFERENT BEIM FERNMELDETECHNISCHEN ZENTRALAMT DER DEUTSCHEN BUNDESPOST

MIT 9 TEXTABBILDUNGEN

SPRINGER-VERLAG
BERLIN · GÖTTINGEN · HEIDELBERG
1953

ISBN 978-3-642-53331-0 ISBN 978-3-642-53371-6 (eBook)
DOI 10.1007/978-3-642-53371-6

Vorwort.

Das vorliegende Buch behandelt die unter dem Namen der konfluenten hypergeometrischen Funktion bekannte höhere transzendente Funktion, der in den physikalischen und technischen Anwendungen der Mathematik eine besonders in den letzten beiden Jahrzehnten ständig steigende Bedeutung zukommt. Es steht außer Zweifel, daß sich diese Tendenz in der Zukunft noch wesentlich verstärken wird, und so wie zunächst die Zylinderfunktionen nur von einigen Wenigen zuverlässig gehandhabt werden konnten, bis sie heute selbst schon dem rechnenden Ingenieur vertraut geworden sind, so wird auch die Theorie der allgemeineren konfluenten hypergeometrischen Funktion sehr bald einem immer größeren Kreis von Physikern geläufig sein. In diese Entwicklung soll das vorliegende Buch fördernd eingreifen.

Die große praktische Bedeutung der hier behandelten Funktion bedarf schon deswegen kaum einer eingehenden Begründung, weil sie einmal eine große Zahl einfacherer spezieller Funktionen, die schon seit langem zum täglichen Werkzeug des Physikers gehören, als Sonderfälle umfaßt. Es genügt, an dieser Stelle zu erwähnen, daß dazu u. a. der Integrallogarithmus, der Integralsinus und -cosinus, das Fehlerintegral, die Fresnelschen Integrale, die Zylinderfunktionen und endlich die Funktionen des parabolischen Zylinders gehören. Es hat also derjenige, der sich die Mühe macht, die konfluente hypergeometrische Funktion eingehender zu studieren, den nicht hoch genug einzuschätzenden Vorteil, daß ihm die Theorie dieser Funktion die Eigenschaften der aus ihr ableitbaren Funktionen sozusagen von einer höheren Warte aus zu überblicken gestattet. Diese allgemeinere Betrachtungsweise ist vor allem von Nutzen im Zusammenhang mit den Reihenentwicklungen, die für Argumentwerte in der Umgebung des Nullpunktes und des Punktes ∞ gelten, und beim Studium der verschiedenen Integraldarstellungen. Die umfassende Stellung der hier in Rede stehenden Funktion gegenüber den oben erwähnten besonderen Funktionen entfließt dem bekannten Umstande, daß ihr Funktionswert außer vom Argument noch von zwei weiteren Parametern abhängt, also im ganzen von drei Variablen.

Eine genauere Kenntnis der konfluenten hypergeometrischen Funktion ist aber nicht bloß wegen ihrer großen Allgemeinheit und der damit zusammenhängenden größeren Tragweite ihrer Theorie von Nutzen, sie hat auch im Rahmen der Anwendungen ihre durchaus eigene Bedeutung, bei der die durch ihre drei Veränderlichen bedingte große Allgemeinheit im vollen Umfang zum Einsatz kommt. Dieser Fall liegt z. B. bei der Integration der Wellengleichung in der klassischen Physik vor, wenn sie in den Koordinaten des Rotationsparaboloids vorgelegt ist. So wie in den Partikularlösungen der Wellengleichung nach der Separation der Veränderlichen bei Bezugnahme auf Zylinderkoordinaten die Zylinderfunktionen auftreten, so tritt bei Bezugnahme auf die Koordinaten des Drehparabols hierbei die konfluente hypergeometrische Funktion auf. Sie liefert also die charakteristischen Grundelemente in der exakten Lösung der Wellengleichung bei allen Problemen, die mit dem drehparabolischen Spiegel oder dem drehparabolischen Horn zu tun haben. Das ist der Grund, weshalb diese Funktionen vornehmlich in ihrer von Whittaker eingeführten Definition im Rahmen des vorliegenden Buches auch häufig als die Funktionen des Drehparabols bezeichnet, womit lediglich demselben Brauch gefolgt wird wie im Falle der Funktionen des parabolischen Zylinders, die anfänglich auch die Weberschen Funktionen genannt wurden.

Die Bezeichnung der hier zu besprechenden Funktion als konfluente hypergeometrische Funktion ist zwar eindeutig, was ihre Herkunft aus der hypergeometrischen Funktion von Gauß mit dem Symbol ${}_2F_1(\alpha, \beta; \gamma; z)$ anbelangt, versteht man doch darunter im wesentlichen diejenige Funktion, die für das besondere Argument z/β aus der Gaußschen Funktion durch den Grenzübergang $\beta \to \infty$ hervorgeht. Sie kennzeichnet jedoch keine bestimmte Funktion dieser Art, denn außer der durch den Grenzübergang unmittelbar entstehenden Funktion, die zuerst von Kummer betrachtet worden ist und die in diesem Buch durch das Symbol ${}_1F_1(\alpha; \gamma; z)$ dargestellt wird, rechnet man dazu z. B. auch die Funktion $z^{\gamma/2}\, e^{-z/2}\, {}_1F_1(\alpha; \gamma; z)$, da der hinzugetretene Faktor das charakteristische Verhalten der Kummerschen Funktion in der z-Ebene bis auf die Mehrdeutigkeit des Faktors $z^{\gamma/2}$ nicht entscheidend verändert. Gerade in dieser Weise hat zu Anfang dieses Jahrhunderts Whittaker eine seiner beiden konfluenten hypergeometrischen Funktionen definiert. Dabei hat er aus Gründen einer mehr symmetrischen Darstellung für α und γ die neuen Parameter $1/2 + \mu - \varkappa$ und $1 + 2\mu$ eingeführt. Er erreichte damit, daß für das zweite Integral der für seine Funktion maßgebenden Differentialgleichung formal derselbe Lösungsausdruck entsteht wie für das erste mit dem einzigen Unterschied, daß überall μ durch $-\mu$ zu ersetzen ist. In der älteren Kummerschen Definition ist hingegen das zweite Integral der entsprechenden Differentialgleichung nun eine mit einer Potenz von z multiplizierte ${}_1F_1$-Funktion. Wichtiger noch ist aber der Beitrag, den Whittaker zu der Theorie der konfluenten hypergeometrischen Funktion geleistet hat durch die Definition einer weiteren Funktion, für die er das Symbol $W_{\varkappa, \mu}(z)$ wählte. Sie steht in enger Parallele zur Hankelschen Zylinderfunktion. Diese zweite Funktion, die selbstredend derselben Differentialgleichung genügt wie die erste, definierte er nämlich durch eine der beiden asymptotischen Lösungen dieser Differentialgleichung in der Umgebung des Punktes ∞. Gleichzeitig stellte er die Beziehung auf, die diese asymptotische Lösung mit den oben erwähnten beiden Lösungen aus der Umgebung der Stelle $z = 0$ verknüpft. Die Zweckmäßigkeit der neuen Parameterwahl kommt an dieser zweiten Funktion dadurch zum Ausdruck, daß sie in Analogie zu der Funktion $K_\mu(z)$, der modifizierten Hankelschen Funktion, eine in μ gerade Funktion ist.

Nach Meinung des Verfassers bietet die Verwendung der beiden nach diesen Gesichtspunkten definierten Whittakerschen Funktionen in der Theorie der konfluenten hypergeometrischen Funktion so beträchtliche Vorteile, daß abgesehen von dem einführenden Paragraphen das gesamte mitgeteilte Formelmaterial in den beiden Whittakerschen Symbolen $M_{\varkappa,\mu/2}(z)$ und $W_{\varkappa,\mu/2}(z)$ angeschrieben worden ist. Nur einige wenige grundlegende Beziehungen, wie es z. B. die asymptotischen Entwicklungen und die Integraldarstellungen sind, werden daneben auch für die Kummersche Funktion angegeben. Daß in manchen Beziehungen die Verwendung des Symbols ${}_1F_1$ unter Umständen zu einfacheren Formeln führt, konnte für diese Frage nicht entscheidend sein.

Der Ordnung halber muß jedoch an dieser Stelle erwähnt werden, daß in zwei Punkten der Verfasser von der von Whittaker vorgeschlagenen Definition der Funktion M abgewichen ist. Es wird nämlich einmal in diesem Buch durchweg der hintere Parameter in der Funktion $M_{\varkappa,\mu}(z)$ durch $\mu/2$ ersetzt. Dazu hat den Verfasser einmal der Umstand veranlaßt, daß nach dieser Änderung in der Fourier-Entwicklung des Ausdrucks e^{ikR}/kR in den Koordinaten des Drehparabols die Ordnung der Fourier-Komponenten, die in den Termen $\cos p\varphi$ zum Ausdruck kommt, mit dem Zahlenwert von μ übereinstimmt, so daß also dann μ gleich p wird. Zum anderen stimmt jetzt das μ in $M_{\varkappa,\mu/2}$ mit der Ordnung des zugehörigen Laguerre-Polynoms überein. Aus typographischen Gründen hätte es sich dann allerdings empfohlen, gleich noch einen Schritt weiter zu gehen und den so umgeänderten Ausdruck nicht mit $M_{\varkappa,\mu/2}(z)$, sondern mit $M_{\varkappa,\mu}(z)$ gleichzusetzen. Das aber wollte der Verfasser vermeiden, um den Vergleich der hier aufgestellten Formeln mit den in der alten Schreibweise angegebenen Gleichungen zu erleichtern, ist es doch bei der Schreibweise $\mu/2$ für den hinteren Parameter dann nur nötig, in allen Formeln dieses Buches konsequent μ durch 2μ zu ersetzen. Überdies bezeichnet auch in der neuen Schreibweise in jedem numerischen Einzelfall z. B. das Symbol $M_{\varkappa,3/2}(z)$ wertmäßig die gleiche Funktion wie in der sonst gebräuchlichen. Nur ist in diesem Beispiel nach der alten Definition $\mu = 3/2$, nach der hier benutzten $\mu = 3$. Die zweite Abänderung der ursprünglichen Definition dürfte sich im Laufe der Zeit auf jeden Fall durchsetzen. Sie besteht in der Einführung des Faktors $1/\Gamma(1+\mu)$ in die bisherige Definitionsgleichung für $M_{\varkappa,\mu/2}(z)$. Sie gestattet nicht nur eine einfachere Schreibweise der meisten Gleichungen durch den Fortfall dieses Faktors, sie beseitigt auch, was wesentlich wichtiger ist, die lästige Ausnahmestellung der negativ ganzzahligen Werte von μ, für die sonst die Gleichungen zu gelten aufhören, weil für solche Werte von μ die Funktion ${}_1F_1$ infolge des Nennerparameters $1+\mu$ unendlich wird. Anders ausgedrückt wird durch die angegebene Maßnahme die vordem in μ meromorphe Funktion zu einer ganzen transzendenten Funktion. Ohne den vorherigen Übergang von μ zu $\mu/2$ lägen übrigens diese Ausnahmestellen in der μ-Ebene in den Punkten $-1/2, -2/2, \ldots$, was natürlich sachlich nichts Wesentliches ändert, aber doch irgendwie unschön wirkt. Der rein äußerliche Ersatz der von Whittaker für die beiden Parameter gebrauchten Buchstaben k und m durch $\varkappa$ und μ ist in Übereinstimmung mit der Formelsammlung von Magnus und Oberhettinger vorgenommen worden. Er entspricht der wohl zuerst von G. N. Watson ausgegangenen Anregung, die Antiquabuchstaben in solchen Fällen vorzugsweise nur dann zu verwenden, wenn die Gültigkeit der betreffenden Formel nur für ganzzahlige Parameterwerte in Anspruch genommen werden darf.

Im Hinblick auf das sehr ausführlich gehaltene Inhaltsverzeichnis dürfte es sich erübrigen, an dieser Stelle noch einmal im einzelnen auf den Inhalt der verschiedenen Paragraphen einzugehen. Es sollen hier nur noch einige allgemeine Gesichtspunkte zur Sprache gebracht werden. In den letzten 15 Jahren hat unter Führung von Mathematikern wie A. Erdelyi, C. S. Meijer, F. Tricomi u. a. das Schrifttum über die konfluente hypergeometrische Funktion einen sehr großen Umfang angenommen. Es gibt wohl nur wenige der bis heute genauer bekannten Eigenschaften dieser Funktion, in die der Einblick durch A. Erdelyi nicht in umfassender Weise vertieft worden ist oder die nicht überhaupt erst von ihm aufgefunden worden sind. Da bei der Zielsetzung der Sammlung, in deren Rahmen das vorliegende Buch erscheint, der zur Verfügung gestellte Raum nur relativ beschränkt war, konnte es sich nur darum handeln, einen Überblick über die wichtigsten bisher gewonnenen Ergebnisse zu geben. Dabei ist vom Verfasser das Schwergewicht auf eine möglichst durchsichtige Entwicklung der grundlegenden Eigenschaften der in Rede stehenden Funktion gelegt worden. Eine bloße Zusammenstellung dieses Materials in Formeln, die größtenteils ohne inneren Zusammenhang hintereinander aufgeführt werden, erfüllt erfahrungsgemäß selbst solche Leser, die sonst mathematischen Beweisen keineswegs zugetan sind, mit Unbehagen oder gar mit Mißtrauen. Deshalb ist hier mit voller Absicht in den meisten Fällen bei der Stoffauswahl nach dem Gesichtspunkt verfahren worden, daß das Wenige, aber Wichtigste, das über die Funktion mitgeteilt wird, größtenteils in einem inneren Zusammenhang steht und daher vom Leser bei eigener Mitarbeit verfolgt und nachgeprüft werden kann. Die wichtigsten Hilfsmittel mathematischer Art, deren Kenntnis dabei notwendig ist, bilden in der Hauptsache die Lehre von den unendlichen Reihen, die Theorie der Differentialgleichungen im Komplexen und die Funktionentheorie. Die Beweise der verschiedenen Formeln oder die Wege, die zu ihnen führen, werden in der Regel zum mindesten angedeutet und nur dort, wo darüber zu viel Einzelheiten hätten vorgetragen werden müssen, unter Hinweis auf die Originalarbeit unterdrückt. Zu den schönen Ergebnissen, auf die in Rücksicht auf diese Art der Darstellung einerseits und den Platzmangel andererseits hier entweder gar nicht oder nur sehr knapp eingegangen werden konnte, zählen u. a.: die Untersuchungen über die Reihen- und Integraldarstellungen für die Produkte aus zwei oder mehr parabolischen Funktionen; die Integrale über die Produkte aus zwei oder mehr parabolischen Funktionen nach ihrem Argument; die Theorie dieser Funktionen vom Standpunkt der Differenzengleichungen, denen sie hinsichtlich ihrer beiden Parameter genügen; eine systematische Darstellung über die Anwendung der Integraltransformationen auf die konfluente hypergeometrische Funktion mit dem schönen Umkehrtheorem von C. S. Meijer, das als eine Verallgemeinerung des Umkehrtheorems der Laplace-Transformation aufgefaßt werden kann; die konfluente hypergeometrische Funktion mit zwei und mehr Veränderlichen und eine eingehende Darstellung der unter dem Einfluß von Titchmarsh neu in Gang gekommenen Eigenwerttheorie.

Im Anhang findet der Leser eine ihm sicherlich willkommene Zusammenstellung aller derjenigen Funktionen, die als Sonderfälle der allgemeinen konfluenten hypergeometrischen Funktion anzusehen sind. Es sind darunter auch solche Funktionen aufgeführt worden, die sich in mehr physikalischen Arbeiten die jeweiligen Verfasser für ihre eigenen Bedürfnisse zurechtgemacht haben. Vielleicht ist aber auch in einigen dieser Fälle ganz bewußt von dem Vorbild der Mathematiker abgewichen worden, weil ihnen die Definition für die physikalischen Belange unzweckmäßig erschien.

Sehr große Mühe und Sorgfalt hat der Verfasser auf die Zusammenstellung des Literaturverzeichnisses verwendet. Diese Arbeit wurde erheblich erschwert durch die empfindlichen Verluste, die gerade die Zeitschriftenliteratur durch die schweren Zerstörungen vieler Bibliotheken erlitten hat. Trotz diesem großen Aufwand an Mühe dürfte das Literaturverzeichnis noch keineswegs den Anspruch auf Vollzähligkeit machen können. Insbesondere werden vermutlich noch einige Lücken bestehen in den Angaben über die außereuropäische Literatur mit Ausnahme der nordamerikanischen. Auch können dem Verfasser leicht solche Arbeiten entgangen sein, deren Titel nicht ohne weiteres ahnen läßt, daß sie etwa als Anwendungen allgemeinerer Sätze auch Aussagen über spezielle Eigenschaften der konfluenten hypergeometrischen Funktion machen. Auf eine mehr oder weniger vollständige Erfassung der sehr umfangreichen Spezialliteratur über die Laguerre- und Hermite-Polynome hat der Verfasser bewußt verzichtet, weil darüber schon andernorts sehr ausführliche Darstellungen zu finden sind. Ihre Erwähnung konnte jedoch bei dem engen Zusammenhang mit dem vorliegenden Thema auch nicht ganz unterbleiben. Es versteht sich, daß hingegen alle Arbeiten physikalischer und technischer Natur, in denen die hier in Rede stehenden Funktionen angewendet werden, gleichgültig, ob sie mit den Funktionen selbst oder mit den Polynomen zu tun haben, in das Verzeichnis aufgenommen worden sind, soweit der Verfasser durch irgendwelche Hinweise auf sie aufmerksam geworden ist. Grundsätzlich führt das Literaturverzeichnis auch diejenigen Arbeiten auf, deren Resultate aus Raummangel in dem Buch nicht erwähnt werden konnten. Weitere Hinweise auf nicht berücksichtigte Arbeiten aus dem Leserkreis werden jederzeit mit Dank entgegengenommen werden.

Die wenigen Angaben, die heute schon über bereits vorliegende Vertafelungen der eigentlichen konfluenten hypergeometrischen Funktion — es ist hierbei nicht gedacht an Tafelwerke über solche Funktionen, die wie das Fehlerintegral als längst bekannte Spezialfälle der konfluenten hypergeometrischen Funktion anzusehen sind — gemacht werden können, findet der Leser im Anhang.

Zum Schluß möchte der Verfasser nicht versäumen, auch an dieser Stelle Herrn Prof. Dr. A. Erdelyi seinen aufrichtigen Dank für die umfangreiche Sendung von Sonderdrucken seiner Arbeiten aus dem hier behandelten Gebiet auszusprechen. Sie trafen noch gerade zur rechten Zeit ein, um auf einem wesentlich bequemeren Wege, als es sonst möglich gewesen wäre, die notwendige Kontrolle der in diesem Buch durchgeführten Literaturhinweise vornehmen zu können. Zu ganz besonderem Dank fühlt sich der Verfasser auch Herrn Prof. Dr. F. Lösch, Stuttgart, gegenüber verpflichtet für die kritische Durchsicht der einzelnen Abschnitte des Buches und die mannigfachen Verbesserungsvorschläge, die er gemacht hat.

Beim Lesen der Korrekturen wurde ich außerdem zu einem Teil von Herrn Dipl.-Ing. K. Bopp und von Fräulein U. Klare und I. Moll unterstützt. Ich spreche hierfür auch an dieser Stelle meinen besten Dank aus.

Schließlich ist es mir noch eine angenehme Pflicht, dem Springer-Verlag für die Bereitwilligkeit zu danken, mit der er auf viele der an ihn herangetragenen Wünsche eingegangen ist.

September 1952. **H. Buchholz.**

Inhaltsverzeichnis.

Verzeichnis der benutzten Abkürzungen und der Symbole für die als bekannt vorausgesetzten Funktionen.

$\lvert z \rvert$	Betrag der komplexen Zahl z.
$\operatorname{arc} z$	Arcus (Phasenwinkel, Argument) der komplexen Zahl z.
$\bar{z}$	Konjugiert komplexe Zahl zu z.
$\operatorname{sign} x$	Signum der reellen Zahl x ($+1$ für $x > 0$, -1 für $x < 0$, 0 für $x = 0$).
$[x]$	Größte ganze Zahl, die kleiner oder gleich der reellen Zahl x ist.
ε	Beliebig kleine positiv reelle Größe.
$\delta_{m,n} = {0 \atop 1}$ für ${m \neq n \atop m = n}$	Kroneckerscher Zahlenfaktor.
O, o	Bachmann-Landausche Ordnungssymbole.
$\infty(-\pi + \delta, \pi - \delta)$	besagt als Ergänzung im Anschluß an eine asymptotische Entwicklung, daß diese gleichmäßig für $z \to \infty$ im Winkelbereich $-\pi + \delta \leq \operatorname{arc} z \leq \pi - \delta$ mit $\delta > 0$ Geltung hat.
$\operatorname{Arc}(t) = \sigma$	besagt als Ergänzung zu einem Integral, daß der komplexe Faktor t des Integranden zu Beginn des Weges den Phasenwinkel σ hat (s. Fußnote S. 15).
$\int\limits_{\infty(\sigma)}$ bzw. $\int\limits^{\infty(\sigma)}$	bezeichnet einen Integrationsweg, der im Punkt ∞ in einer Richtung, die den Winkel σ mit der positiven reellen Achse einschließt, beginnt bzw. endet (s. Fußnote S. 44).
$\int\limits^{(a+,\, b-)}$	bezeichnet einen geschlossenen Integrationsweg, der den singulären Punkt a im positiven Sinne, den singulären Punkt b im negativen Sinne umschlingt.
$\Gamma(z)$	Γ-Funktion ($\Gamma(n+1) = n!$ für $n = 0, 1, 2, \ldots$).
$\Psi(z) = \frac{d}{dz} \ln \Gamma(z)$	Ψ-Funktion nach der Eulerschen Definition.
$J_\nu(z)$	Besselsche Funktion der Ordnung ν.
$I_\nu(z) = \exp(-\pi i \nu/2) \cdot J_\nu(iz)$	Modifizierte Besselsche Funktion der Ordnung ν.
$Y_\nu(z) \equiv N_\nu(z)$	Neumannsche Funktion der Ordnung ν. (Definition wie bei Magnus-Oberhettinger für $N_\nu(z)$ [1]).

$H_\nu^{(1,2)}(z) = J_\nu(z) \pm i \cdot Y_\nu(z)$. Hankelsche Funktionen der Ordnung ν.

$K_\nu(z)$ . . . . Kelvinsche Funktion (Definitions-Gl. (§ 2,29a)).

$P_\nu^\varkappa(z)$ . . . . Kugelfunktion 1. Art (Definitions-Gl. (§ 5, 34')).

$\mathfrak{Q}_\nu^\varkappa(z)$ . . . . Kugelfunktion 2. Art mit der Definitions-Gl.

$$\mathfrak{Q}_\nu^\varkappa(z) = e^{\pi i \varkappa} \frac{\sqrt{\pi}\,\Gamma(\nu+\varkappa+1)}{2^{\nu+1}\,\Gamma(\nu+3/2)} (z^2-1)^{\varkappa/2} z^{-\nu-\varkappa-1}$$

$$\cdot\, {}_2F_1\left(\frac{\nu+\varkappa}{2} + \frac{1}{2}, \frac{\nu+\varkappa}{2} + 1;\ \nu+3/2;\ 1/z^2\right)$$

$$\operatorname{arc}(z) = 0,\quad \operatorname{arc}(z^2-1) = 0 \quad \text{für} \quad z = x > 1.$$

$P_n^{(\alpha,\beta)}(x)$ . . . . Jacobisches Polynom (Definitions-Gl. (§ 12, 20α)).

$C_n^\nu(x)$ . . . . Gegenbauersches Polynom (Definitions-Gl. (§ 12, 21a)).

I. Abschnitt.

Die Differentialgleichung der konfluenten hypergeometrischen Funktion in ihren verschiedenen Formen und die Definitionen der sie lösenden Funktionen.

§ 1. Die Kummersche Differentialgleichung und ihre Lösungen.

1. Die Entstehung der Kummerschen Differentialgleichung durch Konfluenz. Die gewöhnliche hypergeometrische Differentialgleichung (D.Gl.) von Gauß

$$z(z-1)\cdot\frac{d^2y}{dz^2}+\{(\alpha_1+\alpha_2+1)\,z-\beta\}\cdot\frac{dy}{dz}+\alpha_1\alpha_2\cdot y=0 \tag{1}$$

besitzt bekanntlich für beliebige reelle oder komplexe Werte der drei Parameter α_1, α_2, und β an der außerwesentlich oder schwach singulären Stelle $z=0$ die im allgemeinen linear unabhängigen Lösungen:

$$y_1={}_2F_1(\alpha_1,\alpha_2;\beta;z)=\sum_{\lambda=0}^{\infty}\frac{(\alpha_1)_\lambda\cdot(\alpha_2)_\lambda}{(\beta)_\lambda\cdot\lambda!}\cdot z^\lambda \tag{1a}$$

$$=\frac{\Gamma(\beta)}{\Gamma(\alpha_1)\Gamma(\alpha_2)}\cdot\sum_{\lambda=0}^{\infty}\frac{\Gamma(\alpha_1+\lambda)\Gamma(\alpha_2+\lambda)}{\Gamma(\beta+\lambda)\cdot\lambda!}\cdot z^\lambda,$$

$$y_2=z^{1-\beta}\,{}_2F_1(1+\alpha_1-\beta,\ 1+\alpha_2-\beta;2-\beta;z)\qquad(|z|<1) \tag{1b}$$

mit $(\alpha)_0=1,\ (\alpha)_\lambda=\alpha(\alpha+1)\ldots(\alpha+\lambda-1)$

und $z^{1-\beta}=\exp\{(1-\beta)\cdot\ln z\}$ $\quad\operatorname{arc}(z)=0$ für $z=x>0$.

Sie haben die Form unendlicher Reihen, die nach zunehmenden Potenzen von z fortschreiten und in dem Kreis $|z|<1$ absolut und gleichmäßig konvergieren[1].

---

[1] Da im folgenden neben der hypergeometrischen Funktion von Gauß fortwährend auch noch Funktionen auftreten, die durch verallgemeinerte hypergeometrische Reihen definiert sind, so wird in diesem Buch durchweg zur schärferen Unterscheidung von der Pochhammer-Barnesschen Schreibweise Gebrauch gemacht. Ihr zufolge wird definitionsgemäß gesetzt:

$${}_pF_q(\alpha_1\alpha_2\ldots\alpha_p;\ \beta_1\beta_2\ldots\beta_q;\ z)=\sum_{\lambda=0}^{\infty}\frac{(\alpha_1)_\lambda\,(\alpha_2)_\lambda\ldots(\alpha_p)_\lambda}{(\beta_1)_\lambda(\beta_2)_\lambda\ldots(\beta_q)_\lambda}\cdot\frac{z^\lambda}{\lambda!}\,.$$

Diese Reihen sind beständig konvergent für $p \lesseqgtr q$, in $|z|<1$ konvergent für $p=q+1$, nirgends konvergent für $p\geqq q+2$.

Die beiden anderen schwach singulären Stellen der zur Fuchsschen Klasse gehörenden D.Gl. (1) liegen an den Stellen $z = 1$ und $z = \infty$. Die Theorie der durch sie definierten recht allgemeinen hypergeometrischen Funktion gestaltet sich nach F. Klein [1] erheblich symmetrischer, wenn man die Gleichberechtigung der drei singulären Stellen auch schon rein äußerlich dadurch kenntlich macht, daß man sie in die drei beliebigen Punkte $z = a$, $z = b$ und $z = c$ verlegt. In dem hier vorliegenden Falle werde allein die zweite singuläre Stelle von $z = 1$ in den beliebigen Punkt $z = b$ verlegt. (1) nimmt dann die Gestalt

$$z(z-b)\cdot\frac{d^2y}{dz^2} + \{(\alpha_1+\alpha_2+1)\,z-\beta\,b\}\cdot\frac{dy}{dz} + \alpha_1\,\alpha_2\cdot y = 0 \tag{2}$$

an, und ihre zum Punkt $z = 0$ gehörenden Lösungen gehen aus (1a, b) hervor, indem man z durch z/b ersetzt.

Wir machen in (2) auch noch $\alpha_2 = b$ und erhalten dann

$$z\left(1-\frac{z}{b}\right)\cdot\frac{d^2y}{dz^2} + \left\{\beta - z\left(1+\frac{1+\alpha_1}{b}\right)\right\}\cdot\frac{dy}{dz} - \alpha_1\,y = 0 \tag{3}$$

mit den beiden Lösungen

$$y_1(z,b) = \frac{\Gamma(\beta)}{\Gamma(\alpha_1)\cdot\Gamma(b)}\cdot\sum_{\lambda=0}^{\infty}\frac{\Gamma(\alpha_1+\lambda)\cdot\Gamma(b+\lambda)}{\Gamma(\beta+\lambda)\cdot\lambda!}\cdot(z/b)^{\lambda} \tag{3a}$$

$$y_2(z,b) = \frac{\Gamma(2-\beta)\cdot z^{1-\beta}}{\Gamma(1+\alpha_1-\beta)\,\Gamma(1+b-\beta)}\cdot\sum_{\lambda=0}^{\infty}\frac{\Gamma(1+\alpha_1-\beta+\lambda)\,\Gamma(1+b-\beta+\lambda)}{\Gamma(2-\beta+\lambda)}\cdot\frac{(z/b)^{\lambda}}{\lambda!}\,. \tag{3b}$$

Sie haben nach wie vor die drei Punkte $z = 0$, $z = b$ und $z = \infty$ als schwach singuläre Stellen.

Der Vorgang der Konfluenz, der den in diesem Buch zu behandelnden Funktionen den Namen gegeben hat, besteht darin, daß man in (3) die zweite singuläre Stelle $z = b$ mit der dritten im Punkte $z = \infty$ zusammenfallen läßt. Durch dieses „Zusammenfließen" der schwach singulären Stellen $z = b$ und $z = \infty$ entsteht in $z = \infty$, wie wir noch sehen werden, eine stark singuläre Stelle.

Es ist nicht von vornherein ausgemacht, daß die Funktion $Y(z) = \lim\limits_{b\to\infty} y(z,b)$ wirklich existiert. Macht man aber zunächst diese Annahme und auch noch die beiden anderen, $Y'(z) = \lim\limits_{b\to\infty} y'(z,b)$ und $Y''(z) = \lim\limits_{b\to\infty} y''(z,b)$, so müßte $Y(z)$ die D.Gl.

$$z\cdot\frac{d^2Y}{dz^2} + (\beta - z)\cdot\frac{dY}{dz} - \alpha_1\,Y = 0 \tag{4}$$

befriedigen. Ist es dann noch statthaft, den Grenzübergang $b\to\infty$ in (3a, b) gliedweise durchzuführen, so sind vermutlich die beiden Lösungen von (4) durch

$$Y_1(z) = \frac{\Gamma(\beta)}{\Gamma(\alpha_1)} \cdot \sum_{\lambda=0}^{\infty} \frac{\Gamma(\alpha_1+\lambda)}{\Gamma(\beta+\lambda)\,\lambda!} \cdot z^{\lambda} \tag{4a}$$

$$Y_2(z) = \frac{\Gamma(2-\beta)}{\Gamma(1+\alpha_1-\beta)} \cdot \sum_{\lambda=0}^{\infty} \frac{\Gamma(1+\alpha_1-\beta+\lambda)}{\Gamma(2-\beta+\lambda)\cdot\lambda!} \cdot z^{\lambda+1-\beta} \tag{4b}$$

gegeben, denn es ist für jedes endliche λ

$$\lim_{b\to\infty} \left\{\frac{\Gamma(b+\lambda)}{\Gamma(b)\cdot b^{\lambda}}\right\} = 1 \qquad (|\operatorname{arc}(b)| < \pi - \delta \text{ mit } \delta > 0).$$

Um nun in Strenge zu zeigen, daß die auf diesem heuristischen Wege gefundenen Gl. (4a, b) für $Y_1(z)$ und $Y_2(z)$ wirklich die beiden linear unabhängigen Lösungen $y_1(z)$ und $y_2(z)$ von (4) sind, müßte man die oben gemachten Vorbehalte als zutreffend nachweisen. Es ist aber wesentlich einfacher, diese Tatsache direkt zu beweisen. Das werden wir dann auch tun. Vorerst soll aber die Natur der Singularitäten von (4) genauer untersucht werden.

Die Stelle $z = 0$ ist für (4) nach wie vor eine außerwesentlich singuläre Stelle. Führt man jedoch die andere singuläre Stelle $z = \infty$ durch die Substitution $z = 1/z'$ in den Nullpunkt über, so zeigt der Aufbau der entstehenden D.Gl.

$$z'^3 \cdot \frac{d^2y}{dz'^2} + \{(2-\beta)\cdot z' + 1\} \cdot z' \cdot \frac{dy}{dz'} - \alpha_1 \cdot y = 0 \tag{5}$$

auf Grund eines bekannten Satzes, daß die Stelle $z = \infty$ für (4) durch den Prozeß der Konfluenz eine wesentlich oder stark singuläre Stelle geworden ist. Verlegt man mittels der Substitution $z = (a_0 - a_\infty)\cdot(z_1 - a_0)/(z_1 - a_\infty)$ die schwach singuläre Stelle $z = 0$ in den Punkt $z_1 = a_0$ und die stark singuläre Stelle $z = \infty$ in den Punkt $z_1 = a_\infty$, so nimmt (4) die Gestalt

$$\begin{aligned} \frac{d^2y}{dz_1^2} &+ \left\{\frac{2}{z_1 - a_\infty} + \frac{\beta}{z_1 - a_0}\cdot\frac{a_0 - a_\infty}{z_1 - a_\infty} - \left(\frac{a_0 - a_\infty}{z_1 - a_\infty}\right)^2\right\}\cdot\frac{dy}{dz_1} \\ &- \frac{\alpha_1}{z_1 - a_0}\cdot\left(\frac{a_0 - a_\infty}{z_1 - a_\infty}\right)^2 \cdot y = 0 \end{aligned} \tag{6}$$

an. An dieser Gleichung ist sofort die verschiedenartige Singularität in $z_1 = a_0$ und $z_1 = a_\infty$ an den verschieden hohen Potenzen von $z_1 - a_0$ und $z_1 - a_\infty$ zu erkennen. Für $a_0 \to 0$ und $a_\infty \to \infty$ geht (6) wieder in (4) über. Wir werden im folgenden (4) und ihre Abwandlungen (5) und (6) als die Kummersche D.Gl. bezeichnen.

2. Die Nullpunktslösungen der Kummerschen D.Gl. Um die (4) befriedigenden Potenzreihen in z auf direktem Wege zu finden, machen wir den bekannten Eulerschen Ansatz

$$y = \sum_{\lambda=0}^{\infty} a_\lambda \cdot z^{\lambda+\varrho}$$

mit den vorläufig unbekannten Koeffizienten a_λ und dem unbekannten Exponenten ϱ. Dieser Ansatz führt zur Berechnung von ϱ auf die charakteristische Gleichung $\varrho(\varrho - 1 + \beta) = 0$ mit den beiden Wurzeln $\varrho_1 = 0$ und $\varrho_2 = 1 - \beta$, während sich für die Koeffizienten a_λ die Rekursionsformel

$$a_{\lambda+1} = a_\lambda \cdot \frac{\lambda + \varrho + \alpha_1}{\lambda + \varrho + \beta} \cdot \frac{1}{\lambda + \varrho + 1}$$

ergibt. Für jedes von Null oder einer ganzen Zahl verschiedene β liegen also in der Tat in den beiden Reihen

$$y_1(z) = A \cdot \sum_{\lambda=0}^{\infty} \frac{(\alpha_1)_\lambda \cdot z^\lambda}{(\beta)_\lambda \cdot \lambda!} = A \cdot \frac{\Gamma(\beta)}{\Gamma(\alpha_1)} \cdot \sum_{\lambda=0}^{\infty} \frac{\Gamma(\alpha_1 + \lambda) \cdot z^\lambda}{\Gamma(\beta + \lambda) \cdot \lambda!}$$

$$= A \cdot {}_1F_1(\alpha_1; \beta; z) \tag{7a}$$

$$y_2(z) = B \cdot z^{1-\beta} \cdot \sum_{\lambda=0}^{\infty} \frac{(1 + \alpha_1 - \beta)_\lambda \cdot z^\lambda}{(2 - \beta)_\lambda \cdot \lambda!}$$

$$= B \cdot z^{1-\beta} \cdot {}_1F_1(1 + \alpha_1 - \beta; 2 - \beta; z) \tag{7b}$$

zwei verschiedene Lösungen von (4) vor. Die sie definierenden Reihen sind nach dem Quotientenkriterium beständig konvergent, denn es geht das Verhältnis $u_{\lambda+1}/u_\lambda$ zweier aufeinander folgender Reihenglieder für $\lambda \to \infty$ bei jedem endlichen Wert von z gegen Null. Damit bestätigt sich die durch den Prozeß der Konfluenz nahegelegte Vermutung. Die Lösungen (7a, b) sind aber unter der angegebenen Beschränkung über β auch linear unabhängig, denn es kann unter dieser Voraussetzung niemals für zwei nicht identisch verschwindende Konstanten c_1 und c_2 für beliebige Werte von z eine Beziehung der Form $c_1 \cdot y_1(z) + c_2 \cdot y_2(z) = 0$ erfüllt sein. Die Funktion ${}_1F_1(\alpha, \beta, z)$ möge fortan die Kummersche Funktion genannt werden.

Die lineare Unabhängigkeit von (7a, b) geht jedoch verloren, wenn β eine ganze Zahl ist. Für $\beta = 1$ sind nämlich beide eo ipso identisch, für $\beta = 2, 3, 4, \ldots$ ist zunächst nur die Lösung (7a) und für ein $\beta = 0, -1, -2 \ldots$ nur die Lösung (7b) zu gebrauchen. Diesem Versagen allein ließe sich zwar abhelfen, indem man in (7a) $A = A'/\Gamma(\beta)$ und in (7b) $B = B'/\Gamma(1 - \beta)$ setzt, denn es ist dann mit $p = 0, 1, 2 \ldots$

$$\lim_{\beta \to -p} \left\{ \frac{1}{\Gamma(\beta)} \cdot {}_1F_1(\alpha_1; \beta; z) \right\} = \frac{1}{\Gamma(\alpha_1)} \cdot \sum_{\lambda=p+1}^{\infty} \frac{\Gamma(\alpha_1 + \lambda)}{\Gamma(-p + \lambda)} \cdot \frac{z^\lambda}{\lambda!}$$

$$= \frac{\Gamma(\alpha_1 + p + 1)}{\Gamma(\alpha_1)} \cdot \frac{z^{p+1}}{(p+1)!} \cdot {}_1F_1(\alpha_1 + p + 1; p + 2; z) \tag{8a}$$

$$\lim_{\beta \to p+2} \left\{ z^{1-\beta} \cdot \frac{{}_1F_1(1 + \alpha_1 - \beta; 2 - \beta; z)}{\Gamma(2 - \beta)} \right\}$$

$$= \frac{\Gamma(\alpha_1)}{\Gamma(\alpha_1 - p - 1) \cdot (p+1)!} \cdot {}_1F_1(\alpha_1; p + 2; z), \tag{8b}$$

wobei der gliedweise Grenzübergang hier wegen der gleichmäßigen Konvergenz der Reihen (7a, b) erlaubt ist. Wenn nun auch dadurch die

Existenz der Lösung (7b) z. B. für $\beta = p + 2$ wieder hat hergestellt werden können, so zeigt jedoch der Vergleich von (8b) mit (7a), daß nunmehr die beiden Lösungen bis auf eine von z unabhängige Konstante übereinstimmen.

Für $\alpha_1 = -n$ oder $1 + \alpha_1 = -n + \beta$ mit $n = 0, 1, 2 \ldots$ besitzt die Kummersche D.Gl. eine Polynomlösung. Sie wird uns später noch ausführlicher beschäftigen. Ebenso werden wir auf die Frage nach der zweiten linear unabhängigen Lösung von (4) im Falle eines ganzzahligen Wertes von β erst im Zusammenhang mit der Whittakerschen D.Gl. ausführlicher eingehen. An dieser Stelle möge der Hinweis genügen, daß für ein ganzzahliges $\beta = p$ eine Lösung der Kummerschen D.Gl. durch

$$y(z) = \lim_{\beta \to p} \left\{ \frac{1}{\sin(\pi\beta)} \left[\frac{{}_1F_1(\alpha_1; \beta; z)}{\Gamma(\beta)\,\Gamma(1+\alpha_1-\beta)} - z^{1-\beta} \frac{{}_1F_1(\alpha_1+1-\beta; 2-\beta; z)}{\Gamma(\alpha_1)\,\Gamma(2-\beta)} \right] \right\} \tag{9}$$

gegeben ist. Da hierin Zähler und Nenner stetige Funktionen von β sind und für $\beta \to p$ in erster Ordnung verschwinden, so existiert der Grenzwert und läßt sich nach der Regel von Bernoulli-de l'Hospital bestimmen. Er bildet dann zusammen mit (8a oder b) im Falle ganzzahliger Werte von β das vollständige Lösungssystem.

3. Der analytische Charakter der Kummerschen Funktion und ihre wichtigsten Eigenschaften. Nach diesen Ausführungen ist die Kummersche Funktion als eine in z eindeutige, ganze, transzendente Funktion erkannt. Von der gleichen Natur ist sie hinsichtlich des Parameters α. Wegen (8a, b) gilt bezüglich des Parameters β zwar nicht dasselbe für die Funktion ${}_1F_1$ selbst, wohl aber für die Funktion $1/\Gamma(\beta) \cdot {}_1F_1(\alpha; \beta; z)$.

Durch p-malige Differentiation von (7a) entsteht die Beziehung

$$\frac{d^p}{dz^p}\,{}_1F_1(\alpha;\beta;z) = \frac{(\alpha)_p}{(\beta)_p} \cdot {}_1F_1(\alpha + p; \beta + p; z)\,. \tag{10}$$

Hieraus folgt durch Taylorentwicklung

$$\frac{1}{\Gamma(\beta)} \cdot {}_1F_1(\alpha;\beta; z + z') = \sum_{p=0}^{\infty} \frac{z'^p}{p!} \cdot \frac{(\alpha)_p}{\Gamma(\beta+p)} \cdot {}_1F_1(\alpha + p; \beta + p; z)\,. \tag{11}$$

Wir berechnen ferner den Ausdruck $\exp(-xz) \cdot {}_1F_1(\alpha; \beta; z)$, indem wir die beiden, überall absolut konvergenten Reihen für die Exponential- und die Kummersche Funktion nach der Produktregel von Cauchy miteinander multiplizieren. Das ergibt

$$\left(\sum_{\lambda=0}^{\infty} \frac{(-xz)^\lambda}{\lambda!}\right) \cdot \left(\sum_{n=0}^{\infty} \frac{(\alpha)_n \cdot z^n}{(\beta)_n \cdot n!}\right) = \sum_{\nu=0}^{\infty} \frac{(-xz)^\nu}{\nu!} \left(\sum_{\lambda+n=\nu} \frac{(\alpha)_n \cdot \nu!\,(-1/x)^n}{(\beta)_n \cdot \lambda!\, n!}\right)$$

$$= \sum_{\nu=0}^{\infty} \frac{(-xz)^\nu}{\nu!} \left\{ \sum_{n=0}^{\nu} \frac{(-\nu)_n\,(\alpha)_n\,(1/x)^n}{(\beta)_n \cdot n!} \right\},$$

da $\nu!/(\nu-n)! = (-)^n \cdot (-\nu)_n$ ist. Damit ist aber bereits die von P. Humbert [7] aufgestellte Beziehung

$$e^{-xz}/\Gamma(\beta)\cdot {}_1F_1(\alpha;\beta;z) = \sum_{\lambda=0}^{\infty} \frac{(-x\,z)^\lambda}{\lambda!}\cdot {}_2F_1(-\lambda,\alpha;\beta;1/x)/\Gamma(\beta)$$

$$(x,\alpha,\beta,z \text{ bel.}) \qquad (12)$$

entstanden, in der die unendliche Reihe für alle Werte von x und z und für alle Parameterwerte α und β absolut konvergiert.

Ein wichtiger Sonderfall dieser Formel liegt für $x = 1$ vor. Dann läßt sich nämlich die hypergeometrische Funktion zu dem Wert ${}_2F_1(-\lambda,\alpha;\beta;1) = \Gamma(\beta-\alpha+\lambda)\cdot\Gamma(\beta)/(\Gamma(\beta-\alpha)\cdot\Gamma(\beta+\lambda))$ summieren, und damit entsteht die als erste Kummersche Transformation bezeichnete Formel:

$${}_1F_1(\alpha;\beta;z) = e^z\cdot {}_1F_1(\beta-\alpha;\beta;-z). \qquad (12a)$$

Für den anderen besonderen Wert $x = 1/2$ ergibt sich mit Hilfe einer bekannten Transformationsformel der Funktion ${}_2F_1$ [Magnus-Oberhettinger 1] aus (12) zunächst die Darstellung

$$\sum_{\lambda=0}^{\infty}\frac{(-z/2)^\lambda}{\lambda!}\cdot {}_2F_1(-\lambda,\alpha;\beta;2)$$
$$=\frac{\Gamma(\beta)}{\Gamma(\beta-\alpha)}\cdot\sum_{\lambda=0}^{\infty}\frac{(-z/2)^\lambda}{\lambda!}\cdot\frac{\Gamma(\beta+\lambda-\alpha)}{\Gamma(\beta+\lambda)}\cdot {}_2F_1(-\lambda,\alpha;1+\alpha-\beta+\lambda;-1).$$

Nun ist aber für beliebiges ν

$${}_2F_1(-\nu,\alpha;1-\alpha-\nu;-1)$$
$$=\frac{\Gamma(1-\alpha-\nu)\,\Gamma\left(1-\frac{\nu}{2}\right)}{\Gamma(1-\nu)\,\Gamma\left(1-\frac{\nu}{2}-\alpha\right)} = \pi^{1/2}\cdot 2^\nu\cdot\Gamma\left(\frac{1+\nu}{2}\right)\cdot\cos\frac{\pi\nu}{2}\cdot\frac{\Gamma(1-\alpha-\nu)}{\Gamma\left(1-\alpha-\frac{\nu}{2}\right)}.$$

Für $\beta = 2\alpha$ kommen somit in der unendlichen Reihe nur die geraden Potenzen von z vor. Unter Benutzung der Verdoppelungsformel für $\Gamma(2\alpha+2\lambda)$ ergibt sich somit

$$\sum_{\lambda=0}^{\infty}\frac{\left(-\frac{z}{2}\right)^\lambda}{\lambda!}\cdot {}_2F_1(-\lambda,\alpha;2\alpha;2)$$
$$=\pi^{-1/2}\cdot\frac{\Gamma(2\alpha)}{\Gamma(\alpha)}\cdot\sum_{\lambda=0}^{\infty}\frac{(-z^2)^\lambda}{(2\lambda)!}\cdot\Gamma\left(\frac{1}{2}+\lambda\right)\cdot\frac{\Gamma(\alpha+2\lambda)\cdot\Gamma(1-\alpha-2\lambda)}{\Gamma(2\alpha+2\lambda)\,\Gamma(1-\alpha-\lambda)}$$
$$=\pi^{-1/2}\cdot\frac{\Gamma(2\alpha)}{\Gamma(\alpha)}\cdot\sum_{\lambda=0}^{\infty}\frac{(-z^2)^\lambda}{2^{2\lambda}\cdot\lambda!}\cdot\frac{2^{1-2\alpha-2\lambda}}{\Gamma\left(\frac{1}{2}+\alpha+\lambda\right)}\cdot\frac{\Gamma(\alpha+2\lambda)\cdot\Gamma(1-\alpha-2\lambda)}{\Gamma(\alpha+\lambda)\cdot\Gamma(1-\alpha-\lambda)}$$
$$=\Gamma\left(\alpha+\frac{1}{2}\right)\cdot\sum_{\lambda=0}^{\infty}\frac{\left(\frac{z}{4}\right)^{2\lambda}}{\Gamma\left(\alpha+\frac{1}{2}+\lambda\right)\lambda!}\equiv {}_0F_1\left(\;;\alpha+\frac{1}{2};\frac{z^2}{16}\right).$$

Die hier rechts stehende Funktion ${}_0F_1$ stellt aber im wesentlichen die modifizierte Besselsche Funktion $I_{\alpha-1/2}$ dar, wobei $I_\nu(z) = \exp(-\pi i \nu/2) \cdot J_\nu(iz)$ ist. Im ganzen sind wir damit zu der als zweite Kummersche Transformation bekannten Beziehung

$$e^{-z/2} \cdot {}_1F_1(\alpha; 2\alpha; z) = \Gamma\left(\alpha + \frac{1}{2}\right) \cdot I_{\alpha-1/2}\left(\frac{z}{2}\right) \cdot \left(\frac{z}{4}\right)^{-\alpha+1/2} \tag{12b}$$

gelangt. Man vergleiche darüber auch die Arbeiten von Kummer [1], G. N. Watson [2], E. W. Barnes [2] und Whittaker-Watson [1].

4. **Einfache Integraldarstellungen für die Kummersche Funktion.** Von den drei Integraldarstellungen für die Kummersche Funktion, die bereits an dieser Stelle besprochen werden sollen, sind die beiden ersten schon lange bekannt. Lediglich die dritte stammt aus der jüngsten Zeit. Auf die komplexen Integraldarstellungen wird erst im nächsten Abschnitt eingegangen werden.

Zu dem Kummerschen Integral für die Funktion ${}_1F_1(\alpha;\beta;z)$ kann man sich in ganz ähnlicher Weise wie zu der unendlichen Reihe durch das Prinzip der Konfluenz hinführen lassen, indem man von der bekannten Integraldarstellung der gewöhnlichen hypergeometrischen Funktion ${}_2F_1(\alpha, b; \beta; z/b)$ ausgeht und an ihr den Grenzübergang $b \to \infty$ ausführt. Nun besteht, wie aus der Theorie dieser Funktion z. B. nach F. Klein [1], S. 5 bekannt ist, für diese Funktion das Integral

$$ {}_2F_1\left(\alpha, b; \beta; \frac{z}{b}\right) = \frac{\Gamma(\beta)}{\Gamma(\alpha)\,\Gamma(\beta-\alpha)} \cdot \int_0^1 t^{\alpha-1} \cdot (1-t)^{\beta-\alpha-1} \cdot \left(1 - t\cdot\frac{z}{b}\right)^{-b} \cdot dt \tag{13}$$
$$(\Re(\beta) > \Re(\alpha) > 0).$$

Läßt man hierin rein formal $b \to \infty$ gehen und beachtet, daß dabei $(1 - t\,z/b)^{-b}$ gegen $\exp(t\,z)$ strebt, so ergibt sich dafür, da der linksstehende Ausdruck unmittelbar in die Funktion ${}_1F_1(\alpha;\beta;z)$ übergeht, sofort die Integraldarstellung

$$\frac{1}{\Gamma(\beta)} \cdot {}_1F_1(\alpha;\beta;z) = \frac{1}{\Gamma(\alpha)\,\Gamma(\beta-\alpha)} \cdot \int_0^1 e^{uz} \cdot u^{\alpha-1} \cdot (1-u)^{\beta-\alpha-1} \cdot du \tag{14}$$

$$= \frac{1}{\Gamma(\alpha)\,\Gamma(\beta-\alpha)}\, z^{1-\beta} \cdot \int_0^z e^v \cdot v^{\alpha-1} \cdot (z-v)^{\beta-\alpha-1} \cdot dv$$

$$= \frac{e^z}{\Gamma(\alpha)\,\Gamma(\beta-\alpha)} \cdot \int_0^1 e^{-wz} \cdot w^{\beta-\alpha-1} \cdot (1-w)^{\alpha-1} \cdot dw$$

$$= \frac{2^{1-\beta}}{\Gamma(\alpha)\,\Gamma(\beta-\alpha)} \cdot e^{z/2} \cdot \int_{-1}^{+1} e^{-z/2\cdot t}\, (1+t)^{\beta-2} \cdot \left(\frac{1-t}{1+t}\right)^{\alpha-1} \cdot dt \quad \begin{pmatrix} \Re(\alpha) > 0 \\ \Re(\beta-\alpha) > 0 \end{pmatrix}$$

deren verschiedene Formen durch einfache, naheliegende Substitutionen auseinander hervorgehen[1]. In allen Integralen sind die Integrationswege geradlinig. Der wirkliche Beweis von (14) gelingt sehr einfach, indem man etwa in dem ersten Integral für $\exp(u z)$ die unbeschränkt konvergente Potenzreihe einführt und danach gliedweise integriert, was wegen der gleichmäßigen Konvergenz der Reihe im Integrationsintervall erlaubt ist. Das Nebeneinanderbestehen der ersten und dritten Form liefert zugleich, wenn auch zunächst nur unter den angegebenen Einschränkungen über α und β, einen neuen Beweis für die Gültigkeit von (12a).

Hankel [1] stellte die weitere Formel

$$\int_0^\infty e^{-t^2} \cdot J_{\beta-1}(z t) \cdot t^{2\alpha-\beta} \cdot dt = \frac{1}{2} \cdot \frac{\Gamma(\alpha)}{\Gamma(\beta)} \cdot \left(\frac{z}{2}\right)^{\beta-1} \cdot {}_1F_1(\alpha; \beta; -z^2/4) \qquad (15)$$

$$(\Re(\alpha) > 0, \beta \text{ bel.})$$

auf, in der $J_{\beta-1}(z t)$ die Besselsche Funktion bedeutet, s. Magnus-Oberhettinger [1]. Die Einschränkung $\Re(\alpha) > 0$ ist wegen $J_{\beta-1}(z t) \sim (z t/2)^{\beta-1}/\Gamma(\beta)$ für $t \to 0$ erforderlich, um die Konvergenz des Integrals an der unteren Grenze zu sichern. Im übrigen können in (15) z, c und β beliebige reelle oder komplexe Werte haben, denn es ist für $t \to \infty$

$$J_{\beta-1}(z t) \sim (2/\pi i t)^{1/2} \cdot \cos\left(z t - \frac{\pi \beta}{2} + \frac{\pi}{4}\right) \quad (-\pi < \operatorname{arc}(z t) < +\pi),$$

so daß das Integral an der oberen Grenze auch im absoluten Sinne stets konvergiert. Der Beweis von (15) gelingt am einfachsten, indem man die Funktion $J_{\beta-1}(z t)$ in ihre Potenzreihe entwickelt und dann gliedweise integriert. Das ist hier nach einem bei Doetsch [4] im Anhang angegebenen Satz erlaubt, weil selbst nach dem Übergang zu Absolutwerten die integrierte Reihe noch konvergiert. In Rücksicht auf (12a) erhält man auch noch die andere Darstellung:

$$\int_0^\infty e^{-t^2} \cdot J_{\beta-1}(z t) \cdot t^{2\alpha-\beta} \cdot dt = \frac{1}{2} \cdot \frac{\Gamma(\alpha)}{\Gamma(\beta)} \cdot \left(\frac{z}{2}\right)^{\beta-1} \cdot e^{-z^2/4} \cdot {}_1F_1\left(\beta-\alpha; \beta; \frac{z^2}{4}\right) \qquad (15a)$$

$$(\Re(\alpha) > 0).$$

Setzt man hierin $2 \cdot z^{1/2}$ für z und $t^2 = u$, so entsteht die Formel:

$$\int_0^\infty e^{-u} \cdot J_{\beta-1}(2\sqrt{z u}) \cdot u^{\alpha-(\beta+1)/2} \cdot du = \frac{\Gamma(\alpha)}{\Gamma(\beta)} \cdot z^{\frac{\beta-1}{2}} \cdot e^{-z} \cdot {}_1F_1(\beta-\alpha; \beta; z) \qquad (15b)$$

$$(\Re(\alpha) > 0).$$

---

[1] Werden wie im vorliegenden Falle in einer Gleichung für ein und dieselbe Funktion aus Gründen der bequemeren praktischen Benutzbarkeit mehrere an sich gleichwertige Integrale angegeben, so erfolgt im späteren Text die Bezugnahme auf ein bestimmtes Integral darunter durch die Angabe: Gl. (14), v-Form. Hierunter ist dann dasjenige Integral der angezogenen Gleichung zu verstehen, in dem v die Integrationsvariable ist.

Für $\beta + n = \alpha$ mit $n = 0, 1, 2 \ldots$ läßt sich mithin das Integral durch elementare Funktionen ausdrücken.

Vollzieht man an der von A. Erdelyi [13] aufgestellten Formel

$$ {}_2F_1\left(\alpha, b; \beta; \frac{z}{b}\right) = \frac{\Gamma(\beta)}{\Gamma(\lambda)\,\Gamma(\beta-\lambda)} \cdot \int_0^1 x^{\lambda-1} \cdot (1-x)^{\beta-\lambda-1} \cdot {}_2F_1\left(\alpha, b; \lambda; x \cdot \frac{z}{b}\right) \cdot dx \qquad (\lambda \text{ bel.}) $$

im Sinne der Konfluenz den Grenzübergang $b \to \infty$, so müßte danach für die Kummersche Funktion die Relation

$$ \frac{1}{\Gamma(\beta)} \cdot {}_1F_1(\alpha; \beta; z) = \frac{1}{\Gamma(\beta-\lambda)\,\Gamma(\lambda)} \int_0^1 x^{\lambda-1} \cdot (1-x)^{\beta-\lambda-1} \cdot {}_1F_1(\alpha; \lambda; x z) \cdot dx \qquad (16) $$
$$ (\Re(\beta) > \Re(\lambda) > 0) $$

bestehen. Der Nachweis für die Richtigkeit dieser Formel gelingt auch hier, indem man unter dem Integralzeichen für die Funktion ${}_1F_1$ ihre Potenzreihe einsetzt und gliedweise integriert.

Mit $\lambda = \alpha$ führt (16) auf das Kummersche Integral zurück. Setzt man hingegen $\lambda = 2\alpha$ und berücksichtigt (12b), so wird

$$ \frac{1}{\Gamma(\beta)} \cdot {}_1F_1(\alpha; \beta; z) $$
$$ = \frac{(\pi z)^{1/2}}{z^{\alpha}\,\Gamma(\alpha)\,\Gamma(\beta-2\alpha)} \cdot \int_0^1 x^{\alpha-1/2} \cdot (1-x)^{\beta-2\alpha-1} \cdot I_{\alpha-1/2}\left(\frac{xz}{2}\right) \cdot e^{zx/2} \cdot dx \qquad (16a) $$
$$ (\Re(\beta) > \Re(\alpha) > 0). $$

Andere Integraldarstellungen mit willkürlichem Parameter werden im nächsten Abschnitt behandelt.

§ 2. Die Whittakersche Differentialgleichung und ihre Lösungen.

1. Die Whittakersche Differentialgleichung und die Definition der Funktion $M_{\varkappa,\,\mu/2}(z)$ als ihre Nullpunktslösung. Um den Anschluß an die Theorie der konfluenten hypergeometrischen Funktionen von E. T. Whittaker zu gewinnen, bringen wir zunächst die Kummersche D.Gl. (§ 1, 4) nach dem Übergang von der früheren abhängigen Veränderlichen Y zu der neuen abhängigen Veränderlichen y auf die sogenannte Normalform, in der also die erste Ableitung fehlt. Das gelingt bekanntlich durch die Substitution

$$ Y = y \cdot \exp\left(-1/2 \cdot \int (\beta - z)/z \cdot dz\right) = \exp(z/2) \cdot z^{-\beta/2} \cdot y. $$

Die auf diese Weise für y entstehende D.Gl. nimmt dann die Form an

$$ y'' + \left(-\frac{1}{4} + \frac{\frac{\beta}{2} - \alpha_1}{z} + \frac{\frac{\beta}{2} \cdot \left(1 - \frac{\beta}{2}\right)}{z^2} \right) y = 0. $$

Um ihre Lösungen im Hinblick auf die Abhängigkeit von α und β symmetrischer zu gestalten, setzt Whittaker[1] [2]

$$\frac{\beta}{2} - \alpha_1 = \varkappa \quad (1\text{a}) \qquad \frac{\beta}{2}\left(1 - \frac{\beta}{2}\right) = \frac{1-\mu^2}{4} \quad (1\text{b})$$

oder aufgelöst nach β und α_1

$$\beta = 1 + \mu \quad (1\alpha) \qquad \frac{1+\mu}{2} - \varkappa = \alpha_1 \quad (1\beta)$$

$$2 - \beta = 1 - \mu \quad (1\gamma) \qquad 1 + \alpha_1 - \beta = \frac{1-\mu}{2} - \varkappa. \quad (1\delta)$$

In dieser neuen Bezeichnungsweise nimmt die Kummersche D.Gl. die Gestalt der sich selbst adjungierten D.Gl.

$$\frac{d^2y}{dz^2} + \left\{-\frac{1}{4} + \frac{\varkappa}{z} + \frac{1-\mu^2}{4z^2}\right\} y = 0 \tag{2}$$

an. Transformiert man darin durch die Substitution $z = 1/z'$ den Punkt ∞ der z-Ebene in den Nullpunkt der z'-Ebene, so lautet sie:

$$\frac{d^2y}{dz'^2} + \frac{2}{z'} \cdot \frac{dy}{dz'} + \left\{-\frac{1}{4z'^4} + \frac{\varkappa}{z'^3} + \frac{1-\mu^2}{4z'^2}\right\} y = 0. \tag{2'}$$

Durch die andere Wahl der Parameter wird u. a. ein bis auf das Vorzeichen von μ gleichartiger Aufbau in den Beziehungen für die beiden Nullpunktslösungen erreicht. Im Hinblick auf (§ 1, 7a, b) und (1γ, δ) bestehen nämlich jetzt für diese Lösungen die beiden Gl.:

$$y_1(z) = z^{\beta/2} \cdot e^{-z/2}\, {}_1F_1(\alpha, \beta; z) = z^{\frac{1+\mu}{2}} \cdot e^{-z/2} \cdot {}_1F_1\left(\frac{1+\mu}{2} - \varkappa; 1+\mu; z\right)$$
$$\equiv M_{\varkappa,\mu/2}(z) \tag{3a}$$

$$y_2(z) = z^{1-\beta/2} \cdot e^{-z/2} \cdot {}_1F_1(1 + \alpha - \beta; 2 - \beta; z)$$
$$= z^{\frac{1-\mu}{2}} \cdot e^{-z/2} \cdot {}_1F_1\left(\frac{1-\mu}{2} - \varkappa; 1-\mu; z\right) \equiv M_{\varkappa,-\mu/2}(z). \tag{4}$$

---

[1] Whittaker schreibt allerdings in (1b) rechts nicht $\mu^2/4$, sondern μ^2. Die hier gewählte abweichende Bezeichnung hat den Vorteil, daß bei den physikalischen Anwendungen der konfluenten Funktionen besonders auf die Integration der Wellengleichung μ dann außer der Null nur die positiven oder negativen ganzen Zahlen durchläuft und nicht auch die halben ganzen Zahlen. Allerdings ließe sich das noch wirksamer durch die Wahl einer anderen Normierung erreichen, wodurch das störende Auftreten des Zeigers $\mu/2$ in allen Formeln vermieden würde. Soweit aber wollte der Verfasser im Hinblick auf das schon sehr ausgedehnte Schrifttum über diese Funktion nicht gehen. Dagegen wird durchweg die sonst übliche Bezeichnungsweise der beiden Zeiger durch k und m verlassen und dafür in Übereinstimmung mit der Formelsammlung von Magnus-Oberhettinger $\varkappa$ und $\mu/2$ geschrieben. k und $m/2$ werden nur dann verwendet, wenn es sich um ganzzahlige Werte dieser beiden Parameter handelt.

Sie werden durch das Funktionssymbol $M_{\varkappa,\mu/2}(z)$ bzw. $M_{\varkappa,-\mu/2}(z)$ bezeichnet. In der Tat ist, da μ in (2) nur im Quadrat auftritt, mit $M_{\varkappa,\mu/2}(z)$ auch stets $M_{\varkappa,-\mu/2}(z)$ eine Lösung. Wie früher sind die Lösungen (3a, 4) von (2) im Hinblick auf (1α) nur dann linear unabhängig, wenn μ keine ganze Zahl ist.

Wegen der Potenz $z^{(1+\mu)/2}$ in den Erklärungsgleichungen (3a, 4) sind die Funktionen $M_{\varkappa,\mu/2}(z)$ im allgemeinen unendlich vieldeutig. Um sie eindeutig zu machen, setzen wir ein für allemal fest, daß in

$$z^{\frac{1+\mu}{2}} = \exp\left\{\frac{1+\mu}{2}\cdot\ln z\right\} = \exp\left\{\frac{1+\mu}{2}\cdot\left(\ln|z| + i\cdot\operatorname{arc}(z)\right)\right\}$$

$\operatorname{arc}(z) = 0$ zu setzen ist, wenn $z = x > 0$ ist, und in der Regel werden wir unter $M_{\varkappa,\mu/2}(z)$ stets den Hauptwert dieser Funktion verstehen, für den $-\pi < \operatorname{arc}(z) \leq +\pi$ ist.

Wegen (§ 1, 12a) kann man nun aber auch die Definitionsgleichung für $M_{\varkappa,\mu/2}(z)$ noch in der anderen Form schreiben:

$$M_{\varkappa,\mu/2}(z) = z^{\frac{1+\mu}{2}}\cdot e^{+z/2}\cdot {}_1F_1\left(\frac{1+\mu}{2}+\varkappa;\, 1+\mu;\, -z\right). \qquad (3b)$$

Die in (3a, b) enthaltenen Aussagen lassen sich zu den beiden wichtigen Halbumlaufsrelationen

$$M_{\varkappa,\mu/2}\left(z\cdot e^{\pm\pi i}\right) = e^{\pm\frac{\pi i}{2}(1+\mu)}\cdot M_{-\varkappa,\mu/2}(z) \qquad (5a)$$

$$M_{-\varkappa,\mu/2}\left(z\cdot e^{\pm\pi i}\right) = e^{\pm\frac{\pi i}{2}(1+\mu)}\cdot M_{\varkappa,\mu/2}(z) \qquad (5b)$$

zusammenfassen. Sie gelten für jeden Wert von $\varkappa$ und μ und für jedes beliebige reelle oder komplexe z, wenn man es auf beiden Seiten dieser Gleichungen mit demselben Phasenwinkel nimmt. In der Tat muß nach der D. Gl. selbst mit $M_{\varkappa,\mu/2}(z)$ auch $M_{-\varkappa,\mu/2}(-z)$ eine Lösung sein, da sich ja (2) nicht ändert, wenn $\varkappa$ und z gleichzeitig ihr Vorzeichen wechseln. Darüber hinaus sagt das obige Gleichungspaar aus, daß zwei solche Lösungen im Falle der Funktion $M_{\varkappa,\mu/2}(z)$ im wesentlichen die gleichen sind.

Von A. Erdelyi [1] wird neben der Funktion $M_{\varkappa,\mu/2}(z)$ zuweilen auch die Funktion

$$N_{\varkappa,\mu/2}(z) = \frac{z^{\frac{\mu-1}{2}}}{\Gamma(1+\mu)}\cdot M_{\varkappa,\mu/2}(z) \qquad (6)$$

verwendet. Wir werden sie nicht benutzen, da sie nicht mehr die Whittakersche D.Gl. erfüllt.

Fügt man in (3a, b) oder (4) zu $M_{\varkappa,\mu/2}(z)$ noch das Produkt $z^{-(1+\mu)/2}/\Gamma(1+\mu)$ als Faktor hinzu, so ist die Funktion

$$M_{\varkappa,\mu/2}(z)\cdot\frac{z^{-\frac{1+\mu}{2}}}{\Gamma(1+\mu)}$$

in allen drei Variablen z, $\varkappa$ und μ ganz und transzendent. Da durch das Hinzutreten des Faktors $1/\Gamma(1+\mu)$ zur Funktion $M_{\varkappa,\mu/2}(z)$ in sehr vielen Formeln die Ausnahmestellung der Punkte $\mu=-1,-2,-3\ldots$ beseitigt und dadurch oft auch eine einfachere Schreibweise erzielt wird, so werden wir in diesem Buch hauptsächlich von der durch

$$\mathcal{M}_{\varkappa,\mu/2}(z)\equiv\frac{M_{\varkappa,\mu/2}(z)}{\Gamma(1+\mu)}=z^{\frac{1+\mu}{2}}\cdot e^{\mp z/2}\cdot {}_1F_1\left(\frac{1+\mu}{2}\mp\varkappa;1+\mu;\pm z\right)/\Gamma(1+\mu) \tag{7}$$

definierten Funktion $\mathcal{M}_{\varkappa,\mu/2}(z)$ Gebrauch machen. Die in Rücksicht auf (§ 1, 8a) für sie bestehende Beziehung

$$\begin{aligned}\Gamma\left(\frac{1-m}{2}-\varkappa\right)\cdot\lim_{\mu\to m}\left\{\frac{M_{\varkappa,-\mu/2}(z)}{\Gamma(1-\mu)}\right\}&\equiv\Gamma\left(\frac{1-m}{2}-\varkappa\right)\cdot\mathcal{M}_{\varkappa,-m/2}(z)\\&=\Gamma\left(\frac{1+m}{2}-\varkappa\right)\cdot\mathcal{M}_{\varkappa,m/2}(z)\qquad(m=1,2,3\ldots)\end{aligned} \tag{8}$$

zeigt, daß die Funktion $\mathcal{M}_{\varkappa,\mu/2}(z)$ auch dann noch einen Sinn behält, wenn μ einer negativen ganzen Zahl gleich ist.

2. Die Funktion $\mathcal{M}_{\varkappa,\mu/2}(z)$ in einfachen Sonderfällen. Obgleich wir auf die Frage nach der Bedeutung der Funktion $\mathcal{M}_{\varkappa,\mu/2}(z)$ bei besonderen Werten von $\varkappa$ und μ noch im Anhang I zu sprechen kommen, erscheint es im Hinblick auf bald notwendig werdende Fallunterscheidungen als erwünscht, wenigstens die besonders naheliegenden Sonderfälle schon jetzt herauszuarbeiten.

α) Zunächst geht aus den Gl. (3a) und (3b) hervor, daß für beliebige Werte von μ stets gilt:

$$\mathcal{M}_{\frac{\mu+1}{2},\frac{\mu}{2}}(z)=z^{\frac{1+\mu}{2}}\cdot e^{-z/2}/\Gamma(1+\mu) \tag{9a}$$

$$\mathcal{M}_{-\frac{\mu+1}{2},\frac{\mu}{2}}(z)=z^{\frac{1+\mu}{2}}\cdot e^{+z/2}/\Gamma(1+\mu). \tag{9b}$$

Dahingegen sind die Funktionen

$$\mathcal{M}_{\frac{1+\mu}{2},\,-\frac{\mu}{2}}(z) = z^{\frac{1-\mu}{2}} \cdot e^{-z/2} \cdot {}_1F_1(-\mu;\,1-\mu;\,z)/\Gamma(1-\mu)$$

$$\mathcal{M}_{-\frac{1+\mu}{2},\,-\frac{\mu}{2}}(z) = z^{\frac{1-\mu}{2}} \cdot e^{-z/2} \cdot {}_1F_1(1;\,1-\mu;\,z)/\Gamma(1-\mu)$$

nicht von elementarem Charakter.

β) Hat ferner $\varkappa$ den Wert $\pm(n + (1+\mu)/2)$ mit $n = 0, 1, 2, 3, \ldots$, so stimmt die zugehörige M-Funktion im wesentlichen mit einer Gattung von Polynomen überein, die Laguerre-Polynome genannt werden. Bei der üblichen Bezeichnungsweise dieser Polynome besteht für ein beliebiges μ der durch

$$\begin{aligned} \mathcal{M}_{\pm\left(n+\frac{1+\mu}{2}\right),\,\frac{\mu}{2}}(z) &= \frac{n!}{\Gamma(1+n+\mu)} \cdot z^{\frac{1+\mu}{2}} \cdot e^{\mp z/2} \cdot L_n^{(\mu)}(\pm z) \\ &= z^{\frac{1+\mu}{2}} \cdot e^{\mp z/2} \cdot {}_1F_1(-n;\,1+\mu;\,\pm z)/\Gamma(1+\mu) \end{aligned} \tag{10}$$

beschriebene Zusammenhang, wobei die gleichgestellten Vorzeichen einander entsprechen.

γ) Einen dritten Sonderfall liefert (§ 1, 12b). Damit die dort angegebene Bedingung $\beta = 2\alpha_1$ zwischen den Parametern von ${}_1F_1$ erfüllt ist, muß jetzt gemäß (1a) $\varkappa = 0$ sein, und man hat dann

$$\mathcal{M}_{0,\,\mu/2}(z) = (\pi z)^{1/2} \cdot \frac{I_{\mu/2}(z/2)}{\Gamma\left(\frac{1+\mu}{2}\right)} \tag{11a}$$

$$\mathcal{M}_{0,\,\mu/2}(\pm i z) = (\pi z)^{1/2} \cdot e^{\pm\frac{\pi i}{4}(1+\mu)} \cdot \frac{J_{\mu/2}(z/2)}{\Gamma\left(\frac{1+\mu}{2}\right)}. \tag{11b}$$

Demnach lassen sich auch die Polynome, aus denen sich die halbzahligen Besselschen Funktionen zusammensetzen, durch die Funktion $\mathcal{M}_{0,\mu/2}(z)$ ausdrücken. Man vergleiche dazu die Gl. (30a, b). Es wird in diesem Zusammenhang auf die Arbeit [16] von A. Erdelyi verwiesen, die die Frage der Integration der Wh.D.Gl. in geschlossener Form systematisch behandelt.

3. Einfache Integraldarstellungen für $\mathcal{M}_{\varkappa,\mu/2}(z)$. Der besseren Übersicht wegen schreiben wir auch hier noch einmal die schon früher für die Kummersche Funktion abgeleiteten Integraldarstellungen für

die Funktion $\mathcal{M}_{\varkappa,\mu/2}(z)$ an. Nach (§ 1, 14) ist

$$\Gamma\Big(\frac{1+\mu}{2}-\varkappa\Big)\cdot\Gamma\Big(\frac{1+\mu}{2}+\varkappa\Big)\cdot\mathcal{M}_{\varkappa,\mu/2}(z)$$

$$=z^{\frac{1+\mu}{2}}\cdot e^{-z/2}\cdot\int_0^1 e^{+zu}\cdot u^{\frac{\mu-1}{2}-\varkappa}\cdot(1-u)^{\frac{\mu-1}{2}+\varkappa}\cdot du$$

$$=z^{\frac{1+\mu}{2}}\cdot e^{+z/2}\cdot\int_0^1 e^{-vz}\cdot v^{\frac{\mu-1}{2}+\varkappa}\cdot(1-v)^{\frac{\mu-1}{2}-\varkappa}\cdot dv$$

$$=2^{-\mu}z^{\frac{1+\mu}{2}}\cdot\int_{-1}^{+1} e^{tz/2}\cdot(1-t^2)^{\frac{\mu-1}{2}}\cdot\Big(\frac{1-t}{1+t}\Big)^{\varkappa}\cdot dt \tag{12}$$

$$=2^{-\mu}z^{\frac{1+\mu}{2}}\cdot\int_{-1}^{+1} e^{-sz/2}\cdot(1-s^2)^{\frac{\mu-1}{2}}\cdot\Big(\frac{1+s}{1-s}\Big)^{\varkappa}\cdot ds$$

$$=2^{-\mu}z^{\frac{1+\mu}{2}}\cdot\int_0^{\pi} e^{z/2\cdot\cos\varphi}\cdot\sin^{\mu}\varphi\cdot\Big(\operatorname{tg}\frac{\varphi}{2}\Big)^{2\varkappa}\cdot d\varphi$$

$$=2^{-\mu}z^{\frac{1+\mu}{2}}\cdot\int_0^{\pi} e^{-z/2\cdot\cos\vartheta}\cdot\sin^{\mu}\vartheta\cdot\Big(\operatorname{ctg}\frac{\vartheta}{2}\Big)^{2\varkappa}\cdot d\vartheta \quad \Re\Big(\frac{\mu+1}{2}\pm\varkappa\Big)>0.$$

Die beiden Hankelschen Integrale (§ 1, 15a, b) liefern für $\mathcal{M}_{\varkappa,\mu/2}(z)$ die Integraldarstellungen:

$$\mathcal{M}_{\varkappa,\mu/2}(z)=\frac{z^{1/2}}{\Gamma\Big(\frac{1+\mu}{2}+\varkappa\Big)}\cdot e^{z/2}\cdot\int_0^{\infty} e^{-u}\cdot u^{\varkappa-1/2}\cdot J_{\mu}(2\sqrt{zu})\cdot du \tag{13a}$$

$$\Re\Big(\frac{1+\mu}{2}+\varkappa\Big)>0.$$

$$\mathcal{M}_{\varkappa,\mu/2}\Big(\frac{a^2}{2}\Big)=\frac{a}{2^{\varkappa}\cdot\Gamma\Big(\frac{1+\mu}{2}+\varkappa\Big)}\cdot e^{+a^2/4}\cdot\int_0^{\infty} e^{-t^2/2}\cdot t^{2\varkappa}\cdot J_{\mu}(a\,t)\cdot dt \tag{13b}$$

$$\Re\Big(\frac{1+\mu}{2}+\varkappa\Big)>0.$$

Schließlich läßt sich die Funktion $\mathcal{M}_{\varkappa,\mu/2}(z)$ auch durch ein Integral mit einem willkürlichen Parameter mittels der Formel

$$\mathcal{M}_{\varkappa,\mu/2}(z)=\frac{1}{\Gamma(\lambda)\,\Gamma(1+\mu-\lambda)}\cdot z^{\frac{1+\mu}{2}}\cdot e^{-z/2} \tag{14}$$

$$\cdot\int_0^1 x^{\lambda-1}\cdot(1-x)^{\mu-\lambda}\cdot{}_1F_1\Big(\frac{1+\mu}{2}-\varkappa;\lambda;xz\Big)\cdot dx$$

$$\Re(\lambda)>0,\ \Re(\mu-\lambda)>-1$$

darstellen. Aus ihr folgt im besonderen die Beziehung:

$$\mathcal{M}_{\varkappa,\mu/2}(z)=\frac{\pi^{1/2}}{\Gamma\Big(\frac{1+\mu}{2}-\varkappa\Big)\,\Gamma(2\varkappa)}\cdot 2^{\varkappa-\mu/2}\cdot z^{1/2+\varkappa}\cdot e^{-z/2} \tag{14a}$$

$$\cdot\int_0^1 x^{\mu/2-\varkappa}\cdot(1-x)^{2\varkappa-1}\cdot I_{\mu/2-\varkappa}\Big(\frac{xz}{2}\Big)\cdot e^{\varkappa z/2}\cdot dx.$$

$$\Re(\varkappa)>0,\ \Re(\mu-2\varkappa)>-1.$$

Die die Gültigkeit von Gl. (12) ziemlich stark einschränkenden Bedingungen über μ und $\varkappa$ lassen sich etwas mildern, indem man zu einfachen Schleifenintegralen übergeht, deren Wege im Punkte $u = 0$ oder $s = -1$ beginnen und nach Umlaufung der Punkte $u = +1$ oder $s = +1$ daselbst wieder enden. Die u- oder s-Ebene hat man sich demnach bei diesen Integralen längs der Strecken $0 \ldots 1$ oder $-1 \ldots +1$ aufgeschnitten zu denken. Das erste und vierte der Integrale von (12) gehen dann mit t an Stelle von u in die folgenden beiden anderen über:

$$\mathcal{M}_{\varkappa,\mu/2}(z) = \frac{\Gamma\left(\frac{1-\mu}{2}-\varkappa\right)}{\Gamma\left(\frac{1+\mu}{2}-\varkappa\right)} \cdot z^{\frac{1+\mu}{2}} \cdot e^{-z/2} \cdot \frac{1}{2\pi i} \cdot \int\limits_0^{(+1+)} e^{+tz} \cdot t^{\frac{\mu-1}{2}-\varkappa} \cdot (t-1)^{\frac{\mu-1}{2}+\varkappa} \cdot dt \qquad \Re\left(\frac{\mu+1}{2}-\varkappa\right)>0,$$

$$= \frac{\Gamma\left(\frac{1-\mu}{2}-\varkappa\right)}{2^{\mu}\,\Gamma\left(\frac{1+\mu}{2}-\varkappa\right)} \cdot z^{\frac{1+\mu}{2}} \cdot \frac{1}{2\pi i} \cdot \int\limits_{-1}^{(+1+)} e^{-sz/2} \cdot (s^2-1)^{\frac{\mu-1}{2}} \cdot \left(\frac{s+1}{s-1}\right)^{+\varkappa} \cdot ds \qquad \Re\left(\frac{\mu+1}{2}-\varkappa\right)>0,$$

$$= 2^{\frac{\mu+1}{2}-\varkappa}\, e^{-\pi i\left(\frac{\mu-1}{2}+\varkappa\right)} \cdot \frac{\Gamma\left(\frac{1-\mu}{2}-\varkappa\right)}{\Gamma\left(\frac{1+\mu}{2}-\varkappa\right)} \cdot \frac{z^{\frac{1+\mu}{2}}\, e^{-z/2}}{2\pi i} \cdot \int\limits_{-\infty i+\varepsilon}^{+\infty i+\varepsilon} e^{2z/(1+v)} \cdot \frac{(v-1)^{\frac{\mu-1}{2}+\varkappa}}{(v+1)^{\mu+1}} \cdot dv \qquad (12a)$$

$$\left[|\varepsilon|<1,\ \Re\left(\frac{\mu+1}{2}-\varkappa\right)>0,\ \begin{matrix}\mathrm{Arc}\,(v-1) = 3\pi/2\\ \mathrm{Arc}\,(v+1) = -\pi/2\end{matrix};\ t = 2/(1+v)\right].$$

In (12a) gehören nur die gleich angeordneten Vorzeichen zusammen. Zu Beginn des Weges ist dabei durchweg[1] Arc $(t-1)$ oder Arc $(s-1) = -\pi$.

Die Gleichwertigkeit z. B. der ersten Form von (12a) mit der ersten Form von (12) möge als Musterbeispiel für derartige Integralumformungen hier eingehender begründet werden, da ähnliche Umformungen späterhin noch häufig vorkommen werden. Erfüllen in (12a) die Parameter μ und $\varkappa$ außer der dort angegebenen Voraussetzung auch noch die weiter gehende der Gl. (12), so darf der Schleifenweg in dem Integral der ersten Zeile von (12a) im besonderen vom Punkt 0 längs des unteren Ufers des Verzweigungsschnittes zwischen $0 \ldots +1$ bis zum Punkte $1-\varrho$ mit $\varrho \approx 0$ führen, von dort auf dem Kreise mit dem Radius ϱ um den Punkt $+1$ herum und dann längs des oberen Ufers des Schnitts vom Punkte $1-\varrho$ zum Punkte 0 zurücklaufen.

Auf dem ersten Drittel des Weges ist zufolge der Voraussetzung über Arc $(t-1)$ der Faktor $t-1 = (1-t)\cdot e^{-\pi i}$ und auf dem letzten Drittel nach dem Umlauf um den Punkt $t = 1$ gleich $(1-t)\cdot e^{+\pi i}$. Für das in (12a)

[1] Hier und im folgenden bedeutet Arc stets den Anfangswert des arkus der dahinter stehenden komplexen Größe zu Beginn des Integrationsweges.

auftretende Integral allein kann demnach geschrieben werden

$$e^{-\pi i\left(\frac{\mu-1}{2}+\varkappa\right)}\cdot\int\limits_0^{1-\varrho} e^{tz}\cdot t^{\frac{\mu-1}{2}-\varkappa}\cdot(1-t)^{\frac{\mu-1}{2}+\varkappa}\cdot dt$$

$$+\,e^{+\pi i\left(\frac{\mu-1}{2}+\varkappa\right)}\cdot\int\limits_{1-\varrho}^{0} e^{tz}\cdot t^{\frac{\mu-1}{2}-\varkappa}\cdot(1-t)^{\frac{\mu-1}{2}+\varkappa}\cdot dt$$

$$+\,i\cdot e^{\pi i\left(\frac{\mu-1}{2}+\varkappa\right)}\cdot\int\limits_0^{2\pi} e^{\varrho z\cdot\exp(i\varphi)}\cdot(1+\varrho\cdot e^{i\varphi})^{\frac{\mu-1}{2}-\varkappa}\cdot\varrho^{\frac{\mu+1}{2}+\varkappa}\cdot d\varphi.$$

Läßt man hierin $\varrho\to 0$ gehen, so verschwindet zufolge der Bedingung $\Re\left(\frac{1+\mu}{2}+\varkappa\right)>0$ das letzte Integral. Die beiden ersten Integrale hingegen ergeben zusammengefaßt

$$-\,2\pi i\cdot\frac{\sin\pi\left(\frac{\mu-1}{2}+\varkappa\right)}{\pi}\cdot\int\limits_0^1 e^{tz}\cdot t^{\frac{\mu-1}{2}-\varkappa}\cdot(1-t)^{\frac{\mu-1}{2}+\varkappa}\cdot dt.$$

Da der Faktor vor dem Integralzeichen aber auch gleich

$$-\,2\pi i\left\{\Gamma\left(\frac{1-\mu}{2}-\varkappa\right)\cdot\Gamma\left(\frac{1+\mu}{2}+\varkappa\right)\right\}^{-1}$$

ist, so gelangt man damit in der Tat zu der früheren Gl. (12) zurück. Die Gleichwertigkeit der beiden Integraldarstellungen (12) und (12a) ist auf diese Weise zunächst zwar nur unter der Voraussetzung eines $\Re\,((\mu+1)/2\pm\varkappa)>0$ bewiesen. Da es sich aber in beiden Fällen um analytische Funktionen von μ und $\varkappa$ handelt, die hiernach im Bereich $\Re\,((1+\mu)/2\pm\varkappa)>0$ identisch sind, so stellt die Gl. (12a) lediglich dieselbe Funktion wie (12), aber in dem größeren Bereich $\Re\,((1+\mu)/2-\varkappa)>0$ dar.

Setzt man in den beiden ersten Integralen von (12a) $tz=v$, so gelangt man zu den weiteren beiden Darstellungen:

$$\mathcal{M}_{\varkappa,\mu/2}(z)=\frac{\Gamma\left(\frac{1-\mu}{2}-\varkappa\right)}{\Gamma\left(\frac{1+\mu}{2}-\varkappa\right)}\cdot z^{\frac{1-\mu}{2}}\cdot e^{-z/2}\cdot\frac{1}{2\pi i}\int\limits_0^{(z+)} e^{v}\cdot v^{\frac{\mu-1}{2}-\varkappa}\cdot(v-z)^{\frac{\mu-1}{2}+\varkappa}\cdot dv$$

$$\left(\Re\left(\frac{\mu+1}{2}-\varkappa\right)>0\right) \qquad (12\text{b})$$

$$=\frac{\Gamma\left(\frac{1-\mu}{2}+\varkappa\right)}{\Gamma\left(\frac{1+\mu}{2}+\varkappa\right)}\cdot z^{\frac{1-\mu}{2}}\cdot e^{+z/2}\cdot\frac{1}{2\pi i}\int\limits_0^{(z+)} e^{-v}\cdot v^{\frac{\mu-1}{2}+\varkappa}\cdot(v+z)^{\frac{\mu-1}{2}-\varkappa}\cdot dv$$

$$\left(\Re\left(\frac{\mu+1}{2}+\varkappa\right)>0\right).$$

Hier ist zu Beginn des Weges $\operatorname{Arc}(v-z)=\operatorname{arc}(z)-\pi$.

Im Falle $\varkappa = n + (\mu + 1)/2$ wird in der zweiten Form von Gl. (12a) der Exponent von $t-1$ gleich $-n-1$. Der Integrand nimmt daher in diesem Falle nach einem Umlauf um den Punkt $t = 1$ wieder denselben Wert an. Der zwischen $0 \ldots 1$ verlaufende Verzweigungsschnitt ist mithin jetzt entbehrlich, und der Integrationsweg kann zu einem kleinen kreisförmigen Umlauf um den Punkt $t = 1$ zusammengezogen werden. Es wird dann mit der Substitution $t - 1 = u$

$$\mathcal{M}_{n+\frac{\mu+1}{2},\,\frac{\mu}{2}}(z) = \frac{n!}{\Gamma(\mu+n+1)} \cdot z^{\frac{1+\mu}{2}} \cdot e^{-z/2} \cdot \frac{1}{2\pi i} \int^{(0+)} e^{-uz} \cdot \frac{(1+u)^{n+\mu}}{u^{n+1}} \cdot du \qquad (|u| < 1).$$

Im Hinblick auf (10) erhält man daher auch mit $u \equiv t = s/z - 1$

$$L_n^{(\mu)}(z) = \frac{1}{2\pi i} \int^{(0+)} e^{-zt} \cdot \frac{(1+t)^{n+\mu}}{t^{n+1}} \cdot dt = \frac{e^z \cdot z^{-\mu}}{2\pi i} \int^{(z+)} e^{-s} \cdot \frac{s^{n+\mu}}{(s-z)^{n+1}}\, ds \cdot \tag{15a}$$

Das Laguerre-Polynom ist mithin gemäß

$$L_n^{(\mu)}(z) = \frac{1}{n!} \cdot e^z \cdot z^{-\mu} \cdot \frac{d^n}{dz^n}\left(e^{-z} z^{n+\mu}\right) \tag{15b}$$

auch darstellbar als die n-te Ableitung der Funktion $\exp(-z) \cdot z^{n+\mu}$.

3a. Die reine Potenzreihe für $M_{\varkappa,\mu/2}(z)$ und eine damit zusammenhängende Integraldarstellung. In den Definitionsgleichungen (3) oder (4) für $M_{\varkappa,\mu/2}(z)$ tritt die Funktion ${}_1F_1$ im Produkt mit der Exponentialfunktion $\exp(-z/2)$ auf. Um dieses Produkt selbst als Potenzreihe zu schreiben, können wir ohne weiteres von der Beziehung (§ 1, 12) mit $x = 1/2$ Gebrauch machen. Man hat daher

$$\begin{aligned} M_{\varkappa,\mu/2}(z) &= z^{\frac{1+\mu}{2}} \cdot \sum_{\lambda=0}^{\infty} \frac{(-z/2)^\lambda}{\lambda!} \cdot {}_2F_1\left(-\lambda, \frac{1+\mu}{2} - \varkappa; 1+\mu; 2\right) \\ &= z^{\frac{1+\mu}{2}} \cdot \sum_{\lambda=0}^{\infty} \frac{(z/2)^\lambda}{\lambda!} \cdot {}_2F_1\left(-\lambda, \frac{1+\mu}{2} + \varkappa; 1+\mu; 2\right). \end{aligned} \tag{16}$$

Nun ist nach einer bekannten Transformationsformel

$$\begin{aligned} &{}_2F_1\left(-\lambda, \frac{1+\mu}{2} - \varkappa; 1+\mu; 2\right) \\ &= \frac{\Gamma(1+\mu)\,\Gamma\left(\frac{1+\mu}{2} - \varkappa + \lambda\right)}{\Gamma\left(\frac{1+\mu}{2} - \varkappa\right)\Gamma(1+\mu+\lambda)} \cdot (-2)^\lambda\, {}_2F_1\left(-\lambda, -\mu-\lambda; \frac{1-\mu}{2} + \varkappa - \lambda; \frac{1}{2}\right) \end{aligned}$$

und andererseits

$$\begin{aligned} &{}_2F_1\left(-\lambda, -\mu-\lambda; \frac{1-\mu}{2} + \varkappa - \lambda; \frac{1+t}{2}\right) \\ &= \frac{\left(-\frac{1}{2}\right)^\lambda}{\left(\frac{1+\mu}{2} - \varkappa\right)_\lambda} \left(\frac{1-t}{1+t}\right)^\varkappa \cdot (1-t^2)^{\lambda + \frac{\mu+1}{2}} \cdot \frac{d^\lambda}{dt^\lambda}\left[(1-t^2)^{-\frac{\mu+1}{2}} \cdot \left(\frac{1+t}{1-t}\right)^\varkappa\right]. \end{aligned}$$

Demnach gilt auch

$$ {}_2F_1\left(-\lambda, \frac{1+\mu}{2} - \varkappa; 1+\mu; 2\right) = \frac{\Gamma(1+\mu)}{\Gamma(1+\mu+\lambda)} \left\{\frac{d^\lambda}{dt^\lambda}\left[\left(\frac{1+t}{1-t}\right)^\varkappa (1-t^2)^{-\frac{1+\mu}{2}}\right]\right\}_{t=0}. $$

Daraus folgt aber nach dem Integralsatz von Cauchy die Darstellung:

$$ \mathcal{M}_{\varkappa,\mu/2}(z) = \frac{z^{\frac{1+\mu}{2}}}{\Gamma(1+\mu)} \cdot \frac{1}{2\pi i} \int^{(0+)} {}_1F_1\left(1; \mu+1; -\frac{z}{2t}\right) \cdot \left(\frac{1+t}{1-t}\right)^\varkappa \cdot (1-t^2)^{-(\mu+1)/2} \cdot dt/t \tag{17} $$

In (17) kann nach Gl. 4.1γ des Anhangs I die unter dem Integralzeichen vorkommende Kummersche Funktion durch die unvollständige Γ-Funktion $P(z, u)$ ersetzt werden.

Ein anderes merkwürdiges Resultat ergibt sich sofort aus (16) durch Multiplikation mit der Potenz $-n-(3+\mu)/2$ von z und nachfolgender gliedweiser Integration auf einem kleinen, den Nullpunkt umschlingenden geschlossenen Wege. Sie darf hier unbedenklich vorgenommen werden, und sie führt für ein $n = 0, 1, 2, \ldots$, da sich die obige Funktion ${}_2F_1$ mit dem Argument 1/2 auch als Jacobisches Polynom darstellen läßt, schließlich zu der Beziehung:

$$ \frac{1}{2\pi i} \int^{(0+)} z^{-n-\frac{3+\mu}{2}} \cdot \mathcal{M}_{\varkappa,\mu/2}(z) \cdot dz = \frac{(-)^n}{\Gamma(1+\mu+n)} \cdot P_n^{(\alpha,\beta)}(0) \quad (n = 0, 1, 2, \ldots) \tag{17'} $$

$$ \left(\alpha = -\frac{1+\mu}{2} + \varkappa - n, \beta = -\frac{1+\mu}{2} - \varkappa - n\right). $$

Sie stammt im wesentlichen von A. Erdelyi [27]. Die Integration ist hierin längs eines kleinen, den Nullpunkt umschlingenden Integrationsweges zu nehmen. Wegen der Bezeichnung der Jacobischen Polynome vgl. (§ 12, 20α).

4. Die Whittakersche Funktion $W_{\varkappa,\mu/2}(z)$. Als weitere, die D.Gl. (2) befriedigende Funktion führen wir nach dem Vorgang von E. T. Whittaker [1, 2] die Funktionen $W_{\varkappa,\mu/2}(z)$ und $W_{-\varkappa,\mu/2}(z \cdot e^{\pm\pi i})$ ein mit den für jedes z, $\varkappa$ und μ gültigen Definitionsgleichungen.

$$ W_{\varkappa,\mu/2}(z) = \frac{\pi}{\sin\pi\mu} \cdot \left\{-\frac{\mathcal{M}_{\varkappa,+\mu/2}(z)}{\Gamma\left(\frac{1-\mu}{2}-\varkappa\right)} + \frac{\mathcal{M}_{\varkappa,-\mu/2}(z)}{\Gamma\left(\frac{1+\mu}{2}-\varkappa\right)}\right\} \tag{18a} $$

$$ W_{-\varkappa,\mu/2}(z\, e^{\pm\pi i}) = \frac{\pi}{\sin\pi\mu} \cdot \left\{-\frac{\mathcal{M}_{-\varkappa,+\mu/2}(z \cdot e^{\pm\pi i})}{\Gamma\left(\frac{1-\mu}{2}+\varkappa\right)} + \frac{\mathcal{M}_{-\varkappa,-\mu/2}(z \cdot e^{\pm\pi i})}{\Gamma\left(\frac{1+\mu}{2}+\varkappa\right)}\right\}. \tag{18b} $$

In ihnen gehören wie hier immer in solchen Fällen nur die gleichangeordneten Vorzeichen zusammen. In Rücksicht auf (5a, b) läßt sich die Definition der Funktion $W_{-\varkappa,\mu/2}(z\cdot e^{\pm\pi i})$ auch in der Form

$$W_{-\varkappa,\mu/2}(z\cdot e^{\pm\pi i}) = \frac{\pi}{\sin\pi\mu}\cdot\left\{-\frac{e^{\pm\frac{\pi i}{2}(1+\mu)}}{\Gamma\left(\frac{1-\mu}{2}+\varkappa\right)}\mathcal{M}_{\varkappa,+\mu/2}(z)+\frac{e^{\pm\frac{\pi i}{2}(1-\mu)}}{\Gamma\left(\frac{1+\mu}{2}+\varkappa\right)}\mathcal{M}_{\varkappa,-\mu/2}(z)\right\} \quad (18\text{b}')$$

schreiben. Für einen ganzzahligen Wert von μ ist auf der rechten Seite dieser Gleichungen der Grenzwert zu nehmen. Wie der Aufbau der Gleichungen unmittelbar erkennen läßt, erfüllen die beiden neu eingeführten Funktionen die wichtige Relation

$$W_{\varkappa,\mu/2}(z) = W_{\varkappa,-\mu/2}(z), \quad (19)$$

der zufolge $W_{\varkappa,\mu/2}(z)$ hinsichtlich μ eine gerade Funktion ist.

Löst man (18a, b') nach den auf der rechten Seite stehenden $\mathcal{M}$-Funktionen auf, so ergeben sich im Hinblick auf (19) die beiden Beziehungen:

$$\mathcal{M}_{\varkappa,\mu/2}(z) = \frac{e^{\pm\pi i\varkappa}}{\Gamma\left(\frac{1+\mu}{2}-\varkappa\right)}\cdot W_{-\varkappa,\mu/2}(z\cdot e^{\pm\pi i})+\frac{e^{\pm\pi i\left(\varkappa-\frac{1+\mu}{2}\right)}}{\Gamma\left(\frac{1+\mu}{2}+\varkappa\right)}\cdot W_{\varkappa,\mu/2}(z) \quad (20\text{a})$$

$$\mathcal{M}_{\varkappa,-\mu/2}(z) = \frac{e^{\pm\pi i\varkappa}}{\Gamma\left(\frac{1-\mu}{2}-\varkappa\right)}\cdot W_{-\varkappa,\mu/2}(z\cdot e^{\pm\pi i})+\frac{e^{\pm\pi i\left(\varkappa-\frac{1-\mu}{2}\right)}}{\Gamma\left(\frac{1-\mu}{2}+\varkappa\right)}\cdot W_{\varkappa,\mu/2}(z). \quad (20\text{b})$$

Schreibt man in (20a) durchweg $\mp\varkappa$ an Stelle von $\pm\varkappa$ und denkt sich die derart veränderte Gleichung in der Weise für das obere und für das untere Vorzeichen angeschrieben, daß beide Male auf der rechten Seite die Funktionen $\mathcal{M}_{-\varkappa,\mu/2}$ und $W_{-\varkappa,\mu/2}$ stehen, so führt die Auflösung dieses Gleichungssystems nach den eben genannten beiden Funktionen zu dem weiteren wichtigen Formelpaar:

$$\mathcal{M}_{-\varkappa,\mu/2}(z) = \frac{\Gamma\left(\frac{1-u}{2}-\varkappa\right)}{2\pi i} \quad (21\text{a})$$
$$\cdot\left\{e^{+\pi i\frac{1+\mu}{2}}\cdot W_{\varkappa,\mu/2}(z\cdot e^{+\pi i})-e^{-\pi i\frac{1+\mu}{2}}\cdot W_{\varkappa,\mu/2}(z\cdot e^{-\pi i})\right\}$$

$$W_{-\varkappa,\mu/2}(z) = \frac{\Gamma\left(\frac{1+\mu}{2}-\varkappa\right)\Gamma\left(\frac{1-\mu}{2}-\varkappa\right)}{2\pi i} \quad (21\text{b})$$
$$\cdot\left\{e^{-\pi i\varkappa}\cdot W_{\varkappa,\mu/2}(z\cdot e^{+\pi i})-e^{+\pi i\varkappa}\cdot W_{\varkappa,\mu/2}(z\cdot e^{-\pi i})\right\}.$$

Im folgenden werden wir gerade auf diese Beziehungen häufig zurückgreifen.

Aus der Art der Definition der beiden Whittakerschen Funktionen ist unschwer zu erkennen, daß ihnen in der Theorie der Zylinderfunktionen die beiden Hankelschen Funktionen mit imaginärem Argument entsprechen, während den beiden Funktionen $\mathcal{M}_{\varkappa,\pm\mu/2}(z)$ in dieser Theorie die Funktionen $I_{\pm\mu/2}(z/2)$ zuzuordnen sind.

Die andere hierhergehörige Formelgruppe

$$\begin{vmatrix} \mathcal{M}_{\varkappa,\mu/2}(z_1) & \mathcal{M}_{\varkappa,\mu/2}(z_2) \\ W_{\varkappa,\mu/2}(z_1) & W_{\varkappa,\mu/2}(z_2) \end{vmatrix} = \frac{\pi/\sin(\pi\mu)}{\Gamma\left(\frac{1+\mu}{2}-\varkappa\right)} \cdot \begin{vmatrix} \mathcal{M}_{\varkappa,\mu/2}(z_1) & \mathcal{M}_{\varkappa,\mu/2}(z_2) \\ \mathcal{M}_{\varkappa,-\mu/2}(z_1) & \mathcal{M}_{\varkappa,-\mu/2}(z_2) \end{vmatrix} \tag{21}$$

$$= \frac{e^{\pm\pi i\varkappa}}{\Gamma\left(\frac{1+\mu}{2}-\varkappa\right)} \cdot \begin{vmatrix} W_{-\varkappa,\mu/2}(z_1\cdot e^{\pm\pi i}) & W_{-\varkappa,\mu/2}(z_2\cdot e^{\pm\pi i}) \\ W_{\varkappa,\mu/2}(z_1) & W_{\varkappa,\mu/2}(z_2) \end{vmatrix}$$

ist eine unmittelbare Folge der Gl. (18a, b) und (20a, b).

5. Die Funktion $W_{\varkappa,\mu/2}(z)$ und das lösende Fundamentalsystem der Wh.D.Gl. für ganzzahlige Werte $\mu = m$. Um bei Annäherung von μ an die positive ganze Zahl m den Grenzwert der Funktion $W_{\varkappa,\mu/2}(z)$ zu finden, hat man nach der De L'Hospitalschen Regel in (18a) Zähler und Nenner nach μ zu differenzieren und danach den Grenzübergang zu vollziehen. Das ergibt zunächst

$$W_{\varkappa,m/2}(z) = (-)^m \cdot \left\{ \left[\frac{\partial}{\partial\mu}\left(\frac{\mathcal{M}_{\varkappa,-\mu/2}(z)}{\Gamma\left(\frac{1+u}{2}-\varkappa\right)}\right)\right]_{\mu=m} - \left[\frac{\partial}{\partial\mu}\left(\frac{\mathcal{M}_{\varkappa,\mu/2}(z)}{\Gamma\left(\frac{1-\mu}{2}-\varkappa\right)}\right)\right]_{\mu=m} \right\}.$$

Führt man hierin die Differentiation an den beiden $\varkappa$ enthaltenden Γ-Funktionen aus und berücksichtigt (8), so erhält man als nächste Entwicklungsstufe die Beziehung

$$W_{\varkappa,m/2}(z) = \frac{1}{2} \cdot (-)^{m+1} \frac{\Psi\left(\frac{1+m}{2}-\varkappa\right) + \Psi\left(\frac{1-m}{2}-\varkappa\right)}{\Gamma\left(\frac{1-m}{2}-\varkappa\right)} \cdot \mathcal{M}_{\varkappa,m/2}(z)$$

$$+ (-)^{m+1} \cdot \left\{ \frac{1}{\Gamma\left(\frac{1+m}{2}-\varkappa\right)} \cdot \left(\frac{\partial}{\partial\mu}\mathcal{M}_{\varkappa,\mu/2}(z)\right)_{\mu=-m} \right.$$

$$\left. + \frac{1}{\Gamma\left(\frac{1-m}{2}-\varkappa\right)} \cdot \left(\frac{\partial}{\partial\mu}\mathcal{M}_{\varkappa,\mu/2}(z)\right)_{\mu=+m} \right\}.$$

Aus der Gl. (3a) errechnet sich aber für die Ableitung von $\mathcal{M}_{\varkappa,\mu/2}(z)$ nach μ der Ausdruck

$$\frac{\partial}{\partial\mu}\mathcal{M}_{\varkappa,\mu/2}(z) \equiv \mathfrak{M}_{\varkappa,\mu/2}(z) = \frac{1}{2}\cdot\mathcal{M}_{\varkappa,\mu/2}(z)\cdot\left[\ln z - \Psi\left(\frac{1+\mu}{2}-\varkappa\right)\right]$$

$$+\frac{z^{\frac{1+\mu}{2}}\cdot e^{-z/2}}{\Gamma\left(\frac{1+\mu}{2}-\varkappa\right)}\cdot\sum_{\lambda=0}^{\infty}\frac{\Gamma\left(\frac{1+\mu}{2}-\varkappa+\lambda\right)}{\Gamma(1+\mu+\lambda)} \tag{22}$$

$$\cdot\left[\frac{1}{2}\Psi\left(\frac{1+\mu}{2}-\varkappa+\lambda\right)-\Psi(1+\mu+\lambda)\right]\frac{z^\lambda}{\lambda!}.$$

Der Wert von $\mathfrak{M}_{\varkappa,\mu/2}$ für $\mu\to+m$ ergibt sich aus (22) einfach durch den Ersatz von μ durch m. Im Falle eines $\mu\to-m$ bleiben in (22) ebenfalls alle Glieder endlich, und zwar für $\lambda\geq m$ ohnehin, bei den Gliedern mit $0\leq\lambda\leq m-1$ jedoch nur deshalb, weil für $\mu\to-m$ sowohl der zweite Summand in der eckigen Klammer des Zählers als auch der Nenner zugleich einfache Pole haben. Wird dies in gehöriger Weise beachtet, so erhält man für diesen Grenzfall die Beziehung:

$$\lim_{\mu\to-m}\mathfrak{M}_{\varkappa,\mu/2}(z) = \frac{1}{2}\cdot\frac{\Gamma\left(\frac{1+m}{2}-\varkappa\right)}{\Gamma\left(\frac{1-m}{2}-\varkappa\right)}\cdot\mathcal{M}_{\varkappa,m/2}(z)\cdot\left[\ln z-\Psi\left(\frac{1-m}{2}-\varkappa\right)\right]$$

$$+e^{-z/2}\cdot\frac{z^{\frac{1+m}{2}}}{\Gamma\left(\frac{1-m}{2}-\varkappa\right)}\cdot\left\{\sum_{\lambda=0}^{\infty}\frac{\Gamma\left(\frac{1+m}{2}-\varkappa+\lambda\right)}{(m+\lambda)!}\right. \tag{23}$$

$$\left.\cdot\left[\frac{1}{2}\Psi\left(\frac{1+m}{2}-\varkappa+\lambda\right)-\Psi(1+\lambda)\right]\frac{z^\lambda}{\lambda!}-\sum_{\lambda=1}^{m}\frac{\Gamma\left(\frac{1+m}{2}-\varkappa-\lambda\right)\cdot(\lambda-1)!}{(m-\lambda)!\,(-z)^\lambda}\right\}.$$

Die weiteren Rechnungen erfordern keine näheren Angaben mehr, so daß das Endergebnis unmittelbar angeschrieben werden kann. Dies geschehe mittels der nur für $m = 0, 1, 2\ldots$ definierten Hilfsfunktion

$$H_{\varkappa,m/2}(z) = \frac{z^{(1+m)/2}\cdot e^{-z/2}}{\Gamma\left(\frac{1+m}{2}-\varkappa\right)}\cdot\left\{\sum_{\lambda=0}^{\infty}\frac{\Gamma\left(\frac{1+m}{2}-\varkappa+\lambda\right)}{(m+\lambda)!}\cdot\left[\Psi\left(\frac{1+m}{2}-\varkappa+\lambda\right)\right.\right. \tag{24a}$$

$$\left.\left.-\Psi(1+\lambda)-\Psi(1+m+\lambda)\right]\frac{z^\lambda}{\lambda!}-\sum_{\lambda=1}^{m}\frac{\Gamma\left(\frac{1+m}{2}-\varkappa-\lambda\right)}{(m-\lambda)!}\cdot\frac{(\lambda-1)!}{(-z)^\lambda}\right\}.$$

Für $m = 0$ ist in (24a) die endliche Summe fortzulassen. Die Beziehung für $W_{\varkappa,m/2}(z)$ selbst lautet dann:

$$W_{\varkappa,m/2}(z) = \frac{(-)^{m+1}}{\Gamma\left(\frac{1-m}{2}-\varkappa\right)} \cdot [\mathcal{M}_{\varkappa,m/2}(z) \cdot \ln z + H_{\varkappa,m/2}(z)] \qquad (25\text{a})$$

$$(m = 0, 1, 2, \ldots).$$

Die Funktion $H_{\varkappa,m/2}(z)$ läßt sich auf Grund ihrer Herkunft auch durch die Beziehung

$$H_{\varkappa,m/2}(z) = -\mathcal{M}_{\varkappa,m/2}(z) \cdot \left\{\ln z - \frac{1}{2}\left[\Psi\left(\frac{1+m}{2}-\varkappa\right) + \Psi\left(\frac{1-m}{2}-\varkappa\right)\right]\right\}$$

$$+ \frac{\Gamma\left(\frac{1-m}{2}-\varkappa\right)}{\Gamma\left(\frac{1+m}{2}-\varkappa\right)} \cdot \mathfrak{M}_{\varkappa,-m/2}(z) + \mathfrak{M}_{\varkappa,+m/2}(z) \qquad (24\text{b})$$

definieren. In Rücksicht auf (22) erfüllt die darin vorkommende Funktion $\mathfrak{M}_{\varkappa,\mu/2}(z)$ die inhomogene D.Gl.

$$\left\{z^2 \cdot \frac{d^2}{dz^2} + \left[-\frac{z^2}{4} + \varkappa z + \frac{1-\mu^2}{4}\right]\right\} \mathfrak{M}_{\varkappa,\mu/2}(z) = \frac{\mu}{2} \cdot \mathcal{M}_{\varkappa,\mu/2}(z) \qquad (26\text{a})$$

und die Halbumlaufsrelation

$$e^{\mp\frac{\pi i}{2}(1+\mu)} \cdot \mathfrak{M}_{-\varkappa,\mu/2}(z \cdot e^{\pm\pi i}) = \pm\frac{\pi i}{2} \mathcal{M}_{\varkappa,\mu/2}(z) + \mathfrak{M}_{\varkappa,\mu/2}(z). \qquad (26\text{b})$$

Die entsprechenden beiden Relationen für die Funktion $H_{\varkappa,m/2}(z)$ haben nach (8) und (24b), (5a, b) und (26b) die Form

$$\left\{z^2 \cdot \frac{d^2}{dz^2} + \left[-\frac{z^2}{4} + \varkappa z + \frac{1-m^2}{4}\right]\right\} H_{\varkappa,m/2}(z) = -\mathcal{M}_{\varkappa,m/2}(z) + 2z \cdot \mathcal{M}'_{\varkappa,m/2}(z) \qquad (27\text{a})$$

$$e^{\mp\frac{\pi i}{2}(1+m)} \cdot H_{-\varkappa,m/2}(z \cdot e^{\pm\pi i}) \qquad (27\text{b})$$

$$= H_{\varkappa,m/2}(z) + \pi \cdot \operatorname{tg} \pi\left(\varkappa + \frac{m}{2}\right) \cdot \mathcal{M}_{\varkappa,m/2}(z).$$

Die Berücksichtigung von (27b) in (25a) führt dann schließlich zu der noch ausstehenden Beziehung:

$$W_{-\varkappa,m/2}(z \cdot e^{\pm\pi i}) \qquad (25\text{b})$$

$$= \frac{e^{\pm\frac{\pi i}{2}(1+m)}}{\Gamma\left(\frac{1-m}{2}+\varkappa\right)} \cdot \left\{\mathcal{M}_{\varkappa,m/2}(z) \cdot \left[\ln z \pm \pi i + \pi \cdot \operatorname{tg}\pi\left(\varkappa + \frac{m}{2}\right)\right] + H_{\varkappa,m/2}(z)\right\}.$$

In (25a) liegt das logarithmenbehaftete Partikularintegral der Wh. D.Gl. für $\mu = m$ vor. Eine Integralbasis bildet demnach in diesem Falle entweder das Funktionenpaar

$$y_1 = \mathcal{M}_{\varkappa,\, m/2}(z) \qquad y_2 = W_{\varkappa,\, m/2}(z)$$

oder auch das Paar

$$y_1 = W_{\varkappa,\, m/2}(z) \qquad y_2 = W_{-\varkappa,\, m/2}(z \cdot e^{\pm \pi i}).$$

Vgl. auch z. B. W. J. ARCHIBALD [1], A. KIENAST [1], H. KRUPP [1].

6. Die Funktionen $W_{\varkappa,\,\mu/2}(z)$ in einfachen Sonderfällen. Bevor wir weitere allgemeine Fragen besprechen, lassen wir erst wieder eine kurze Zusammenstellung solcher Fälle folgen, in denen sich die Funktion $W_{\varkappa,\mu/2}(z)$ bei speziellen Werten der beiden Parameter auf einfachere Funktionen reduziert. Dabei berücksichtigen wir vor allen Dingen die schon bei der Funktion $M_{\varkappa,\mu/2}(z)$ in Betracht gezogenen Werte von $\varkappa$ und μ.

Wird demgemäß zunächst $\varkappa = \pm\,(1+\mu)/2$ gesetzt, so zeigen die Gleichungen

$$W_{+\frac{\mu+1}{2},\,\frac{\mu}{2}}(z) = z^{\frac{1+\mu}{2}}\, e^{-z/2} \equiv M_{\frac{\mu+1}{2},\,\frac{\mu}{2}}(z) \tag{28α}$$

$$W_{-\frac{\mu+1}{2},\,\frac{\mu}{2}}(z) = \Gamma(-\mu)\cdot z^{\frac{1+\mu}{2}}\, e^{z/2} + 1/\mu \cdot z^{\frac{1-\mu}{2}}\, e^{-z/2}\cdot {}_1F_1(1;\,1-\mu;\,z), \tag{28β}$$

daß hier nur der Wert $\varkappa = +\,(\mu+1)/2$ auf eine elementare Funktion zurückführt, und zwar auf dieselbe wie bei der Funktion $M_{\varkappa,\mu/2}(z)$.

Für $\varkappa = n + (\mu+1)/2$ wird nach Gl. (18a)

$$\begin{aligned} W_{n+\frac{1+\mu}{2},\,\pm\frac{\mu}{2}}(z) &= (-)^n \cdot \Gamma(1+\mu+n)\cdot \mathcal{M}_{n+\frac{1+\mu}{2},\,\frac{\mu}{2}}(z) \\ &= (-)^n \cdot n!\; z^{\frac{1+\mu}{2}}\, e^{-z/2}\cdot L_n^{(\mu)}(z) \qquad (n = 0, 1, 2, \ldots) \end{aligned} \tag{28a}$$

$$\begin{aligned} W_{n+\frac{1-\mu}{2},\,\pm\frac{\mu}{2}}(z) &= (-)^n \cdot \Gamma(1-\mu+n)\cdot \mathcal{M}_{n+\frac{1-\mu}{2},\,-\frac{\mu}{2}}(z) \\ &= (-)^n \cdot n!\; z^{\frac{1-\mu}{2}}\, e^{-z/2}\cdot L_n^{(-\mu)}(z), \qquad (n = 0, 1, 2, \ldots) \end{aligned} \tag{28b}$$

woraus die wichtige Tatsache folgt, daß für diese Werte von $\varkappa$ die Funktionen $M_{\varkappa,\,\mu/2}(z)$ und $W_{\varkappa,\,\mu/2}(z)$ bis auf von z unabhängige Faktoren mit den Laguerre-Polynomen übereinstimmen. Dagegen ist für $\varkappa = -n - (\mu+1)/2$ die Funktion $W_{\varkappa,\,\mu/2}(z)$ ganz wesentlich von der entsprechenden Funktion $M_{\varkappa,\mu/2}(z)$ verschieden. Nach Gl. (24a, 25a) ist z. B. für $\mu = m = 0, 1, 2, \ldots$

$$W_{-n-\frac{1+m}{2},\frac{m}{2}}(z) = \frac{(-)^{m+1}}{(n+m)!}\, z^{\frac{1+m}{2}} \cdot e^{+z/2} \cdot L_n^{(m)}(-z)$$

$$+ (-)^{m+1} \cdot \frac{z^{\frac{1+m}{2}} \cdot e^{-z/2}}{n!\,(n+m)!} \cdot \left\{ - \sum_{\lambda=1}^{m} \frac{(n+m-\lambda)!\,(\lambda-1)!}{(m-\lambda)!\,(-z)^{\lambda}} \right. \tag{28c}$$

$$\left. + \sum_{\lambda=0}^{\infty} \frac{(n+m+\lambda)!}{(m+\lambda)!} \cdot [\Psi(1+n+m+\lambda) - \Psi(1+m+\lambda) - \Psi(1+\lambda)] \cdot \frac{z^{\lambda}}{\lambda!} \right\}.$$

Schließlich führt der dritte Sonderfall $\varkappa = 0$ über die Gl. (18a, b) zu den drei Beziehungen:

$$W_{0,\mu/2}(z) = (z/\pi)^{1/2} \cdot K_{\mu/2}\left(\frac{z}{2}\right) = \frac{1}{2}(\pi z)^{1/2}\, e^{+\frac{\pi i}{2}\left(1+\frac{\mu}{2}\right)} \cdot H^{(1)}_{\mu/2}\left(\frac{i z}{2}\right) \tag{29a}$$

$$W_{0,\mu/2}(z \cdot e^{+\pi i}) = \frac{1}{2}(\pi z)^{1/2} e^{-\pi i \mu/4} \cdot H^{(2)}_{\mu/2}\left(\frac{i z}{2}\right) \tag{29b}$$

$$W_{0,\mu/2}(z \cdot e^{-\pi i}) = \frac{1}{2}(\pi z)^{1/2}\, e^{\pi i \mu/4} \cdot H^{(1)}_{\mu/2}\left(\frac{iz}{2}\, e^{-\pi i}\right). \tag{29c}$$

Es liegt also in der Theorie der konfluenten hypergeometrischen Funktion in der Whittaker-Funktion $W_{\varkappa,\mu/2}(z)$ das eigentliche Gegenstück zur Hankelschen Funktion in der Theorie der Zylinderfunktionen vor.

Im Hinblick auf die Gl. (28a) bestehen dann wegen

$$W_{0,-n-1/2}(z) \equiv W_{+n+(-n-1/2+1/2),-n-1/2}(z) = (-)^n n!\, z^{-n}\, e^{-z/2} \cdot L_n^{(-2n-1)}(z)$$

auch noch die Formeln

$$K_{-n-1/2}\left(\frac{z}{2}\right) = K_{n+1/2}\left(\frac{z}{2}\right) = \pi^{1/2}\,(-)^n\, n!\, z^{-n-1/2}\, e^{-z/2}\, L_n^{(-2n-1)}(z) \tag{30a}$$

$$I_{n+1/2}(z) = \pi^{-1/2}(2z)^{-n-1/2} n! [e^{-z} L_n^{(-2n-1)}(2z) - e^{+z} L_n^{(-2n-1)}(-2z)]. \tag{30b}$$

Sie zeigt, daß die Polynome, in die, von einem Exponentialfaktor abgesehen, die Zylinderfunktionen mit halbzahligem Zeiger übergehen, in einer einfachen Beziehung zu den Laguerre-Polynomen stehen. Siehe A. Erdelyi [16].

7. Die Wronskische Determinante der verschiedenen Lösungspaare der Wh.D.Gl. Die eben angezogenen Beispiele bestätigen die schon aus den Definitionsgleichungen (18a, b) hervorgehende Tatsache, daß die beiden Funktionen $W_{\varkappa,\mu/2}(z)$ und $W_{-\varkappa,\mu/2}(-z)$ nicht in einem ähnlichen, unmittelbaren Zusammenhang stehen wie gemäß den Gl. (5a, b) die entsprechenden beiden Funktionen $M_{\varkappa,\mu/2}(z)$ und $M_{-\varkappa,\mu/2}(-z)$. Das zuerst genannte Funktionenpaar besteht vielmehr aus zwei wesentlich verschie-

denen, d. h. linear unabhängigen Lösungen der Wh.D.Gl. Um nun in dieser Hinsicht auch über die gegenseitige Stellung der anderen bisher eingeführten Lösungen dieser D.Gl. Klarheit zu gewinnen, berechnen wir die Wronskische Determinante je eines solchen Lösungspaars.

Ist die D.Gl. $f_2(z) \cdot y'' + f_1(z) \cdot y' + f_0(z) \cdot y = 0$ vorgelegt, so gilt bekanntlich der Satz, daß für je zwei Lösungen $y_1(z)$ und $y_2(z)$ dieser Gleichung die Determinante

$$\mathfrak{W}\{y_1(z), y_2(z)\} \equiv \begin{vmatrix} y_1(z) & y_2(z) \\ \dfrac{dy_1}{dz} & \dfrac{dy_2}{dz} \end{vmatrix} = \mathfrak{W}\{y_1(z_0), y_2(z_0)\} \cdot \exp\left[-\int_{z_0}^{z} \frac{f_1(x)}{f_2(x)}\,dx\right] \tag{31}$$

ist, und die Lösungen genau dann linear unabhängig sind, wenn $\mathfrak{W} \neq 0$ ist. Da nun im Falle der Whittakerschen D.Gl. $f_1(z) = 0$ ist, so ist die Wronskische Determinante zweier linear unabhängiger Integrale dieser D.Gl. im ganzen Regularitätsbereich der Lösungen einer Konstanten gleich. Den Wert dieser Konstanten bestimmt man am einfachsten, indem man für z_0 einen Wert wählt, für den die Funktionen leicht zu berechnen sind.

Als erstes Lösungspaar nehmen wir uns die beiden Funktionen $\mathcal{M}_{\varkappa,\mu/2}(z)$ und $\mathcal{M}_{\varkappa,-\mu/2}(z)$ vor und berechnen die Wronskische Determinante, indem wir etwa die Gl. (16) heranziehen. Bei einem $|\mu| < 1$ darf dann in (31) $z_0 = 0$ gesetzt werden und nach dem Prinzip der analytischen Fortsetzung der in der ganzen μ-Ebene regulären Funktionen gilt dann allgemein

$$\mathfrak{W}\{\mathcal{M}_{\varkappa,\mu/2}(z), \mathcal{M}_{\varkappa,-\mu/2}(z)\} = -\sin(\pi\mu)/\pi. \tag{32}$$

Für das Funktionenpaar $W_{\varkappa,\mu/2}(z)$ und $\mathcal{M}_{\varkappa,\mu/2}(z)$ ergibt sich unter Berücksichtigung von (18a) die Beziehung:

$$\mathfrak{W}\{W_{\varkappa,\mu/2}(z), \mathcal{M}_{\varkappa,\mu/2}(z)\} = 1/\Gamma\left(\frac{1+\mu}{2} - \varkappa\right). \tag{33}$$

Auf die gleiche Weise ermittelt man

$$\mathfrak{W}\{W_{-\varkappa,\mu/2}(z\,e^{\pm\pi i}), \mathcal{M}_{\varkappa,\mu/2}(z)\} = \frac{e^{\pm\pi i(1-\mu)}}{\Gamma\left(\dfrac{1+\mu}{2} + \varkappa\right)} \tag{34a}$$

$$\mathfrak{W}\{W_{\varkappa,\mu/2}(z), W_{-\varkappa,\mu/2}(z\,e^{\pm\pi i})\} = e^{\mp\pi i\varkappa}. \tag{34b}$$

Hingegen ist immer

$$\mathfrak{W}\{\mathcal{M}_{\varkappa,\mu/2}(z), \mathcal{M}_{-\varkappa,\mu/2}(z\,e^{\pm\pi i})\} \equiv 0.$$

Die nach (31) in den Wronskis auftretenden Ableitungen verstehen sich in den obigen Gleichungen auch beim Argument $z \cdot \exp(\pm\pi i)$ stets als Ableitungen nach z selbst.

Da in (32) die rechte Seite verschwindet, wenn μ gleich Null oder gleich einer beliebigen ganzen Zahl wird, so bestätigt dieses Ergebnis die schon früher gewonnene Erkenntnis, daß für solche Werte von μ die beiden Funktionen $M_{\varkappa,\mu/2}(z)$ und $M_{\varkappa,-\mu/2}(z)$ nicht mehr linear unabhängig sind. Dasselbe gilt nach (33) oder (34) von den Funktionen $M_{\varkappa,\mu/2}(z)$ und $W_{\varkappa,\mu/2}(z)$ oder $W_{-\varkappa,\mu/2}(z)$, falls $\varkappa = n + (\mu+1)/2$ oder $-n - (\mu+1)/2$ ist mit

$n = 0, 1, 2, \ldots$. In der Tat haben wir gesehen, daß dann diese beiden Funktionen, von einem von z unabhängigen Faktor abgesehen, mit den Laguerre-Polynomen übereinstimmen. Lediglich das Paar (34b) liefert eine in allen Fällen linear unabhängige Kombination von Lösungen.

Man merke für Umrechnungen an: Es ist

$$\mathfrak{W}\{f(z)\cdot \mathcal{M}_{\varkappa,\mu/2}(z),\, f(z)\cdot W_{\varkappa,\mu/2}(z)\} = [f(z)]^2 \cdot \mathfrak{W}\{\mathcal{M}_{\varkappa,\mu/2}(z),\, W_{\varkappa,\mu/2}(z)\}. \quad (35)$$

8. Die Umlaufsrelationen für die Lösungsfunktionen der Wh.D.Gl. Wir verstehen in diesem Abschnitt unter z durchweg eine komplexe Veränderliche, deren Arcus stets $< \pi$ ist und für ein $z = x > 0$ verschwindet. In der längs der negativ reellen Achse aufgeschnittenen z-Ebene sind dann alle bisher eingeführten vier Lösungsfunktionen eindeutige Funktionen ihres Argumentes. Wir bezeichnen sie wie üblich als die Hauptwerte dieser Funktionen. Es fragt sich, in welcher Weise die Werte dieser vier Funktionen für das beliebige Argument $z\cdot\exp(n\cdot 2\pi i)$ mit $n = \pm 1, 2, 3, \ldots$ mit den Hauptwerten einer oder zweier von ihnen zusammenhängen.

Für die Funktion $\mathcal{M}_{\varkappa,\mu/2}(z)$ ist diese Frage auf Grund einer früheren Bemerkung am einfachsten zu beantworten. Wegen des Faktors $z^{(1+\mu)/2}$ vor einer sonst um den Nullpunkt herum eindeutigen Funktion ist offenbar

$$\mathcal{M}_{\varkappa,\mu/2}(z\cdot e^{n\cdot 2\pi i}) = e^{\pi i(1+\mu)\cdot n}\cdot \mathcal{M}_{\varkappa,\mu/2}(z). \quad (36a)$$

Im Hinblick auf die Gl. (5a, b) hat man ferner als Ergänzung hierzu die Beziehung

$$\mathcal{M}_{\varkappa,\mu/2}(z\cdot e^{(n\pm 1/2)\cdot 2\pi i}) = e^{\pi i(1+\mu)\cdot(n\pm 1/2)}\cdot \mathcal{M}_{\varkappa,\mu/2}(z). \quad (36b)$$

Für die Funktion $W_{\varkappa,\mu/2}(z)$ hat man zunächst nach der Definitionsgleichung (18a) für das Argument $z\cdot\exp(n\cdot 2\pi i)$ die Relation

$$W_{\varkappa,\mu/2}(z\cdot e^{n\cdot 2\pi i})$$

$$= \frac{\pi}{\sin(\pi\mu)}\cdot\left\{-\frac{e^{\pi i(1+\mu)\cdot n}}{\Gamma\left(\frac{1-\mu}{2}-\varkappa\right)}\cdot\mathcal{M}_{\varkappa,\mu/2}(z) + \frac{e^{\pi i(1-\mu)\cdot n}}{\Gamma\left(\frac{1+\mu}{2}-\varkappa\right)}\cdot\mathcal{M}_{\varkappa,-\mu/2}(z)\right\}, \quad (37)$$

die den Wert der Funktion $W_{\varkappa,\mu/2}(z)$ nach n vollständigen Umläufen um den Nullpunkt durch die Hauptwerte der Funktionen $\mathcal{M}_{\varkappa,\mu/2}(z)$ und $\mathcal{M}_{\varkappa,-\mu/2}(z)$ ausdrückt. Will man sie ausgedrückt haben durch die Hauptwerte der Funktionen $W_{\varkappa,\mu/2}(z)$, $W_{-\varkappa,\mu/2}(z)$ oder $\mathcal{M}_{\varkappa,\mu/2}(z)$, so hat man noch in (37) die Gl. (20a, b) zu berücksichtigen. Das ergibt nach gehöriger Zusammenfassung die Formel:

$$W_{\varkappa,\mu/2}(z\cdot e^{n\cdot 2\pi i})$$

$$= \frac{(-)^{n+1}\cdot 2\pi i}{\Gamma\left(\frac{1+\mu}{2}-\varkappa\right)\Gamma\left(\frac{1-\mu}{2}-\varkappa\right)}\cdot\frac{\sin(\pi n\mu)}{\sin(\pi\mu)}\cdot e^{\pm\pi i\varkappa}\cdot W_{-\varkappa,\mu/2}(z\cdot e^{\pm\pi i})$$

$$\mp(-)^n\cdot\frac{\sin(\pi n\mu)\cdot e^{\pm 2\pi i\varkappa}+\sin(\pi(n\mp 1)\mu)}{\sin(\pi\mu)}\cdot W_{\varkappa,\mu/2}(z) \tag{37a}$$

$$= \frac{(-)^{n+1}\cdot 2\pi i\cdot\sin(\pi n\mu)}{\Gamma\left(\frac{1-\mu}{2}-\varkappa\right)\cdot\sin(\pi\mu)}\cdot\mathcal{M}_{\varkappa,\mu/2}(z)+(-)^n\cdot e^{-\pi i n\mu}\cdot W_{\varkappa,\mu/2}(z).$$

Hierin ist das + - oder das — - Zeichen zu nehmen, je nachdem das Argument der Funktion $W_{-\varkappa,\mu/2}$ auf der rechten Seite $z\cdot\exp(+\pi i)$ oder $z\cdot\exp(-\pi i)$ ist. Auf ganz analoge Weise läßt sich das Formelpaar

$$W_{-\varkappa,\mu/2}(z\cdot e^{(n\pm 1/2)\cdot 2\pi i}) \tag{38}$$

$$= \frac{\pi}{\sin(\pi\mu)}\cdot\left\{-\frac{e^{\pi i(1+\mu)\cdot(n\pm 1/2)}}{\Gamma\left(\frac{1-\mu}{2}+\varkappa\right)}\cdot\mathcal{M}_{\varkappa,\mu/2}(z)+\frac{e^{\pi i(1-\mu)\cdot(n\pm 1/2)}}{\Gamma\left(\frac{1+\mu}{2}+\varkappa\right)}\cdot\mathcal{M}_{\varkappa,-\mu/2}(z)\right\}$$

$$W_{-\varkappa,\mu/2}(z\cdot e^{(n\pm 1/2)\cdot 2\pi i})$$

$$= \frac{(-)^{n+1}\cdot 2\pi i}{\Gamma\left(\frac{1+\mu}{2}+\varkappa\right)\Gamma\left(\frac{1-\mu}{2}+\varkappa\right)}\cdot\frac{\sin(\pi n\mu)}{\sin(\pi\mu)}\cdot e^{\pm\pi i\varkappa}\cdot W_{\varkappa,\mu/2}(z) \tag{38a}$$

$$\pm(-)^n\cdot\frac{\sin(\pi n\mu)\cdot e^{\pm 2\pi i\varkappa}+\sin(\pi(n\pm 1)\mu)}{\sin(\pi\mu)}\cdot W_{-\varkappa,\mu/2}(z\cdot e^{\pm\pi i})$$

$$= \frac{(-)^{n+1}\cdot 2\pi i\cdot\sin(\pi n\mu)}{\Gamma\left(\frac{1-u}{2}+\varkappa\right)\cdot\sin(\pi\mu)}\cdot\mathcal{M}_{-\varkappa,\mu/2}(z\cdot e^{\pm\pi i})$$

$$+(-)^n\cdot e^{-\pi i\mu n}\cdot W_{-\varkappa,\mu/2}(z\cdot e^{\pm\pi i})$$

herleiten. Dabei hat man hier auszugehen von der Gl. (18a) und der obigen Gl. (36a).

Nimmt man in (38a) den Parameter $\varkappa$ mit dem entgegengesetzten Vorzeichen, so hat man in dieser Gleichung das Gegenstück zur Gl. (36a) für die Funktion $W_{\varkappa,\mu/2}(z)$ vor sich.

Umlaufsrelationen ähnlicher Art hat zuerst Kienast [1] aufgestellt, jedoch nicht für die Whittakersche, sondern für die Kummersche Funktion.

9. **Das Verhalten der Funktionen $M_{\varkappa,m/2}(z)$ und $W_{\varkappa,m/2}(z)$ und ihrer ersten Ableitungen in unmittelbarer Nähe des Nullpunktes.** Da besonders bei den Anwendungen der konfluenten hypergeometrischen Funktionen auf physikalische Probleme häufig die Frage auftritt, wie sich diese Funktionen bei Annäherung ihres Argumentes z an den Nullpunkt verhalten, so soll darüber eine übersichtliche Zusammenstellung gebracht werden. Wir beschränken uns dabei auf den praktisch wichtigsten Fall, daß $\mu = m$ eine verschwindende oder positive ganze Zahl ist. Andererseits werden wir jedoch die Angaben auch auf die ersten Ableitungen der beiden Funktionen $\mathcal{M}_{\varkappa,m/2}(z)$ und $W_{\varkappa,m/2}(z)$ nach z erstrecken. In der nachstehenden Tabelle sind diese

Tabelle 1. *Das erste Entwicklungsglied in den Reihendarstellungen für $\mathcal{M}_{\varkappa,m/2}(z)$, $\mathcal{M}'_{\varkappa,m/2}(z)$, $W_{\varkappa,m/2}(z)$ und $W'_{\varkappa,m/2}(z)$ in der Nähe von $z = 0$.*

m	$\mathcal{M}_{\varkappa,m/2}(z)$	$\mathcal{M}'_{\varkappa,m/2}(z)$	$W_{\varkappa,m/2}(z)$	$W'_{\varkappa,m/2}(z)$
0	$z^{1/2}$	$\frac{1}{2} \cdot z^{-1/2}$	$-\frac{\ln z}{\Gamma\left(\frac{1}{2}-\varkappa\right)} \cdot z^{1/2}$	$-\frac{1/2}{\Gamma\left(\frac{1}{2}-\varkappa\right)} \cdot z^{-1/2} \cdot \ln z$
1	z^1	1	$\frac{1}{\Gamma(1-\varkappa)} + O(z \cdot \ln z)$	$+\frac{\ln z}{\Gamma(-\varkappa)} + O(z^0)$
2	$\frac{z^{3/2}}{2}$	$\frac{3}{4} \cdot z^{1/2}$	$\frac{z^{-1/2}}{\Gamma\left(\frac{3}{2}-\varkappa\right)}$	$\frac{-\frac{1}{2} \cdot z^{-3/2}}{\Gamma\left(\frac{3}{2}-\varkappa\right)}$
≥ 3	$\frac{z^{\frac{1+m}{2}}}{\Gamma(1+m)}$	$\frac{\frac{1+m}{2} \cdot z^{(m-1)/2}}{\Gamma(1+m)}$	$\frac{(m-1)!}{\Gamma\left(\frac{1+m}{2}-\varkappa\right)} \cdot z^{\frac{1-m}{2}}$	$\frac{1-m}{2} \cdot \frac{(m-1)!}{\Gamma\left(\frac{1+m}{2}-\varkappa\right)} \cdot z^{-\frac{m+1}{2}}$

Angaben in der Form gemacht worden, daß in jeder Rubrik jeweils das erste und größte Glied in der zu der betreffenden Funktion gehörigen Entwicklung aufgeführt ist.

10. **Die Wertigkeit der Funktionen $\mathcal{M}_{\varkappa,\mu/2}(z)$ und $W_{\varkappa,\mu/2}(z)$ bei komplexen Werten von z und $\varkappa$, aber reellen Werten von μ.** Im Hinblick auf die Anwendungen ist es ferner wichtig, sich Klarheit darüber zu verschaffen, unter welchen Bedingungen für z, $\varkappa$ und μ die beiden Whittakerschen Funktionen reell- oder komplexwertig sind. Auch bei dieser Erörterung beschränken wir uns auf den Fall reeller Werte von μ als dem praktisch bedeutungsvollsten. Setzen wir dann in (3a) $z = |z| \cdot \exp(i\varphi)$ und $\varkappa = \varkappa_1 + i \cdot \varkappa_2$, so hat die Funktion

$M_{\varkappa,\mu/2}(z)$ im allgemeinen, wie die dabei entstehende Gleichung

$$M_{\varkappa,\mu/2}(z) = |z|^{\frac{1+\mu}{2}} \cdot e^{i\varphi\cdot\frac{1+\mu}{2} - \frac{1}{2}\cdot|z|\cdot[\cos\varphi + i\cdot\sin\varphi]}$$
$$\cdot {}_1F_1\left(\frac{1+\mu}{2} - \varkappa_1 - i\,\varkappa_2;\ 1+\mu;\ |z|\,e^{i\varphi}\right)$$

erkennen läßt, komplexe Werte, und in

$$M_{\varkappa,\mu/2}(z) \text{ und } M_{\bar{\varkappa},\mu/2}(\bar{z}) \qquad (\mathfrak{J}(\mu) = 0)$$

liegen offenbar zwei konjugiert komplexe Funktionswerte vor. Ist im besonderen $\varkappa = i\cdot\tau$ mit $\tau \gtrless 0$ und $z = -i\cdot\zeta$ mit $\zeta \gtrless 0$, so folgt aus der Gegenüberstellung von (3a), (4a) in der Form der Doppelbeziehung

$$\frac{M_{i\tau,\mu/2}(-i\zeta)}{(-i\zeta)^{(1+\mu)/2}} = \begin{cases} e^{i\zeta/2}\cdot{}_1F_1\left(\frac{1+\mu}{2} - i\tau;\ 1+\mu;\ -i\zeta\right) = A + iB \\ e^{-i\zeta/2}\cdot{}_1F_1\left(\frac{1+\mu}{2} + i\tau;\ 1+\mu;\ +i\zeta\right) = A - iB \end{cases}$$
$$(\mathfrak{J}(\mu) = 0), \tag{39}$$

daß hierin B notwendig verschwinden muß. Für reelle Werte von τ, ζ und μ ist also die Funktion

$$M_{i\tau,\mu/2}(-i\zeta)\cdot(-i\zeta)^{-(1+\mu)/2}$$

stets reellwertig. Man kann das auch in der Weise ausdrücken, daß man die beiden übereinanderstehenden rechten Seiten von (39) addiert und die Definitionsgleichung in diesem Fall in der Gestalt

$$2\cdot\frac{M_{i\tau,\mu/2}(-i\zeta)}{(-i\zeta)^{(1+\mu)/2}} = e^{i\zeta/2}\cdot{}_1F_1\left(\frac{1+\mu}{2} - i\tau;\ 1+\mu;\ -i\zeta\right)$$
$$+ e^{-i\zeta/2}\cdot{}_1F_1\left(\frac{1+\mu}{2} + i\tau;\ 1+\mu;\ +i\zeta\right) \tag{40}$$

schreibt oder im Hinblick auf (12), φ-Form, auch in der Gestalt

$$2^{\mu}\cdot\Gamma\left(\frac{1+\mu}{2} + i\tau\right)\Gamma\left(\frac{1+\mu}{2} - i\tau\right)\cdot\frac{\mathcal{M}_{i\tau,\mu/2}(-i\zeta)}{(-i\zeta)^{(1+\mu)/2}}$$
$$= \begin{cases} \int\limits_0^{\pi/2} \cos\left[\frac{\zeta}{2}\cdot\cos\varphi + 2\tau\cdot\ln\operatorname{ctg}\frac{\varphi}{2}\right]\cdot(\sin\varphi)^{\mu}\cdot d\varphi \\ \text{oder} \\ \int\limits_0^{\infty} \cos\left[2\tau\cdot s + \frac{\zeta}{2}\cdot\mathfrak{Tg}\, s\right]\cdot\frac{ds}{(\mathfrak{Cos}\, s)^{1+\mu}} \end{cases} \qquad (\Re(\mu) > -1), \tag{40a}$$

in der sie unmittelbar als Verallgemeinerung des Poissonschen Integrals der Besselschen Funktion erscheint.

Gemäß (18a) ist auch die Funktion $W_{\varkappa,\mu/2}(z)$ bei komplexen Werten von z und $\varkappa$, aber reellen Werten von μ immer komplexwertig, aber auch hier liegen in

$$W_{\varkappa,\mu/2}(z) \quad \text{und} \quad W_{\bar{\varkappa},\mu/2}(\bar{z}) \qquad (\Im(\mu) = 0)$$

zwei konjugiert komplexe Funktionen vor. Die Komplexwertigkeit der Funktion $W_{\varkappa,\mu/2}(z)$ bleibt jedoch in dem Falle eines rein imaginären z und $\varkappa$ bestehen. Die Funktion $W_{\varkappa,\mu/2}(z)$ nimmt also nur bei rein reellen Werten von z, $\varkappa$ und μ selbst reelle Werte an.

Für die Zwecke der numerischen Berechnung empfiehlt es sich, die Gl. (40) noch auf eine etwas andere Form zu bringen. Die rechte Seite dieser Gleichung läßt sich nämlich zunächst wie folgt schreiben:

$$e^{i\zeta/2} \sum_{\lambda=0}^{\infty} \frac{\left(\frac{1+\mu}{2} - i\tau\right)_\lambda}{(1+\mu)_\lambda} \cdot e^{-\frac{\pi i}{2}\cdot\lambda} \cdot \frac{\zeta^\lambda}{\lambda!}$$

$$+ e^{-i\zeta/2} \cdot \sum_{\lambda=0}^{\infty} \frac{\left(\frac{1+\mu}{2} + i\tau\right)_\lambda}{(1+\mu)_\lambda} \cdot e^{+\frac{\pi i}{2}\cdot\lambda} \cdot \frac{\zeta^\lambda}{\lambda!}.$$

Nun ist mit der Abkürzung

$$\operatorname{tg}\varphi_r = \frac{\tau}{\frac{\mu-1}{2} + r} \quad (41\text{a}) \qquad \cos\varphi_r = \left[1 + \left(\frac{\tau}{\frac{\mu-1}{2} + r}\right)^2\right]^{-1/2} \quad (41\text{b})$$

$$\left(\frac{1+\mu}{2} \pm i\tau\right)_\lambda = \left(\frac{1+\mu}{2} \pm i\tau\right)\left(\frac{1+\mu}{2} \pm i\tau + 1\right) \dots \left(\frac{1+\mu}{2} \pm i\tau + \lambda - 1\right)$$

$$= \prod_{r=1}^{\lambda} \left(\frac{\mu-1}{2} + r \pm i\tau\right) = \prod_{r=1}^{\lambda} \left\{ \left(\frac{\mu-1}{2} + r\right) \left[1 + \frac{\tau^2}{\left(\frac{\mu-1}{2} + r\right)^2}\right]^{1/2} \cdot e^{\pm i\varphi_r} \right\}$$

$$= \left(\frac{1+\mu}{2}\right)_\lambda \cdot \frac{e^{\pm i \cdot \sum_{r=1}^{\lambda} \varphi_r}}{\prod_{r=1}^{\lambda} \cos\varphi_r}.$$

Faßt man zusammen, so ergibt sich die Reihenentwicklung:

$$\frac{\mathcal{M}_{i\tau,\mu/2}(-i\zeta)}{(-i\zeta)^{(1+\mu)/2}} = \sum_{\lambda=0}^{\infty} \frac{\left(\frac{1+\mu}{2}\right)_\lambda}{\Gamma(1+\mu+\lambda)\cdot\lambda!} \cdot \frac{\zeta^\lambda}{\prod_{r=1}^{\lambda}\cos\varphi_r} \cdot \cos\left(\frac{\zeta}{2} - \frac{\pi\lambda}{2} - \sum_{r=1}^{\lambda}\varphi_r\right). \quad (41)$$

Für $\lambda = 0$ ist hierin

$$\prod_{r=1}^{\lambda} \cos\varphi_r = 1 \qquad \text{und} \qquad \sum_{r=1}^{\lambda} \varphi_r = 0$$

zu setzen. Die Reihe (41) ist zur Berechnung des links stehenden Funktionsausdrucks ähnlich wie die der Exponentialfunktion etwa für Werte von ζ zwischen $0 \dots 5$ geeignet.

Wir greifen auf die Integraldarstellung (12) für die Funktion $M_{\varkappa,\mu/2}(z)$ zurück, benutzen die s-Form und setzen hierin $(1+s)/(1-s) = \exp(2x)$, d. h. $s = \mathfrak{Tg}\, x$. Dann wird $1 - s^2 = \mathfrak{Cof}^{-2}\, x$, $ds = dx/\mathfrak{Cof}^2\, x$ und die Integralgrenzen gehen über in $-\infty$ und $+\infty$. Damit ist dann das folgende Integral entstanden:

$$2^\mu \left|\Gamma\left(\frac{1+\mu}{2} \pm i\,\tau\right)\right|^2 \cdot \frac{\mathcal{M}_{i\tau,\mu/2}(-i\,\zeta)}{(-i\,\zeta)^{(1+\mu)/2}} = \int_{-\infty}^{+\infty} e^{2xi\tau + i\zeta/2\cdot\mathfrak{Tg}\,x} \cdot \frac{dx}{\mathfrak{Cof}^{\mu+1}\,x} \tag{42}$$

$$(\Re(\mu) > -1).$$

$$= \int_{-\infty}^{+\infty} e^{-2xi\tau - i\zeta/2\cdot\mathfrak{Tg}\,x} \cdot \frac{dx}{\mathfrak{Cof}^{\mu+1}\,x} = 2\cdot\int_0^\infty \cos\left(2x\tau + (\zeta/2)\cdot\mathfrak{Tg}\,x\right)\cdot\frac{dx}{(\mathfrak{Cof}\,x)^{\mu+1}}$$

Setzt man hierin $\tau = y/2$ und schreibt das Integral im Sinne der Theorie der Fouriertransformation, so nimmt es die Gestalt

$$\frac{2^\mu}{(2\pi)^{1/2}}\cdot\left|\Gamma\left(\frac{1+\mu}{2} \pm i\,\frac{y}{2}\right)\right|\cdot\frac{\mathcal{M}_{iy/2,\mu/2}(-i\,\zeta)}{(-i\,\zeta)^{(1+\mu)/2}} = (2\pi)^{-1/2}\cdot\int_{-\infty}^{+\infty} e^{ixy + i\zeta/2\cdot\mathfrak{Tg}\,x}\cdot\frac{dx}{(\mathfrak{Cof}\,x)^{1+\mu}} \tag{43}$$

an. Da hierin die Bedingungen für die Umkehrung des Integrals erfüllt sind, so gilt auch die Beziehung

$$(2\pi)^{-1/2}\cdot e^{i\zeta/2\cdot\mathfrak{Tg}\,x}\cdot(\mathfrak{Cof}\,x)^{-\mu-1} = \frac{2^\mu}{(2\pi)^{1/2}\cdot(-i\,\zeta)^{(1+\mu)/2}}$$

$$\int_{-\infty}^{+\infty} e^{-ixy}\cdot\Gamma\left(\frac{1+\mu+i\,y}{2}\right)\Gamma\left(\frac{1+\mu-i\,y}{2}\right)\mathcal{M}_{iy/2,\mu/2}(-i\,\zeta)\cdot dy. \tag{44}$$

Offenbar bleiben beide Formeln auch für ein komplexes μ richtig, falls nur $\Re(\mu) > -1$ ist.

Die Gl. (43) und (44) können noch verallgemeinert werden, indem man etwa $\beta\,x + \gamma$ an Stelle von x und v an Stelle von $\beta\,y$ setzt. Dann lautet z. B. (43) wie folgt:

$$\frac{2^\mu}{(2\pi)^{1/2}}\cdot\left|\Gamma\left(\frac{1+\mu\pm iv/\beta}{2}\right)\right|^2\cdot\frac{\mathcal{M}_{iv/2\beta,\mu/2}(-i\,\zeta)}{\beta\cdot(-i\,\zeta)^{(1+\mu)/2}}\cdot e^{-iv\gamma/\beta}$$

$$= (2\pi)^{-1/2}\cdot\int_{-\infty}^{+\infty} e^{ivx + (i\zeta/2)\cdot\mathfrak{Tg}(\beta x+\gamma)}\,\frac{dx}{(\mathfrak{Cof}\,(\beta\,x+\gamma))^{1+\mu}}. \tag{43a}$$

In entsprechender Weise verändert sich die Gl. (44). Ein wichtiger Spezialfall von (43a) liegt für $\zeta = 0$ vor. Es wird dann nämlich

$$\frac{2^\mu}{\beta}\cdot\frac{\left|\Gamma\left(\frac{1+\mu\pm i\,v/\beta}{2}\right)\right|^2}{\Gamma(1+\mu)}\cdot e^{-iv\gamma/\beta} = \int_{-\infty}^{+\infty} e^{ivx}\cdot\frac{d\,x}{(\mathfrak{Cof}\,(\beta\,x+\gamma))^{1+\mu}}. \tag{45}$$

Von dieser Formel wird später noch Gebrauch gemacht werden.

§ 3. Verwandte Differentialgleichungen. Die Funktionen des parabolischen Zylinders. Höhere Ableitungen.

1. Differentialgleichungen, die auf die Whittakersche zurückgeführt werden können. Nachdem wir im Vorstehenden bereits eine ganze Reihe von grundlegenden Eigenschaften der Lösungsfunktionen der Wh.D.Gl. kennengelernt haben, wollen wir zunächst auch noch nach solchen anderen D.Gl. Umschau halten, die sich durch mehr oder weniger einfache Transformationen der beiden Veränderlichen auf die Wh.sche zurückführen lassen. Um die dabei in verwickelteren Fällen recht umständlichen Rechnungen u. U. entbehrlich zu machen, stellen wir in dieser Nummer zunächst einige sehr allgemeine D.Gl. auf, deren Lösungen im wesentlichen durch die beiden Wh.schen Funktionen gegeben sind und besprechen dann eine Reihe von Sonderfällen.

Es bezeichne $P_{\varkappa,\mu/2}(v)$ eines der beiden Partikularintegrale der selbstadjungierten Wh.schen D.Gl.

$$\frac{d^2}{dv^2} P_{\varkappa,\mu/2}(v) + \left\{-\frac{1}{4} + \frac{\varkappa}{v} + \frac{1-\mu^2}{4v^2}\right\} \cdot P_{\varkappa,\mu/2}(v) = 0 \tag{1}$$

und $Y(z)$ die durch die Gleichung

$$Y(z) = z^\beta \cdot e^{f(z)} \cdot P_{\varkappa,\mu/2}(A h(z)) \qquad (P_{\varkappa,\mu/2} = \mathscr{M}_{\varkappa,\mu/2} \text{ oder } W_{\varkappa,\mu/2}) \tag{2a}$$

definierte Funktion. Wir fragen nach der D.Gl., der diese Funktion $Y(z)$ genügt. Sie läßt sich offenbar in der Weise bestimmen, daß man die erste und zweite Ableitung von $P_{\varkappa,\mu/2}(v)$ nach $v = A \cdot h(z)$ durch $Y(z)$ und seine Ableitungen ausdrückt und damit in (1) eingeht. Die so für $Y(z)$ entstehende D.Gl. zweiter Ordnung lautet dann

$$\begin{aligned} Y''(z) - \left[\frac{h''(z)}{h'(z)} + \frac{2\beta}{z} + 2f'(z)\right] \cdot Y'(z) + \Bigg\{ (f'(z))^2 - f''(z) + 2\beta \frac{f'(z)}{z} \\ + \frac{\beta(\beta+1)}{z^2} + \frac{h''(z)}{h'(z)}\left[\frac{\beta}{z} + f'(z)\right] + \left(\frac{h'(z)}{h(z)}\right)^2 \cdot \Bigg[\frac{1-\mu^2}{4} + \varkappa A h(z) \\ - \frac{1}{4} A^2 h^2(z)\Bigg]\Bigg\} \cdot Y(z) = 0 \end{aligned} \tag{2b}$$

und hat die Lösung (2a).

Setzen wir im besonderen in (2a, b) $f(z) = \alpha_\lambda z^\lambda$ und $h(z) = z^\lambda$, worin etwa $\lambda = 1$ oder 2 ist, so entsteht aus (2b) die einfachere D.Gl.:

$$\begin{aligned} Y''(z) - \left[\frac{\lambda - 1 + 2\beta}{z} + 2\lambda\alpha_\lambda z^{\lambda-1}\right] \cdot Y'(z) + \Bigg\{\lambda^2 [\alpha_\lambda^2 - A^2/4] z^{2\lambda-2} \\ + \lambda [2\beta\alpha_\lambda + A\varkappa\lambda] z^{\lambda-2} + \frac{\beta(\beta+\lambda) + \lambda^2(1-\mu^2)/4}{z^2}\Bigg\} \cdot Y(z) = 0 \end{aligned} \tag{3b}$$

mit der Lösung

$$Y(z) = z^{\beta} \cdot e^{\alpha_\lambda z^\lambda} \cdot P_{\varkappa, \mu/2}(A z^\lambda). \tag{3a}$$

Wir machen von diesen Formeln eine Reihe von Anwendungen.

I. Setzt man in (3a) $\beta = \alpha_\lambda = 0$ und $\lambda = 1$, so folgt: Die Funktion $y(z) = P_{\varkappa,\mu/2}(A\,z)$ befriedigt die D.Gl.:

$$y''(z) + \left\{-\frac{A^2}{4} + \frac{\varkappa A}{z} + \frac{1-\mu^2}{4z^2}\right\} \cdot y(z) = 0. \tag{4a}$$

Vergleicht man sie mit der D.Gl.

$$y''(z) + \left\{-a + \frac{b}{z} - \frac{c}{z^2}\right\} \cdot y(z) = 0, \tag{4α}$$

so rechnet man leicht aus, daß diese die Lösung

$$y(z) = P_{b/2\sqrt{a},\, \frac{1}{2}\sqrt{1+4c}}\,(2\sqrt{a} \cdot z) \tag{4β}$$

besitzt.

II. Mit $\beta = -1/2$, $\alpha_\lambda = 0$ und $\lambda = 1$ folgt nach Multiplikation mit z, daß die Funktion $y(z) = z^{-1/2} \cdot P_{\varkappa,\mu/2}(A\,z)$ die selbstadjungierte D.Gl.

$$\frac{d}{dz}[z \cdot y'(z)] - \left\{\frac{A^2 z}{4} - A\,\varkappa + \frac{\mu^2}{4z}\right\} \cdot y(z) = 0 \tag{5}$$

befriedigt.

Mit $\beta = -(1+\mu)/2$, $\alpha_\lambda = 0$ und $\lambda = 1$ reduziert sich (3b) auf die einfachere D.Gl.

$$y''(z) + \frac{1+\mu}{z} \cdot y'(z) + \left\{\frac{A\,\varkappa}{z} - \frac{A^2}{4}\right\} \cdot y(z) = 0 \tag{6}$$

mit der Lösung:

$$y(z) = z^{-\frac{1+\mu}{2}} \cdot P_{\varkappa,\mu/2}(Az) \tag{6a}$$

Multipliziert man (6) mit $z^{1+\mu}$, so nimmt sie die selbstadjungierte Form

$$\frac{d}{dz}[z^{1+\mu} \cdot y'(z)] + z^{\mu} \cdot \left[A\,\varkappa - \frac{A^2}{4} z\right] \cdot y(z) = 0 \tag{6'}$$

an. Mit $A = \pm 2i$ entsteht aus (6) insbesondere die D.Gl., die J. Horn [1] seinen Untersuchungen über die asymptotischen Lösungen dieser D.Gl. zugrunde gelegt hat.

Mit $\beta = -(1+\mu)/2$, $\alpha_\lambda = B/2$ und $\lambda = 1$ hat gemäß (3a) die D.Gl.

$$\begin{aligned} z \cdot y''(z) &+ [1 + \mu - B\,z] \cdot y'(z) \\ &+ \left\{\frac{z}{4}(B^2 - A^2) + \left(\varkappa\,A - \frac{1+\mu}{2}B\right)\right\} \cdot y(z) = 0 \end{aligned} \tag{7}$$

die Lösung

$$y(z) = z^{-\frac{1+\mu}{2}} \cdot e^{+B/2\cdot z} \cdot P_{\varkappa,\mu/2}(Az). \tag{7a}$$

Mit $A = B = 1$ und $\varkappa = n + (1+\mu)/2$ reduziert sich die D.Gl. (7) auf die einfachere D.Gl.

$$z \cdot y''(z) + (1 + \mu - z) \cdot y'(z) + n \cdot y(z) = 0 \tag{7b}$$

der Laguerre-Polynome mit den beiden linear unabhängigen Lösungen:

$$y_1(z) = L_n^{(\mu)}(z) \tag{7α}$$

$$y_2(z) = z^{-\frac{1+\mu}{2}} \cdot e^{z/2} \cdot W_{-n-\frac{1+\mu}{2},\frac{\mu}{2}}(z \cdot e^{\pm\pi i}), \tag{7β}$$

denn die Funktion $W_{\varkappa,\mu/2}(z)$ ist ja für ein $\varkappa = n + (1+\mu)/2$ im wesentlichen mit diesen Polynomen identisch.

III. Für $\lambda = 2$, $\beta = -1/2$ und $\alpha_\lambda = 0$ folgt aus (3b) die D.Gl.

$$y''(z) + \left\{-A^2z^2 + 4\varkappa A + \frac{1/4-\mu^2}{z^2}\right\} y(z) = 0 \tag{8}$$

mit der Lösung

$$y(z) = z^{-1/2} P_{\varkappa,\mu/2}(A\,z^2). \tag{8a}$$

Wir werden uns sehr bald mit dieser D.Gl. noch ausführlicher zu beschäftigen haben.

Wird schließlich in (3b) $\beta = -1/2$, $\alpha_\lambda = B/4$ und $\lambda = 2$ gesetzt, so entsteht die D.Gl.

$$y''(z) - Bz\cdot y'(z) + \left\{\left(\frac{1}{4}B^2 - A^2\right)z^2 - \frac{1}{2}B + 4\varkappa\,A + \frac{1/4-\mu^2}{z^2}\right\}\cdot y(z) = 0 \tag{9}$$

mit der Lösung

$$y(z) = z^{-1/2} \cdot e^{B/4\cdot z^2} \cdot P_{\varkappa,\mu/2}(Az^2). \tag{9a}$$

Ein Spezialfall von (9) ist die D.Gl.

$$y''(z) + a_1 z \cdot y'(z) + \{a_0 z^2 + b_0\} \cdot y(z) = 0 \tag{10}$$

mit den beiden Lösungen

$$y_{1,2}(z) = z^{-1/2} \cdot e^{-a_1/4\cdot z^2} \cdot \mathcal{M}_{\varkappa,\pm 1/4}\left(z^2 \sqrt{(a_1/2)^2 - a_0}\right) \tag{10a}$$

$$\text{mit } 2\varkappa = \left(b_0 - \frac{a_1}{2}\right)(a_1^2 - 4a_0)^{-1/2}.$$

Die bekannte Schrödinger-Gleichung

$$y''(z) + (k^2 - \lambda^2 z^2) \cdot y(z) = 0 \tag{11}$$

für den harmonischen Oszillator hat demnach die beiden Lösungen:

$$y_{1,2}(z) = z^{-1/2} \cdot \mathcal{M}_{k^2/4\lambda, \pm 1/4}(\lambda z^2). \tag{11a}$$

Sollen sie den Charakter von Polynomlösungen haben, so muß nach Gl. (§ 2, 10) im Falle des oberen Vorzeichens in (11a, b) $k^2/2\lambda = 2n + 3/2$ und im Falle des unteren Vorzeichens $k^2/2\lambda = 2n + 1/2$ sein mit $n = 0, 1, 2, \ldots$

IV. Für die D.Gl.

$$y''(z) + \left(a_1 + \frac{b_1}{z}\right) \cdot y'(z) + \left(a_0 + \frac{b_0}{z} + \frac{c_0}{z^2}\right) \cdot y(z) = 0 \tag{12}$$

liefert der Vergleich mit (3b) für $\lambda = 1$ das Partikularintegral

$$y(z) = z^{-b_1/2} \cdot e^{-a_1 z/2} \cdot \mathcal{M}_{\varkappa, \mu/2}\left(\sqrt{a_1^2 - 4a_0} \cdot z\right) \tag{12a}$$

$$\text{mit } \varkappa = \frac{b_0 - a_1 b_1/2}{\sqrt{a_1^2 - 4a_0}} \text{ und } \mu = \sqrt{(b_1 - 1)^2 - 4c_0}.$$

V. Die D.Gl.

$$y''(\xi) + \alpha^2 \cdot \frac{C_0 + C_1 (a + b\xi)^\lambda + C_2 (a + b\,\xi)^{2\lambda}}{(a + b\,\xi)^2} \cdot y(\xi) = 0 \tag{13}$$

beschreibt nach A. Erdelyi [11] die Schwingungen einer gespannten Saite, deren Massenbelegung in Abhängigkeit vom Abstand ξ von irgendeinem festen Punkt gemäß dem als Faktor von $\alpha^2 \cdot y(\xi)$ auftretenden Quotienten variiert. Mit $a + b\,\xi = z$ tritt in dieser D.Gl. an Stelle von $y''(\xi)$ die Ableitung $y''(z)$ und an Stelle von α^2 der Bruch $(\alpha/b)^2$. Diese neue D.Gl. geht aber aus (3b) hervor, indem man darin

$$\alpha_\lambda = 0, \; \beta = (1 - \lambda)/2,$$

$$\varkappa = \mp \frac{\alpha i}{2b\lambda} \cdot C_1 \cdot C_2^{-1/2}, \qquad \mu = \pm \frac{1}{\lambda} \cdot \left[1 - C_0 \cdot \left(\frac{2\alpha}{b}\right)^2\right]^{1/2}$$

setzt. Die Wahl der übrigen Konstanten geht aus der Lösung

$$y(\xi) = (a + b\xi)^{\frac{1-\lambda}{2}} \cdot \{c_1 \cdot \mathcal{M}_{\varkappa, +\mu/2}\left(\pm i \cdot \frac{2\alpha}{b\lambda} \cdot \sqrt{C_2} \cdot (a + b\xi)^\lambda\right)$$

$$+ c_2 \cdot \mathcal{M}_{\varkappa, -\mu/2}\left(\pm i \cdot \frac{2\alpha}{b\lambda} \cdot \sqrt{C_2} \cdot (a + b\xi)^\lambda\right)\} \tag{13a}$$

von (13) hervor. Im Argument und in den beiden Parametern $\varkappa$ und μ haben entweder die oberen oder die unteren Vorzeichen Geltung.

VI. Für die Durchbiegung kreisförmiger Platten, deren Biegesteifigkeit mit dem auf den Plattenradius bezogenen Abstand z vom Mittelpunkt nach dem Gesetz $N_0 \cdot \exp(-\gamma/\nu \cdot z^\nu)$ variiert, hat Gran Olsson [1] die D.Gl.

$$y''(z) + \left(\frac{1}{z} - \gamma z^{\nu-1}\right) \cdot y'(z) - \left(\frac{1}{z^2} + p\gamma z^{\nu-2}\right) \cdot y(z) = 0 \tag{14}$$

aufgestellt. Der Vergleich mit (3b) ergibt sofort für die im Mittelpunkt $z = 0$ endlich bleibende Lösung dieser D.Gl. den Ausdruck:

$$y(z) = e^{\gamma/2\nu \cdot z^\nu} \cdot z^{-\nu/2} \cdot \mathcal{M}_{1/2-p/\nu,\, 1/\nu}\left(\frac{\gamma}{\nu} \cdot z^\nu\right) = z \cdot {}_1F_1\left(\frac{1+p}{\nu}; 1 + \frac{2}{\nu}; \frac{\gamma}{\nu} z^\nu\right). \tag{14a}$$

VII. Wählt man andererseits in (2a) $f(z) = \alpha z$ und $h(z) = e^{\gamma z}$, so gelangt man zu der D.Gl.:

$$Y''(z) - \left[2\alpha + \gamma + \frac{2\beta}{z}\right] \cdot Y'(z) + \left[\alpha(\alpha + \gamma) + \frac{1-\mu^2}{4}\gamma^2 + \frac{\beta(2\alpha + \gamma)}{z} + \frac{\beta(\beta+1)}{z^2} - \frac{1}{4}A^2\gamma^2 \cdot e^{2\gamma z} + A\varkappa\gamma^2 \cdot e^{\gamma z}\right] \cdot Y(z) = 0 \tag{15}$$

mit der Lösung

$$Y(z) = e^{\alpha z} \cdot z^\beta \, P_{\varkappa, \mu/2}(A\, e^{\gamma z}). \tag{15a}$$

Für $\gamma = 0$ entartet die Lösung von (15) in $Y(z) = z^\beta \cdot e^{\alpha z}$. Auf Grund dieser Formel hat z. B. die D.Gl.

$$y''(z) - (a^2 e^{2z} + b\, e^z + c^2) \cdot y(z) = 0 \tag{16}$$

die Lösung $\qquad y(z) = e^{-z/2} \cdot P_{-b/2a,\, c}(2a e^z)$.

Wegen weiterer D.Gl. vergleiche man das Buch von E. Kamke [1]. Ihm entstammen auch bereits einige der vorstehenden Gleichungen als Anwendungsbeispiele.

VIII. Schließlich bringen wir noch ein Beispiel für eine D.Gl. von höherer als der 2. Ordnung. Genügen nach einem bei G. N. Watson [2] zu findenden Hinweis $v(z)$ und $w(z)$ den beiden D.Gl.

$$v'' + I(z)\, v = 0 \quad \text{und} \quad w'' + J(z)\, w = 0,$$

so genügt die Funktion $y = v(z) \cdot w(z)$ der D.Gl.

$$\frac{d}{dz}\left\{\frac{y''' + 2(I+J)\, y' + (I' + J')\, y}{I - J}\right\} = -(I - J)\, y.$$

Nach dieser Regel stellt demnach eine der Teillösungen der D.Gl. 4. Ordnung

$$y^{(IV)} + \frac{1}{z} y''' + \left(1 + \frac{1-\mu^2}{z^2}\right) y'' + \left(\frac{1}{z} - 2\frac{1-\mu^2}{z^3}\right) y' + 2\left(\frac{2\tau^2}{z^2} + \frac{1-\mu^2}{z^4}\right) y = 0 \tag{16'}$$

die Funktion $y = \mathcal{M}_{i\tau,\mu/2}(-iz) \cdot \mathcal{M}_{-i\tau,\mu/2}(-iz)$ dar. Weitere Teillösungen können leicht angegeben werden, wenn man beachtet, daß in (16′) μ und τ nur im Quadrat vorkommen und auch ein Vorzeichenwechsel von z die D.Gl. nicht verändert.

2. Eine der Wh.schen D.Gl. zugeordnete inhomogene D.Gl. Es sei die inhomogene D.Gl.

$$z^2 \cdot Y''(z) + \left\{\frac{1-\mu^2}{4} + \varkappa z - \frac{z^2}{4}\right\} \cdot Y(z) = \frac{C}{\Gamma\left(\frac{\nu-\mu}{2}\right)\Gamma\left(\frac{\nu+\mu}{2}\right)} \cdot e^{-z/2} \cdot z^{(1+\nu)/2} \tag{17}$$

vorgelegt. Sie besitzt neben den beiden Lösungen $\mathcal{M}_{\varkappa,\mu/2}(z)$ und $W_{\varkappa,\mu/2}(z)$, die der homogenen D.Gl. (1) genügen, als eine nach steigenden Potenzen von z fortschreitende Lösung die durch die unbeschränkt konvergente Reihe definierte Funktion

$$C \cdot S^{(\nu/2)}_{\varkappa,\mu/2}(z) = C \cdot \frac{e^{-z/2} \cdot z^{(1+\nu)/2}}{\Gamma\left(\frac{\nu-\mu}{2}+1\right)\Gamma\left(\frac{\nu+\mu}{2}+1\right)} \cdot {}_2F_2\left(1, \frac{\nu+1}{2} - \varkappa; \frac{\nu+\mu}{2}+1, \frac{\nu-\mu}{2}+1; +z\right) \tag{17a}$$

und als eine nach fallenden Potenzen von z fortschreitende Lösung die Reihenentwicklung:

$$C \cdot T^{(\nu/2)}_{\varkappa,\mu/2}(z) \sim C \cdot \frac{e^{-z/2} \cdot z^{(\nu-1)/2}}{\left(\varkappa + \frac{1-\nu}{2}\right)\Gamma\left(\frac{\nu+\mu}{2}\right)\Gamma\left(\frac{\nu-\mu}{2}\right)} \cdot {}_3F_1\left(1, 1-\frac{\nu+\mu}{2}, 1-\frac{\nu-\mu}{2}; \varkappa + \frac{3-\nu}{2}; -\frac{1}{z}\right). \tag{17b}$$

Sie läßt sich nach den Untersuchungen von H. Buchholz [11] als die im Winkelbereich $|\mathrm{arc}\,(z)| < 3\pi/2$ gültige asymptotische Entwicklung der durch das Integral

$$R^{(\nu/2)}_{\varkappa,\mu/2}(z) = \sin\frac{\pi(\mu-\nu)}{2} \cdot \sin\frac{\pi(\mu+\nu)}{2} \cdot \Gamma\left(\frac{1-\nu}{2}+\varkappa\right) \cdot e^{-z/2} \cdot z^{\frac{1+\nu}{2}} \cdot \frac{1/\pi}{2\pi i} \int_{\tau-i\infty}^{\tau+i\infty} \frac{\Gamma\left(-\frac{\nu-\mu}{2}-t\right)\Gamma\left(-\frac{\nu+\mu}{2}-t\right)}{\Gamma\left(-\frac{\nu-1}{2}+\varkappa-t\right)\cdot\sin(\pi t)} \cdot z^t \cdot dt \tag{18}$$

definierten Funktion $R^{(\nu/2)}_{\varkappa,\mu/2}(z)$ auffassen, die mit C multipliziert ebenfalls eine Lösung der inhomogenen D.Gl. (17) darstellt. Der Integrationsweg in (18) muß die reelle t-Achse zwischen den Punkten $-1\ldots 0$ schneiden, und er muß notfalls durch Einzug von Schleifen alle im allgemeinen einfachen Pole der beiden im Zähler stehenden Γ-Funktionen zu seiner Rechten lassen. Entwickelt man das Integral (18) unter Anwendung des Residuensatzes nach steigenden Potenzen von z, so erhält man die Beziehung:

$$R^{(\nu/2)}_{\varkappa,\mu/2}(z) = S^{(\nu/2)}_{\varkappa,\mu/2}(z) - \frac{\Gamma\left(\frac{1+\mu}{2}-\varkappa\right)}{\Gamma\left(\frac{1+\nu}{2}-\varkappa\right)}\cdot \mathcal{M}_{\varkappa,\mu/2}(z)$$

$$+\frac{1}{\pi}\cdot\sin\frac{\pi(\nu-\mu)}{2}\cdot\Gamma\left(\frac{1-\nu}{2}+\varkappa\right)\cdot\frac{\Gamma\left(\frac{1+\mu}{2}-\varkappa\right)}{\Gamma\left(\frac{1+\mu}{2}+\varkappa\right)}W_{\varkappa,\mu/2}(z). \quad (19)$$

In der durch (18) oder (19) definierten Funktion $R^{(\nu/2)}_{\varkappa,\mu/2}(z)$ ist eine große Zahl spezieller Funktionen enthalten. So sieht man z. B. aus (19) sofort, daß R als Funktion von ν betrachtet an der Stelle $\nu = 1 + 2\varkappa + 2p$ einen einfachen Pol mit dem Residuum

$$\mathfrak{Res}\{R^{(\nu/2)}_{\varkappa,\mu/2}(z)\} = \frac{2}{p!}\cdot\frac{W_{\varkappa,\mu/2}(z)}{\Gamma\left(\frac{1-\mu}{2}+\varkappa\right)\Gamma\left(\frac{1+\mu}{2}+\varkappa\right)} \qquad (p = 0, 1, 2, \ldots) \quad (20)$$

hat. Andererseits ist für $\nu = \mu + 2p$

$$R^{(\mu/2+p)}_{\varkappa,\mu/2}(z) = -\frac{e^{-z/2}\cdot z^{\frac{1+\mu}{2}}}{\Gamma(1+\mu)}\cdot\frac{1}{\left(\frac{\mu+1}{2}-\varkappa\right)_p}\cdot\sum_{\lambda=0}^{p-1}\frac{\left(\frac{\mu+1}{2}-\varkappa\right)_\lambda\cdot z^\lambda}{(\mu+1)_\lambda\cdot\lambda!}. \quad (21)$$

Hierin wird die rechts stehende endliche Summe von den p ersten Gliedern der Potenzreihenentwicklung von $\mathcal{M}_{\varkappa,\mu/2}(z)$ gebildet.

Man könnte im Hinblick auf die Gl. (17) und (21) daran denken, mit Hilfe der Funktion $R^{(\nu/2)}_{\varkappa,\mu/2}$ durch eine unendliche Summation auch die Lösungen der beiden inhomogenen Gleichungen

$$z^2\cdot\frac{d^2y}{dz^2}+\left\{-\frac{z^2}{4}+\varkappa z+\frac{1-\mu^2}{4}\right\}\cdot y = \begin{cases}\mu/2\cdot\mathcal{M}_{\varkappa,\mu/2}(z) & y(z) = \frac{\partial}{\partial\mu}\mathcal{M}_{\varkappa,\mu/2}(z)\\ -z\cdot\mathcal{M}_{\varkappa,\mu/2}(z) & y(z) = \frac{\partial}{\partial\varkappa}\mathcal{M}_{\varkappa,\mu/2}(z)\end{cases} \quad (21a)$$

zu gewinnen. In diesen Fällen kommt man jedoch viel einfacher zum Ziel, denn eine Differentiation der homogenen Wh.schen D.Gl. nach μ oder $\varkappa$ läßt sofort erkennen, daß die Lösungen von (21a) für die angegebenen beiden Störungsglieder durch die Ableitungen der Funktion $\mathcal{M}_{\varkappa,\mu/2}(z)$ nach μ oder $\varkappa$ gegeben sind.

3. Die Funktionen des parabolischen Zylinders. Der wichtigste Sonderfall der Wh.schen D.Gl. liegt in der D.Gl.

$$y''(z)+\left[\nu+\frac{1}{2}-\frac{z^2}{4}\right]\cdot y(z) = 0 \quad (22)$$

vor, in der ν eine beliebige reelle oder komplexe Konstante bedeutet. Man nennt die Funktionen, die diese nach H. Weber benannte D.Gl.

befriedigen, die Funktionen des parabolischen Zylinders. Nach (8) kann die eine ihrer beiden Lösungen mit $A = 1/2$ durch die mit $z^{-1/2}$ multiplizierte Funktion $W_{\nu/2+1/4,\,\pm 1/4}(z^2/2)$ dargestellt werden. Man bezeichnet sie mit dem besonderen Symbol $D_\nu(z)$ und definiert sie genauer mittels der beiden gleichwertigen Beziehungen:

$$D_\nu(z) = 2^{\nu/2} \cdot \left(\frac{z^2}{2}\right)^{-1/4} \cdot W_{\nu/2+1/4,\,\pm 1/4}\left(\frac{z^2}{2}\right) \tag{22a}$$

$$D_\nu(\sqrt{2z}) = 2^{\nu/2} \cdot z^{-1/4} \cdot W_{\nu/2+1/4,\,\pm 1/4}(z)\,. \tag{22b}$$

Im Hinblick auf die Gl. (12), (18a) ist demnach ausgeschrieben:

$$\begin{aligned} D_\nu(z) = 2^{\nu/2} \cdot e^{-z^2/4} \cdot \Bigg\{ & \frac{\Gamma\left(\frac{1}{2}\right)}{\Gamma\left(\frac{1-\nu}{2}\right)} \cdot {}_1F_1\left(-\frac{\nu}{2}; \frac{1}{2}; \frac{z^2}{2}\right) \\ & + \frac{z}{\sqrt{2}} \cdot \frac{\Gamma\left(-\frac{1}{2}\right)}{\Gamma\left(-\frac{\nu}{2}\right)} \cdot {}_1F_1\left(\frac{1-\nu}{2}; \frac{3}{2}; \frac{z^2}{2}\right) \Bigg\}. \end{aligned} \tag{23}$$

In $D_\nu(z)$ liegt also diejenige Lösung der D.Gl. (22) vor, deren nullte und erste Ableitung im Punkte $z = 0$ die Werte

$$D_\nu(0) = \pi^{1/2} \frac{2^{\nu/2}}{\Gamma\left(\frac{1-\nu}{2}\right)}, \qquad D'_\nu(0) = -\pi^{1/2} \frac{2^{(\nu+1)/2}}{\Gamma\left(-\frac{\nu}{2}\right)} \tag{23a, b}$$

haben.

Aus dem Aufbau der D.Gl. (22) ist sofort zu ersehen, daß mit $D_\nu(z)$ auch die Funktion $D_\nu(-z)$ eine Lösung dieser Gleichung sein muß. Da sich ferner die D.Gl. nicht ändert, wenn man darin z durch $\pm iz$ und gleichzeitig ν durch $-\nu-1$ ersetzt, so hat man in den Funktionen $D_{-\nu-1}(\pm iz)$ offenbar ein zweites Lösungspaar vor sich. Selbstverständlich ließen sich die Zusammenhangsformeln zwischen diesen verschiedenen Partikularlösungen von (22) unmittelbar von der D.Gl. aus bilden. Unserer Einstellung zu dieser Aufgabe entspricht es aber weit mehr, diese Zusammenhänge aus den früher bewiesenen Beziehungen zwischen den verschiedenen Lösungen der Wh.schen D. Gl. herzuleiten.

In diesem Sinne machen wir uns zunächst klar, daß den in § 2.7 stets als linear unabhängig erkannten Lösungen $W_{\varkappa,\mu/2}(z)$ und $W_{-\varkappa,\mu/2}(z \cdot e^{\pm \pi i})$ im vorliegenden Falle die Funktionen $D_\nu(z)$ und $D_{-\nu-1}(\pm iz)$ entsprechen. In der Tat hat man

$$D_{-\nu-1}(\pm iz) = 2^{-\nu/2-1/4} \cdot (\pm iz)^{-1/2} \cdot W_{-\nu/2-1/4,\,\pm 1/4}\left(\frac{z^2}{2} \cdot e^{\pm \pi i}\right). \tag{24a}$$

Desgleichen ergibt sich

$$D_\nu(-z) \equiv D_\nu(z \cdot e^{\pm \pi i})$$
$$= 2^{\nu/2+1/4} \cdot (z\, e^{\pm \pi i})^{-1/2} \cdot W_{\nu/2+1/4,\, \pm 1/4}\left(\frac{z^2}{2} \cdot e^{\pm 2\pi i}\right). \quad (24\text{b})$$

Zieht man hier die Umlaufsformel (§ 2, 37) für $n = \pm 1$ heran und schreibt sie in dem Funktionssymbol $D_\nu(z)$ an, so ergibt sich die Relation:

$$D_\nu(z) = e^{\mp \pi i \nu} \cdot D_\nu(-z) + \frac{\sqrt{2\pi}}{\Gamma(-\nu)} \cdot D_{-\nu-1}(\pm i z) \cdot e^{\mp \pi i (1+\nu)/2}, \quad (25)$$

in der die gleichgeordneten Vorzeichen einander entsprechen. Das Argument $-z$ kann hierin nach (23) sowohl im Sinne von $z \cdot e^{+\pi i}$ als auch im Sinne von $z \cdot e^{-\pi i}$ genommen werden. Der früheren Gl. (§ 2, 21b) entspricht jetzt die Formel:

$$D_\nu(z) = \frac{\Gamma(\nu+1)}{\sqrt{2\pi}} \cdot \{e^{+\pi i \nu/2} \cdot D_{-\nu-1}(+iz) + e^{-\pi i \nu/2} \cdot D_{-\nu-1}(-iz)\}. \quad (26)$$

Die Funktion $D_\nu(z)$ ist durch (22a, b) als Gegenstück zur Funktion $W_{\varkappa,\mu/2}(z)$ definiert. Für manche Zwecke ist es empfehlenswert, auch bei den Funktionen des parabolischen Zylinders ein besonderes Symbol für diejenige Lösung der D.Gl. (22) zu verwenden, die in der Theorie der Wh.schen Funktionen der Funktion $\mathcal{M}_{\varkappa,\mu/2}(z)$ entspricht. Dabei ist es jedoch zweckmäßig, gleich zwei solcher besonderen Funktionen einzuführen, je nachdem der hintere Parameter $+1/4$ oder $-1/4$ ist. Diese Unterscheidung ist bei dem Symbol $D_\nu(z)$ im Hinblick auf (§ 2, 19) nicht notwendig. Wir definieren:

$$E_\nu^{(0)}(z) = 2^{1/2} \cdot e^{-z^2/4} \cdot {}_1F_1\left(-\frac{\nu}{2}; \frac{1}{2}; \frac{z^2}{2}\right) = (2\pi)^{1/2} \cdot \left(\frac{z^2}{2}\right)^{-1/4} \cdot \mathcal{M}_{\nu/2+1/4,\,-1/4}\left(\frac{z^2}{2}\right) \quad (27\,\text{a})$$

$$E_\nu^{(1)}(z) = 2 \cdot z \cdot e^{-z^2/4} \cdot {}_1F_1\left(\frac{1-\nu}{2}; \frac{3}{2}; \frac{z^2}{2}\right) = (2\pi)^{1/2} \cdot \left(\frac{z^2}{2}\right)^{-1/4} \cdot \mathcal{M}_{\nu/2+1/4,\,+1/4}\left(\frac{z^2}{2}\right). \quad (27\text{b})$$

Die Funktion $E_\nu^{(0)}(z)$ ist mithin in z eine gerade, die Funktion $E_\nu^{(1)}(z)$ eine ungerade Funktion. Die frühere Gl. (23) schreibt sich mit diesem neuen Symbol in der Form:

$$D_\nu(z) = 2^{\nu/2} \cdot (\pi/2)^{1/2} \cdot \left\{\frac{E_\nu^{(0)}(z)}{\Gamma\left(\frac{1-\nu}{2}\right)} - \frac{E_\nu^{(1)}(z)}{\Gamma\left(-\frac{\nu}{2}\right)}\right\}. \quad (28\alpha)$$

Addiert man hierzu die entsprechende Gleichung für $D_\nu(-z)$, berücksichtigt die Gerad- und Ungeradwertigkeit von $E_\nu^{(0,1)}(z)$ sowie die Gl.

(26), so gelangt man zu dem weiteren Formelpaar:

$$E_\nu^{(0)}(z) = \frac{\Gamma\left(\frac{1-\nu}{2}\right)}{\sqrt{\pi}} \cdot 2^{-\frac{1+\nu}{2}} \cdot \{D_\nu(z) + D_\nu(-z)\} = E_{-\nu-1}^{(0)}(\pm i z)$$
$$= \frac{2^{\nu/2}}{\sqrt{\pi}} \cdot \Gamma\left(1+\frac{\nu}{2}\right) \cdot \{D_{-\nu-1}(+iz) + D_{-\nu-1}(-iz)\} \tag{28a}$$

$$E_\nu^{(1)}(z) = -\frac{\Gamma\left(-\frac{\nu}{2}\right)}{\sqrt{\pi}} \cdot 2^{-\frac{1+\nu}{2}} \cdot \{D_\nu(z) - D_\nu(-z)\} = \mp i \cdot E_{-\nu-1}^{(1)}(\pm i z)$$
$$= + i \cdot \frac{2^{\nu/2}}{\sqrt{\pi}} \cdot \Gamma\left(\frac{1+\nu}{2}\right) \cdot \{D_{-\nu-1}(+iz) - D_{-\nu-1}(-iz)\}. \tag{28b}$$

Aus ihm ergibt sich durch Addition oder Subtraktion bei Benutzung der beiden äußersten rechten Gleichungsseiten als Ergänzung zu (28a) die weitere Formel:

$$D_{-\nu-1}(\pm i z) = \frac{\pi^{1/2}}{2^{1+\nu/2}} \cdot \left\{ \frac{E_\nu^{(0)}(z)}{\Gamma\left(1+\frac{\nu}{2}\right)} \mp i \cdot \frac{E_\nu^{(1)}(z)}{\Gamma\left(\frac{1+\nu}{2}\right)} \right\}. \tag{28β}$$

Schließlich bestehen noch als Gegenstück zu den beiden Gl. (§ 2, 20a, b) für die Funktionen des parabolischen Zylinders die Beziehungen:

$$(2\pi)^{1/2} \cdot D_\nu(z) = \pm 2 i \cdot \Gamma(1+\nu) \cdot \sin\frac{\pi\nu}{2} \cdot D_{-\nu-1}(\pm i z)$$
$$+ (2 e^{\mp \pi i})^{\nu/2} \cdot \Gamma\left(\frac{1+\nu}{2}\right) \cdot E_\nu^{(0)}(z) \tag{29a}$$

$$(2\pi)^{1/2} \cdot D_\nu(z) = 2 \cdot \Gamma(1+\nu) \cdot \cos\frac{\pi\nu}{2} \cdot D_{-\nu-1}(\pm i z)$$
$$\pm i \cdot (2 e^{\mp \pi i})^{\nu/2} \cdot \Gamma\left(1+\frac{\nu}{2}\right) \cdot E_\nu^{(1)}(z) \tag{29b}$$

Für $\nu = 2n$ oder $\nu = 2n+1$ mit $n = 0, 1, 2, \ldots$ folgt aus den Gl. (28) und (27a, b) das Gleichungspaar:

$$D_{2n}(z) = \left(\frac{\pi}{2}\right)^{1/2} \cdot \frac{2^n \cdot E_{2n}^{(0)}(z)}{\Gamma\left(\frac{1}{2}-n\right)} = (-2)^n \cdot \frac{\Gamma\left(\frac{1}{2}+n\right)}{\pi^{1/2}} \cdot e^{-z^2/4} \cdot {}_1F_1\left(-n; \frac{1}{2}; \frac{z^2}{2}\right)$$
$$= (-2)^n \cdot n! \, e^{-z^2/4} \cdot L_n^{(-1/2)}\left(\frac{z^2}{2}\right) \tag{30a}$$

$$D_{2n+1}(z) = -\pi^{1/2} \cdot \frac{2^n \cdot E_{2n+1}^{(1)}(z)}{\Gamma\left(-\frac{1}{2}-n\right)} = (-2)^n \cdot \frac{\Gamma\left(\frac{3}{2}+n\right)}{\pi^{1/2}} \cdot 2z \cdot e^{-z^2/4} \cdot {}_1F_1\left(-n; \frac{3}{2}; \frac{z^2}{2}\right)$$
$$= (-2)^n \cdot n! \, z \, e^{-z^2/4} \cdot L_n^{(1/2)}\left(\frac{z^2}{2}\right). \tag{30b}$$

Für nicht negativ ganzzahlige Werte von ν reduzieren sich also die Funktionen $D_\nu(z)$ und $E_\nu(z)$ bis auf den Faktor $e^{-z^2/4}$ auf Polynome, die sich in der angezeigten Weise durch Laguerre-Polynome darstellen lassen. Wegen ihrer großen Wichtigkeit und ihrer durchaus selbständigen Bedeutung hat man jedoch für diese speziellen Laguerre-Polynome ein besonderes Symbol eingeführt, und man bezeichnet sie als Hermite-Polynome. Ihre Definitionsgleichung lautet:

$$He_n(z) = e^{z^2/4} \cdot D_n(z). \tag{31}$$

Es ist also

$$He_{2n}(z) = \left(-\frac{1}{2}\right)^n \cdot \frac{(2n)!}{n!} \cdot {}_1F_1\left(-n; \frac{1}{2}; \frac{z^2}{2}\right). \tag{31a}$$

$$He_{2n+1}(z) = \left(-\frac{1}{2}\right)^n \cdot \frac{(2n+1)!}{n!} \cdot z \cdot {}_1F_1\left(-n; \frac{3}{2}; \frac{z^2}{2}\right). \tag{31b}$$

In Rücksicht auf (30a) und auf Gl. (§ 2, 15b) gilt für sie die Darstellung:

$$He_{2n}(z) = (-)^n \cdot z \cdot e^{z^2/2} \cdot \left(\frac{d}{z\,dz}\right)^n [e^{-z^2/2} z^{2n-1}] \tag{32a}$$

$$He_{2n+1}(z) = (-)^n \cdot e^{z^2/2} \cdot \left(\frac{d}{z\,dz}\right)^n [e^{-z^2/2} z^{2n+1}]. \tag{32b}$$

Wir werden auf S. 45 noch eine einfachere Möglichkeit kennen lernen, die Hermite-Polynome als höhere Ableitungen auszudrücken.

4. Die Wronskis für die verschiedenen Fundamentalsysteme der Weberschen D.Gl. Da in (22) für die Funktionen $D_\nu(z)$ und $E_\nu^{(0,1)}(z)$ das Glied mit der ersten Ableitung fehlt, so muß die Wronskische Determinante zweier linear unabhängiger Lösungen der Weberschen D.Gl. eine von Null verschiedene Konstante sein. Ihren Wert bestimmt man am einfachsten für die Stelle $z = 0$. Für die Determinante der verschiedenen Lösungspaare in den Funktionen D_ν errechnet man auf diese Weise die nachstehenden Ausdrücke:

$$\mathfrak{W}\{D_\nu(z), D_\nu(-z)\} = \frac{\pi^{1/2}}{\Gamma(-\nu)} \tag{33a}$$

$$\mathfrak{W}\{D_{-\nu-1}(+iz), D_{-\nu-1}(-iz)\} = \frac{(2\pi)^{1/2}}{\Gamma(1+\nu)} \tag{33b}$$

$$\mathfrak{W}\{D_\nu(z), D_{-\nu-1}(\pm iz)\} = e^{\mp \pi i \frac{1+\nu}{2}}. \tag{33c}$$

Von den Funktionen $D_\nu(z)$ stellen mithin nur die beiden in (33c) auftretenden Funktionen ein für alle Werte von ν linear unabhängiges Lösungssystem dar. Das unter (33a) aufgeführte Funktionssystem hört für $\nu = 0, 1, 2, \ldots$ auf, ein Fundamentalsystem zu sein, und für das unter (33b) genannte gilt das Nämliche für $\nu = -1, -2, \ldots$.

Betrachtet man zwei Lösungen der Weberschen D.Gl., die aus der Funktion $D_\nu(z)$ und aus einer der beiden Funktionen $E_\nu^{(0,1)}(z)$ oder aus diesen allein bestehen, so ergeben sich für ihre Wronskis die Werte:

$$\mathfrak{W}\{D_\nu(z), E_\nu^{(0)}(z)\} = \pi^{1/2} \cdot \frac{2^{1+\nu/2}}{\Gamma\left(-\frac{\nu}{2}\right)} \tag{34a}$$

$$\mathfrak{W}\{D_\nu(z), E_\nu^{(1)}(z)\} = \pi^{1/2} \cdot \frac{2^{1+\nu/2}}{\Gamma\left(\frac{1-\nu}{2}\right)} \tag{34b}$$

$$\mathfrak{W}\{E_\nu^{(0)}(z), E_\nu^{(1)}(z)\} = 2^{\frac{\nu+3}{2}}. \tag{34c}$$

Die Aussage der Gl. (34a, b) steht in Übereinstimmung mit den Formeln (30a, b), denn hiernach sind für nicht negativ ganzzahlige Werte von n die Funktionen $D_{2n}(z)$ und $E_{2n}^{(0)}(z)$ einerseits und die Funktionen $D_{2n+1}(z)$ und $E_{2n+1}^{(1)}(z)$ im wesentlichen die gleichen.

5. Die einfachsten Integraldarstellungen für die Funktionen $D_\nu(z)$ und $E_\nu^{(0,1)}(z)$. Ziehen wir von den wenigen uns bisher für $\mathcal{M}_{\varkappa,\mu/2}(z)$ bekannten Integraldarstellungen hier zunächst die von (§ 2, 13b) heran und verwenden sie in den Gl. (27a, b), so zeigt sich die Besonderheit, daß in diesen Integralen an die Stelle der Besselschen Funktionen die Funktionen sin und cos treten. Man erhält daher:

$$E_\nu^{(0)}(z) = \frac{2^{1-\frac{\nu}{2}}}{\Gamma\left(\frac{1+\nu}{2}\right)} \cdot e^{z^2/4} \cdot \int_0^\infty e^{-t^2/2} \cdot \cos(zt) \cdot t^\nu \cdot dt \quad \left(\Re(\nu) > -1\right) \tag{35a}$$

$$E_\nu^{(1)}(z) = \frac{2^{1-\frac{\nu}{2}}}{\Gamma\left(1+\frac{\nu}{2}\right)} \cdot e^{z^2/4} \cdot \int_0^\infty e^{-t^2/2} \cdot \sin(zt) \cdot t^\nu \cdot dt \quad \left(\Re(\nu) > -2\right). \tag{35b}$$

Setzt man mit diesen beiden Ausdrücken die Gl. (28α, β) zusammen und geht dann in (28β) von $-\nu-1$ zu $+\nu$ und $+iz$ zu $+z$ über, so ergeben sich die beiden Formeln:

$$D_\nu(z) = \left(\frac{2}{\pi}\right)^{1/2} \cdot e^{z^2/4} \cdot \int_0^\infty e^{-t^2/2} \cdot \cos\left(\frac{\pi\nu}{2} - zt\right) \cdot t^\nu \cdot dt \quad \left(\Re(\nu) > -1\right) \tag{36a}$$

$$D_\nu(z) = \frac{1}{\Gamma(-\nu)} \cdot e^{-z^2/4} \cdot \int_0^\infty e^{-t^2/2 - zt} \cdot t^{-\nu-1} \cdot dt \qquad \left(\Re(\nu) < 0\right). \tag{36b}$$

Eine für manche Zwecke sehr nützliche Darstellung geht aus (36b) hervor, indem man darin z durch $z \cdot 2^{1/2}$ ersetzt, dann im Integranden von t zu $v \cdot 2^{1/2}$ und schließlich von $v + z$ zu der neuen Integrationsvariablen u übergeht. Das ergibt die Beziehung:

$$D_\nu(z\sqrt{2}) = \frac{e^{z^2/2}}{2^{\nu/2}\cdot\Gamma(-\nu)}\cdot\int\limits_z^\infty e^{-u^2}\cdot(u-z)^{-\nu-1}\cdot du \quad \big(\Re(\nu) < 0\big). \quad (36\text{c})$$

Die beiden Integrale (36a, b) können auf Grund der Ausführungen im § 2.3 durch Übergang zu Schleifenintegralen von der Beschränkung hinsichtlich ν befreit werden. So kann z. B. für (36a) auch geschrieben werden[1]:

$$D_\nu(z) = (2\pi)^{-1/2}\cdot e^{\frac{z^2}{4}-\frac{\pi i\nu}{2}}\cdot\int\limits_{\infty(\Delta+\pi)}^{\infty(\Delta)} e^{-\frac{t^2}{2}+itz}\cdot t^\nu\cdot dt$$

$$= \frac{2^{\nu/2}}{\pi^{1/2}}\cdot e^{\frac{z^2}{4}-\frac{\pi i\nu}{2}}\cdot\int\limits_{\infty(\Delta+\pi)}^{\infty(\Delta)} e^{-u^2+iuz\sqrt{2}}\cdot u^\nu\cdot du \quad \left(|\Delta| < \frac{\pi}{4}\right). \quad (36\alpha)$$

In der Tat läßt sich für $\Re(\nu) > -1$ in (36α) der Integrationsweg, der hierin vom linken Diagonalquadranten oberhalb des Nullpunktes in den rechten Diagonalquadranten verläuft, in die reelle t-Achse verlegen, und man hat es dann statt des komplexen Integrals mit dem gewöhnlichen Linienintegral

$$\int\limits_{\infty(+\pi)}^{0} e^{-\frac{t^2}{2}+itz}\cdot t^\nu\cdot dt + \int\limits_0^{+\infty} e^{-\frac{t^2}{2}+itz}\cdot t^\nu\cdot dt$$

$$= e^{+\frac{\pi i\nu}{2}}\cdot\int\limits_0^\infty e^{-\frac{t^2}{2}}\cdot t^\nu\left[e^{-itz+\frac{\pi i\nu}{2}} + e^{+itz-\frac{\pi i\nu}{2}}\right]\cdot dt$$

zu tun. Durch diese Umgestaltung ist aber bereits die frühere Form der Gl. (36a) erreicht.

Für das Integral (36b) kann auf Grund ähnlicher Überlegungen geschrieben werden:

$$D_\nu(z) = -e^{-z^2/4}\cdot\frac{\Gamma(\nu+1)}{2\pi i}\cdot\int\limits_\infty^{(0+)} e^{-\frac{t^2}{2}-tz}\cdot\frac{dt}{(-t)^{\nu+1}} \quad (\operatorname{Arc}(-t) = -\pi). \quad (36\beta)$$

Für $\nu = n = 0, 1, 2, \ldots$ darf der Integrationsweg von (36β) zu einem geschlossenen Umlauf um den Nullpunkt zusammengezogen werden, so

[1] Hier und im folgenden bedeutet z. B. an der unteren Grenze das Zeichen $\infty(\alpha)$ oder $\pi i/2(\alpha)$, daß der Integrationsweg in einer Richtung aus dem Punkt ∞ oder $\pi i/2$ austritt, die mit der positiv reellen Achse den Winkel α bildet.

daß man erhält:

$$D_n(z) = (-)^n \cdot e^{-z^2/4} \cdot \frac{n!}{2\pi i} \int^{(0+)} e^{-\frac{t^2}{2} - tz} \cdot \frac{dt}{t^{n+1}} = (-)^n \cdot e^{-z^2/4} \cdot \left\{ \frac{d^n}{dt^n} \left(e^{-\frac{t^2}{2} - tz} \right) \right\}_{t=0}$$

$$= e^{-z^2/4} \cdot \left\{ \frac{d^n}{dt^n} e^{-\frac{t^2 - 2tz + z^2 - z^2}{2}} \right\}_{t=0} = e^{z^2/4} \cdot \left\{ \frac{d^n}{dt^n} e^{-1/2 \cdot (t-z)^2} \right\}_{t=0}.$$

Es gilt mithin für nicht negativ ganzzahlige n die Formel:

$$He_n(z) = e^{z^2/4} \cdot D_n(z) = (-)^n \cdot e^{z^2/2} \cdot \frac{d^n}{dz^n} (e^{-z^2/2}) \qquad (n = 0, 1, 2, \ldots). \tag{37}$$

Es habe in (35a) das Argument der $E_\nu^{(0)}$-Funktion insbesondere die Form $z = (1 + i)\, x = \sqrt{2i} \cdot x$ mit $x > 0$. Das zugehörige Integral läßt sich dann auf die Gestalt

$$E_\nu^{(0)}\big((1 + i)\, x\big) = \frac{2^{1/2-\nu}}{\Gamma\left(\frac{1+\nu}{2}\right)} \cdot e^{\frac{i x^2}{2} - \frac{\pi i (\nu + 1)}{4}} \cdot \int_0^\infty e^{iu^2/4} \cdot \cos(u x) \cdot u^\nu \cdot du \tag{38}$$
$$\big(-1 < \Re(\nu) < 0\big)$$

bringen, indem man unter dem Integralzeichen $t = u/(2i)^{1/2}$ setzt und den Integrationsweg, der in der u-Ebene zunächst vom Nullpunkt zum Punkt $\infty\,(\pi/4)$ verläuft, in die reelle Achse der u-Ebene zurückdreht. Diese Maßnahme beschränkt dann allerdings $\Re(\nu)$ auf negative Werte.

In § 2 hatte sich gezeigt, daß die Funktion $\mathcal{M}_{i\tau, \mu/2}(-i\zeta)\,(-i\zeta)^{-\frac{1+\mu}{2}}$ für reelle Werte von μ, τ und ζ selbst reell ist. Im Hinblick auf (§ 2, 42) einerseits und (27a, b) andererseits ist also unter den gleichen Bedingungen über τ und ζ für $\mu = \pm 1/4$:

$$E^{(0)}_{2i\tau - 1/2}\big((1-i)\sqrt{\zeta}\,\big) = \frac{4\pi^{1/2}}{\left|\Gamma\left(\frac{1}{4} \pm i\tau\right)\right|^2} \cdot \int_0^\infty \cos\left(2x\tau + \frac{1}{2}\zeta \cdot \mathfrak{Tg}\, x\right) \cdot \frac{dx}{(\mathfrak{Cof}\, x)^{1/2}} \tag{39a}$$

$$E^{(1)}_{2i\tau - 1/2}\big((1-i)\sqrt{\zeta}\big)$$
$$= (-i\zeta)^{1/2} \cdot \frac{2\pi^{1/2}}{\left|\Gamma\left(\frac{3}{4} \pm i\tau\right)\right|^2} \cdot \int_0^\infty \cos\left(2x\tau + \frac{1}{2}\zeta \cdot \mathfrak{Tg}\, x\right) \cdot \frac{dx}{(\mathfrak{Cof}\, x)^{3/2}}. \tag{39b}$$

Die (§ 2, 41) entsprechende Reihenentwicklung für die Funktionen von (39a, b) wird sich der Leser leicht selbst herstellen können.

6. Formeln für die höheren Ableitungen der beiden Whittaker-Funktionen. Bereits in § 1.3 wurde eine Formel für die p-te Ableitung der Kummerschen Funktion aufgestellt. Wenngleich diese

Beziehung, für die Funktion $M_{\varkappa,\mu/2}(z)$ angeschrieben, an Durchsichtigkeit eher verliert als gewinnt, soll sie doch auch in dieser Form angegeben werden. Sie lautet dann

$$\frac{d^p}{dz^p}\left\{\frac{e^{z/2}}{z^{\frac{1+\mu}{2}}}\mathcal{M}_{\varkappa,\mu/2}(z)\right\}=\frac{\Gamma\left(\frac{1+\mu}{2}-\varkappa+p\right)}{\Gamma\left(\frac{1+\mu}{2}-\varkappa\right)}\cdot\frac{e^{z/2}}{z^{\frac{1+\mu+p}{2}}}\cdot\mathcal{M}_{\varkappa-\frac{p}{2},\frac{\mu+p}{2}}(z). \tag{40a}$$

Mittels der Definitionsgl. (§ 2, 4) für $M_{\varkappa,\mu/2}(z)$ kann man diese Formel auch in der Form

$$\frac{d^p}{dz^p}\left\{\frac{e^{-z/2}}{z^{\frac{1+\mu}{2}}}\mathcal{M}_{\varkappa,\mu/2}(z)\right\}=\frac{\Gamma\left(\frac{1-\mu}{2}-\varkappa\right)}{\Gamma\left(\frac{1-\mu}{2}-\varkappa-p\right)}\cdot\frac{e^{-z/2}}{z^{\frac{1+\mu+p}{2}}}\cdot\mathcal{M}_{\varkappa+\frac{p}{2},\frac{\mu+p}{2}}(z) \tag{40b}$$

schreiben.

Zu einer anderen Formelgruppe gelangt man, indem man von der ersten Gl. (§ 2, 12b) ausgeht und zunächst p-mal nach z differenziert. Dann erhält man

$$\frac{d^p}{dz^p}\left\{e^{z/2}\cdot\frac{\mathcal{M}_{\varkappa,\mu/2}(z)}{z^{\frac{1-\mu}{2}}}\right\}=\frac{\Gamma\left(\frac{1-\mu}{2}-\varkappa\right)}{\Gamma\left(\frac{1+\mu}{2}-\varkappa\right)}\cdot\frac{\Gamma\left(\frac{1+\mu}{2}+\varkappa\right)}{\Gamma\left(\frac{1+\mu}{2}+\varkappa-p\right)}$$
$$\cdot\frac{(-)^p}{2\pi i}\int_0^{(z+)}e^v\cdot v^{\frac{\mu-1}{2}-\varkappa}\cdot(v-z)^{\frac{\mu-1}{2}+\varkappa-p}\cdot dv.$$

Da man hierin den Integranden auch in der Form

$$e^v\cdot v^{\frac{\mu-p-1}{2}-\left(\varkappa-\frac{p}{2}\right)}\cdot(v-z)^{\frac{\mu-p-1}{2}+\varkappa-\frac{p}{2}}$$

schreiben kann, so führt die nochmalige Anwendung von (§ 2, 12b) zu der Beziehung:

$$\frac{d^p}{dz^p}\left\{e^{z/2}\cdot\frac{\mathcal{M}_{\varkappa,\mu/2}(z)}{z^{\frac{1-\mu}{2}}}\right\}=e^{z/2}\cdot\frac{\mathcal{M}_{\varkappa-\frac{p}{2},\frac{\mu-p}{2}}(z)}{z^{\frac{1-\mu+p}{2}}}. \tag{41a}$$

In Hinblick auf (§ 2, 5b) entsteht daraus sofort die weitere Formel:

$$\frac{d^p}{dz^p}\left\{e^{-z/2}\cdot\frac{\mathcal{M}_{\varkappa,\mu/2}(z)}{z^{\frac{1-\mu}{2}}}\right\}=e^{-z/2}\cdot\frac{\mathcal{M}_{\varkappa+\frac{p}{2},\frac{\mu-p}{2}}(z)}{z^{\frac{1-\mu+p}{2}}}. \tag{41b}$$

Obgleich auf diese Weise (41a, b) nur unter der Voraussetzung $\Re\left(\frac{1+\mu}{2}-\varkappa\right)>0$ bewiesen werden konnte, da die benutzten Integraldarstellungen an deren Bestehen gebunden sind, so gilt sie doch nach dem Prinzip der analytischen Fortsetzung für alle Werte von μ und $\varkappa$.

Stellt man mittels (§ 2, 18a) den Ausdruck $\exp(z/2) \cdot W_{\varkappa,\mu/2}(z) \cdot z^{-(1+\mu)/2}$ aus den entsprechenden M-Funktionen zusammen, differenziert p-mal nach z und wendet (40a, 41a) an, so läßt sich der Inhalt der geschweiften Klammer wiederum zu einer W-Funktion zusammenfassen, und man erhält im Endergebnis:

$$\frac{d^p}{dz^p}\left\{e^{+z/2} \cdot \frac{W_{\varkappa,\mu/2}(z)}{z^{\frac{1+\mu}{2}}}\right\} = \frac{\Gamma\left(\frac{1+\mu}{2}+\varkappa\right)}{\Gamma\left(\frac{1+\mu}{2}+\varkappa-p\right)} \cdot e^{+z/2} \cdot \frac{W_{\varkappa-\frac{p}{2},\frac{\mu+p}{2}}(z)}{z^{\frac{1+\mu+p}{2}}}. \tag{42a}$$

Der Ersatz von μ durch $-\mu$ in dieser für alle μ gültigen Formel führt über die fundamentale Beziehung (§ 2, 19) zu der weiteren Formel:

$$\frac{d^p}{dz^p}\left\{e^{+z/2} \cdot \frac{W_{\varkappa,\mu/2}(z)}{z^{\frac{1-\mu}{2}}}\right\} = \frac{\Gamma\left(\frac{1-\mu}{2}+\varkappa\right)}{\Gamma\left(\frac{1-\mu}{2}+\varkappa-p\right)} \cdot e^{+z/2} \cdot \frac{W_{\varkappa-\frac{p}{2},\frac{\mu-p}{2}}(z)}{z^{\frac{1-\mu+p}{2}}}. \tag{42b}$$

Auf die gleiche Weise entfließen aus dem Ausdruck $\exp(-z/2) \cdot W_{\varkappa,\mu/2}(z) \cdot z^{-(1+\mu)/2}$ nach einem analogen Rechnungsgang die Beziehungen:

$$\frac{d^p}{dz^p}\left\{e^{-z/2} \cdot \frac{W_{\varkappa,\mu/2}(z)}{z^{\frac{1+\mu}{2}}}\right\} = (-)^p \cdot e^{-z/2} \cdot \frac{W_{\varkappa+\frac{p}{2},\frac{\mu+p}{2}}(z)}{z^{\frac{1+\mu+p}{2}}} \tag{43a}$$

$$\frac{d^p}{dz^p}\left\{e^{-z/2} \, \frac{W_{\varkappa,\mu/2}(z)}{z^{\frac{1-\mu}{2}}}\right\} = (-)^p \cdot e^{-z/2} \cdot \frac{W_{\varkappa+\frac{p}{2},\frac{\mu-p}{2}}(z)}{z^{\frac{1-\mu+p}{2}}}. \tag{43b}$$

Aus den Formeln dieser Nummer läßt sich noch in anderer Hinsicht Nutzen ziehen. Offenbar ist nach dem Taylorschen Lehrsatz für beliebige z und z'

$$e^{\frac{z+z'}{2}} \cdot \frac{W_{\varkappa,\mu/2}(z+z')}{(z+z')^{\frac{1+\mu}{2}}} = \sum_{\lambda=0}^{\infty} \frac{z'^\lambda}{\lambda!} \cdot \frac{d^\lambda}{dz^\lambda}\left\{e^{z/2} \cdot \frac{W_{\varkappa,\mu/2}(z)}{z^{\frac{1+\mu}{2}}}\right\}.$$

Mittels (42a) wird man von hier aus nach einer einfachen Zwischenrechnung zu der Beziehung

$$\frac{W_{\varkappa,\mu/2}(z+z')}{(z+z')^{\frac{1+\mu}{2}}} = e^{-z'/2} \cdot \sum_{\lambda=0}^{\infty} \frac{\left(\frac{1+\mu}{2}-\varkappa\right)_\lambda}{\lambda!} \cdot (-z')^\lambda \cdot \frac{W_{\varkappa-\frac{\lambda}{2},\frac{\mu+\lambda}{2}}(z)}{z^{\frac{1+\mu+\lambda}{2}}}. \tag{44}$$

geführt. Auf genau die gleiche Weise entsteht aus Gl. (40b) die Formel:

$$\frac{\mathcal{M}_{\varkappa,\mu/2}(z+z')}{(z+z')^{\frac{1+\mu}{2}}} = e^{+z'/2} \cdot \sum_{\lambda=0}^{\infty} \frac{\left(\frac{1+\mu}{2}+\varkappa\right)_\lambda}{\lambda!} \cdot (-z')^\lambda \cdot \frac{\mathcal{M}_{\varkappa+\frac{\lambda}{2},\frac{\mu+\lambda}{2}}(z)}{z^{\frac{1+\mu+\lambda}{2}}}. \tag{45}$$

Beide Entwicklungen gelten auf Grund ihrer Herleitung für jedes $\varkappa$ und μ. Hinsichtlich z und z' konvergiert (45) für beliebige Werte dieser Variablen. In der Entwicklung (44) muß jedoch in Rücksicht auf die Konvergenz $|z'| < |z|$ bleiben. Die Hilfsmittel, mit denen sich dies nachweisen läßt, werden im Abschnitt III über die Asymptotik der parabolischen Funktionen bereitgestellt. Sechs ähnliche Summenformeln, die als die Additionstheoreme der Funktionen $\mathcal{M}_{\varkappa,\mu/2}(z)$ und $W_{\varkappa,\mu/2}(z)$ aufgefaßt werden können, lassen sich aus (40a), (41a), (41b) und (43a, b) gewinnen. Für $\varkappa = -n - (1+\mu)/2$ reduziert sich die in (44) rechts stehende unendliche Reihe auf eine Summe endlicher Gliederzahl.

Aus den eben aufgestellten Gl. (40a) ... (43b) kann man nach A. Erdelyi [6, 7] noch eine andere Folgerung ziehen. Setzt man nämlich in diesen Gleichungen durchweg $\varkappa = 0$ und berücksichtigt die Beziehungen (§ 2, 11a) und (§ 2, 29a), so gehen sie in der gleichen Reihenfolge in die nachstehenden Formeln über:

$$\frac{d^p}{dz^p}\left\{e^{\pm z/2} \cdot \frac{I_{\mu/2}\left(\frac{z}{2}\right)}{z^{\mu/2}}\right\} = (\pm)^p \cdot \pi^{-1/2}\, \Gamma\left(\frac{1+\mu}{2}+p\right) \cdot e^{\pm z/2} \cdot \frac{\mathcal{M}_{\mp\frac{p}{2},\frac{\mu+p}{2}}(z)}{z^{\frac{1+\mu+p}{2}}} \tag{46a, b}$$

$$\frac{d^p}{dz^p}\left\{e^{\pm z/2} \cdot z^{\mu/2}\, I_{\mu/2}\left(\frac{z}{2}\right)\right\} = \pi^{-1/2}\, \Gamma\left(\frac{1+\mu}{2}\right) \cdot e^{\pm z/2} \cdot \frac{\mathcal{M}_{\mp\frac{p}{2},\frac{\mu-p}{2}}(z)}{z^{\frac{1-\mu+p}{2}}} \tag{47a, b}$$

$$\frac{d^p}{dz^p}\left\{e^{+z/2}\, z^{\mp\mu/2} \cdot K_{\mu/2}\left(\frac{z}{2}\right)\right\} = \pi^{1/2} \cdot \frac{\Gamma\left(\frac{1\mp\mu}{2}\right)}{\Gamma\left(\frac{1\mp\mu}{2}-p\right)} \cdot e^{+z/2} \cdot \frac{W_{-\frac{p}{2},\frac{\mu\pm p}{2}}(z)}{z^{\frac{1\pm\mu+p}{2}}} \tag{48a, b}$$

$$\frac{d^p}{dz^p}\left\{e^{-z/2}\, z^{\mp\mu/2} \cdot K_{\mu/2}\left(\frac{z}{2}\right)\right\} = \pi^{1/2}\,(-)^p \cdot e^{-z/2} \cdot \frac{W_{+\frac{p}{2},\frac{\mu\pm p}{2}}(z)}{z^{\frac{1\pm\mu+p}{2}}}. \tag{49a, b}$$

Auch die hier rechts stehenden $\mathcal{M}$- und W-Funktionen sind also durch Zylinderfunktionen darstellbar.

Die Spezialisierung von (42, 43) gemäß Gl. (22b) auf die Funktion $D_\nu(\sqrt{2z})$ führt beispielsweise die Gl. (42a, b) in die beiden folgenden über:

$$\frac{d^p}{dz^p}\left\{e^{z/2}\cdot D_\nu\left(\sqrt{2z}\right)\right\} = \frac{2^{\nu/2}\,\Gamma\left(1+\frac{\nu}{2}\right)}{\Gamma\left(1+\frac{\nu}{2}-p\right)}\cdot e^{z/2}\cdot z^{-\frac{p}{2}-\frac{1}{4}}\cdot W_{\frac{\nu-p}{2}+\frac{1}{4},\frac{p}{2}-\frac{1}{4}}(z) \tag{50}$$

$$\frac{d^p}{dz^p}\left\{e^{z/2}\cdot z^{-1/2}\cdot D_\nu\left(\sqrt{2z}\right)\right\}$$
$$= \frac{2^{\nu/2}\,\Gamma\left(\frac{1+\nu}{2}\right)}{\Gamma\left(\frac{1+\nu}{2}-p\right)}\cdot e^{z/2}\cdot z^{-\frac{p}{2}-\frac{3}{4}}\cdot W_{\frac{\nu-p}{2}+\frac{1}{4},\frac{p}{2}+\frac{1}{4}}(z)\,. \tag{51}$$

M- und W-Funktionen, deren beide Zeiger sich bei beliebigen Werten von ν, aber ganzzahligen Werten von p auf eine der vier Formen

$$\frac{\nu\mp p}{2}+\frac{1}{4},\quad \mp\frac{1}{4}+\frac{p}{2}$$

bringen lassen, können mithin als die p-ten Ableitungen von $\exp(\pm z/2)\cdot D_\nu\left(\sqrt{2z}\right)$ oder $\exp(\pm z/2)\cdot D_\nu\left(\sqrt{2z}\right)\cdot z^{-1/2}$ dargestellt werden.

§ 4. Die Funktionen des Drehparabols und des parabolischen Zylinders als Partikularintegrale der Wellengleichung in den entsprechenden Koordinaten.

Um gegenüber den bisherigen rein mathematischen Untersuchungen auch die Bedürfnisse der Anwendungen zu Worte kommen zu lassen, wollen wir in diesem Paragraphen nach Partikularlösungen der Wellengleichung

$$\Delta u + k^2\cdot u = 0 \quad \text{mit} \quad \Delta \equiv \frac{\partial^2}{\partial x^2}+\frac{\partial^2}{\partial y^2}+\frac{\partial^2}{\partial z^2}$$

suchen, wenn dabei in dem Differentialoperator Δ an Stelle der drei rechtwinkligen Koordinaten x, y, z die Koordinaten ξ, η, φ eines Rotationsparaboloides oder kürzer eines Drehparabols oder die Koordinaten ξ, η, z eines parabolischen Zylinders oder eines Zylinderparabols verwendet werden. In der obigen Wellengleichung hat im übrigen k die Bedeutung der zumeist reellen Wellenzahl und die Dimension einer reziproken Länge. Bei diesen Untersuchungen wird sich zeigen, daß von dieser Seite her gesehen gerade dem Auftreten eines rein imaginären Argumentes in den hier betrachteten Funktionen, wie es im § 2. 10 angenommen wurde, eine große Bedeutung zukommt. Da die Koordinaten des Drehparabols und des parabolischen Zylinders nur verhältnismäßig wenig bekannt sind, so schicken wir jeweils eine kurze Erläuterung dieser beiden Arten von Koordinaten voraus.

1. Die Koordinaten des Drehparabols und die Form der Wellengleichung in diesen Koordinaten. Als ein für unsere Zwecke geeignetes drehparabolisches Bezugssystem wählen wir gemäß Abb. 1 die

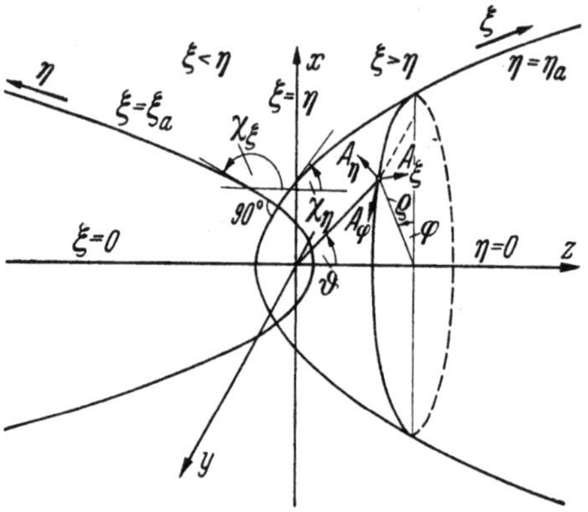

Abb. 1. Zur Definition der Koordinaten ξ, η, φ des Drehparabols und der Zusammenhang von ξ, η, φ mit den rechtwinkligen Koordinaten x, y, z, den Zylinderkoordinaten ϱ, φ, z und den Kugelkoordinaten r, ϑ, φ.

beiden Scharen orthogonaler und konfokaler Drehparabole, die in dem zu x, y, z gehörenden Zylinderkoordinatensystem ϱ, φ, z gleichen Ursprungs durch das Gleichungspaar

$$\varrho^2 = 4\xi \cdot (\xi - z) \qquad \text{(1a)} \qquad\qquad \varrho^2 = 4\eta \cdot (\eta + z) \qquad \text{(1b)}$$

dargestellt werden. Aus ihm ergibt sich nach einfachen Rechnungen zwischen den rechtwinkligen Koordinaten x, y, z, den Zylinderkoordinaten ϱ, φ, z, den Kugelkoordinaten r, ϑ, φ und den Koordinaten ξ, η, φ des Drehparabols der folgende Zusammenhang:

$$x = \varrho \cdot \cos\varphi = r \cdot \sin\vartheta \cdot \cos\varphi = +2\sqrt{\xi\,\eta} \cdot \cos\varphi \qquad \text{(2a)}$$

$$y = \varrho \cdot \sin\varphi = r \cdot \sin\vartheta \cdot \sin\varphi = +2\sqrt{\xi\,\eta} \cdot \sin\varphi \qquad \text{(2b)}$$

$$z \equiv z = r \cdot \cos\vartheta = \xi - \eta \qquad \text{(2c)} \qquad\qquad r = \xi + \eta. \qquad \text{(2d)}$$

Löst man nämlich die beiden in ξ und η quadratischen Gleichungen (1a, b) auf, so resultiert

$$2\xi = z + \sqrt{z^2 + \varrho^2} = z + r \qquad \text{(2e)} \qquad\qquad 2\eta = -z + r. \qquad \text{(2f)}$$

Wegen der in (2a, b) auftretenden Quadratwurzeln beschränken sich ξ und η auf den Variabilitätsbereich $0 \lessgtr \xi, \eta < \infty$. In der rechten Raumhälfte mit $z > 0$ ist stets $\xi > \eta$, in der linken Raumhälfte mit $z < 0$ hat man hingegen $\xi < \eta$, und nur in allen Punkten der x, y-Ebene ist $\xi = \eta = 0$. Auf der rechten Hälfte der z-Achse mit $z > 0$ wächst ξ von Null an zu unbegrenzt hohen Werten, jedoch ist dort stets $\eta = 0$. Auf der linken Hälfte der z-Achse wächst η von Null bis ∞, es ist aber stets $\xi = 0$. Der Abstand R_{01} zweier Punkte, deren Koordinaten durch die Zeiger 0 und 1 unterschieden sein mögen, ist in allen vier Koordinatensystemen durch

$$\begin{aligned} R_{01}^2 &= (x_1 - x_0)^2 + (y_1 - y_0)^2 + (z_1 - z_0)^2 \\ &= \varrho_0^2 + \varrho_1^2 - 2\varrho_0\varrho_1 \cdot \cos(\varphi_0 - \varphi_1) + (z_1 - z_0)^2 \qquad (3) \\ &= r_0^2 + r_1^2 - 2 r_0 r_1 \cdot \{\cos\vartheta_0 \cos\vartheta_1 + \sin\vartheta_0 \sin\vartheta_1 \cdot \cos(\varphi_0 - \varphi_1)\} \\ &= [(\xi_1 - \eta_1) - (\xi_0 - \eta_0)]^2 + 4 \cdot [\xi_0\eta_0 + \xi_1\eta_1 - 2\sqrt{\xi_0\eta_0} \cdot \sqrt{\xi_1\eta_1} \cdot \cos(\varphi_0 - \varphi_1)] \end{aligned}$$

gegeben. Addiert oder subtrahiert man (2c) und (2d), so folgen daraus die Beziehungen

$$\xi = r \cdot \cos^2\left(\frac{\vartheta}{2}\right) \quad (4a) \qquad \eta = r \cdot \sin^2\left(\frac{\vartheta}{2}\right), \quad (4b)$$

aus denen hervorgeht, daß längs eines festen Strahls vom Nullpunkt aus sowohl ξ als auch η über alle Grenzen wachsen.

Auf einem Parabelbogen, der die positive z-Achse einhüllt, ist $\eta = \text{const.}$, und es ändert sich auf ihm ξ allein. Nach (1a, b) ist dann $d\xi = dz$ und $d\varrho = (\eta/\xi)^{1/2} \cdot d\xi$. Auf einem Parabelbogen, der die negative z-Achse einhüllt, ist $\xi = \text{const.}$, und es ändert sich auf ihm η allein. Mithin ist dann $d\eta = -dz$ und $d\varrho = (\xi/\eta)^{1/2} \cdot d\eta$. Für die drei Bogenelemente ergeben sich daraus wegen $ds^2 = d\varrho^2 + dz^2$ sofort die Beziehungen:

$$ds_\xi = \left(\frac{\xi + \eta}{\xi}\right)^{1/2} d\xi \quad (5a) \qquad ds_\eta = \left(\frac{\xi + \eta}{\eta}\right)^{1/2} d\eta \quad (5b) \qquad ds_\varphi = 2\sqrt{\xi\eta}\, d\varphi. \quad (5c)$$

Bedeutet ferner χ_ξ gemäß Abb. 1 den Winkel, den die in Richtung wachsender Werte von η an die Kurve $\xi = \text{const.}$ gezogene Tangente im Punkte (ξ, η) mit der positiven Richtung der z-Achse bildet, so ist

$$\cos\chi_\xi = -\left(\frac{\eta}{\xi + \eta}\right)^{1/2} \quad (5\alpha) \qquad \sin\chi_\xi = \left(\frac{\xi}{\xi + \eta}\right)^{1/2} \quad (\chi_\xi > 0). \quad (5\beta)$$

Für den entsprechend definierten Winkel χ_η ist

$$\cos\chi_\eta = +\left(\frac{\xi}{\xi + \eta}\right)^{1/2} = \cos\left(\chi_\xi - \frac{\pi}{2}\right) \qquad (5'\alpha)$$

$$\sin\chi_\eta = \left(\frac{\eta}{\xi + \eta}\right)^{1/2} = \sin\left(\chi_\xi - \frac{\pi}{2}\right) \quad (\chi_\eta > 0). \qquad (5'\beta)$$

Daraus erhellt zugleich die geometrische Bedeutung der Faktoren von $d\xi$ und $d\eta$ in (5a, b). Die Kenntnis der drei Bogenelemente (5a, b, c) setzt uns aber mit Hilfe einer bekannten Umrechnungsformel (s. Magnus-Oberhettinger [1], S. 191/192) sofort in den Stand, auch die Beziehung

$$\Delta \equiv \frac{1}{2(\xi + \eta)} \cdot \left\{\frac{\partial}{\partial\xi}\left(2\xi \cdot \frac{\partial}{\partial\xi}\right) + \frac{\partial}{\partial\eta}\left(2\eta \cdot \frac{\partial}{\partial\eta}\right) + \frac{\xi + \eta}{2\xi\eta} \cdot \frac{\partial^2}{\partial\varphi^2}\right\} \qquad (6)$$

für den Differentialoperator Δ in den Koordinaten des Drehparabols anzuschreiben.

Bei den meisten physikalischen Aufgaben stellt sich die Abhängigkeit der unter dem Zeichen Δ auftretenden physikalischen Größe von der Koordinate φ durch eine Fouriersche Reihe dar. Es liegt daher nahe, von dieser skalaren Größe Φ einen funktionalen Aufbau gemäß

$$\Phi(\xi, \eta, \varphi) = u(\xi, \eta) \cdot e^{\pm i p \varphi} \qquad (p = 0, 1, 2, \ldots) \tag{7}$$

vorauszusetzen. Die Wellengleichung für Φ bzw. $u(\xi, \eta)$ nimmt dann die Form der Gl.

$$\xi \cdot \frac{\partial^2 u}{\partial \xi^2} + \frac{\partial u}{\partial \xi} + \eta \cdot \frac{\partial^2 u}{\partial \eta^2} + \frac{\partial u}{\partial \eta} - p^2 \frac{\xi + \eta}{4 \xi \eta} \cdot u + k^2 (\xi + \eta) \cdot u = 0 \tag{8}$$

an. Macht man für Φ den allgemeineren Ansatz $u(\xi, \eta) \cdot \exp(i \mu \varphi)$, so tritt in (8) an Stelle der nichtnegativen ganzen Zahl p die beliebige reelle Größe μ. Somit handelt es sich weiterhin darum, geeignete Lösungen dieser Gleichung aufzufinden.

2. Die separierten Lösungen der Wellengleichung in den Funktionen des Drehparabols. Wir machen zu diesem Zweck in bekannter Weise den Produktansatz

$$u(\xi, \eta) = f_1(\xi) \cdot f_2(\eta), \tag{9}$$

dessen Aufbau dadurch gekennzeichnet ist, daß er sich aus zwei Faktoren zusammensetzt, von denen jeder nur von einer der beiden Variablen ξ und η abhängt. Gehen wir mit diesem Ansatz in die Gl. (8) ein, so ergeben sich für $f_1(\xi)$ und $f_2(\eta)$ mit C als einer beliebigen, von ξ und η unabhängigen Konstanten die beiden gewöhnlichen D.Gl.

$$\frac{d}{d\xi}\left(\xi \cdot f_1'(\xi)\right) + \left(k^2 \xi - \frac{p^2/4}{\xi} - C\right) \cdot f_1(\xi) = 0 \tag{10a}$$

$$\frac{d}{d\eta}\left(\eta \cdot f_2'(\eta)\right) + \left(k^2 \eta - \frac{p^2/4}{\eta} + C\right) \cdot f_2(\eta) = 0. \tag{10b}$$

In die erste dieser beiden Gleichungen führen wir die neue unabhängige Veränderliche $z_1 = \pm 2 i k \cdot \xi$ ein und in die zweite statt η die Veränderliche $z_2 = \mp 2 i k \cdot \eta$. Dann entstehen aus (2a, b) zwei völlig gleichartige D.Gl., von denen jede das Aussehen der Gl.

$$\frac{d}{dz}\left(z \cdot F'(z)\right) - \left(\frac{z}{4} - \varkappa + \frac{p^2/4}{z}\right) \cdot F(z) = 0 \quad (\varkappa = \pm i \cdot C/2k) \tag{11}$$

hat. Nur ist das eine Mal $z = z_1$ und $F = f_1$, das andere Mal $z = z_2$ und $F = f_2$ zu setzen.

Die so zustande gekommene selbstadjungierte D.Gl. stimmt zwar nicht unmittelbar mit der Whittakerschen D.Gl. (§ 2, 2) überein. Sie ist aber identisch mit der D.Gl. (§ 3, 5), wenn man darin $A = 1$ und $\mu = p$ setzt. Somit sind wir in der Lage, die Lösungsfunktionen von (11) anzugeben.

Da es nun bei vielen Problemen zweckmäßiger ist, direkt mit den Lösungsfunktionen von (11) anstatt mit den Whittakerschen Funktionen zu arbeiten, so empfiehlt es sich, an dieser Stelle zwei neue Funktionen einzuführen. Wir bezeichnen sie, um auch rein äußerlich ihre nahe Verwandtschaft mit den Funktionen $M_{\varkappa,\mu/2}(z)$ und $W_{\varkappa,\mu/2}(z)$ zum Ausdruck zu bringen, mit $m_\varkappa^{(\mu)}(z)$ und $w_\varkappa^{(\mu)}(z)$ und definieren sie mit μ an Stelle von p in Gl. (11) durch die Gleichungen

$$F(z) \equiv m_\varkappa^{(\mu)}(z) = z^{-1/2}\,\mathcal{M}_{\varkappa,\mu/2}(z) \tag{12a}$$

$$F(z) \equiv w_\varkappa^{(\mu)}(z) = z^{-1/2}\,W_{\varkappa,\mu/2}(z). \tag{12b}$$

Für $n = 0, 1, 2, \ldots$ ist dann nach Gl. (§ 2, 8)

$$\Gamma\left(\frac{1-n}{2}-\varkappa\right)\cdot m_\varkappa^{(-n)}(z) = \Gamma\left(\frac{1+n}{2}-\varkappa\right)\cdot m_\varkappa^{(+n)}(z) \tag{12c}$$

$$w_\varkappa^{(-n)}(z) = w_\varkappa^{(+n)}(z). \tag{12d}$$

Bei diesem einfachen Zusammenhang erübrigt es sich, die verschiedenen Fundamentalsysteme der Gl. (11) besonders anzuschreiben. Hingegen wollen wir es nicht unterlassen, die verschiedenen möglichen Partikularlösungen der Wellengleichung (8) selbst nach dem jetzt gewonnenen Einblick zusammenzustellen. Da dabei in der Regel $\mu = p$ stets der Null oder einer ganzen Zahl gleich ist, so scheidet das Lösungspaar $m_\varkappa^{(\pm p)}(z)$ dabei von vornherein aus. Lassen wir von den anderen noch möglichen Kombinationen diejenigen fort, bei denen es sich nur um eine Vertauschung von ξ und η handelt, so bleiben noch die folgenden Gruppierungen übrig:

$$\left.\begin{aligned}&\alpha)\ m_\varkappa^{(p)}(\pm 2ik\xi)\cdot m_\varkappa^{(p)}(\mp 2ik\eta)\cdot\\ &\beta)\ m_\varkappa^{(p)}(\pm 2ik\xi)\cdot w_\varkappa^{(p)}(\mp 2ik\eta)\cdot\\ &\gamma)\ m_\varkappa^{(p)}(\pm 2ik\xi)\cdot w_{-\varkappa}^{(p)}(\pm 2ik\eta)\cdot\end{aligned}\right\}e^{\pm ip\varphi}\quad \left.\begin{aligned}&a)\ w_\varkappa^{(p)}(\pm 2ik\xi)\cdot w_\varkappa^{(p)}(\mp 2ik\eta)\cdot\\ &b)\ w_\varkappa^{(p)}(\pm 2ik\xi)\cdot w_{-\varkappa}^{(p)}(\pm 2ik\eta)\cdot\\ &A)\ w_{-\varkappa}^{(p)}(\mp 2ik\xi)\cdot w_{-\varkappa}^{(p)}(\pm 2ik\eta)\cdot\end{aligned}\right\}e^{\pm ip\varphi}. \tag{13}$$

Im Hinblick auf die Beziehung (§ 2, 5a, b), die sich bei den hier benutzten Funktionen in der Form der Gl.

$$m_\varkappa^{(\mu)}(z\cdot e^{\pm\pi i}) = e^{\pm\frac{\pi i}{2}\cdot\mu}\cdot m_\varkappa^{(\mu)}(z) \tag{14a}$$

$$m_{-\varkappa}^{(\mu)}(z\cdot e^{\pm\pi i}) = e^{\pm\frac{\pi i}{2}\cdot\mu}\cdot m_\varkappa^{(\mu)}(z) \tag{14b}$$

darstellt, ist die Kombination α) gleichwertig der anderen, in der der zweite Faktor gleich $m_{-\varkappa}^{(p)}\,(\pm\, 2i\,k\,\eta)$ ist. Da die bei der Auflösung von (8) auftretende willkürliche Konstante C in dem vorderen Parameter $\varkappa$ steckt, so sind die Produkte (13) Lösungen von (8) für jeden beliebigen Wert von $\varkappa$, und sie bleiben es auch dann noch, wenn etwa nach Multiplikation mit einer willkürlichen Funktion von $\varkappa$ die Produkte (5) über $\varkappa$ integriert werden.

Die Wronskis von (§ 2, 7), in denen die Ableitungen auch beim Argument $z \cdot \exp(\pm\pi i)$ sich stets auf z beziehen, berechnen sich für die Funktionen $m_\varkappa^{(\mu)}$ und $w_\varkappa^{(\mu)}$ gemäß den Gl.

$$\mathfrak{W}\left\{m_\varkappa^{(\mu)}(z),\ m_\varkappa^{(-\mu)}(z)\right\} = -\frac{\sin(\pi\mu)}{\pi\cdot z} \tag{15a}$$

$$\mathfrak{W}\left\{w_\varkappa^{(\mu)}(z),\ m_\varkappa^{(\mu)}(z)\right\} = \frac{1}{z\cdot\Gamma\left(\frac{1+\mu}{2}-\varkappa\right)} \tag{15b}$$

$$\mathfrak{W}\left\{w_{-\varkappa}^{(\mu)}(z\cdot e^{\pm\pi i}),\ m_\varkappa^{(\mu)}(z)\right\} = \frac{e^{\pm\frac{\pi i}{2}\cdot\pi}}{z\cdot\Gamma\left(\frac{1+\mu}{2}+\varkappa\right)} \tag{15c}$$

$$\mathfrak{W}\left\{w_{-\varkappa}^{(\mu)}(z\cdot e^{\pm\pi i}),\ w_\varkappa^{(\mu)}(z)\right\} = \pm\frac{i}{z}\cdot e^{-\pi i\varkappa} \tag{15d}$$

Aus dem gleichen Grunde wie früher lassen wir auch hier eine mehr praktischen Zwecken dienende Tabelle folgen. Sie soll in übersicht-

Tabelle 2. *Das erste Entwicklungsglied in den Reihendarstellungen für* $m_\varkappa^{(p)}(z)$, $w_\varkappa^{(p)}(z)$, $m_\varkappa^{(p)'}(z)$ *und* $w_\varkappa^{(p)'}(z)$ *in der Nähe von* $z = 0$.

p	$m_\varkappa^{(p)}(z)$	$m_\varkappa^{(p)'}(z)$	$w_\varkappa^{(p)}(z)$	$w_\varkappa^{(p)'}(z)$
0	1	$-\varkappa$	$-\dfrac{\ln z}{\Gamma\left(\frac{1}{2}-\varkappa\right)}$	$-\dfrac{z^{-1}}{\Gamma\left(\frac{1}{2}-\varkappa\right)}$
1	$z^{1/2}$	$\dfrac{1}{2}\cdot z^{-1/2}$	$\dfrac{z^{-1/2}}{\Gamma(1-\varkappa)}$	$-\dfrac{z^{-3/2}}{2\Gamma(1-\varkappa)}$
2	$\dfrac{z}{2}$	$\dfrac{1}{2}$	$\dfrac{z^{-1}}{\Gamma\left(\frac{3}{2}-\varkappa\right)}$	$-\dfrac{z^{-2}}{\Gamma\left(\frac{3}{2}-\varkappa\right)}$
≥ 3	$\dfrac{z^{p/2}}{p!}$	$\dfrac{p}{2}\cdot\dfrac{z^{\frac{p}{2}-1}}{p!}$	$\dfrac{z^{-p/2}}{\Gamma\left(\frac{1+p}{2}-\varkappa\right)}$	$-p!\,\dfrac{z^{-\frac{p}{2}-1}}{2\Gamma\left(\frac{1+p}{2}-\varkappa\right)}$

licher Weise über das Verhalten der beiden Funktionen $m_\varkappa^{(p)}(z)$ und $w_\varkappa^{(p)}(z)$ und ihrer ersten Ableitungen bei Annäherung an den Nullwert ihrer Argumente z informieren. Als rechnerische Unterlagen können dabei unter Bezugnahme auf die Definitionsgleichungen (12a, b) dieselben Gleichungen wie im früheren Falle dienen.

3. Die Koordinaten des Zylinderparabols und die zugehörige Form der Wellengleichung. In derselben Weise werden wir in der vorliegenden Nummer die Integration der Wellengleichung in den Koordinaten eines parabolischen Zylinders behandeln. Zunächst besprechen wir wieder das bei der Aufstellung der Wellengleichung benutzte Koordinatensystem. Es wird hier abweichend von der sonstigen Gepflogenheit so definiert, daß die Koordinaten ξ, η wie in der voranstehenden Nummer lineare Dimensionen haben.

Beim Gebrauch der Koordinaten des parabolischen Zylinders wird gemäß Abb. 2 die Lage eines Raumpunktes beschrieben durch die Angabe

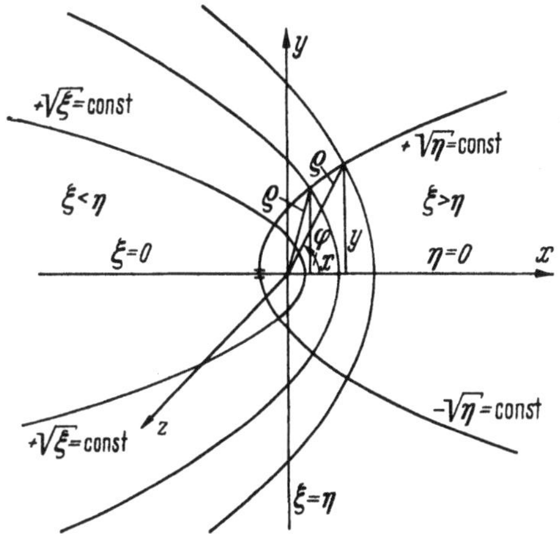

Abb. 2. Zur Definition der Koordinaten ξ, η, z des parabolischen Zylinders und ihr Zusammenhang mit den rechtwinkligen Koordinaten x, y, z und den Zylinderkoordinaten ϱ, φ, z.

der Koordinate z und der beiden Parameter ξ und η, denen nach dem Gleichungspaar

$$\varrho^2 = 4\eta\,(x + \eta) \quad \text{(16a)} \qquad\qquad \varrho^2 = 4\xi\,(\xi - x) \quad \text{(16b)}$$

zwei sich senkrecht durchschneidende konfokale Parabeln entsprechen. Löst man beide Gleichungen nach x und y auf, so ergibt sich zwischen den rechtwinkligen Koordinaten x, y, z, den zugehörigen Zylinderkoordinaten ϱ, φ, z und den drei Koordinaten des parabolischen Zylinders ξ, η, z der durch das Gleichungssystem

$$x = \xi - \eta = \varrho \cdot \cos\varphi \quad \text{(17a)} \qquad\qquad y = \pm\, 2\sqrt{\xi\eta} = \varrho \cdot \sin\varphi \quad \text{(17b)}$$

$$z \equiv z \quad \text{(17c)} \qquad\qquad \varrho = \xi + \eta \quad \text{(17d)}$$

beschriebene Zusammenhang. Wird in (17b) $\sqrt{\xi}$ stets mit dem positiven Vorzeichen genommen, so muß man nach Abb. 2b auf der oberhalb der x-Achse gelegenen Halbparabel $\sqrt{\eta}$ mit dem positiven und auf der unteren Halbparabel mit dem negativen Vorzeichen nehmen. Alle in Richtung der negativen Halbachse der x offenen Parabeln sind also volle Parabeln, denen ein einziger Wert von $\sqrt{\xi}$ aus dem Bereich $0 \lesseqgtr \sqrt{\xi} < \infty$ zukommt. Die in Richtung der positiven x-Achse offenen Parabeln hat man sich jedoch aus zwei Halbparabeln bestehend zu denken, von denen die obere durch $+\sqrt{\eta}$, die untere durch $-\sqrt{\eta}$ beschrieben wird, so daß $\sqrt{\eta}$ dem Bereich $-\infty < \sqrt{\eta} < +\infty$ angehört. Nähert man sich also einem Punkt der negativen x-Achse von Abb. 2 von oben her, so hat er die beiden Koordinaten $(0, +\sqrt{\eta})$, bei Annäherung von unten her besitzt er die Koordinaten $(0, -\sqrt{\eta})$. Dieser Umstand verlangt bei der Auswahl der Lösungen stets Beachtung.

Das Quadrat des Abstandes zweier Punkte, deren Koordinaten wiederum durch die Zeiger 0 und 1 unterschieden sein mögen, bestimmt sich in den erwähnten drei Koordinaten durch die Formeln

$$\begin{aligned} R_{01}^2 &= (x_0 - x_1)^2 + (y_0 - y_1)^2 + (z_0 - z_1)^2 \\ &= \varrho_0^2 + \varrho_1^2 - 2\varrho_0\varrho_1 \cdot \cos(\varphi_0 - \varphi_1) + (z_0 - z_1)^2 \\ &= (\xi_0 + \eta_0)^2 + (\xi_1 + \eta_1)^2 - 2(\xi_0 - \eta_0)(\xi_1 - \eta_1) \\ &\quad - 2 \cdot 2\sqrt{\xi_0\eta_0} \cdot 2\sqrt{\xi_1\eta_1} + (z_0 - z_1)^2. \end{aligned} \tag{18}$$

Addiert und subtrahiert man die Gl. (17a) und (17d), so ergibt sich das Gleichungspaar

$$\xi = \varrho \cdot \cos^2(\varphi/2) \quad \text{(19a)} \qquad \eta = \varrho \cdot \sin^2(\varphi/2), \quad \text{(19b)}$$

aus dem hervorgeht, daß für einen Raumpunkt, der längs eines festen Strahls ϱ, φ ins Unendliche rückt, ξ und η gleichzeitig über alle Grenzen wachsen.

Längs eines Parabelbogens $\eta = \text{Const.}$ ist nach (17) $dx = d\xi$ und $dy = (\eta/\xi)^{1/2} \cdot d\xi$. Ganz analog ist auf einer Parabel $\xi = \text{Const.}$ $dx = -d\eta$ und $dy = (\xi/\eta)^{1/2} \cdot d\eta$. Man hat also

$$ds_\xi = \left(\frac{\xi+\eta}{\xi}\right)^{1/2} \cdot d\xi \quad \text{(20a)} \qquad ds_\eta = \left(\frac{\xi+\eta}{\eta}\right)^{1/2} \cdot d\eta \quad \text{(20b)} \qquad ds_z = dz. \quad \text{(20c)}$$

Daraus folgt dann aber, daß für den Differentialoperator Δ in den Koordinaten des parabolischen Zylinders die Beziehung

$$\Delta \equiv \frac{\sqrt{\xi\eta}}{\xi+\eta} \cdot \left\{ \frac{\partial}{\partial\xi}\left(\sqrt{\frac{\xi}{\eta}} \cdot \frac{\partial}{\partial\xi}\right) + \frac{\partial}{\partial\eta}\left(\sqrt{\frac{\eta}{\xi}} \cdot \frac{\partial}{\partial\eta}\right) + \frac{\xi+\eta}{\sqrt{\xi\eta}} \cdot \frac{\partial^2}{\partial z^2} \right\} \tag{21}$$

oder in anderer Schreibweise die Beziehung

$$\Delta \equiv \frac{1}{4(\xi+\eta)} \cdot \left\{ \frac{\partial^2}{\partial(\sqrt{\xi})^2} + \frac{\partial^2}{\partial(\sqrt{\eta})^2} \right\} + \frac{\partial^2}{\partial z^2} \tag{21a}$$

besteht.

Beschränken wir uns auf die Angabe solcher Partikularlösungen der Wellengleichung, bei denen die Änderung mit der Koordinate z das Gesetz exp $(i\alpha z)$ befolgt, suchen wir also m. a. W. lediglich nach einer skalaren Größe Φ, die der Wellengleichung genügt und in ihrer Abhängigkeit von ξ, η und z im besonderen das Gesetz

$$\Phi(\xi, \eta, z) = u(\xi, \eta) \cdot e^{i\alpha z} \tag{22}$$

befolgt, so hat die darin als Faktor auftretende Funktion $u(\xi, \eta)$ die partielle D.Gl.

$$\frac{d^2 u}{\partial (\sqrt{\xi})^2} + \frac{\partial^2 u}{\partial (\sqrt{\eta})^2} + 4\left[(\sqrt{\xi})^2 + (\sqrt{\eta})^2\right] \gamma^2 u = 0 \qquad (\gamma^2 = k^2 - \alpha^2) \tag{23}$$

zu befriedigen. Wir suchen nach den Partikularlösungen dieser vereinfachten Wellengleichung.

4. Die Lösungen der separierten Wellengleichung in den Funktionen des Zylinderparabols. Zu diesem Zweck setzen wir wieder die Lösung von (23) in der Form eines Produkts an, dessen zwei Faktoren $f_1(\sqrt{\xi})$ und $f_2(\sqrt{\eta})$ allein von $\sqrt{\xi}$ oder $\sqrt{\eta}$ abhängen. Geht man mit diesem Ansatz in (23) ein und dividiert durch $f_1(\sqrt{\xi}) \cdot f_2(\sqrt{\eta})$, so wird man durch dieselbe Schlußweise wie in Nummer 2 zu den beiden D. Gl.

$$f_1''(\sqrt{\xi}) + \left[(2\gamma\sqrt{\xi})^2 + C\right] \cdot f_1(\sqrt{\xi}) = 0 \tag{24a}$$

$$f_2''(\sqrt{\eta}) + \left[(2\gamma\sqrt{\eta})^2 - C\right] \cdot f_2(\sqrt{\eta}) = 0 \tag{24b}$$

geführt, in denen C wieder eine willkürliche Konstante ist. In die erste dieser beiden D.Gl. setzen wir als neue unabhängige Veränderliche die Größe $z_1 = +2 \cdot \sqrt{+i\gamma\xi}$ ein, in die zweite $z_2 = +2 \cdot \sqrt{-i\gamma\eta}$. Dann gehen die beiden D.Gl. (24a, b) in ein und dieselbe neue D.Gl.

$$\frac{d^2 F}{dz^2} + \left[\nu + \frac{1}{2} - \frac{z^2}{4}\right] \cdot F(z) = 0 \qquad \left(\nu + \frac{1}{2} = \frac{C}{4i\gamma}\right) \tag{25}$$

über, in der z und $F(z)$ entweder gleich z_1 und $F(z_1)$ oder gleich z_2 und $F(z_2)$ sind.

Diese D.Gl. ist wiederum selbstadjungiert und stimmt wegen der Festsetzung über C gerade mit der D.Gl. (§ 3, 22) für die beiden Funktionen $D_\nu(z)$ und $E_\nu^{(0,1)}(z)$ überein. Dieser Hinweis ermöglicht sofort die Angabe zusammengehöriger Partikularlösungen der Wellengleichung (23). Berücksichtigt man die verschiedenen Substitutionen, die zur Gl. (25) geführt haben, so lassen sich zunächst rein formal etwa die folgenden Lösungspaare zusammenstellen:

$$E_\nu^{(0)}\left(2\sqrt{\pm i\gamma\xi}\right) \cdot E_\nu^{(0)}\left(2\sqrt{\mp i\gamma\eta}\right) \cdot e^{+i\alpha z} \tag{26a}$$

$$E_\nu^{(1)}\left(2\sqrt{\pm i\gamma\xi}\right) \cdot E_\nu^{(1)}\left(2\sqrt{\mp i\gamma\eta}\right) \cdot e^{+i\alpha z} \tag{26b}$$

$$D_\nu\left(2\sqrt{\pm i\gamma\xi}\right) \cdot D_\nu\left(2\sqrt{\mp i\gamma\eta}\right) \cdot e^{+i\alpha z} \tag{26c}$$

$$D_{-\nu-1}\left(2i\sqrt{\pm i\gamma\xi}\right)\cdot D_{-\nu-1}\left(2i\sqrt{\mp i\gamma\eta}\right)\cdot e^{+i\alpha z} \tag{26d}$$

$$D_{\nu}\left(2\sqrt{\pm i\gamma\xi}\right)\cdot D_{-\nu-1}\left(2i\sqrt{\mp i\gamma\eta}\right)\cdot e^{+i\alpha z} \tag{26e}$$

$$D_{-\nu-1}\left(2i\sqrt{\pm i\gamma\xi}\right)\cdot D_{\nu}\left(2\sqrt{\mp i\gamma\eta}\right)\cdot e^{+i\alpha z} \tag{26f}$$

$$D_{\nu}\left(2\sqrt{\pm i\gamma\xi}\right)\cdot E_{\nu}^{(0,1)}\left(2\sqrt{\mp i\gamma\eta}\right)\cdot e^{+i\alpha z} \tag{26g}$$

$$\text{mit}\quad \gamma^2 = k^2 - \alpha^2.$$

Dabei gehören in diesen Gleichungen immer entweder die oberen oder die unteren Vorzeichen zusammen. Im übrigen ließe sich auch setzen:

$$(\pm i)^{1/2} = \frac{1\pm i}{\sqrt{2}} \quad \text{und} \quad i\sqrt{\pm i} = \mp\frac{1\mp i}{\sqrt{2}}.$$

Ist in (26) $\alpha = 0$, so hat überall an Stelle von γ die Wellenzahl k zu treten. Die physikalische Bedeutung der einzelnen Faktoren in den obigen Lösungsgleichungen werden wir erst später kennenlernen. Sie betrifft die Natur der Wellenausbreitung, die die betreffende Lösungsfunktion bestimmt, oder mathematisch gesprochen das Verhalten der Funktion bei großen Werten des Arguments.

Die Lösungen (26) lassen sich im übrigen auch im vorliegenden Falle durch eine Summation oder Integration über den Parameter ν noch weiter verallgemeinern.

II. Abschnitt.

Allgemeine Integraldarstellungen für die parabolischen Funktionen und ihre Produkte.

§ 5. Integraldarstellungen für die einfachen parabolischen Funktionen.

1. Integrale mit doppelt verzweigtem binomischen Kern. Unter solchen Integraldarstellungen werden im folgenden Integrale nach Art der Gl. (§ 2, 12) verstanden. Die wichtigste Aufgabe soll zunächst darin bestehen, auch für die Funktionen $W_{\varkappa,\mu/2}(z)$ und $W_{-\varkappa,\mu/2}(z\cdot e^{\pm\pi i})$ Integrale dieser Art herzustellen. Zu diesem Zweck ziehen wir das schon oben erwähnte Integral für die Funktion $\mathcal{M}_{\varkappa,\mu/2}(z)$ in der s-Form heran, das an die Konvergenzbedingung $\Re((1+\mu)/2\pm\varkappa)$

gebunden ist, und führen etwa den Mittelpunkt des Integrationsweges in der Richtung σ mit $|\sigma| < \pi$ gegen die positiv reelle s-Achse ins Unendliche. Ein Zwischenstadium dieser Wegumgestaltung und das erreichte Endstadium sind für ein $0 < \sigma < \pi$ in Abb. 3 zugleich mit den in dem veränderten Integral zu benutzenden Phasenwinkeln von $s \pm 1$ angegeben. Im Sinne der damit festgelegten Zählweise von

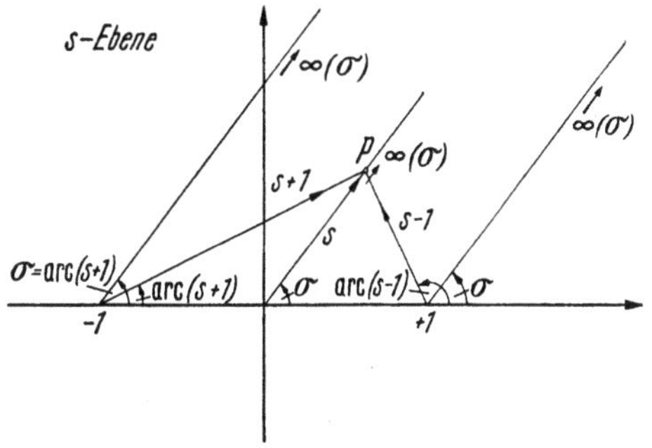

Abb. 3. Das über den Ausdruck $\exp(-s \cdot z/2) \cdot (s^2-1)^{(\mu-1)/2} \cdot ((s+1)/(s-1))^{\varkappa}$ erstreckte Integral mit dem von $-1 \ldots +1$ verlaufenden gradlinigen Integrationsweg wird gemäß Gl. (§ 5, 1′) in die Differenz zweier Integrale längs der Wege $-1 \ldots \infty(\sigma)$ und $+1 \ldots \infty(\sigma)$ zerlegt. Die Abbildung zeigt ein Zwischenstadium und das Endstadium dieser Wegumgestaltung für ein $0 < \sigma < +\pi$ mit den dabei maßgebenden Phasenwinkeln von $s \pm 1$.

$\operatorname{arc}(s \pm 1)$ muß dann offenbar in dem Ausgangsintegral $1 + s = s + 1$ und $1 - s = (s-1) \cdot e^{-\pi i}$ gesetzt werden. Für den Übergang in eine Wegrichtung σ mit $-\pi < \sigma < 0$ wäre $1 - s = (s-1) \cdot e^{+\pi i}$ zu setzen. Für den zuerst erwähnten Fall stellt sich damit im Endergebnis das Integral für $\mathcal{M}_{\varkappa,\mu/2}(z)$ in der Form dar:

$$\begin{aligned}
\mathcal{M}_{\varkappa,\mu/2}(z) &= \frac{e^{+\pi i\left(\varkappa - \frac{1+\mu}{2}\right)}}{\Gamma\left(\frac{1+\mu}{2}+\varkappa\right)} \times \frac{z^{\frac{1+\mu}{2}}}{\Gamma\left(\frac{1+\mu}{2}-\varkappa\right)\cdot 2^{\mu}} \int_{+1}^{\infty(\sigma)} e^{-s\cdot z/2}\,(s^2-1)^{\frac{\mu-1}{2}} \left(\frac{s+1}{s-1}\right)^{\varkappa} ds \\
&\quad - \frac{e^{\pm \pi i \varkappa}}{\Gamma\left(\frac{1+\mu}{2}-\varkappa\right)} \times \frac{(z\cdot e^{-\pi i})^{\frac{1+\mu}{2}}}{\Gamma\left(\frac{1+\mu}{2}+\varkappa\right)\cdot 2^{\mu}} \cdot \int_{-1}^{\infty(\sigma)} e^{-s\cdot z/2}\,(s^2-1)^{\frac{\mu-1}{2}} \left(\frac{s+1}{s-1}\right)^{\varkappa} ds
\end{aligned} \qquad (1')$$

$$\left(\operatorname{Arc}(s-1) = +\pi,\ |\sigma+\zeta| < \frac{\pi}{2},\ 0 < \sigma < +\pi,\ \Re\left(\frac{1+\mu}{2} \pm \varkappa\right) > 0\right).$$

Die zu den bisherigen Gültigkeitsbeschränkungen neu hinzutretende Forderung $-\pi/2 < \sigma + \zeta < +\pi/2$ mit $\operatorname{arc}(z) = \zeta$ ist aus Gründen der Konvergenz der Integrale an der oberen Grenze erforderlich.

Vergleicht man die rechte Seite der obigen Gleichung mit der von (§ 2, 20a) bei alleiniger Berücksichtigung des oberen Vorzeichens, so sieht es danach so aus, als ob der hinter dem Zeichen $\times$ stehende Bestandteil des ersten Summanden in der obigen Gleichung bereits die Funktion $W_{\varkappa,\mu/2}(z)$ darstellt. Jedenfalls erfüllt auch dieses Integral innerhalb seiner Gültigkeitsgrenzen die Whittakersche D.Gl. Aber auch in den weiteren Folgerungen wird sich diese Vermutung bestätigen. Sehen wir sie schon immei als erwiesen an, so gilt mithin die Beziehung:

$$W_{\varkappa,\mu/2}(z) = \frac{z^{\frac{1+\mu}{2}}}{2^{\varkappa}\,\Gamma\left(\frac{1+\mu}{2}-\varkappa\right)} \cdot \int\limits_{+1}^{\infty(\sigma)} e^{-s\cdot z/2}\,(s^2-1)^{\frac{\mu-1}{2}}\left(\frac{s+1}{s-1}\right)^{\varkappa} ds \tag{1}$$

$$\left(\operatorname{Arc}(s+1)=0, \operatorname{arc}(s-1)=\sigma, |\sigma+\zeta|<\frac{\pi}{2}, |\sigma|<\pi, \quad \Re\left(\frac{1+\mu}{2}-\varkappa\right)>0\right)$$

und sie muß dann gültig sein für jedes σ, das der angegebenen Ungleichung genügt.

Den Prüfstein für die Richtigkeit von (1) bildet im Hinblick auf die Gl. (§ 2, 20a) der Nachweis, daß der hinter dem Zeichen $\times$ stehende Bestandteil des zweiten Summanden in der Gleichung für $\mathcal{M}_{\varkappa,\mu/2}(z)$ tatsächlich für ein $0<\sigma<+\pi$ die Funktion $W_{\varkappa,\mu/2}(z\cdot e^{+\pi i})$ darstellt. Aus (1) selbst folgt für diese Funktion die Formel:

$$W_{-\varkappa,\mu/2}(z\cdot e^{\pm\pi i}) = \frac{(z\cdot e^{\pm\pi i})^{\frac{1+\mu}{2}}}{2^{\mu}\cdot\Gamma\left(\frac{1+\mu}{2}+\varkappa\right)} \tag{2}$$

$$\cdot \int\limits_{+1}^{\infty(\sigma')} \exp\left[-s\cdot\frac{z}{2}\cdot e^{\pm\pi i}\right]\cdot(s^2-1)^{\frac{\mu-1}{2}}\cdot\left(\frac{s+1}{s-1}\right)^{-\varkappa}\cdot ds$$

$$\left(|\sigma'|<\pi, -\frac{\pi}{2}<\sigma'+\zeta\pm\pi<+\frac{\pi}{2}, \Re\left(\frac{1+\mu}{2}+\varkappa\right)>0\right).$$

Für ein $\sigma>0$ setzen wir gemäß Abb. 3 in (2) bei Wahl des oberen Vorzeichens $\sigma'=\sigma-\pi$. Dann gilt diese Integraldarstellung für denselben Winkelbereich $|\sigma+\zeta|<\pi/2$ wie das für $\mathcal{M}_{\varkappa,\mu/2}(z)$ angegebene Integral. Die Phasenwinkel von s und $s\pm 1$ sind für diesen Fall von (2) in Abb. 4a veranschaulicht. Der Substitution $s=t\cdot e^{-\pi i}$ in (2), der zufolge $s\mp 1=(t\pm 1)\cdot e^{-\pi i}$ gesetzt werden muß, entspricht der Übergang von Abb. 4a zu Abb. 4b. Da nun die Zählweise der Phasenwinkel in dieser Figur die gleiche ist wie in Abb. 3 und das durch die angegebene Substitution aus (2) entstehende Integral (2a) für $W_{-\varkappa,\mu/2}(z\cdot e^{+\pi i})$

dann genau in das zweite Integral des obigen Ausdrucks für $\mathcal{M}_{\varkappa,\mu/2}(z)$ übergeht, so hat sich damit die oben ausgesprochene Vermutung be-

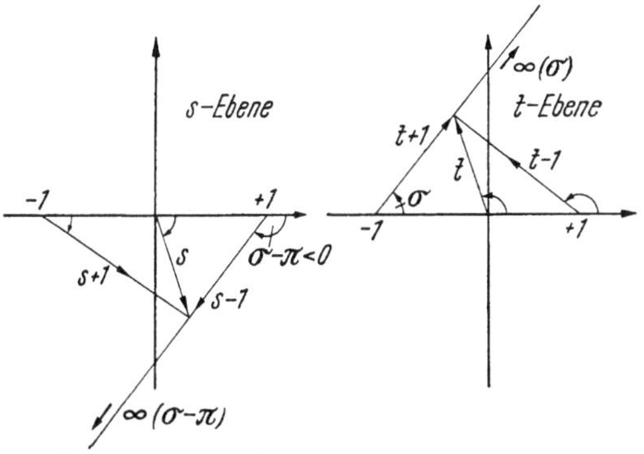

Abb. 4. Die Abbildung 4a zeigt den Integrationsweg von Integral (§ 5, 2) für $\sigma'=\sigma-\pi<0$ mit den dabei gültigen Phasenwinkeln von $s\pm 1$. Durch die Substitution $s=t\cdot\exp(-\pi i)$ geht dieser Integrationsweg in den von Abbildung 4b in der t-Ebene über. In dieser Abbildung ist die Zählweise der Phasenwinkel von $t\pm 1$ die gleiche wie die von $s\pm 1$ längs des linken Integrationsweges $-1\ldots\infty(\sigma)$ in Abbildung 3.

stätigt, und nach Rückkehr zur s-Ebene ist demnach

$$W_{-\varkappa,\mu/2}(z\cdot e^{+\pi i}) = -\frac{(z\cdot e^{-\pi i})^{\frac{1+\mu}{2}}}{2^{\mu}\,\Gamma\left(\frac{1+\mu}{2}+\varkappa\right)} \tag{2a}$$

$$\cdot\int_{-1}^{\infty(\sigma_+)} e^{-s\cdot z/2}\cdot(s^2-1)^{\frac{\mu-1}{2}}\cdot\left(\frac{s+1}{s-1}\right)^{\varkappa}\cdot ds \qquad \begin{pmatrix}\operatorname{Arc}(s-1)=+\pi\\ 0<\sigma_+<+\pi\end{pmatrix}$$

$$W_{-\varkappa,\mu/2}(z\cdot e^{-\pi i}) = -\frac{(z\cdot e^{+\pi i})^{\frac{1+\mu}{2}}}{2^{\mu}\,\Gamma\left(\frac{1+\mu}{2}+\varkappa\right)} \tag{2b}$$

$$\cdot\int_{-1}^{\infty(\sigma_-)} e^{-s\cdot z/2}\cdot(s^2-1)^{\frac{\mu-1}{2}}\cdot\left(\frac{s+1}{s-1}\right)^{\varkappa}\cdot ds\,. \qquad \begin{pmatrix}\operatorname{Arc}(s-1)=-\pi\\ -\pi<\sigma_-<0\end{pmatrix}$$

$$\left(\operatorname{arc}(s+1)=\sigma_{\pm},\ -\frac{\pi}{2}<\sigma_{\pm}+\zeta<+\frac{\pi}{2},\ \Re\left(\frac{1+\mu}{2}+\varkappa\right)>0\right).$$

Das Integral (2b) entsteht dabei auf die nämliche Weise wie (2a), indem man in der Gl. (§ 2, 12a) den von $-1\ldots+1$ verlaufenden Integrationsweg nach unten öffnet und also σ in den Bereich $-\pi<\sigma<0$ verlegt und demgemäß in dieser Gleichung $1-s=(s-1)\,e^{+\pi i}$ setzt. Die Gl. (2a, b) bleiben auch noch gültig für $0<\sigma_+<2\pi$ und $-2\pi<\sigma_-<0$, falls nur $\operatorname{arc} z=\zeta$ der angegebenen Ungleichung entspricht. Die unter den nötigen Einschränkungen über μ und $\varkappa$ phasengerecht durchgeführte Zerlegung des Integrationsweges von (2a, b) in die Wege $-1 \ldots +2$ und $+1 \ldots +\infty(\sigma)$ führen im Hinblick auf (1) und (§ 2, 12) auf die Gl. (§ 2, 20a) zurück.

Führt man an den Integralen (1) und (2a, b) die Substitution $s = 2u - 1$ durch, so liegen in der u-Ebene die beiden Verzweigungspunkte des Integranden in $u = 0$ und $u = +1$, und man erhält für $\Re\big((1+\mu)/2 \mp \varkappa\big) > 0$ die mit $\operatorname{arc}(z) = \zeta$ Formeln:

$$W_{\varkappa,\mu/2}(z) = \frac{z^{\frac{1+\mu}{2}} \cdot e^{\frac{z}{2}}}{\Gamma\left(\frac{1+\mu}{2} - \varkappa\right)} \cdot \int\limits_{+1}^{\infty(\varphi)} e^{-z\cdot u} \cdot u^{\frac{\mu-1}{2}+\varkappa} \cdot (u-1)^{\frac{\mu-1}{2}-\varkappa} \cdot du \tag{3}$$
$$(-\pi < \varphi < +\pi,\ |\varphi + \zeta| < \pi/2)$$

$$W_{-\varkappa,\mu/2}(z \cdot e^{\pm\pi i}) = -\frac{(z\cdot e^{\pm \pi i})^{\frac{1+\mu}{2}}}{\Gamma\left(\frac{1+\mu}{2} + \varkappa\right)} \cdot \int\limits_{0}^{\infty(\varphi_\pm)} e^{-z\cdot u} \cdot u^{\frac{\mu-1}{2}+\varkappa} \cdot (u-1)^{\frac{\mu-1}{2}-\varkappa} \cdot du \tag{3a, b}$$
$$(|\varphi_\pm + \zeta| < \pi/2,\quad 0 < \varphi_+ < +\pi,\quad -\pi < \varphi_- < 0).$$

Wendet man hingegen die Substitution $s = 2v + 1$ an, so rücken die beiden singulären Punkte in die Stellen $v = -1$ und $v = 0$, und man bekommt

$$W_{\varkappa,\mu/2}(z) = \frac{z^{\frac{1+\mu}{2}} \cdot e^{-\frac{z}{2}}}{\Gamma\left(\frac{1+\mu}{2} - \varkappa\right)} \cdot \int\limits_{0}^{\infty(\psi)} e^{-v\cdot z} \cdot v^{\frac{\mu-1}{2}-\varkappa} \cdot (v+1)^{\frac{\mu-1}{2}+\varkappa} \cdot dv \tag{4}$$
$$(-\pi < \psi < +\pi,\ |\varphi + \zeta| < \pi/2)$$

$$W_{-\varkappa,\mu/2}(z \cdot e^{\pm\pi i}) = -\frac{(z\cdot e^{\pm \pi i})^{\frac{1+\mu}{2}}}{\Gamma\left(\frac{1+\mu}{2} + \varkappa\right)} \cdot \int\limits_{-1}^{\infty(\psi_\pm)} e^{-z\cdot v} \cdot v^{\frac{\mu-1}{2}-\varkappa} \cdot (v+1)^{\frac{\mu-1}{2}+\varkappa} \cdot dv \tag{4a, b}$$
$$(|\psi_\pm + \zeta| < \pi/2,\quad 0 < \psi_+ < +\pi,\quad -\pi < \psi_- < 0).$$

Eine weitere bemerkenswerte Variante

$$W_{\varkappa,\mu/2}(z) = \frac{z^{\varkappa} \cdot e^{-z/2}}{\Gamma\left(\frac{1+\mu}{2} - \varkappa\right)} \cdot \int\limits_{0}^{\infty} e^{-w} \cdot w^{\frac{\mu-1}{2}-\varkappa} \cdot \left(1 + \frac{w}{z}\right)^{\frac{\mu-1}{2}+\varkappa} \cdot dw. \tag{5}$$
$$\left(\Re\left(\frac{\mu+1}{2} - \varkappa\right) > 0,\ |\operatorname{arc}(z)| < \pi,\ z \neq 0\right).$$

entsteht aus (4) durch die Substitution $v = w/z$. Ferner kann man in (1) $s = \mathfrak{Cof}\, x$ setzen. Dabei geht $(s+1)/(s-1)$ in die Funktion $\mathfrak{Cotg}\,(x/2)$ über.

Die obigen Integraldarstellungen für die Funktion $W_{\varkappa,\mu/2}(z)$ lassen sich von den Beschränkungen über die Parameterwerte $\varkappa$ und μ befreien, indem man zu Schleifenintegralen übergeht. Es läßt sich nämlich auf die gleiche Weise wie im § 2.3 auch hier zeigen, daß unter den zu (1) angegebenen Beschränkungen für μ und $\varkappa$ das Schleifenintegral

$$W_{\varkappa,\mu/2}(z) = \frac{z^{\frac{1+\mu}{2}}}{2^\mu} \cdot \frac{\Gamma\left(\frac{1-\mu}{2}+\varkappa\right)\cdot e^{+\pi i\left(\varkappa-\frac{1+\mu}{2}\right)}}{2\pi i} \tag{6}$$

$$\cdot \int\limits_{\infty(\sigma)}^{(+1+)} e^{-z/2\cdot s}\,(s^2-1)^{\frac{\mu-1}{2}} \cdot \left(\frac{s+1}{s-1}\right)^{\varkappa} \cdot ds$$

$$(\operatorname{Arc}(s\pm 1) = \sigma,\ |\operatorname{arc}(z)+\sigma| < \pi/2,\ |\sigma| < \pi)$$

gemäß Abb. 5 in das Integral (1) übergeführt werden kann, falls die zu (6) gemachten Angaben über die Phasenwinkel von $s \pm 1$ zu Beginn

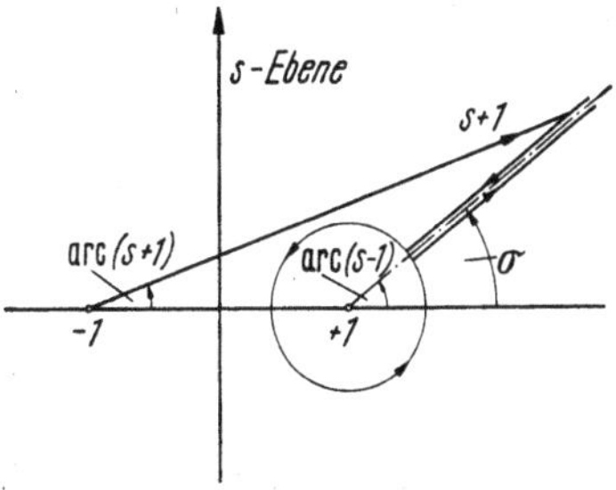

Abb. 5. Der Integrationsweg des Schleifenintegrals in Gl. (§ 2, 6) für die Funktion $W_{\varkappa,\mu/2}(z)$ mit den Phasenwinkeln von $s \pm 1$ zu Beginn des Weges.

des Schleifenweges beachtet werden. Auf Grund des Prinzips der analytischen Fortsetzung ergibt sich so wiederum, daß das Integral (6) stets die Funktion $W_{\varkappa,\mu/2}(z)$ darstellt, falls nur nicht gerade $\varkappa = -n + \frac{\mu-1}{2}$ mit $n = 0, 1, 2, \ldots$ ist. Für diese Ausnahmefälle ist aber das Integral (1) selbst brauchbar. Für $\varkappa = +n + \frac{1+\mu}{2}$ mit $n = 0, 1, 2, \ldots$ ist im Integranden von (6) der von dem Integrationsweg umschlungene Punkt $s = +1$ ein Pol n-ter Ordnung, und der Integrationsweg kann daher jetzt wegen der Eindeutigkeit des Integranden zu einem geschlossenen Umlauf um den Nullpunkt zusammengezogen werden. Es entsteht also in diesem Fall ein ähnlicher Integrand wie in (§ 2, 15a), und gemäß

Gl. (§ 2, 28a) reduziert sich dabei die Funktion $W_{\varkappa,\mu/2}(z)$ auf das Polynom von Laguerre. Selbstverständlich könnte man in (6) auch wieder die Substitution $s = 2u - 1$ oder $s = 2v + 1$ vornehmen und so zu Integranden gelangen, deren singuläre Stellen in den Punkten $u = 0, +1$ oder $v = -1, 0$ liegen. So nimmt z. B. das auf ein Kurvenintegral verallgemeinerte Gegenstück zu Gl. (5) die folgende Form an:

$$W_{\varkappa,\mu/2}(z) = \Gamma\left(\frac{1-\mu}{2} + \varkappa\right) \cdot \frac{z^{\varkappa} \cdot e^{-z/2}}{2\pi i} \cdot \int_{-\infty}^{(0+)} e^{+\nu} \cdot \left(1 - \frac{\nu}{z}\right)^{\varkappa + \frac{\mu-1}{2}} \cdot \nu^{-\varkappa + \frac{\mu-1}{2}} \cdot d\nu \tag{7}$$

$$\left(\operatorname{Arc}\left(1 - \frac{\nu}{z}\right) = 0, \ |\arc z| < \pi, \ \operatorname{Arc} \nu = -\pi\right).$$

Die naheliegende Frage nach der Bedeutung des in (6) auftretenden Integrals, wenn darin an Stelle der Wh.schen die Kummersche Funktion benutzt wird, beantwortet sich mit Hilfe von (18a), (1a, b) und ($1\alpha, \beta$) durch die Formel

$$\frac{\pi}{\sin(\pi\beta)} \cdot \left\{\frac{{}_1F_1(\alpha_1; \beta; z)}{\Gamma(\beta) \cdot \Gamma(1-\beta+\alpha_1)} - z^{1-\beta} \cdot \frac{{}_1F_1(1+\alpha_1-\beta; 2-\beta; z)}{\Gamma(\alpha_1)\,\Gamma(2-\beta)}\right\}$$

$$= e^{-\pi i \alpha_1} \cdot \frac{\Gamma(1-\alpha_1)}{2\pi i} \int_{\infty(\sigma)}^{(0+)} e^{-vz} \cdot v^{\alpha_1 - 1} (v+1)^{\beta - \alpha_1 + 1} \cdot dv$$

$$(\operatorname{Arc}(v, v+1) = \sigma, \ |\arc(z) + \sigma| < \pi/2, \ |\sigma| < \pi). \tag{6a}$$

Das ist die Funktion von (§ 1, 9). Vgl. hierzu F. Tricomi [4].

Für die beiden anderen Funktionen $W_{-\varkappa,\mu/2}(z \cdot e^{\pm \pi i})$ entstehen auf die gleiche Weise aus (2a, b) die Schleifenintegrale:

$$W_{-\varkappa,\mu/2}(z \cdot e^{\pm\pi i}) = -\frac{(z \cdot e^{\mp \pi i})^{\frac{1+\mu}{2}}}{2^{\mu}} \cdot e^{-\pi i\left(\varkappa + \frac{1+\mu}{2}\right)} \cdot \frac{\Gamma\left(\frac{1-\mu}{2} - \varkappa\right)}{2\pi i} \cdot \int_{\infty(\tau_{\pm})}^{(-1+)} e^{-z/2 \cdot t} \cdot (t^2 - 1)^{\frac{\mu-1}{2}} \cdot \left(\frac{t+1}{t-1}\right)^{\varkappa} \cdot dt \tag{8}$$

$$\left(\operatorname{Arc}(t \pm 1) = \tau_{\pm}; \ 0 < \tau_+ < +2\pi, \ -2\pi < \tau_- < 0; \ |\arc(z) + \tau_{\pm}| < \frac{\pi}{2};\right.$$

$$\left.\varkappa \neq n + \frac{1-\mu}{2} \ \text{mit} \ n = 0, 1, 2, \ldots\right).$$

Schließlich kann man auch noch die Funktion $\mathcal{M}_{\varkappa,\mu/2}(z)$ durch das Pochhammersche Schleifenintegral

$$\mathcal{M}_{\varkappa,\mu/2}(z) = \frac{\Gamma\left(\frac{1-\mu}{2}+\varkappa\right)\Gamma\left(\frac{1-\mu}{2}-\varkappa\right)}{2^{\mu}} \cdot z^{\frac{1+\mu}{2}} \cdot e^{-\pi i\left(\mp\varkappa+\frac{\mu-1}{2}\right)} \tag{9}$$

$$\times \frac{1}{(2\pi i)^2} \cdot \int_{A_t}^{(+1+,-1+,+1-,-1-)} e^{\pm z/2\cdot s} \cdot (s^2-1)^{\frac{\mu-1}{2}} \cdot \left(\frac{s+1}{s-1}\right)^{\mp\varkappa} \cdot ds$$

$$\left(\operatorname{Arc}(s+1) = 0, \quad \operatorname{Arc}(s-1) = -\pi \text{ für } A_t \text{ zwischen } \pm 1\right)$$

darstellen. (9) gilt für beliebige Werte von $\varkappa$ und μ, für die nicht gerade $\pm\varkappa = -n + \frac{\mu-1}{2}$ ist. A_t bedeutet darin einen beliebigen Punkt der t-Ebene, der etwa zwischen ± 1 gelegen ist. Im übrigen ist entweder das obere oder das untere Vorzeichen zu nehmen. Unter der Voraussetzung $\Re\left(\frac{\mu+1}{2}-\varkappa\right) > 0$ darf in (9) die linke Doppelschleife in den Punkt $s = -1$ hineinlaufen, und es entsteht die s-Form der Integrale (§ 2, 12a). Für $\Re\left(\frac{\mu+1}{2}\pm\varkappa\right) > 0$ können auch die rechten Schleifen in den Punkt $s = +1$ eintreten, und man gelangt zu der Gl. (§ 2, 12).

Denkt man sich in (9) $s = 2u - 1$ gesetzt, so daß nunmehr die Verzweigungspunkte in 0 und $+1$ liegen, entwickelt $\exp(\pm z u)$ in die Potenzreihe und integriert gliedweise, so entsteht (§ 2, 16). Auch die Umlaufsrelationen in § 2.8 lassen sich an Hand der Integraldarstellungen dieses Abschnittes überprüfen.

Ein im Vergleich zu (9) einfacheres Schleifenintegral für die Funktion $M_{\varkappa,\mu/2}(z)$, das im Gegensatz zu den in Abschnitt I besprochenen Integralen für beliebige Werte von $\varkappa$ und μ gültig ist, gibt die Gleichung

$$\mathcal{M}_{\varkappa,-\mu/2}(z) = (2e^{+\pi i})^{-\mu} \cdot \frac{z^{\frac{1+\mu}{2}}}{2\pi i} \cdot \int_{\infty(\sigma)}^{(-1+,+1+)} e^{-s\cdot z/2} \cdot (s^2-1)^{\frac{\mu-1}{2}} \cdot \left(\frac{s+1}{s-1}\right)^{\varkappa} \cdot ds$$

$$\left(\operatorname{Arc}(s\pm 1) = \sigma, \ |\operatorname{arc}(z)+\sigma| < \frac{\pi}{2}\right),$$

oder mit

$$s = 1 + \left(\frac{2\nu}{z}\right) \cdot e^{+\pi i} \tag{10}$$

$$\mathcal{M}_{\varkappa,-\mu/2}(z) = \frac{e^{-\frac{z}{2}} \cdot z^{\frac{1-\mu}{2}}}{2\pi i} \cdot \int_{-\infty}^{(0+,z+)} e^{+\nu} \cdot \nu^{-\varkappa+\frac{\mu-1}{2}} (\nu-z)^{\varkappa+\frac{\mu-1}{2}} \cdot d\nu$$

$$\left(\operatorname{Arc}(\nu, \nu-z) = -\pi, \ |\operatorname{arc}(z)| < \pi\right),$$

wieder mit dem für die s-Form in Abb. 6 dargestellten Integrationsweg. Er kann geschlossen werden, wenn $(\mu - 1)/2 = p = 0, 1, 2, \ldots$ ist. Zum Nachweis der Richtigkeit dieser Formel entwickle man in der ν-Form $(\nu - z)^{\varkappa + (\mu - 1)/2}$ in eine nach Potenzen von z/ν fortschreitende Reihe — das ist möglich, da in (10) der Integrationsweg stets so gewählt

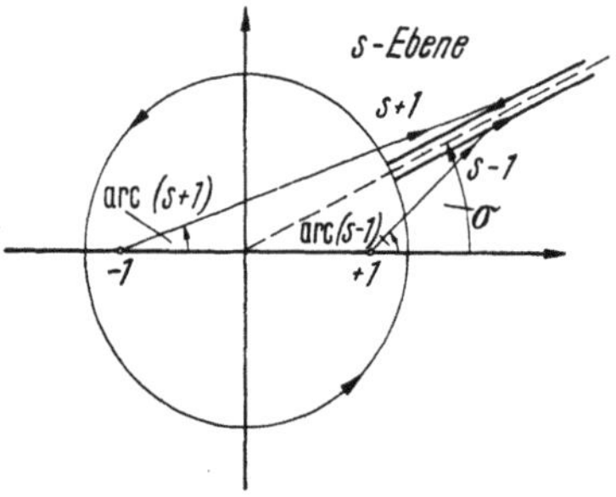

Abb. 6. Der Integrationsweg des Schleifenintegrals in Gl. (§ 2, 10) für die Funktion $M_{\varkappa, \mu/2}(z)$ mit den Phasenwinkeln von $s \pm 1$ zu Beginn des Weges.

werden kann, daß auf ihm $|z/\nu| < 1$ ist — und integriere gliedweise, was sich hier leicht rechtfertigen läßt. Die Öffnung des Integrationsweges bis zum Parallellauf mit der imaginären Achse führt von (10) nach Übergang von $-\mu$ zu $+\mu$ mittels der Substitutionen $\nu = s\,y$ und $z = \zeta y$, $y > 0$ zu dem Fourierintegral bei Campbell-Foster, [1], Nr. 581.1:

$$\frac{1}{2\pi}\int\limits_{-\infty}^{+\infty} e^{ixy}\cdot\frac{(\alpha - \zeta + ix)^{\varkappa - \frac{1+\mu}{2}}}{(\alpha + ix)^{\varkappa + \frac{1+\mu}{2}}}\cdot dx = e^{\frac{y}{2}(\zeta - 2\alpha)}\cdot\frac{y^{\frac{\mu-1}{2}}}{\zeta^{\frac{\mu+1}{2}}}\cdot\mathcal{M}_{\varkappa,\mu/2}(y\zeta) \tag{11}$$

$$\Big(\Re(\mu) > -1,\ y > 0,\ \alpha > \mathrm{Max}\,(0, \Re(\zeta))\Big).$$

Wegen des nach § 3 bestehenden Zusammenhanges zwischen den Funktionen $W_{\varkappa,\mu/2}(z)$ und $D_\nu(z)$ entspricht jedem der hier behandelten Integrale auch eines für die Funktion $D_\nu(z)$.

2. Integrale mit dem wesentlich singulären Kern $\exp(-z/2\cdot\mathfrak{Tg}\,\nu)$. Die in der vorigen Nummer behandelten Integraldarstellungen lassen zwar an Allgemeingültigkeit nichts zu wünschen übrig. Bei ihrer Verwendung im Rahmen der Sattelpunktsmethode wirkt sich jedoch die Vieldeutigkeit des Integranden sehr nachteilig aus. Man kann die dadurch auftretenden Schwierigkeiten teilweise mildern, indem man an den Integralen von Nr. 1 die Substitution $s = \mathfrak{Tg}\,\nu$ durchführt. Die dadurch vermittelte Abbildung der s- auf die ν-Ebene ist im wesentlichen aus Abb. 7 zu ersehen. Eine genauere Besprechung muß hier aus Raummangel unterbleiben. Es wird in dieser Hinsicht auf die Arbeit von H. Buchholz [10] verwiesen.

Etwas ausführlicher muß jedoch auch hier auf die Frage nach dem Einfluß der Phasenwinkel von $s \pm 1$ und der Funktion $\mathfrak{Cof}\,\nu$ eingegangen werden. Für die beiden Binome $s \pm 1$ bestehen die Formeln

$$s - 1 = \frac{e^{+\pi i - \nu}}{\mathfrak{Cof}\,\nu} \quad (12a) \qquad s + 1 = \frac{e^{\nu}}{\mathfrak{Cof}\,\nu} \quad (12b)$$

$$\mathfrak{Cof}\,\nu = \left\{\frac{\mathfrak{Cof}\,2\nu_1 + \cos 2\nu_2}{2}\right\}^{1/2} \cdot e^{+i\gamma} \quad (12c)$$

$$\operatorname{tg}\gamma = \mathfrak{Tg}\,\nu_1 \cdot \operatorname{tg}\nu_2 \quad (\gamma = 0 \text{ für } \nu_1 = 0 \text{ mit } \nu = \nu_1 + i\nu_2) \quad (12d)$$

Über das Minuszeichen in (12a) ist dabei im Sinne von $\exp(+\pi i)$ verfügt worden. Hinsichtlich $\gamma = \operatorname{arc}(\mathfrak{Cof}\,\nu)$ in (12c) wird die Festsetzung getroffen, daß ihm in irgendeinem beliebigen Punkt der ν-Ebene stets derjenige Wert zugeschrieben werden soll, den er bei stetiger Fortsetzung auf dem jeweils anzugebenden Wege von seinem in der reellen Achse gelegenen Nullwert aus erreicht. Dazu merken wir noch ergänzend an, daß, wenn der Weg durchweg auf einer und derselben Seite der imaginären ν-Achse verläuft und der Endpunkt des Weges im Streifen $\pi/2 \cdot (2p - 1) < \nu_2 < \pi/2 \cdot (2p+1)$ liegt, und zwar

auf der Seite $\nu_1 > 0$ $\qquad\qquad$ $\nu_1 < 0$

der Phasenwinkel γ den Ungleichungen

$$\frac{\pi}{2}(2p-1) < \gamma < \frac{\pi}{2}(2p+1) \qquad -\frac{\pi}{2}(2p+1) < \gamma < -\frac{\pi}{2}(2p-1)$$

mit $p = 0, 1, 2, \ldots$ genügt. Nähert sich der betrachtete Punkt innerhalb des angegebenen Streifens zum ersten Male der imaginären Achse von rechts her, so geht $\gamma \to +\pi/2 \cdot 2p$. Erfolgt die Annäherung von links her, so geht $\gamma \to -\pi/2 \cdot 2p$. γ ändert sich also beim Überqueren der imaginären Achse einzig und allein im Streifen $-\pi/2 < \nu_2 < +\pi/2$ in stetiger Weise. Ferner ist nach den obigen Gleichungen auf der Geraden $\nu_2 = \pi/2 \cdot p$

$$\text{auf der Seite} \begin{array}{lll} \nu_1 > 0 & \operatorname{arc}(s-1) = \pi(1-p) & \operatorname{arc}(s+1) = 0 \\ \nu_1 < 0 & \operatorname{arc}(s+1) = \pi p & \operatorname{arc}(s-1) = \pi. \end{array} \quad (12')$$

Ein Geradenstück, das aus dem Punkt $s = +1$ unter dem Winkel σ mit $|\sigma| < \pi$ heraustritt, folgt in den weit entfernten Teilen der rechten Halbstreifen dem Verlauf der Geraden $\nu_2 = \pi/2 \cdot p - \sigma/2$. Tritt es unter diesem Winkel aus dem Punkt $s = -1$ aus, so verläuft es im linken Halbstreifen wie die Gerade $\nu_2 = \pi/2 \cdot p + \sigma/2$. In der unmittelbaren Nachbarschaft der wesentlich singulären Punkte der ν-Ebene darf andererseits gesetzt werden: $\nu = +\pi i/2 \cdot (2p+1) + \varrho \cdot \exp(+i\varepsilon)$ mit $\varrho > 0$, aber $\ll 1$. Nach (12a, b) ist in diesem Bereich: $s \pm 1 \approx 1/\varrho \cdot \exp(-i\varepsilon)$. Dem besagten Geradenstück der ν-Ebene entsprechen also in der s-Ebene die weit entfernten Teile einer Geraden, die unter dem Winkel $-\varepsilon$ aus dem Punkt ∞ austritt.

Führen wir nun die Substitution $s = \mathfrak{Tg}\,\nu$ zunächst an dem gewöhnlichen Integral für die Funktion $\mathcal{M}_{\varkappa,\mu/2}(z)$ von (§ 2, 12) in der s-Form durch, so entsteht die Gleichung:

$$\mathcal{M}_{\varkappa,\mu/2}(z) = \frac{z^{\frac{1+\mu}{2}}}{2^{\mu}\,\Gamma\left(\frac{1+\mu}{2}+\varkappa\right)\Gamma\left(\frac{1+\mu}{2}-\varkappa\right)} \cdot \int\limits_{-\infty}^{+\infty} e^{2\varkappa\cdot\nu - z/2\cdot\mathfrak{Tg}\,\nu} \cdot \frac{d\nu}{(\mathfrak{Cof}\,\nu)^{\mu+1}} \quad (13)$$

$$\left(\Re\left(\frac{1+\mu}{2} \pm \varkappa\right) > 0\right).$$

Beim Umschreiben des Integrals (1) ist für $\sigma = 0$ auch arc $(s-1) = 0$ zu setzen. Der dem Punkt ∞ der s-Ebene entsprechende Punkt in der v-Ebene kann daher nur die singuläre Stelle $v_2 = +\pi/2$ sein. Es ist also:

$$W_{\varkappa,\mu/2}(z) = \frac{z^{\frac{1+\mu}{2}} \cdot e^{-\pi i\varkappa + \frac{\pi i}{2}(1+\mu)}}{2^{\mu} \cdot \Gamma\left(\frac{1+\mu}{2} - \varkappa\right)} \cdot \int\limits_{\pi i/2\,(-\sigma)}^{+\infty\,(0,\,\pi)} e^{2\varkappa \cdot v - z/2 \cdot \mathfrak{Tg}\, v} \cdot \frac{dv}{(\mathfrak{Cos}\, v)^{\mu+1}} \tag{14a}$$

$$\left(\Re\left(\varkappa - \frac{1+\mu}{2}\right) < 0,\ \left|\operatorname{arc}(z) + \sigma\right| < \frac{\pi}{2},\ \gamma = +\frac{\pi}{2} \text{ auf } v_2 = +\frac{\pi}{2}\right).$$

Die Schreibweise der unteren Integralgrenze soll hierin besagen, daß der Integrationsweg aus dem wesentlich singulären Punkt $+\pi i/2$ unter dem Winkel $-\sigma$ gegen die positive v_1-Achse heraustritt. In der unmittelbaren Umgebung dieser Stelle ist dann

$$\frac{z}{2} \cdot \mathfrak{Tg}\, v \approx \frac{|z|}{2\varrho} \cdot \exp\left(-i\sigma + i \cdot \operatorname{arc}(z)\right) \qquad \text{für} \quad v = \pm\frac{\pi i}{2} + \varrho \cdot e^{i\sigma} \quad (\varrho \ll 1).$$

σ und arc (z) müssen daher in (14a) aus Gründen der Konvergenz an der unteren Grenze die zu (14a) angeschriebene Ungleichung erfüllen, und im Rahmen dieser Ungleichung ist σ frei wählbar. Die Angabe $(0, \pi)$ hinter dem Zeichen ∞ bedeutet, daß der Weg im Streifen $0 < v_2 < \pi$ ins Unendliche auslaufen soll.

(2a) geht durch die Substitution $s = \mathfrak{Tg}\, v$ in die Formel

$$W_{-\varkappa,\mu/2}(z \cdot e^{+\pi i}) = \frac{z^{\frac{1+\mu}{2}} \cdot e^{-\pi i\varkappa}}{2^{\mu} \cdot \Gamma\left(\frac{1+\mu}{2} + \varkappa\right)} \cdot \int\limits_{-\infty(0,+\pi)}^{+\frac{\pi i}{2}(-\sigma_+)} e^{2\varkappa \cdot v - z/2 \cdot \mathfrak{Tg}\, v} \cdot \frac{dv}{(\mathfrak{Cos}\, v)^{1+\mu}} \tag{15a}$$

$$\left(\Re(\varkappa) > -\Re\left(\frac{1+\mu}{2}\right),\ \left|\operatorname{arc}(z) + \sigma\right| < \frac{\pi}{2}\right)$$

über. Dabei führt die Benutzung von (12a, b) hier ohne weiteres zu dem richtigen Resultat. Bei der entsprechenden Herleitung der Gleichung

$$W_{-\varkappa,\mu/2}(z \cdot e^{-\pi i}) = \frac{z^{\frac{1+\mu}{2}} \cdot e^{+\pi i\varkappa}}{2^{\mu} \cdot \Gamma\left(\frac{1+\mu}{2} + \varkappa\right)} \cdot \int\limits_{-\infty(0,-\pi)}^{-\frac{\pi i}{2}(-\sigma_-)} e^{2\varkappa \cdot v - z/2 \cdot \mathfrak{Tg}\, v} \cdot \frac{dv}{(\mathfrak{Cos}\, v)^{1+\mu}} \tag{15b}$$

$$\left(\Re(\varkappa) > -\Re\left(\frac{1+\mu}{2}\right),\ \left|\operatorname{arc}(z) + \sigma_-\right| < \frac{\pi}{2}\right)$$

aus (26) ist zu berücksichtigen, daß in (2b) Arc $(s-1) = -\pi$ ist. Nach (12′) ist aber für $v_1 < 0$ Arc $(s-1) = +\pi$. Um hier Übereinstimmung zu erzielen, muß also zuvor die linke Seite von (2b) mit $\exp\,[2\pi i\,\varkappa - \pi i\,(\mu - 1)]$ multipliziert werden.

Ersetzt man in (14 a) ν durch $\nu' + \pi i$ und beachtet die Relation $\mathfrak{Cof}\; s = \mathfrak{Cof}\; s' \cdot \exp(+\pi i)$, die aus den Überlegungen im Anschluß an (12a) bis (12d) folgt, so wird

$$W_{\varkappa,\mu/2}(z) = \frac{z^{\frac{1+\mu}{2}} \cdot e^{+\pi i \varkappa - \frac{\pi i}{2}(1+\mu)}}{2^{\mu} \cdot \Gamma\left(\frac{1+\mu}{2} - \varkappa\right)} \cdot \int\limits_{-\frac{\pi i}{2}(-\sigma)}^{+\infty(-\pi,0)} e^{2\varkappa \cdot \nu - z/2 \cdot \mathfrak{Tg}\,\nu} \cdot \frac{d\nu}{(\mathfrak{Cof}\;\nu)^{\mu+1}} \tag{14b}$$

$$\left(\Re\left(\varkappa - \frac{1+\mu}{2}\right) < 0\,,\ |\mathrm{arc}\,(z) + \sigma| < \frac{\pi}{2}\right).$$

Führt man dieselbe Operation an (15 a) durch, so muß man jedoch $\mathfrak{Cof}\;\nu$ durch $\mathfrak{Cof}\;\nu' \cdot \exp(-\pi i)$ ersetzen, da für den aus dem Punkt $-\infty$ heraustretenden Weg $\nu_1 < 0$ ist. Da nun in (15a) der Integrationsweg für $\sigma_+ < \pi/2$ unterhalb des singulären Punktes $+\pi i/2$ verläuft, so überschneidet in dem neu entstehenden Integral

$$W_{-\varkappa,\mu/2}(z \cdot e^{+\pi i}) = \frac{z^{\frac{1+\mu}{2}} \cdot e^{+\pi i \varkappa + \pi i(\mu+1)}}{2^{\mu} \cdot \Gamma\left(\frac{1+\mu}{2} + \varkappa\right)} \cdot \int\limits_{-\infty(-\pi,0)}^{-\frac{\pi i}{2}(-\sigma_+)} e^{2\varkappa \cdot \nu - z/2 \cdot \mathfrak{Tg}\,\nu} \cdot \frac{d\nu}{(\mathfrak{Cof}\;\nu)^{\mu+1}} \tag{15α}$$

$$\left(\Re\left(\varkappa + \frac{1+\mu}{2}\right) < 0,\ |\mathrm{arc}\,(z) + \sigma_+| < \frac{\pi}{2}\right)$$

der zugehörige Integrationsweg, um in dem vorgeschriebenen Winkelbereich in den singulären Punkt $-\pi i/2$ einzumünden, die imaginäre Achse der ν-Ebene zwischen den Punkten $-\pi i/2$ und $-3\pi i/2$. Damit wäre dann zugleich ein Phasensprung der Funktion $\mathfrak{Cof}\;\nu$ verbunden, sofern nicht die Festsetzung getroffen wird, daß der Phasenwinkel γ sich weiterhin stetig ändert. In Abb. 7, die eine Zusammenstellung der verschiedenen hier aufgeführten Integrale mit den zugehörigen Integrationswegen bringt, ist das in der Weise angedeutet worden, daß der restliche Wegteil gestrichelt eingezeichnet worden ist. Eine gleichlautende Bemerkung gilt für das Integral

$$W_{-\varkappa,\mu/2}(z \cdot e^{-\pi i}) = \frac{z^{\frac{1+\mu}{2}} \cdot e^{-\pi i \varkappa - \pi i(\mu+1)}}{2^{\mu} \cdot \Gamma\left(\frac{1+\mu}{2} + \varkappa\right)} \cdot \int\limits_{-\infty(+\pi,0)}^{+\frac{\pi i}{2}(-\sigma_-)} e^{2\varkappa \cdot \nu - z/2 \cdot \mathfrak{Tg}\,\nu} \cdot \frac{d\nu}{(\mathfrak{Cof}\;\nu)^{\mu+1}}, \tag{15β}$$

$$\left(\Re\left(\varkappa + \frac{1+\mu}{2}\right) < 0,\ |\mathrm{arc}\,(z) + \sigma_-| < \frac{\pi}{2}\right),$$

das aus (15b) durch die Substitution $\nu = \nu' - \pi i$ hervorgeht.

Bilden wir für $\Re\left(\varkappa - \frac{1+\mu}{2}\right) < 0$ die Differenz aus den Gl. (14a, b), so ergibt sich unmittelbar

$$W_{\varkappa,\mu/2}(z) = \frac{\Gamma\left(\varkappa + \frac{1-\mu}{2}\right)}{2^\mu} \cdot \frac{z^{\frac{1+\mu}{2}}}{2\pi i} \cdot \int\limits_{-\frac{\pi i}{2}(-\sigma)}^{+\frac{\pi i}{2}(-\sigma')} e^{2\varkappa\cdot v - z/2\cdot \mathfrak{Tg}\, v} \cdot \frac{dv}{(\mathfrak{Cof}\, v)^{\mu+1}} \tag{16}$$

$$\left(|\operatorname{arc}(z) + (\sigma, \sigma')| < \frac{\pi}{2}\right).$$

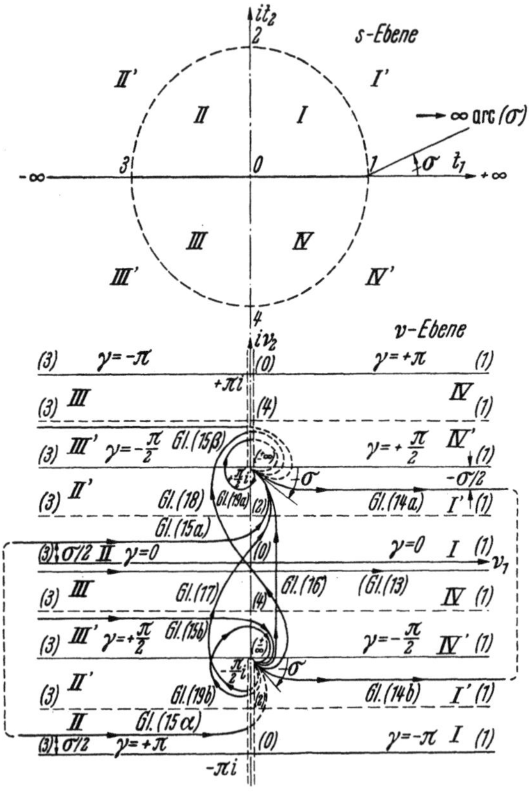

Abb. 7. Die Abbildung veranschaulicht die wichtigsten Zuordnungsmerkmale der konformen Abbildung der s-Ebene auf die v-Ebene durch die Funktion $s = \mathfrak{Tg}.\, v$ mit $v = v_1 + i \cdot v_2$. Die Punkte 0,1 ... 4 der s-Ebene gehen dabei in die unendlich vielen Punkte (0), (1) ... (4) der v-Ebene und die Quadrantenabschnitte I, I' ... IV, IV' der s-Ebene in unendlicher Wiederholung in die entsprechenden Horizontalstreifen der v-Ebene über. Außerdem sind in der v-Ebene alle Integrationswege der zwölf Integrale der Gl. (13), (14a, b), (15a, b), (15α, β), (16), (17), (18) und (19a, b) eingetragen. Die Pfeile geben die Integrationsrichtung an.

Nach dem Prinzip der analytischen Fortsetzung gilt sie für beliebige Werte von $\varkappa$ und μ, vorausgesetzt, daß $\varkappa + \frac{1-\mu}{2} \neq 0, -1, -2, \ldots$ ist. Bei

(15a, α) führt die Differenzbildung zu

$$W_{-\varkappa,\mu/2}(z\cdot e^{+\pi i}) = \frac{\Gamma\left(-\varkappa+\frac{1-\mu}{2}\right)}{2^{\mu}}\cdot\frac{(z\, e^{+\pi i})^{\frac{1+\mu}{2}}}{2\pi i}\cdot\int\limits_{-\frac{\pi i}{2}(-\sigma_+)}^{+\frac{\pi i}{2}(-\sigma'_+)} e^{2\varkappa\cdot v - z/2\cdot \mathfrak{Tg}\, v}\cdot\frac{dv}{(\mathfrak{Cos}\, v)^{\mu+1}} \tag{17}$$

$$\left(|\mathrm{arc}\,(z) + (\sigma_+, \sigma'_+)| < \frac{\pi}{2}\right).$$

Es bleiben hier nur die Werte $-\varkappa + \frac{1-\mu}{2} = 0, -1, -2, \ldots$ ausgeschlossen. In (16) und (17) verläuft zwar der Integrationsweg zwischen den singulären Punkten $\pm\pi i/2$, jedoch zieht er in (17) zunächst im negativen Sinne unterhalb des Punktes $-\pi i/2$ herum, ehe er nach Überquerung der imaginären v-Achse von links nach rechts zu dem singulären Punkt $+\pi i/2$ hinaufläuft. Ziehen wir schließlich noch durch Differenzbildung die Integrale (15b, β) zusammen, so gelangen wir zu dem Integral

$$W_{-\varkappa,\mu/2}(z\cdot e^{-\pi i}) = \frac{\Gamma\left(-\varkappa+\frac{1-\mu}{2}\right)}{2^{\mu}}\cdot\frac{(z\cdot e^{-\pi i})^{\frac{1+\mu}{2}}}{2\pi i}\cdot\int\limits_{-\frac{\pi i}{2}(-\sigma_-)}^{+\frac{\pi i}{2}(-\sigma'_-)} e^{2\varkappa\cdot v - z/2\cdot \mathfrak{Tg}\, v}\cdot\frac{dv}{(\mathfrak{Cos}\, v)^{\mu+1}} \tag{18}$$

$$\left(|\mathrm{arc}\,(z) + (\sigma_-, \sigma'_-)| < \frac{\pi}{2}\right).$$

Dieses unterscheidet sich von den Integralen (16) und (17) dadurch, daß jetzt der Integrationsweg vom unteren singulären Punkt zunächst von rechts nach links die imaginäre Achse überquert und dann im negativen Sinne den Punkt $+\pi i/2$ oberhalb umläuft.

Ein anderes bemerkenswertes Formelpaar entsteht, wenn man einmal (15a) von (15β) und das andere Mal (15α) von (15b) abzieht und dabei gleichzeitig von (§ 2, 21 a) Gebrauch macht. Es ergeben sich dann die beiden Formeln:

$$\mathcal{M}_{\varkappa,-\mu/2}(z) = \frac{z^{\frac{1+\mu}{2}}}{2^{\mu}}\cdot e^{-\pi i\left(\varkappa+\frac{1+\mu}{2}\right)}\cdot\frac{1}{2\pi i}\int\limits_{+\frac{\pi i}{2}(-\sigma_+)}^{\left(+\frac{\pi i}{2}-\right)} e^{2\varkappa\cdot v - z/2\cdot\mathfrak{Tg}\, v}\cdot\frac{dv}{(\mathfrak{Cos}\, v)^{\mu+1}} \tag{19a}$$

$$\left(|\mathrm{arc}\,(z) + \sigma_+| < \frac{\pi}{2}\right)$$

$$\mathcal{M}_{\varkappa,-\mu/2}(z) = \frac{z^{\frac{1+\mu}{2}}}{2^{\mu}}\cdot e^{+\pi i\left(\varkappa+\frac{1+\mu}{2}\right)}\cdot\frac{1}{2\pi i}\int\limits_{-\frac{\pi i}{2}(-\sigma_-)}^{\left(-\frac{\pi i}{2}-\right)} e^{2\varkappa\cdot v - (z/2)\cdot\mathfrak{Tg}\, v}\cdot\frac{dv}{(\mathfrak{Cos}\, v)^{\mu+1}} \tag{19b}$$

$$\left(|\mathrm{arc}\,(z) + \sigma_-| < \frac{\pi}{2}\right).$$

Die zweite dieser Gleichungen könnte auch aus der ersten durch die Substitution $\nu = \nu' + \pi i$ gewonnen werden. Ist in (19 a, b) $\mu = m$, d. h. gleich einer ganzen Zahl, so kann wegen der Eindeutigkeit von $(\mathfrak{Cos}\,\nu)^{1+m}$ als Integrationsweg ein kreisförmiger Umlauf um die Punkte $\pm \pi i/2$ gewählt werden.

3. Komplexe Integrale auf der Basis des Hankelschen Integrals. Das bereits in (§ 2, 13a) erwähnte Integral dieser Art für $\mathcal{M}_{\varkappa,\mu/2}(z)$ ist in Rücksicht auf die Konvergenz an der unteren Grenze nur für $\Re\left(\varkappa + \frac{1+\mu}{2}\right) > 0$ gültig. Von dieser Beschränkung kann man es wiederum durch Übergang zu einem Schleifenintegral befreien. Im Hinblick auf § 2.3 entstehen dann die beiden Darstellungen:

$$\mathcal{M}_{\varkappa,\mu/2}(z) = \Gamma\left(\frac{1-\mu}{2} - \varkappa\right) \cdot z^{1/2} \cdot e^{z/2} \cdot$$

$$\cdot \begin{cases} \dfrac{e^{-\pi i\left(\varkappa + \frac{1+\mu}{2}\right)}}{2\pi i} \cdot \displaystyle\int_{\infty}^{(0+)} e^{-u} \cdot u^{\varkappa - 1/2} \cdot J_\mu\left(2\sqrt{z u}\right) \cdot du & \left(\operatorname{Arc}(u) = 0\right) \\ \text{oder} \\ \dfrac{1}{2\pi i} \displaystyle\int_{-\infty}^{(0+)} e^{+s} \cdot s^{\varkappa - 1/2} \cdot I_\mu\left(2\sqrt{z s}\right) \cdot ds & \left(\operatorname{Arc}(s) = -\pi\right). \end{cases} \tag{20}$$

Sie versagen nur für die diskreten Werte $\frac{1-\mu}{2} - \varkappa = 0, -1, -2, \ldots$. Gerade in diesen Fällen ist aber das frühere Linienintegral brauchbar. Den Übergang von der u- zur s-Form vermittelt die Substitution $u = s \cdot e^{+\pi i}$.

Zu einer ebenfalls häufig vorkommenden Variante von (20) führt die Substitution $u = v^2$ oder $s = t^2$. Man gelangt dadurch zu

$$\mathcal{M}_{\varkappa,\mu/2}(z) =$$

$$= \begin{cases} \dfrac{\Gamma\left(\frac{1-u}{2} - \varkappa\right)}{\pi} \cdot z^{1/2} \cdot e^{z/2 - \pi i(\varkappa + \mu/2)} \cdot \displaystyle\int_{\infty(\Delta + \pi)}^{\infty(\Delta)} e^{-v^2} \cdot v^{2\varkappa} \cdot J_\mu\left(2\, v \sqrt{z}\right) \cdot dv \\ 2\,\Gamma\left(\frac{1-\mu}{2} - \varkappa\right) \cdot z^{1/2} \cdot e^{z/2} \cdot \dfrac{1}{2\pi i} \displaystyle\int_{c-\infty i}^{c+\infty i} e^{+t^2} \cdot t^{2\varkappa} \cdot I_\mu\left(2\, t \sqrt{z}\right) \cdot dt \\ \left(|\Delta| < \frac{\pi}{4},\ \operatorname{arc}(z) \text{ beliebig},\ c > 0\right). \end{cases} \tag{21}$$

In der ersten v-Form kommt der Integrationsweg aus dem linken Quadranten, der von den Halbierenden der Winkel zwischen der reellen imaginären Achse begrenzt wird, und zieht oberhalb des Nullpunktes in den rechten Quadranten zwischen diesen Winkelhalbierenden. In der t-Form von (21) bedeutet I wie in (20) die modifizierte Besselsche Funktion. Weitere Varianten von (20) und (21) liefert (§ 2, 5a, b).

Setzt man mit Hilfe von (21) in der v- oder t-Form die Definitionsgl. (§ 2, 18a) für $W_{\varkappa,\mu/2}(z)$ zusammen, so entsteht dafür die Darstellung:

$$W_{\varkappa,\mu/2}(z) = \begin{cases} z^{1/2} \cdot e^{z/2 + \pi i\left(\frac{1+\mu}{2} - \varkappa\right)} \cdot \int\limits_{\infty(\pi+\Delta)}^{\infty(\Delta)} e^{-v^2} \cdot v^{2\varkappa} \cdot H_\mu^{(1)}\left(2\, v\sqrt{z}\right) \cdot dv \\ \text{oder} \\ \dfrac{4 \cdot z^{1/2} \cdot e^{z/2}}{2\pi i} \cdot \int\limits_{c-\infty i}^{c+\infty i} e^{+t^2} \cdot t^{2\varkappa} \cdot K_\mu\left(2\, t\sqrt{z}\right) \cdot dt \\ \left(|\Delta| < \frac{\pi}{4}, \quad \text{arc}\,(z) \text{ beliebig}, \quad c > 0\right). \end{cases} \tag{22}$$

Sie enthält in der v-Form die Hankelsche Funktion $H_\mu^{(1)}$ und in der t-Form die Kelvinsche Funktion von (§ 2, 29a). Für $v^2 = u$ oder $t^2 = s$ erhält man aus (22):

$$W_{\varkappa,\mu/2}(z) = \begin{cases} \frac{1}{2}\, z^{1/2}\, e^{z/2 + \pi i\left(\frac{1+\mu}{2} - \varkappa\right)} \cdot \int\limits_{\infty}^{(0+)} e^{-u} \cdot u^{\varkappa - 1/2} \cdot H_\mu^{(1)}\left(2\sqrt{u z}\right) \cdot du \\ 2 z^{1/2} \cdot e^{z/2} \cdot \dfrac{1}{2\pi i} \int\limits_{-\infty}^{(0+)} e^{+s} \cdot s^{\varkappa - 1/2} \cdot K_\mu\left(2\sqrt{s z}\right) \cdot ds \\ \left(\text{Arc}\,(u) = 0, \quad \text{arc}\,(z) \text{ beliebig}, \quad \text{Arc}\,(s) = -\pi\right). \end{cases} \tag{23}$$

Da arc (z) in (23) einen beliebigen Wert haben kann, so lassen sich aus der v-Form von (22) auch die entsprechenden Integrale für die beiden Funktionen $W_{-\varkappa,\mu/2}(z \cdot e^{\pm \pi i})$ gewinnen. Im ersten Fall führt der Übergang von $\varkappa$ zu $-\varkappa$ und von z zu $z \cdot e^{+\pi i}$ unmittelbar zu

$$W_{-\varkappa,\mu/2}(z \cdot e^{+\pi i}) = \frac{2i}{\pi} \cdot z^{1/2} \cdot e^{-z/2 + \pi i \varkappa} \cdot \int\limits_{\infty(\pi+\Delta)}^{\infty(\Delta)} e^{-v^2} \cdot v^{-2\varkappa} K_\mu\left(2 v\sqrt{z}\right) \cdot dv$$

$$\left(|\Delta| < \frac{\pi}{4}\right). \tag{24}$$

Im zweiten Fall macht man am besten nicht bloß den Übergang von $\varkappa$ zu $-\varkappa$ und von z zu $z \cdot e^{-\pi i}$, sondern man setzt gleichzeitig noch

$v = v' \cdot e^{+\pi i}$. Es entsteht dann

$$W_{-\varkappa,\mu/2}(z \cdot e^{-\pi i}) = -\frac{2i}{\pi} \cdot z^{1/2} \cdot e^{-z/2-\pi i\varkappa} \cdot \int_{\infty(\Delta-\pi)}^{\infty(\Delta)} e^{-v^2} \cdot v^{-2\varkappa} \cdot K_\mu\left(2\,v\sqrt{z}\right) \cdot dv$$

$$\left(|\Delta| < \frac{\pi}{4}\right). \quad (25)$$

Hierin zieht der Integrationsweg unterhalb des Nullpunktes vom linken zum rechten Diagonalquadranten. Vgl. C. S. Meyer [1, . . . 7].

Unter bestimmten Voraussetzungen über $\varkappa$ und μ kann man die v-Form von (22) für $W_{\varkappa,\mu/2}(z)$ auch in ein gewöhnliches Linienintegral zwischen den Grenzen 0 und ∞ verwandeln. Diese Umwandlung fußt auf den gleichen Überlegungen, wie sie im § 2.3 vorgetragen wurden. Zunächst treten dabei die Funktionen $H_\mu^{(1)}$ und $H_\mu^{(2)}$ auf. Man kann es aber auch so einrichten, daß stattdessen die Funktionen J_μ und $J_{-\mu}$ darin vorkommen. Mit den Funktionen J_μ und Y_μ nimmt z. B. diese Darstellung die Form an:

$$W_{\varkappa,\mu/2}(z) = 2\,z^{1/2} \cdot e^{z/2} \quad (26)$$

$$\cdot \int_0^\infty e^{-v^2} \cdot v^{2\varkappa} \cdot \left[\cos\pi\left(\varkappa - \frac{1+\mu}{2}\right) \cdot J_\mu\left(2v\sqrt{z}\right) + \sin\pi\left(\varkappa - \frac{1+\mu}{2}\right) \cdot Y_\mu\left(2v\sqrt{z}\right)\right] \cdot dv$$

$$\left(\Re\left(\varkappa + \frac{1-\mu}{2}\right) > 0\right).$$

Die vorstehend behandelten Integraldarstellungen sind von großem Nutzen, um aus den bekannten und in der Theorie der Zylinderfunktionen viel benutzten Neumannschen Reihen, die nach den Zylinderfunktionen $J_{\mu+\lambda}(\alpha z)$ mit $\lambda = 0, 1, 2, \ldots$ fortschreiten, Reihenentwicklungen herzustellen, die nun ganz analog nach den Funktionen $\mathcal{M}_{\varkappa,\mu/2}(z)$ mit wachsenden Werten von μ fortschreiten. Denn bei der gleichmäßigen und unbeschränkten Konvergenz der Neumannschen Reihen ist es erlaubt, sie nach Multiplikation mit $e^{-t^2} \cdot t^{2\varkappa}$ gliedweise zu integrieren, falls die entstehenden neuen Reihen die gleichen Konvergenzeigenschaften aufweisen, was der Fall ist. Von diesem Verfahren hat vor allem A. Erdelyi [3, 6, 7] in einer ganzen Reihe seiner Arbeiten Gebrauch gemacht. Ein Beispiel für diesen Herstellungsprozeß unendlicher Reihen mit der Funktion $\mathcal{M}_{\varkappa,\mu/2}(z)$ wird im § 11.3 gegeben.

4. Integrale vom Mellintypus. Integrale dieser Art sind zuerst von E. W. Barnes [2] betrachtet worden. Man verwendet sie mit Vorteil, wenn es sich um die Auswertung uneigentlicher Integrale handelt, in denen unter dem Integralzeichen eine der beiden para-

bolischen Funktionen auftritt. Um ein solches Integral für die Funktion $W_{\varkappa,\mu/2}(z)$ aufzustellen, liegt es am nächsten, in Gl. (5) das Binom

$$\left(1+\frac{w}{z}\right)^{\frac{\mu-1}{2}+\varkappa}\Gamma\left(\frac{1-\mu}{2}-\varkappa\right)=\frac{1}{2\pi i}\int\limits_{\sigma-i\infty}^{\sigma+i\infty}\Gamma(s)\cdot\Gamma\left(\frac{1-\mu}{2}-\varkappa-s\right)\cdot\left(\frac{z}{w}\right)^{s}\cdot ds$$

$$\left(\left|\operatorname{arc}\left(\frac{z}{w}\right)\right|<\pi,\qquad 0<\sigma<\Re\left(\frac{1-\mu}{2}-\varkappa\right)\right)$$

zu setzen. Diese Darstellung einer Potenz des Binoms $1+(w/z)$ stammt ebenfalls von E. W. Barnes [3]. Sie gilt für einen beliebigen Absolutbetrag von w/z, sofern auf der linken Seite auch $|\operatorname{arc}(1+w/z)|<\pi$ bleibt. Es entsteht aus ihr die bekannte binomische Entwicklung für ein $|w/z|\lesseqgtr 1$, indem man den Integrationsweg beliebig weit nach links oder rechts verschiebt. In dem Doppelintegral, das nach dem Einsetzen des obigen Ausdrucks in (5) entsteht, darf die Reihenfolge der Integrationen vertauscht und die danach innere Integration zuerst ausgeführt werden, falls zu der Ungleichung zwischen $\varkappa$, μ und σ noch die weitere Forderung $\sigma<\Re\left(\frac{1+\mu}{2}-\varkappa\right)$ tritt. Man erhält dann im ganzen das Integral

$$W_{\varkappa,\mu/2}(z)=\frac{z^{\varkappa}\cdot e^{-z/2}}{\Gamma\left(\frac{1-\mu}{2}-\varkappa\right)\Gamma\left(\frac{1+\mu}{2}-\varkappa\right)}\cdot\frac{1}{2\pi i}\int\limits_{\sigma-i\infty}^{\sigma+i\infty}\Gamma(s)\,\Gamma\left(\frac{1-\mu}{2}-\varkappa-s\right)\Gamma\left(\frac{1+\mu}{2}-\varkappa-s\right)\cdot z^{s}\cdot ds \qquad (27)$$

$$\left(|\operatorname{arc}(z)|<\frac{3\pi}{2},\quad 0<\sigma<\Re\left(\frac{1\pm\mu}{2}-\varkappa\right)\right),$$

das für beliebige Werte von $|z|$ in dem Winkelbereich $|\operatorname{arc}(z)|<3\pi/2$ gültig ist. Die für die Herleitung von (27) notwendige Forderung über die Lage von σ zwischen den Werten 0 und $\Re\left(\frac{1\pm\mu}{2}-\varkappa\right)$ kann in Worten dahingehend ausgedrückt werden: Der Integrationsweg muß in (27) derart verlaufen, daß er die nach links strebende, einseitig unendliche Kette von Polen der Funktion $\Gamma(s)$, die im Punkte Null beginnt, zur Linken und die beiden einseitig unendlichen und nach rechts strebenden Polketten, die von den Γ-Funktionen $\Gamma\left(\frac{1\pm\mu}{2}-\varkappa-s\right)$ herrühren und in den Punkten $s=\frac{1\pm\mu}{2}-\varkappa$ beginnen, zur Rechten zu liegen hat. Wird die Vorschrift über den Verlauf des Integrationsweges in (27) in dieser Form ausgedrückt, so bleibt die Gleichung auch noch für $\Re\left(\frac{1\pm\mu}{2}-\varkappa\right)<0$

gültig, falls man dann, wie es in Abb. 8 angedeutet ist, in den Integrationsweg eine Schleife einzieht. Für $\mu = m = 0, 1, 2, \ldots$ fallen fast alle Pole der beiden nach rechts strebenden Polketten zusammen, d. h. aus den einfachen Polen werden, von endlich vielen Ausnahmen abgesehen, Doppelpole. Gerade in diesem Falle bildet die Auflösung von

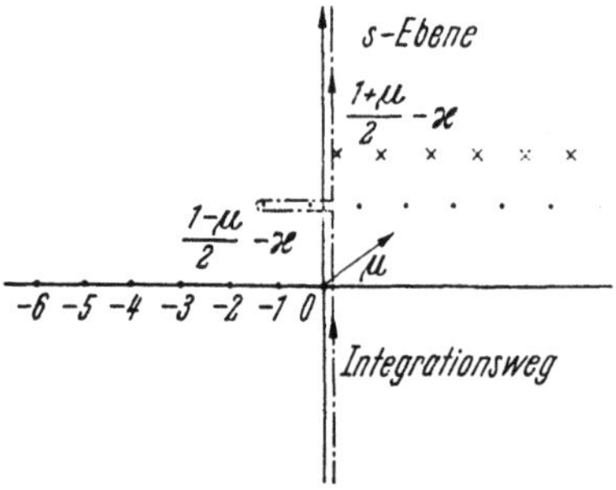

Abb. 8. Der Integrationsweg des Mellin-Integrals in (§ 5, 27) für die Funktion $W_{\varkappa,\mu/2}(z)$, wenn $\Re\left(\frac{1-\mu}{2}-\varkappa\right) < 0$, jedoch $\Re\left(\frac{1+\mu}{2}-\varkappa\right) > 0$ ist.

(27) nach dem Residuensatz die bequemste Methode, um die im § 2.5 angegebenen Reihenentwicklungen zu gewinnen. Die Richtigkeit der Angabe, daß (27) für jedes $|\arc(z)| < 3\pi/2$ gültig ist, erkennt man an dem asymptotischen Näherungsausdruck

$$|s|^{-\left(\frac{1}{2}+\Re(2\varkappa)\right)} \cdot \exp\{-|s| \cdot \sin|\nu| \cdot [\pi + |\nu| - \zeta \cdot \operatorname{sgn}\nu]\} \tag{27a}$$

$$(z = |z| \cdot e^{i\zeta},\ s = |s| \cdot e^{i\nu})$$

für den Integranden auf den weit entfernten Wegteilen, da $|\nu|$ dort den Wert $\pi/2$ hat.

Zwei weitere hier zu erwähnende Integraldarstellungen vom Mellintypus folgen unmittelbar aus (§ 2, 20a, b). Ersetzt man nämlich in diesen Gleichungen die auf der rechten Seite auftretenden Funktionen $W_{\varkappa,\mu/2}(z \cdot e^{\pm\pi i})$ durch das Integral (27), was dann allerdings erforderlich macht, daß $|\arc(z)| < \pi/2$ vorausgesetzt wird, so entstehen nach der Zusammenfassung beider Integrale unter Berücksichtigung bekannter Formeln aus der Theorie der Γ-Funktionen die beiden Beziehungen:

$$W_{-\varkappa,\mu/2}(z) = \frac{z^{\varkappa} \cdot e^{z/2}}{2\pi i} \int_{-\infty i}^{+\infty i} \frac{\Gamma\left(\frac{1-\mu}{2}-\varkappa-s\right)\Gamma\left(\frac{1+\mu}{2}-\varkappa-s\right)}{\Gamma(1-s)} \cdot z^{s} \cdot ds \tag{28a}$$

$$\left(|\arc(z)| < \frac{\pi}{2}\right),$$

$$\mathcal{M}_{-\varkappa,\mu/2}(z) = \frac{z^{\varkappa}\cdot e^{-z/2}}{\Gamma\left(\frac{1+\mu}{2}-\varkappa\right)}\cdot\frac{1}{2\pi i}\int\limits_{-\infty i}^{+\infty i}\frac{\Gamma(s)\,\Gamma\left(\frac{1+\mu}{2}-\varkappa-s\right)}{\Gamma\left(\frac{1+\mu}{2}+\varkappa+s\right)}\cdot z^{s}\cdot ds \qquad (28\text{b})$$

$$\left(|\operatorname{arc}(z)| < \frac{\pi}{2}\right).$$

In (28a) hat der Integrand nur zwei rechtsläufige Polketten. Der Weg muß hier beide Polketten zur Rechten lassen. In (28b) muß er die beiden gegenläufigen Polketten, die von den Γ-Funktionen im Zähler des Integranden herrühren, voneinander trennen.

5. Integrale mit willkürlichem Parameter für die Funktion $W_{\varkappa,\mu/2}(z)$. Für die beiden parabolischen Funktionen kennt man bereits eine große Zahl von Integraldarstellungen, die neben den Parametern $\varkappa$ und μ noch einen willkürlich wählbaren dritten Parameter α enthalten. Von C. S. Meijer [1, 2, 3] sind sogar Integraldarstellungen mit mehreren willkürlichen Parametern angegeben worden. Wir begnügen uns hier damit, nur das einfachste dieser Art Integrale zu besprechen.

Den bequemsten Zugang zu diesem Integral gewährt die Gl. (27). Nach Umkehr des Vorzeichens von s unter dem Integralzeichen und nach Erweiterung mit $\Gamma(s+\alpha)$ lautet sie

$$W_{\varkappa,\mu/2}(z) = \frac{z^{\varkappa}\cdot e^{-z/2}}{\Gamma\left(\frac{1-\mu}{2}-\varkappa\right)\Gamma\left(\frac{1+\mu}{2}-\varkappa\right)}$$

$$\frac{1}{2\pi i}\int\limits_{-\sigma-\infty i}^{-\sigma+\infty i}\frac{\Gamma(-s)\,\Gamma\left(s-\varkappa+\frac{1-\mu}{2}\right)\Gamma\left(s-\varkappa+\frac{1+\mu}{2}\right)}{\Gamma(s+\alpha)}\cdot\Gamma(s+\alpha)\cdot z^{-s}\cdot ds$$

$$\left(\Re\left(\varkappa+\frac{\mu-1}{2}\right) < -\sigma < 0,\ |\operatorname{arc}(z)| < \frac{3\pi}{2}\right).$$

Nun ist aber

$$\int\limits_0^{\infty} e^{-t}\,t^{s+\alpha-1}\,dt = \Gamma(s+\alpha) \qquad (\Re(s+\alpha) > 0). \qquad (29)$$

Gehen wir mit (29) in die obige Gleichung für $W_{\varkappa,\mu/2}(z)$ ein und vertauschen, was als zulässig nachgewiesen werden kann, in dem entstandenen Doppelintegral die Reihenfolge der Integrationen, so läßt sich für die Integrale selbst schreiben

$$\int\limits_0^{\infty} e^{-t}\,t^{\alpha-1}\left\{\frac{1}{2\pi i}\int\limits_{-\sigma-i\infty}^{-\sigma+i\infty}\frac{\Gamma(-s)\,\Gamma\left(s-\varkappa+\frac{1-\mu}{2}\right)\Gamma\left(s-\varkappa+\frac{1+\mu}{2}\right)}{\Gamma(s+\alpha)}\cdot\left(\frac{t}{z}\right)^{-s}\cdot ds\right\}\cdot dt.$$

Das hier in der geschweiften Klammer auftretende Mellinintegral definiert aber nach E. W. Barnes [3] die hypergeometrische Funktion ${}_2F_1\left(\frac{1+\mu}{2}-\varkappa,\ \frac{1-\mu}{2}-\varkappa;\ \alpha;-t/z\right)$ multipliziert mit dem Quotienten

$$\frac{\Gamma\left(\frac{1+\mu}{2}-\varkappa\right)\Gamma\left(\frac{1-u}{2}\right)}{\Gamma(\alpha)}.$$

Es ist daher

$$W_{\varkappa,\mu/2}(z)=\frac{z^{\varkappa}\cdot e^{-z/2}}{\Gamma(\alpha)}\int\limits_0^\infty e^{-t}\,t^{\alpha-1}\,{}_2F_1\left(\frac{1+\mu}{2}-\varkappa,\frac{1-\mu}{2}-\varkappa;\alpha;-\frac{t}{z}\right)\cdot dt$$

$$(\Re(\alpha)>0,\ |\mathrm{arc}\,(z)|<\pi)$$

$$=\frac{z^{\varkappa+\alpha}\cdot e^{-z/2}}{\Gamma(\alpha)}\cdot\int\limits_0^\infty e^{-vz}\,v^{\alpha-1}\,{}_2F_1\left(\frac{1+\mu}{2}-\varkappa,\frac{1-\mu}{2}-\varkappa;\alpha;-v\right)\cdot dv \tag{30}$$

$$\left(\Re(\alpha)>0,\ |\mathrm{arc}\,(z)|<\frac{\pi}{2}\right).$$

Das Zeichen ${}_2F_1$ ist hierin natürlich nicht in dem engeren Sinne der nur für $|v|<1$ konvergenten hypergeometrischen Reihe, sondern als Symbol für diejenige Funktion zu nehmen, die aus der Reihe durch analytische Fortsetzung in die ganze, längs der Geraden $v=+1\ldots\infty$ aufgeschnittenen v-Ebene entsteht.

Die Beschränkung der v-Form von (30) auf Werte von $|\mathrm{arc}\,(z)|<\pi/2$ kann durch Schwenkung des Integrationsweges um den Winkel $\pm(\pi-\delta)$ mit $\delta>0$ nach oben und unten gemildert werden. Auf diesem Wege kann (30) sogar für ein $|\mathrm{arc}\,(z)|<3\pi/2$ brauchbar gemacht werden. Die Beschränkung hinsichtlich α läßt sich in der t-Form durch den Übergang zu dem Schleifenintegral

$$W_{\varkappa,\mu/2}(z)=z^{\varkappa}\cdot e^{-z/2}\cdot\frac{\Gamma(1-\alpha)}{2\pi i}\int\limits_{\infty(-\pi)}^{(0+)} e^{t}\,t^{\alpha-1}\,{}_2F_1\left(\frac{1+\mu}{2}-\varkappa,\frac{1-\mu}{2}-\varkappa;\alpha;\frac{t}{z}\right)\cdot dt \tag{30a}$$

$$(|\mathrm{arc}\,(z)|<\pi)$$

vermeiden.

Für $\alpha=-\varkappa+\frac{1+\mu}{2}$ geht (30a) in (7) über. Für $\alpha=-\varkappa+\frac{1-\mu}{2}$ kommt man zu der neuen Integraldarstellung

$$W_{\varkappa,\mu/2}(z)=z^{\varkappa}\cdot e^{-z/2}\cdot\frac{\Gamma\left(\varkappa+\frac{1+\mu}{2}\right)}{2\pi i}\int\limits_{\infty(-\pi)}^{(0+)} e^{t}\,t^{-\varkappa-\frac{1+\mu}{2}}\cdot\left(1-\frac{t}{z}\right)^{\varkappa-\frac{1+\mu}{2}}\cdot dt. \tag{31}$$

Im Hinblick auf (§ 2, 28a) geht (31) für $\varkappa = n + \frac{1+\mu}{2}$ mit $n = 0, 1, 2, \ldots$ in die Beziehung

$$L_n^{(\mu)}(z) = \frac{(-z)^n}{n!} \frac{\Gamma(\mu+1+n)}{2\pi i} \cdot \int\limits_{\infty(-\pi)}^{(0+)} e^t \left(1 - \frac{t}{z}\right)^n \cdot \frac{dt}{t^{n+\mu+1}}$$

$$= \frac{\Gamma(\mu+1+n)}{n!} \cdot \frac{1}{2\pi i} \int\limits_{\infty(-\pi)}^{(0+)} e^t \frac{(t-z)^n}{t^{n+\mu+1}} \cdot dt \tag{32}$$

über. Ist μ obendrein ganzzahlig, so wird der Integrand von (32) eine eindeutige Funktion von t und der Integrationsweg kann zu einem geschlossenen Umlauf um den Nullpunkt der t-Ebene zusammengezogen werden. Man erhält dann nach einfacher Rechnung die von Deruyts [1] stammende Formel:

$$L_n^{(m)}(z) = \frac{(m+n)!}{n!} \cdot \frac{(-z)^{-m}}{2\pi i} \int^{(0+)} e^{-vz} \cdot \frac{(1+v)^n}{v^{n+m+1}} \cdot dv = \frac{(-)^m}{n!} \cdot e^{+z} \frac{d^{n+m}}{dz^{n+m}} (e^{-z} z^n)$$

$$(n = 0, 1, 2, \ldots, \quad m = -n, -n+1, \ldots). \tag{33}$$

Sie ist von (§ 2, 15b) verschieden, aber weniger allgemein als jene, da jetzt m ganzzahlig ist.

Ein weiterer bemerkenswerter Sonderfall von (30) liegt für $\alpha = 1 - \varkappa$ vor, denn unter dieser Bedingung ist nach einer bekannten Transformationsformel

$$ {}_2F_1\left(\frac{1+\mu}{2} - \varkappa, \frac{1-\mu}{2} - \varkappa; 1-\varkappa; -v\right) = (1+v)^{\varkappa} \cdot {}_2F_1\left(\frac{1-\mu}{2}, \frac{1+\mu}{2}; 1-\varkappa; -v\right)$$

$$= \Gamma(1-\varkappa) \cdot [v(1+v)]^{\varkappa/2} \cdot \mathfrak{P}^{\varkappa}_{(\mu-1)/2}(1+2v), \tag{34'}$$

worin $\mathfrak{P}^{\nu}_{\mu}$ die Kugelfunktion erster Art bedeutet. Das Integral (30) kann damit schließlich auf die Form

$$W_{\varkappa,\mu/2}(z) = \frac{z}{2} \cdot \int\limits_1^{\infty} e^{-z/2 \cdot s} \cdot \left(\frac{s+1}{s-1}\right)^{\varkappa/2} \cdot \mathfrak{P}^{\varkappa}_{(\mu-1)/2}(s) \cdot ds \qquad (\Re(\varkappa) < 1) \tag{34}$$

gebracht werden. Vgl. hierzu die Umkehrformel (§ 10, 7).

Die entsprechende Darstellung für $\mathcal{M}_{\varkappa,\mu/2}(z)$ läßt sich etwa mit Hilfe von (§ 2, 24a) gewinnen. Sie ist durch die Beziehung

$$\mathcal{M}_{\varkappa,\mu/2}(z) = \Gamma(\alpha) \cdot e^{-z/2} \cdot z^{\frac{1+\mu}{2}} \cdot$$

$$\cdot \frac{1}{2\pi i} \int\limits_{\infty(-\pi)}^{(0+,\, z+)} e^v \cdot v^{-\alpha} \cdot \frac{{}_2F_1\left(\frac{1+\mu}{2} - \varkappa, \alpha; 1+\mu; \frac{z}{v}\right)}{\Gamma(1+\mu)} \cdot dv \tag{35}$$

$$(\operatorname{Arc}(v) = -\pi, \ |\arc(z)| < \pi)$$

gegeben. Die v-Ebene hat man sich in diesem Integral längs eines von $-\infty$ kommenden, über $v = 0$ bis $v = z$ verlaufenden Verzweigungsschnitts aufgeschnitten zu denken. Für $\alpha = \mu$ führt Gl. (35) auf Gl. 10, ν-Form, zurück. Vgl. auch A. Erdelyi [13, 39].

6. Anwendungen der Integraldarstellungen zur Herleitung der Rekursionsformeln. Zwischen drei hypergeometrischen Funktionen von Gauß, deren drei Parameter α_1, α_2 und β sich in einer und derselben Gleichung untereinander jeweils um die Einheit unterscheiden, besteht bekanntlich eine in den vorkommenden Funktionen lineare Beziehung. Da sich aus ihnen nach § 1 die parabolischen Funktionen durch den Vorgang der Konfluenz gewinnen lassen, so steht zu erwarten, daß solche Beziehungen auch zwischen parabolischen Funktionen existieren werden, deren Parameter in diesem Sinne „benachbart" sind. Ja, das Prinzip der Konfluenz kann sogar als eines der Verfahren gelten, mit dessen Hilfe derartige Relationen zwischen benachbarten parabolischen Funktionen hergeleitet werden können, wenn man die Beziehungen zwischen benachbarten Gaußschen Funktionen als bekannt ansieht. Es liegt aber in der Natur der Sache, daß die auf diesem Wege gewonnenen Gleichungen zunächst als Beziehungen zwischen Kummerschen Funktionen erscheinen. Die entsprechenden Beziehungen zwischen verwandten $\mathcal{M}$-Funktionen ließen sich dann hinterher daraus zwar ebenfalls mit geringer Mühe herstellen, aber schon wesentlich schwieriger würde es sein, wollte man sie auch für die W-Funktionen auf diesem Wege gewinnen.

Wesentlich schneller führt in dieser Hinsicht ein zweiter Weg zum Ziele, den zuerst A. Erdelyi [3] beschritten hat. Er benutzt als Ausgangspunkt die Rekursionsformeln der Zylinderfunktionen, also z. B. die Formel

$$J_{\mu+1}\left(2v\sqrt{z}\right) + J_{\mu-1}\left(2v\sqrt{z}\right) = \frac{2\mu}{2v\sqrt{z}} \cdot J_{\mu}\left(2v\sqrt{z}\right). \tag{36'}$$

Wird diese Gleichung auf beiden Seiten mit $\exp(-v^2) \cdot v^{2\varkappa}$ multipliziert, sodann über v zwischen den Integralgrenzen von Gl. (21) integriert und danach jedes der drei Glieder im Sinne der Gl. (21) als $\mathcal{M}$-Funktion gedeutet, so erhält man sofort die Relation

$$\left(\varkappa + \frac{\mu+1}{2}\right) \cdot z^{1/2} \cdot \mathcal{M}_{\varkappa+\frac{1}{2},\frac{\mu+1}{2}}(z) - \mu \cdot \mathcal{M}_{\varkappa,\mu/2}(z) + z^{1/2} \cdot \mathcal{M}_{\varkappa+\frac{1}{2},\frac{\mu-1}{2}}(z) = 0. \tag{37a}$$

Da (36') auch für die Hankelschen Funktionen gilt, so gelangt man im Hinblick auf die obere Gl. (22) durch dieselbe Maßnahme zu der Relation:

$$z^{1/2} \cdot W_{\varkappa+\frac{1}{2},\frac{\mu+1}{2}}(z) - \mu \cdot W_{\varkappa,\mu/2}(z) - z^{1/2} \cdot W_{\varkappa+\frac{1}{2},\frac{\mu-1}{2}}(z) = 0. \tag{37b}$$

Da bekanntlich alle Rekursionsformeln für die Besselschen und Hankelschen Funktionen einander gleichen, die von μ und $\varkappa$ abhängenden Funktionen vor dem Integralzeichen in (21) und (22) aber voneinander verschieden sind, so haben im Gegensatz zu den Zylinderfunktionen die Rekursionsformeln für die beiden parabolischen Funktionen verschiedenen Aufbau. Das für die Herleitung von (37a, b) benutzte Verfahren gestattet aber, die folgende allgemeine Regel auszusprechen: Ersetzt man in einer für die Funktion $\mathcal{M}_{\varkappa,\mu/2}(z)$ oder für die Funktion $W_{\varkappa,\mu/2}(z)$ bestehende Rekursionsformel rein formal

$$\mathcal{M}_{\varkappa,\mu/2}(z) \text{ durch } W_{\varkappa,\mu/2}(z)\cdot\Gamma\left(\frac{1-\mu}{2}-\varkappa\right)\cdot e^{-\pi i\mu}$$

oder

$$W_{\varkappa,\mu/2}(z) \text{ durch } \mathcal{M}_{\varkappa,\mu/2}(z)\cdot\frac{e^{+\pi i\mu}}{\Gamma\left(\frac{1-\mu}{2}-\varkappa\right)},$$

so entsteht jeweils die Rücklaufformel für die andere parabolische Funktion.

Geht man anstatt von (36′) von der Gleichung

$$2z\cdot\frac{d}{dz}\left\{H_\mu^{(1)}\left(2v\sqrt{z}\right)\right\} \tag{36''}$$

$$=\pm\mu\cdot H_\mu^{(1)}\left(2v\sqrt{z}\right)\mp 2v\sqrt{z}\cdot H_{\mu\pm1}^{(1)}\left(2v\sqrt{z}\right)=v\cdot\frac{d}{dz}\left\{H_\mu^{(1)}\left(2v\sqrt{z}\right)\right\}$$

aus, verfährt aber sonst mit ihr in der gleichen Weise wie oben, so ergibt sich unter Beachtung der mitgeteilten Regel das Formelpaar:

$$2z\cdot\frac{d}{dz}W_{\varkappa,\mu/2}(z)=(1\pm\mu+z)\,W_{\varkappa,\mu/2}(z)-2z^{1/2}\cdot W_{\varkappa+1/2,(\mu\pm1)/2}(z), \tag{38a}$$

$$2z\cdot\frac{d}{dz}\mathcal{M}_{\varkappa,\mu/2}(z)=(1\pm\mu+z)\cdot\mathcal{M}_{\varkappa,\mu/2}(z) \tag{38b}$$

$$\mp 2z^{1/2}\cdot\begin{cases}\left(\varkappa+\frac{\mu+1}{2}\right)\cdot\mathcal{M}_{\varkappa+1/2,(\mu+1)/2}(z) & \text{oberes Vorzeichen}\\ \mathcal{M}_{\varkappa+1/2,(\mu-1)/2}(z) & \text{unteres Vorzeichen}\end{cases}$$

Bildet man mit Hilfe des mittleren und des äußersten rechten Gliedes von (36″) die Ableitung von $\exp(-v^2)\cdot v^{2\varkappa}H_\mu^{(1)}(2v\sqrt{z})$ nach v und verfährt dann in der angegebenen Weise, so fällt das Glied mit der Ableitung nach der Integration heraus, und man erhält das andere Formelpaar:

$$W_{\varkappa+1,\mu/2}(z)-z^{1/2}\cdot W_{\varkappa+1/2,(\mu+1)/2}(z)+\left(\varkappa+\frac{1+\mu}{2}\right)\cdot W_{\varkappa,\mu/2}(z)=0, \tag{39a}$$

$$\mathcal{M}_{\varkappa+1,\mu/2}(z)+z^{1/2}\cdot\mathcal{M}_{\varkappa+1/2,(\mu+1)/2}(z)-\mathcal{M}_{\varkappa,\mu/2}(z)=0. \tag{39b}$$

Aus der Kombination von (38a) und (39a) bzw. (38b) und (39b) folgen:

$$\begin{aligned}z\cdot\frac{d}{dz}W_{\varkappa,\mu/2}(z)&=\left(\frac{z}{2}-\varkappa\right)\cdot W_{\varkappa,\mu/2}(z)-W_{\varkappa+1,\mu/2}(z)\\&=\left(\varkappa-\frac{z}{2}\right)\cdot W_{\varkappa,\mu/2}(z)+\left[\left(\varkappa-\frac{1}{2}\right)^2-\frac{\mu^2}{4}\right]\cdot W_{\varkappa-1,\mu/2}(z),\end{aligned} \tag{40a}$$

$$\begin{aligned}z\cdot\frac{d}{dz}\mathcal{M}_{\varkappa,\mu/2}(z)&=\left(\frac{z}{2}-\varkappa\right)\cdot\mathcal{M}_{\varkappa,\mu/2}(z)+\left(\varkappa+\frac{1+\mu}{2}\right)\cdot\mathcal{M}_{\varkappa+1,\mu/2}(z)\\&=\left(\varkappa-\frac{z}{2}\right)\cdot\mathcal{M}_{\varkappa,\mu/2}(z)+\left(\frac{1+u}{2}-\varkappa\right)\cdot\mathcal{M}_{\varkappa-1,\mu/2}(z),\end{aligned} \tag{40b}$$

Faßt man hierin jeweils die mittleren und rechten Gleichungsseiten zusammen, so entstehen die beiden Relationen

$$\left(\varkappa+\frac{1+\mu}{2}\right)\mathcal{M}_{\varkappa+1,\mu/2}(z)-(2\varkappa-z)\cdot\mathcal{M}_{\varkappa,\mu/2}(z)+\left(\varkappa-\frac{1+\mu}{2}\right)\mathcal{M}_{\varkappa-1,\mu/2}(z)=0, \tag{41a}$$

$$W_{\varkappa+1,\mu/2}(z)+(2\varkappa-z)\,W_{\varkappa,\mu/2}(z)+\left[\left(\varkappa-\frac{1}{2}\right)^2-\frac{\mu^2}{4}\right]W_{\varkappa-1,\mu/2}(z)=0, \tag{41b}$$

die auch als die Differenzengleichungen für die beiden parabolischen Funktionen in bezug auf den vorderen Parameter aufgefaßt werden können. Wegen der Differenzengleichungen, denen die $\mathcal{M}$- und die W-Funktionen in bezug auf den hinteren Parameter $\mu/2$ genügen, wird auf (§ 7, 11a, b) verwiesen.

Schließlich erwähnen wir noch die beiden Formelgruppen

$$(1\pm\mu)\cdot\frac{d}{dz}W_{\varkappa,\mu/2}(z)=\left[\frac{(1\pm\mu)^2}{2z}-\varkappa\right]\cdot W_{\varkappa,\mu/2}(z)+\left(\varkappa-\frac{1\pm\mu}{2}\right)\cdot W_{\varkappa,\pm1+\mu/2}(z), \tag{42a}$$

$$(1\pm\mu)\cdot\frac{d}{dz}\mathcal{M}_{\varkappa,\mu/2}(z)=\left[\frac{(1\pm\mu)^2}{2z}-\varkappa\right]\cdot\mathcal{M}_{\varkappa,\mu/2}(z) \tag{42b}$$

$$-\begin{cases}\left[\varkappa^2-\left(\frac{1+\mu}{2}\right)^2\right]\cdot\mathcal{M}_{\varkappa,+1+\mu/2}(z) & \text{oberes Vorzeichen}\\ \mathcal{M}_{\varkappa,-1+\mu/2}(z) & \text{unteres Vorzeichen}\end{cases}$$

Während sich in (40a, b) die Ableitung nach z allein in einer Änderung des vorderen Parameters zeigt, wirkt sie sich in (42a, b) in einer alleinigen Änderung des hinteren Parameters aus. Einzelne der angegebenen Formeln wie z. B. die Gl. (40a) lassen sich auch nach Art der Gleichung

$$\frac{d}{dz}\left[z^{\varkappa}\cdot e^{-z/2}\cdot W_{\varkappa,\mu/2}(z)\right]=-z^{\varkappa-1}\cdot e^{-z/2}\cdot W_{\varkappa+1,\mu/2}(z) \tag{43}$$

schreiben. Wegen weiterer Beispiele dieser Art s. die Arbeit von C. S. Meijer [17, I].

Die wichtigsten Rekursionsformeln für die Funktion $D_\nu(z)$ lauten:

$$D_{\nu+1}(z)-z\cdot D_\nu(z)+\nu\cdot D_{\nu-1}(z)=0, \tag{44a}$$

$$D_\nu'(z)=-\frac{z}{2}\cdot D_\nu(z)+\nu\cdot D_{\nu-1}(z)=+\frac{z}{2}\cdot D_\nu(z)-D_{\nu+1}(z). \tag{44b}$$

Auch sie gewinnt man am einfachsten von den zugehörigen Integraldarstellungen aus.

§ 6. Integraldarstellungen für die Produkte aus zwei parabolischen Funktionen.

1. Die einfachsten Formen solcher Integrale. Um auch wenigstens die einfachsten Integrale für die Produkte aus zwei parabolischen Funktionen kennenzulernen, gehen wir von der Gleichung

$$\mathcal{M}_{\varkappa,\mu/2}(z) = 2\cdot\frac{z^{1/2}\cdot e^{z/2}}{\Gamma\left(\varkappa+\frac{1+\mu}{2}\right)}\cdot\int_0^\infty e^{-t^2}\cdot t^{2\varkappa}\cdot J_\mu\left(2t\cdot\sqrt{z}\right)\cdot dt \tag{1}$$

$$\left(\Re\left(\varkappa+\frac{1+\mu}{2}\right)>0\right)$$

aus, die lediglich eine andere Schreibweise von (§ 2, 13a) darstellt. Wir bilden damit das Produkt aus den beiden Funktionen $\mathcal{M}_{\varkappa_1,\mu_1/2}(x)$ und $\mathcal{M}_{\varkappa_2,\mu_2/2}(y)$. Die Integrationsvariablen dieser beiden zunächst noch separierbaren Integrale seien s und t. Durch die Substitution $t=\varrho\cdot\cos\varphi$ und $s=\varrho\cdot\sin\varphi$ läßt sich dann dieses Doppelintegral in der Form

$$\mathcal{M}_{\varkappa_1,\frac{\mu_1}{2}}(x)\cdot\mathcal{M}_{\varkappa_2,\frac{\mu_2}{2}}(y) = \frac{4(xy)^{1/2}\cdot e^{\frac{x+y}{2}}}{\Gamma\left(\varkappa_1+\frac{1+\mu_1}{2}\right)\cdot\Gamma\left(\varkappa_2+\frac{1+\mu_2}{2}\right)} \tag{2}$$

$$\cdot\int_0^\infty\int_0^{+\pi/2} e^{-\varrho^2}\cdot\varrho^{2\varkappa_1+2\varkappa_2+1}\cdot\cos^{2\varkappa_1}\varphi\cdot\sin^{2\varkappa_2}\varphi$$

$$\cdot J_{\mu_1}(2\varrho\sqrt{x}\cdot\cos\varphi)\cdot J_{\mu_2}(2\varrho\sqrt{y}\cdot\sin\varphi)\cdot d\varphi\cdot\varrho\, d\varrho$$

$$\left(\Re\left(\varkappa_{1,2}+\frac{1+\mu_{1,2}}{2}\right)>0\right)$$

schreiben. Für ein $\varkappa_1=-\varkappa_2=\varkappa$ und $\mu_1=\mu_2=\mu$ kann die Integration über ϱ ausgeführt werden. Die Substitution $\sin 2\varphi = 1/\mathfrak{Cos}\, s$ führt dann sofort zu der Integraldarstellung:

$$\mathcal{M}_{\varkappa,\mu/2}(x)\cdot\mathcal{M}_{-\varkappa,\mu/2}(y) = e^{\mp\frac{\pi i}{2}(1+\mu)}\cdot\mathcal{M}_{\varkappa,\mu/2}(x)\cdot\mathcal{M}_{\varkappa,\mu/2}(y\cdot e^{\pm\pi i})$$

$$=\frac{(xy)^{1/2}}{\Gamma\left(\frac{1+\mu}{2}+\varkappa\right)\Gamma\left(\frac{1+\mu}{2}-\varkappa\right)}\int_{-\infty}^{+\infty} e^{2\varkappa s-\frac{x-y}{2}\cdot\mathfrak{Tg}\, s}\cdot I_\mu\left(\frac{\sqrt{xy}}{\mathfrak{Cos}\, s}\right)\cdot\frac{ds}{\mathfrak{Cos}\, s} \tag{3a}$$

$$\left(\Re\left(\pm\varkappa+\frac{1+\mu}{2}\right)>0\right)$$

(x, $y>0$ überall Hauptwerte, von dort fortsetztbar auf bel. kompl. x, y).

Läßt man in (3a) arc (y) sich von $0 \ldots -\pi$ ändern, was ohne Gefährdung der Konvergenz statthaft ist, und beachtet nach Multiplikation mit $e^{+\pi i/2 \cdot (1+\mu)}$ die Halbumlaufsrelation (§ 2, 5a, b) sowie diejenige für die modifizierte Besselsche Funktion $I_\mu(z)$, so geht (3a) in die Darstellung

$$e^{+\frac{\pi i}{2}(1+\mu)} \cdot \mathcal{M}_{\varkappa,\mu/2}(x) \cdot \mathcal{M}_{-\varkappa,\mu/2}(y \cdot e^{-\pi i}) = \mathcal{M}_{\varkappa,\mu/2}(x) \cdot \mathcal{M}_{\varkappa,\mu/2}(y)$$

$$= \frac{(x\,y)^{1/2}}{\Gamma\left(\frac{1+\mu}{2}+\varkappa\right) \cdot \Gamma\left(\frac{1+\mu}{2}-\varkappa\right)} \cdot \int_{-\infty}^{+\infty} e^{2\varkappa \cdot s - \frac{x+y}{2} \cdot \mathfrak{Tg}\, s} \cdot J_\mu\left(\frac{\sqrt{x\,y}}{\mathfrak{Cof}\, s}\right) \cdot \frac{ds}{\mathfrak{Cof}\, s} \qquad (3b)$$

$$\left(\Re\left(\mp\varkappa + \frac{1+\mu}{2}\right) > 0, \text{ im übrigen wie oben}\right)$$

über.

Es versteht sich bei dem Aufbau der Integranden von (3a, b) und der Gleichung

$$W_{\varkappa,\mu/2}(x) \cdot W_{\varkappa,\mu/2}(y) = \frac{\pi \cdot (x\,y)^{1/2}}{\Gamma\left(\frac{1+\mu}{2}-\varkappa\right)\Gamma\left(\frac{1-\mu}{2}-\varkappa\right)} \cdot e^{-\pi i\left(\varkappa + \frac{\mu}{2}\right)} \qquad (4a)$$

$$\cdot \int_{+\frac{\pi i}{2}\,(\varphi)}^{\infty\,(0,\,\pi)} e^{2\varkappa \cdot s - \frac{x+y}{2} \cdot \mathfrak{Tg}\, s} \cdot H_\mu^{(2)}\left(\frac{\sqrt{x\,y}}{\mathfrak{Cof}\, s}\right) \cdot \frac{ds}{\mathfrak{Cof}\, s}$$

$$\left(\left|2 \cdot \operatorname{arc}\left(\sqrt{x}+\sqrt{y}\right) - \varphi\right| < \frac{\pi}{2}, \quad \Re(\varkappa) < \Re\left(\frac{1 \pm \mu}{2}\right)\right)$$

von selbst, daß auch in diesem letzteren Falle das Integral das Produkt zweier parabolischer Funktionen oder einer linearen Kombination von ihnen darstellen wird. Der in (4a) angegebene genaue Wert des Integrals läßt sich in eindeutiger Weise als richtig nachweisen, indem man nach Multiplikation mit $y^{-(1+\mu)/2}$ auf beiden Seiten der Gleichung $y \to 0$ gehen läßt und überdies die Gl. (14a) beachtet. Die Konvergenz des Integrals (4a) verlangt in bezug auf die obere Grenze das Bestehen der Ungleichung zwischen $\varkappa$ und μ. In bezug auf die untere Grenze muß hingegen der Winkel φ, unter dem der Integrationsweg aus dem wesentlich singulären Punkt $+\pi i/2$ austritt, der anderen zu (4a) angegebenen Ungleichung genügen. Sie ergibt sich aus der asymptotischen Entwicklung der Funktion $H_\mu^{(2)}$. Ersetzt man in (4a) s durch $s + \pi i$, so entsteht wegen $\mathfrak{Cof}\, s = \mathfrak{Cof}\, s' \cdot e^{+\pi i}$ und unter Berücksichtigung der

Umlaufsrelation für $H_\mu^{(2)}$ die Darstellung:

$$W_{\varkappa,\mu/2}(x)\cdot W_{\varkappa,\mu/2}(y)=\frac{\pi\cdot(x\,y)^{1/2}}{\Gamma\left(\frac{1+\mu}{2}-\varkappa\right)\Gamma\left(\frac{1-\mu}{2}-\varkappa\right)}\cdot e^{+\pi i\left(\varkappa+\frac{\mu}{2}\right)} \tag{4b}$$

$$\cdot\int_{-\frac{\pi i}{2}\,(\varphi)}^{\infty\,(0,\,-\pi)} e^{2\varkappa\cdot s-\frac{x+y}{2}\cdot\mathfrak{Tg}\,s}\cdot H_\mu^{(1)}\left(\frac{\sqrt{x\,y}}{\mathfrak{Cos}\,s}\right)\cdot\frac{ds}{\mathfrak{Cos}\,s}$$

$$\left(\left|2\cdot\operatorname{arc}\left(\sqrt{x}+\sqrt{y}\right)-\varphi\right|<\frac{\pi}{2},\ \Re(\varkappa)<\Re\left(\frac{1+\mu}{2}\right)\right).$$

In ähnlicher Weise kann man noch weitere Integrale dieser Art herstellen.

(3a, b) und (4a, b) lassen sich auf eine mitunter zweckmäßigere Form bringen, indem man etwa in (3b) $1/\mathfrak{Cos}\,s=\sin\varphi$ und in (4b) $\mathfrak{Tg}\,s=\mathfrak{Cos}\,v$ setzt. Es ist dann im letzteren Falle $e^s=e^{-\pi i/2}\cdot\mathfrak{Cotg}\,\frac{v}{2}$ und $1/\mathfrak{Cos}\,s=i\cdot\mathfrak{Sin}\,v$. Nach dem Ersatz von x durch $a_1\cdot t$ und y durch $a_2\cdot t$ wird damit:

$$\mathcal{M}_{\varkappa,\mu/2}(a_1 t)\cdot\mathcal{M}_{\varkappa,\mu/2}(a_2 t)=\frac{(a_1 a_2)^{1/2}\cdot t}{\Gamma\left(\frac{1+\mu}{2}+\varkappa\right)\Gamma\left(\frac{1+\mu}{2}-\varkappa\right)}$$

$$\cdot\int_0^\pi e^{-\frac{1}{2}(a_1+a_2)\,t\cdot\cos\varphi}\cdot J_\mu\left(t\cdot\sqrt{a_1 a_2}\cdot\sin\varphi\right)\cdot\left(\operatorname{ctg}\frac{\varphi}{2}\right)^{2\varkappa}\cdot d\varphi \tag{3α}$$

$$\left(\Re\left(\frac{1+\mu}{2}\pm\varkappa\right)>0;\ a_{1,2}>0,\ t\ \text{beliebig}\right)$$

$$W_{\varkappa,\mu/2}(a_1 t)\cdot W_{\varkappa,\mu/2}(a_2 t)=\frac{(a_1 a_2)^{1/2}\cdot 2t}{\Gamma\left(\frac{1+\mu}{2}-\varkappa\right)\Gamma\left(\frac{1-\mu}{2}-\varkappa\right)}$$

$$\cdot\int_0^\infty e^{-\frac{1}{2}(a_1+a_2)\,t\cdot\mathfrak{Cos}\,v}\,K_\mu\left(t\cdot\sqrt{a_1 a_2}\cdot\mathfrak{Sin}\,v\right)\cdot\left(\mathfrak{Cotg}\,\frac{v}{2}\right)^{2\varkappa}\cdot dv \tag{4α}$$

$$\left(\Re(\varkappa)<\Re\left(\frac{1\pm\mu}{2}\right),\ \Re\left\{t\left(\sqrt{a_1}+\sqrt{a_2}\right)^2\right\}>0\right).$$

Die zweite Formel hat zuerst W. T. Howell [5] angegeben.

Für komplexe Werte von t und $a_{1,2}$ muß in (4α) aus Konvergenzgründen die Wegführung des Integrals so erfolgen, daß in der rechten

v-Halbebene stets die Ungleichung

$$\frac{1}{2}|t|\cdot e^{v_1}\cdot\Big\{|a_1|\cdot\cos(v_2+\tau+\alpha_1)+|a_2|\cdot\cos(v_2+\tau+\alpha_2)$$
$$+2\sqrt{|a_1 a_2|}\cdot\cos\Big(v_1+\tau+\frac{\alpha_1+\alpha_2}{2}\Big)\Big\}>0 \tag{U}$$
$$(v=v_1+iv_2,\ t=|t|\cdot e^{i\tau},\ a_{1,2}=|a_{1,2}|)$$

erfüllt ist. Es seien nun t und $a_1>0$ reell und $|a_2|<a_1$. Dann darf sich nach dieser Ungleichung a_2 von einem reellen Wert aus bis zu dem Wert $a_2\cdot e^{\pm\pi i}$ verändern, ohne die Konvergenz des Integrals selbst zu gefährden. Behandelt man die beiden so entstehenden Ausdrücke das eine Mal gemäß (§ 2, 21a) und das andere Mal gemäß (§ 2, 21b), so ergeben sich die beiden Beziehungen:

$$W_{\varkappa,\mu/2}(a_1 t)\cdot W_{-\varkappa,\mu/2}(a_2 t)=-t\cdot\sqrt{a_1 a_2}\cdot\int\limits_0^\infty e^{-\frac{1}{2}(a_1-a_2)\,t\cdot\mathfrak{Cof}\,v}\,\mathfrak{Cotg}^{2\varkappa}(v/2)$$
$$\cdot\Big\{\sin\pi\Big(\varkappa+\frac{\mu}{2}\Big)\cdot J_\mu\Big(t\sqrt{a_1 a_2}\cdot\mathfrak{Sin}\,v\Big)+\cos\pi\Big(\varkappa+\frac{\mu}{2}\Big)\cdot Y_\mu\Big(t\sqrt{a_1 a_2}\cdot\mathfrak{Sin}\,v\Big)\Big\}dv$$
$$\Big(\mathfrak{R}\Big(\varkappa-\frac{1\pm\mu}{2}\Big)<0;\ a_1>a_2,\ \mathfrak{R}(t)>0;\ a_1=a_2 \text{ für } \mathfrak{J}(t)=0\Big) \tag{5a}$$

$$W_{\varkappa,\mu/2}(a_1 t)\cdot\mathcal{M}_{-\varkappa,\mu/2}(a_2 t)=e^{\mp\frac{\pi i}{2}(1+\mu)}\cdot W_{\varkappa,\mu/2}(a_1 t)\cdot\mathcal{M}_{\varkappa,\mu/2}(a_2 t\cdot e^{\pm\pi i}) \tag{5b}$$
$$=\frac{t\cdot\sqrt{a_1 a_2}}{\Gamma\Big(\frac{1+\mu}{2}-\varkappa\Big)}\cdot\int\limits_0^\infty e^{-\frac{1}{2}(a_1-a_2)\cdot t\cdot\mathfrak{Cof}\,v}\cdot J_\mu(t\cdot\sqrt{a_1 a_2}\cdot\mathfrak{Sin}\,v)\cdot\mathfrak{Cotg}^{2\varkappa}\frac{v}{2}\cdot dv$$
$$\Big(\mathfrak{R}\Big(\frac{1+\mu}{2}-\varkappa\Big)>0;\ a_1>a_2,\ \mathfrak{R}(t)>0;\ a_1=a_2 \text{ für } \mathfrak{J}(t)=0\Big).$$

Schließlich darf dann unter der Voraussetzung eines $|a_2|<a_1$ auch in (5b) a_2 wiederum komplexe Werte annehmen und also zu $a_2\cdot e^{\pm\pi i}$ übergehen. Daraus folgt dann:

$$W_{\varkappa,\mu/2}(a_1 t)\cdot\mathcal{M}_{\varkappa,\mu/2}(a_2 t) \tag{5c}$$
$$=\frac{t\cdot\sqrt{a_1 a_2}}{\Gamma\Big(\frac{1+\mu}{2}-\varkappa\Big)}\cdot\int\limits_0^\infty e^{-\frac{a_1+a_2}{2}\cdot t\cdot\mathfrak{Cof}\,v}\cdot I_\mu\Big(t\sqrt{a_1 a_2}\cdot\mathfrak{Sin}\,v\Big)\cdot\mathfrak{Cotg}^{2\varkappa}\frac{v}{2}\cdot dv$$
$$\Big(\mathfrak{R}\Big(\frac{1+\mu}{2}-\varkappa\Big)>0,\ \mathfrak{R}(\mu)>0,\ a_1>a_2\Big).$$

Gemäß der Ungleichung (U) kann in (4α) auch $a_1=+i$ und $a_2=-i$ gesetzt werden, und mit $\mathfrak{Sin}\,v=x$ erhält man danach die

Beziehung:

$$W_{\varkappa,\mu/2}(+it)\cdot W_{\varkappa,\mu/2}(-it) \tag{6a}$$

$$= \frac{2t}{\Gamma\left(\frac{1+\mu}{2}-\varkappa\right)\Gamma\left(\frac{1-\mu}{2}-\varkappa\right)}\cdot\int_0^\infty K_\mu(tx)\cdot\left[\frac{x}{\sqrt{1+x^2}-1}\right]^{2\varkappa}\frac{dx}{\sqrt{1+x^2}}$$

$$\left(\Re(\varkappa)<\Re\left(\frac{1+\mu}{2}\right),\ \Re(t)>0\right).$$

Sie wurde zuerst von W. N. Bailey [3] aufgestellt.

Nach einer bekannten Formel aus der Theorie der Zylinderfunktionen, die bei G. N. Watson [1, S. 386] steht, läßt sich (6a) auch in der Form schreiben:

$$W_{\varkappa,\mu/2}(+it)\,W_{\varkappa,\mu/2}(-it)$$

$$= \frac{2t}{\Gamma\left(\frac{1+u}{2}-\varkappa\right)\Gamma\left(\frac{1-u}{2}-\varkappa\right)}\cdot\int_0^\infty\int_0^\infty e^{-v}\cdot J_{-2\varkappa}(vx)\cdot K_\mu(tx)\cdot dv\cdot dx$$

$$\left(\Re(\varkappa)<\Re\left(\frac{1\pm\mu}{2}\right),\ \Re(\varkappa)<\frac{1}{2},\ \Re(t)>0\right).$$

Wir setzen hierin für v die neue Integrationsvariable $u = v\cdot x$. Die Vertauschung der Reihenfolge der Integrationen, die hier zulässig ist, führt das Doppelintegral allein in den Ausdruck über:

$$\int_0^\infty J_{-2\varkappa}(u)\left\{\int_0^\infty e^{-u/x}K_\mu(tx)\frac{dx}{x}\right\}du.$$

Das neu entstandene innere Integral läßt sich aber nach einer bei G. N. Watson [1] auf S. 439 angegebenen Formel durch bekannte Funktionen ausdrücken. Im ganzen kommt so die Formel

$$W_{\varkappa,\mu/2}(+it)\,W_{\varkappa,\mu/2}(-it) = \frac{4t}{\Gamma\left(\frac{1+\mu}{2}-\varkappa\right)\Gamma\left(\frac{1-\mu}{2}-\varkappa\right)} \tag{6b}$$

$$\cdot\int_0^\infty J_{-2\varkappa}(u)\,K_\mu\left(\sqrt{2ut}\cdot e^{+\frac{\pi i}{4}}\right)K_\mu\left(\sqrt{2ut}\cdot e^{-\frac{\pi i}{4}}\right)\cdot du$$

$$\left(\Re\left(\varkappa-\frac{1\pm\mu}{2}\right)<0,\ \Re(t)>0\right)$$

zustande. Die Beschränkung $\Re(\varkappa)<1/2$ kann darin nach dem Prinzip der analytischen Fortsetzung wieder aufgehoben werden.

In (6b) werde die Funktion $J_{-2\varkappa}(u)$ in die Summe der beiden Hankelschen Funktionen zerlegt und u in dem Integral mit $H^{(1)}_{-2\varkappa}(u)$ durch $i\cdot v$ und in dem Integral mit $H^{(2)}_{-2\varkappa}(u)$ u durch $-i\cdot v$ ersetzt. Die neuen Integralgrenzen sind dann im ersten Fall $0\ldots -i\cdot\infty$, im zweiten Fall $0\ldots +i\cdot\infty$. Der Integrationsweg läßt sich beide Male ohne Gefährdung der Konvergenz in die reelle Achse zurückdrehen. Die Umlaufsrelation für die Funktion $H^{(1)}_{\mu}$ und der Übergang zu den Funktionen J_{μ} und $J_{-\mu}$ führt danach schließlich zu der Relation:

$$W_{\varkappa,\mu/2}(+it)\,W_{\varkappa,\mu/2}(-it)=\frac{4t/\sin(\pi\mu)}{\Gamma\left(\frac{1+\mu}{2}-\varkappa\right)\Gamma\left(\frac{1-\mu}{2}-\varkappa\right)}$$

$$\cdot\int_0^\infty K_{2\varkappa}(v)\,K_{\mu}\left(\sqrt{2vt}\right)\cdot\left[J_{-\mu}\left(\sqrt{2vt}\right)\cdot\cos\pi\left(\varkappa-\frac{\mu}{2}\right)\right. \tag{6c}$$

$$\left(|\Re(2\varkappa+\mu)|<+1,\ |\operatorname{arc}(t)|<\pi\right)\qquad \left.-J_{\mu}\left(\sqrt{2vt}\right)\cos\pi\left(\varkappa+\frac{\mu}{2}\right)\right]dv.$$

Weiterhin möge nun in (6c) zuerst $t=+i\cdot z$ und im Integranden $v=-i\cdot w$ gesetzt werden. Dann sind die neuen Grenzen 0 und $+i\cdot\infty$. Im zweiten Fall werde $t=-i\cdot z$ und $v=+i\cdot w$ gesetzt mit den neuen Grenzen 0 und $-i\cdot\infty$. Dann darf auch jetzt in beiden Fällen der Integrationsweg in die reelle w-Achse zurückgedreht werden. Multipliziert man noch die erste Gleichung mit $e^{-\pi i\varkappa}$ und die zweite mit $e^{+\pi i\varkappa}$ und setzt beide Gleichungen gemäß (§ 2, 21b) zusammen, so erhält man auf diese Weise die Beziehung:

$$W_{\varkappa,\mu/2}(z)\,W_{-\varkappa,\mu/2}(z)$$

$$=\frac{2z}{\sin\pi\mu}\cdot\int_0^\infty J_{2\varkappa}(w)\,K_{\mu}\left(\sqrt{2zw}\right)\cdot\left[J_{-\mu}\left(\sqrt{2zw}\right)\cdot\cos\pi\left(\varkappa-\frac{\mu}{2}\right)\right. \tag{7}$$

$$\left.-J_{+\mu}\left(\sqrt{2zw}\right)\cdot\cos\pi\left(\varkappa+\frac{\mu}{2}\right)\right]\cdot dw$$

$$\left(\Re(\varkappa)>-1,\ \Re\left(\varkappa\pm\frac{\mu}{2}\right)>-\frac{1}{2},\ |\operatorname{arc}(z)|<\frac{\pi}{2}\right).$$

Aus (6a) und (7) lassen sich auch noch Integrale vom Mellintypus gewinnen. Es wird nämlich

$$W_{\varkappa,\mu/2}(+iz)\,W_{\varkappa,\mu/2}(-iz)=\frac{z^{1+\mu}}{\Gamma\left(\frac{1+\mu}{2}-\varkappa\right)\Gamma\left(\frac{1-\mu}{2}-\varkappa\right)}$$

$$\cdot\frac{1}{2\pi i}\int_{-\infty i}^{+\infty i}\frac{\Gamma(-s)\Gamma(-\mu-s)\Gamma(-\mu-2s)\Gamma\left(s+\frac{1+\mu}{2}-\varkappa\right)}{\Gamma\left(-s+\frac{1-\mu}{2}-\varkappa\right)}\cdot z^{2s}\cdot ds \tag{8a}$$

$$\left(|\operatorname{arc}(z)|<\pi\right)$$

$$W_{\varkappa,\mu/2}(z)\, W_{-\varkappa,\mu/2}(z)$$

$$= \frac{2 \cdot z^{1+\mu}}{2\pi i} \cdot \int\limits_{-\infty i}^{+\infty i} \frac{\Gamma(-s)\,\Gamma(-\mu-s)\,\Gamma(-\mu-2s)}{\Gamma\left(-s+\frac{1-\mu}{2}-\varkappa\right)\Gamma\left(-s+\frac{1-\mu}{2}+\varkappa\right)} z^{2s} \cdot ds \qquad (8\text{b})$$

$$(|\operatorname{arc}(z)| < \pi).$$

In (8a) muß der Integrationsweg die gegenläufigen Polketten voneinander trennen, in (8b) verläuft er links von dem äußersten linken Pol aller drei Polketten, die von den drei Γ-Funktionen des Zählers herrühren. In (8a, b) können die auf der rechten Seite stehenden Integrale ohne Schwierigkeit nach Potenzreihen in z entwickelt werden. Die Darstellungen (6b, c) und (7) sind zuerst von C. S. Meijer [4, 9, 10, 11] aufgestellt worden.

Noch allgemeinere Integrale als die hier behandelten hat A. Erdelyi [15, 17] mittels des Faltungssatzes in der Theorie der Laplace-Transformation gewonnen. Wir führen als Beispiele dafür die beiden Integrale

$$\{a_1 t \cdot a_2 t\}^{-1/2} \cdot e^{(a_1+a_2)t/2} \cdot \mathcal{M}_{\varkappa_1,\mu/2}(a_1 t)\, \mathcal{M}_{\varkappa_2,\mu/2}(a_2 t)$$

$$= \frac{(a_1 a_2)^{\frac{\mu}{2}}}{2\pi i} \cdot \int\limits_{\infty(-\pi)}^{(0+,\,a_1+,\,a_2+,\,a_1+a_2+)} e^{tz} \cdot \frac{(z-a_1)^{\varkappa_1 - \frac{1+\mu}{2}} \cdot (z-a_2)^{\varkappa_2 - \frac{1+\mu}{2}}}{z^{\varkappa_1+\varkappa_2} \cdot \Gamma(1+\mu)} \qquad (9)$$

$$\cdot\, {}_2F_1\left(\frac{1+\mu}{2}-\varkappa_1, \frac{1+\mu}{2}-\varkappa_2; 1+\mu; \frac{a_1-a_2}{(z-a_1)(z-a_2)}\right) \cdot dz$$

$$\left(\operatorname{Arc}(z-a_{1,2}) = -\pi,\ |\operatorname{arc}(z)| < \frac{\pi}{2}\right)$$

$$\{a_1 t \cdot a_2 t\}^{-1/2} \cdot e^{(a_1+a_2)t/2} \cdot W_{\varkappa_1,\mu/2}(a_1 t)\, W_{\varkappa_2,\mu/2}(a_2 t)$$

$$= \frac{(a_1 a_2)^{\frac{\mu}{2}}}{\Gamma(1-\varkappa_1-\varkappa_2)} \cdot \int\limits_0^{\infty} e^{-tz} \cdot \frac{(z+a_1)^{\varkappa_1 - \frac{1+\mu}{2}} \cdot (z+a_2)^{\varkappa_2 - \frac{1+\mu}{2}}}{z^{\varkappa_1+\varkappa_2}} \qquad (10)$$

$$\cdot\, {}_2F_1\left(\frac{1+\mu}{2}-\varkappa_1, \frac{1+\mu}{2}-\varkappa_2; 1-\varkappa_1-\varkappa_2; \frac{z(z+a_1+a_2)}{(z+a_1)(z+a_2)}\right) dz$$

$$\left(|\operatorname{arc}(z)| < \frac{\pi}{2},\ \Re(\varkappa_1+\varkappa_2) < 1\right)$$

an. In (9) ist die z-Ebene längs der Geraden $-\infty \ldots 0$ und $0 \ldots +1$, $0 \ldots + a_1$ und $0 \ldots a_2$ aufgeschnitten zu denken. Der Integrationsweg in (9) verläuft auf der unteren Seite des Schnittes von $-\infty$ nach $0-$, umschlingt die vier singulären Punkte $z = 0, +1, a_1$ und a_2 und zieht dann wieder auf dem oberen Ufer des Schnitts nach $-\infty$.

Mit $\varkappa_{1,2} = \sigma \pm i\tau$, $a_{1,2} = \alpha \pm i\beta$ und $t = 1$ entsteht aus (10) die Darstellung:

$$e^{+\alpha} \cdot W_{\sigma+i\tau,\mu/2}(\alpha + i\beta) \cdot W_{\sigma-i\tau,\mu/2}(\alpha - i\beta) \tag{10a}$$

$$= \frac{(\alpha^2+\beta^2)^{\frac{1+\mu}{2}}}{\Gamma(1-2\sigma)} \cdot \int_0^\infty e^{-x} \cdot (x+\alpha+i\beta)^{\sigma-\frac{1+\mu}{2}+i\tau} \cdot (x+\alpha-i\beta)^{\sigma-\frac{1+\mu}{2}-i\tau}$$

$$\cdot x^{-2\sigma} \cdot {}_2F_1\left(\frac{1+\mu}{2} - \sigma + i\tau, \frac{1+\mu}{2} - \sigma - i\tau; 1-2\sigma; \frac{x(x+2\alpha)}{(x+\alpha)^2+\beta^2}\right) dx.$$

Es folgt daraus: Die Funktion $W_{\varkappa,\mu/2}(z)$ ist für alle $\mu \geqq 0$ in der ganzen Halbebene $\Re(\varkappa) \leqq +1/2$ frei von Nullstellen hinsichtlich ihres Arguments, da auf der rechten Seite alle Integrationselemente positiv sind.

III. Abschnitt.

Die Asymptotik der parabolischen Funktionen.

§ 7. Die Asymptotik bei großen Werten von z oder μ oder $\varkappa$.

1. Das asymptotische Verhalten hinsichtlich z. Während von den beiden parabolischen Funktionen $\mathcal{M}_{\varkappa,\mu/2}(z)$ die einfachere Nullpunktsentwicklung hat, zeigt $W_{\varkappa,\mu/2}(z)$ in der Umgebung des Punkts ∞ das einfachere Verhalten. Da ihre Definition nach diesem Gesichtspunkt erfolgt ist, braucht dieser Umstand nicht zu überraschen.

Die asymptotische Entwicklung für $W_{\varkappa,\mu/2}(z)$ folgt recht einfach aus (§ 5, 5), wenn man darin das unter dem Integralzeichen stehende Binom in eine Reihe nach wachsenden Potenzen von w/z entwickelt und gliedweise integriert. Der Konvergenzradius dieser Reihe ist beschränkt, die Integralgrenzen aber sind 0 und ∞, und eben darum ist nach einem bekannten Lemma (s. G. N. Watson [2], S. 236 und G. Doetsch [4], S. 231) die durch Integration entstehende Entwicklung asymptotischer Natur. Ihr charakteristischer Winkelbereich ist ohne besonderes Zutun durch $|\text{arc}(z)| < \pi$ gegeben. Berücksichtigt man aber noch die Möglichkeit, daß der Integrationsweg um einen Winkel von nahezu $\pi/2$ nach oben oder unten gedreht werden kann, so darf in der entstehenden

Entwicklung

$$W_{\varkappa,\mu/2}(z) \sim z^{\varkappa}\, e^{-z/2} \cdot {}_2F_0\left(\frac{1+\mu}{2}-\varkappa, \frac{1-\mu}{2}-\varkappa;;-1/z\right)$$
$$\left(|z| \to \infty;\ |\mathrm{arc}\,(z)| \leqq \frac{3\pi}{2}-\delta\right) \tag{1a}$$

sogar $|\mathrm{arc}\,(z)| < 3\pi/2$ sein. Nimmt man in die binomische Entwicklung des Integranden von (§ 5, 5) das Restglied mit auf, so läßt sich zeigen, daß es jedenfalls von der Größenordnung des ersten nicht mehr berücksichtigten Reihengliedes ist. In anderer Schreibweise als in der von (1a) bringt diese Eigenschaft die asymptotische Darstellung

$$W_{\varkappa,\mu/2}(z) \sim z^{\varkappa}\, e^{-z/2} \cdot \left\{ \sum_{\lambda=0}^{N} \frac{\left(\frac{1+\mu}{2}-\varkappa\right)_\lambda \left(\frac{1-\mu}{2}-\varkappa\right)_\lambda}{\lambda!\,(-z)^\lambda} + O\left((-z)^{-N-1}\right) \right\}$$
$$\left(|z| \to \infty,\ |\mathrm{arc}\,(z)| \leqq \frac{3\pi}{2}-\delta\right) \tag{1b}$$

zum Ausdruck. Genauere Abschätzungen des Restgliedes sind bei komplexem z nur schwer durchführbar.

Die Funktion $W_{-\varkappa,\mu/2}\,(z \cdot e^{\pm\pi i})$ hat nach dieser Angabe die asymptotische Entwicklung:

$$W_{-\varkappa,\mu/2}\left(z \cdot e^{\pm\pi i}\right) \sim \left(z \cdot e^{\pm\pi i}\right)^{-\varkappa} e^{+z/2} \cdot {}_2F_0\left(\frac{1+\mu}{2}+\varkappa, \frac{1-\mu}{2}+\varkappa;;+\frac{1}{z}\right)$$
$$\left(|z| \to \infty;\ |\mathrm{arc}\,(z) \pm \pi| \leqq \frac{3\pi}{2}-\delta\right). \tag{2a, b}$$

Die für $\mathcal{M}_{\varkappa,\mu/2}$ gültige Entwicklung folgt aus (1a) und (2a, b) unter Zuhilfenahme von (§ 2, 20a). Benutzt man sie für das Argument $z \cdot e^{+\pi i}$ der Funktion $W_{-\varkappa,\mu/2}$, so muß die Veränderliche z nach (2a) in dem Winkelbereich $-5\pi/2 \ldots +\pi/2$ liegen. Für die Funktion $W_{\varkappa,\mu/2}(z)$ in (§ 2, 20a) gilt aber die Entwicklung (1a) für ein z aus dem Winkelbereich $-3\pi/2 \ldots +3\pi/2$. Mithin besteht für $\mathcal{M}_{\varkappa,\mu/2}(z)$ die asymptotische Darstellung

$$\mathcal{M}_{\varkappa,\mu/2}(z) \sim \frac{z^{-\varkappa}\, e^{+z/2}}{\Gamma\left(\frac{1+\mu}{2}-\varkappa\right)} \cdot {}_2F_0\left(\frac{1+\mu}{2}+\varkappa, \frac{1-\mu}{2}+\varkappa;;+\frac{1}{z}\right)$$
$$+ \frac{z^{\varkappa}\, e^{-z/2}}{\Gamma\left(\frac{1+\mu}{2}+\varkappa\right)} \cdot e^{\pm\pi i\left(\varkappa-\frac{1+\mu}{2}\right)} \cdot {}_2F_0\left(\frac{1+\mu}{2}-\varkappa, \frac{1-\mu}{2}-\varkappa;;-\frac{1}{z}\right) \tag{3}$$
$$\left(|z| \to \infty,\ \begin{array}{l} \text{ob. Vorz.: } -\frac{3\pi}{2} < \mathrm{arc}\,(z) < +\frac{\pi}{2} \\ \text{unt. Vorz.: } -\frac{\pi}{2} < \mathrm{arc}\,(z) < +\frac{3\pi}{2} \end{array} \right)$$

worin die Vorzeichen gemäß den angegebenen charakteristischen Winkelbereichen zu wählen sind. Selbstverständlich kann in (3) für ein $\Re(z) > 0$ der zweite und für ein $\Re(z) < 0$ der erste Summand als infinitär kleiner fortgelassen werden. Ist aber arc $(z) = \pm\pi/2$, so müssen beide Summanden beibehalten werden, wenn $\Re(\varkappa) \approx 0$ ist. Gerade dieser Fall tritt aber häufig in den Anwendungen ein, wenn $z = i \cdot \zeta$ mit $\zeta \gtrless 0$ und $\varkappa = i \cdot \tau$ mit $\tau \gtrless 0$ ist. Man kann in diesem Fall die asymptotische Entwicklung für $\mathcal{M}_{\varkappa, \mu/2}$ mittels der Abkürzungen

$$\Gamma\left(\frac{1+\mu}{2} \pm i\tau\right) = \left|\Gamma\left(\frac{1+\mu}{2} \pm i\tau\right)\right| \cdot e^{\pm i\delta} \tag{4a}$$

$$\operatorname{tg} \varphi_r^{(\pm)} = \frac{\tau}{r + \frac{-1 \pm \mu}{2}} \quad (4\text{b}) \qquad \left(\frac{1 \pm \mu}{2}\right)_\lambda = \tau^\lambda \cdot \prod_{r=1}^{\lambda} \operatorname{ctg} \varphi_r^{(\pm)} \quad (4\text{c})$$

auf die Form

$$\mathcal{M}_{i\tau, \mu/2}(i\zeta) \sim 2 \cdot \frac{e^{+\frac{\pi}{2}\left(\tau + i \cdot \frac{1+\mu}{2}\right) \cdot \operatorname{sgn} \zeta}}{\left|\Gamma\left(\frac{1+\mu}{2} \pm i\tau\right)\right|}$$

$$\cdot \left\{ \cos\left(-\tau \cdot \ln|\zeta| + \frac{1}{2}\zeta + \delta - \frac{\pi}{4}(1+\mu) \cdot \operatorname{sgn} \zeta\right) \right.$$

$$\cdot \sum_{\lambda=0}^{N} \frac{(\tau^2/\zeta)^\lambda}{\lambda!} \cdot \frac{\cos\left[\sum_{r=1}^{\lambda} (\varphi_r^{(+)} + \varphi_r^{(-)}) - \frac{\pi}{2}\lambda\right]}{\prod_{r=1}^{\lambda} (\sin \varphi_r^{(+)} \cdot \sin \varphi_r^{(-)})} \tag{4}$$

$$- \sin\left(-\tau \cdot \ln|\zeta| + \frac{1}{2}\zeta + \delta - \frac{\pi}{4}(1+\mu) \cdot \operatorname{sgn} \zeta\right)$$

$$\left. \cdot \sum_{\lambda=1}^{N} \frac{(\tau^2/\zeta)^\lambda}{\lambda!} \cdot \frac{\sin\left[\sum_{r=1}^{\lambda} (\varphi_r^{(+)} + \varphi_r^{(-)}) - \frac{\pi}{2}\lambda\right]}{\prod_{r=1}^{\lambda} (\sin \varphi_r^{(+)} \cdot \sin \varphi_r^{(-)})} \right\}$$

$$(\tau > 0,\ z = i\zeta,\ \Im(\zeta) = 0,\ \zeta \gtrless 0,\ \Im(\mu) = 0)$$

bringen. Für $\lambda = 0$ sind in (4) die cos-Funktionen mit der Winkelsumme als Argument und das Produkt der sin-Funktionen im Nenner gleich 1 zu setzen. Für $\tau = 0$ verschwinden nach (4a, b) sowohl δ als auch $\varphi_r^{(\pm)}$. Im Hinblick auf (§ 2, 11b) geht dann aus (4) die bekannte asymptotische Entwicklung von $J_{\mu/2}(\zeta/2)$ hervor.

In Rücksicht auf (§ 3, 22a) folgen aus (1b) und (2a, b) für die Funktionen des parabolischen Zylinders die asymptotischen Entwicklungen

$$D_\nu(z) \sim z^\nu \cdot e^{-z^2/4} \cdot \left\{ \sum_{\lambda=0}^{p-1} (-)^\lambda \frac{(-\nu)_{2\lambda}}{\lambda!} (2^{1/2} \cdot z)^{-2\lambda} + O(z^{-2p}) \right\} \qquad (5a)$$

$$\left(|\operatorname{arc}(z)| < \frac{3\pi}{4}\right)$$

$$D_{-\nu-1}(\pm i z) \sim z^{-\nu-1} e^{z^2/4 \mp \frac{\pi i}{2}(1+\nu)}$$

$$\cdot \left\{ \sum_{\lambda=0}^{p-1} \frac{(\nu+1)_{2\lambda}}{\lambda!} (2^{1/2} z)^{-2\lambda} + O(z^{-2p}) \right\} \qquad (5b)$$

$$\begin{pmatrix} \text{ob. Vorz.:} \ -5\pi/4 < \operatorname{arc}(z) < +\pi/4 \\ \text{unt. Vorz.:} \ -\pi/4 < \operatorname{arc}(z) < +5\pi/4 \end{pmatrix},$$

und im Hinblick auf (§ 2, 7) ist die Kummersche Funktion

$${}_1F_1(\alpha; \beta; z)/\Gamma(\beta) \sim \frac{z^{\alpha-\beta}}{\Gamma(\alpha)} e^z \cdot {}_2F_0\left(\beta-\alpha, 1-\alpha;; \frac{1}{z}\right)$$

$$+ \frac{z^{-\alpha}}{\Gamma(\beta-\alpha)} e^{\mp \pi i \alpha} \cdot {}_2F_0\left(\alpha, \alpha-\beta+1;; -\frac{1}{z}\right) \qquad (6)$$

$$\begin{pmatrix} \text{ob. Vorz.:} \ -3\pi/2 < \operatorname{arc}(z) < +\pi/2 \\ \text{unt. Vorz.:} \ -\pi/2 < \operatorname{arc}(z) < +3\pi/2 \end{pmatrix}.$$

Über die rechtsstehenden beiden Summanden gelten die gleichen Bemerkungen wie zu (3).

Für $\varkappa = n + (1+\mu)/2$ mit $n = 0, 1, 2, \ldots$ entartet in (1a) oder (3) $W_{\varkappa,\mu/2}(z)$ nach (§ 2, 28a) in das Laguerre-Polynom. (1a) geht dann z. B. über in die Formel:

$$\begin{aligned} L_n^{(\mu)}(z) &= \frac{(-z)^n}{n!} {}_2F_0\left(-n, -n-\mu;; -\frac{1}{z}\right) \\ &= \frac{\Gamma(1+\mu+n)}{n!\,\Gamma(1+\mu)} \cdot {}_1F_1(-n; 1+\mu; z), \end{aligned} \qquad (7)$$

die nunmehr, da die Reihe ${}_2F_0$ hinter dem n-ten Gliede abbricht, eine wirkliche Gleichung darstellt.

Man vergleiche zu der hier behandelten Frage die Arbeiten von J. Horn [2], E. W. Barnes [2] und Whittaker-Watson [1].

2. Das asymptotische Verhalten hinsichtlich μ bei einem von μ unabhängigen $\varkappa$. Um das asymptotische Verhalten der parabolischen Funktionen zu erkennen, wenn der hintere Parameter μ in einer beliebigen Richtung der μ-Ebene unbegrenzt wächst, gehe man

von (§ 2, 12), s-Form, aus und zerlege hierin das Linienintegral mit den Grenzen $-1\ldots+1$ in zwei Integrale mit den Grenzen $-1\ldots 0$ und $0\ldots+1$. Ersetzt man noch im ersten Integral s durch $-s$, faßt beide Integrale zusammen und führt mit $1-s^2=t$ die neue Variable t ein, so erhält man

$$\mathcal{M}_{\varkappa,\mu/2}(z)=\frac{(z/4)^{\frac{1+\mu}{2}}}{\Gamma\left(\frac{1+\mu}{2}-\varkappa\right)\Gamma\left(\frac{1+\mu}{2}+\varkappa\right)}\cdot\int\limits_0^{+1} t^{\frac{1+\mu}{2}-1}$$

$$\cdot\left\{\left(\frac{1+\sqrt{1-t}}{1-\sqrt{1-t}}\right)^{\varkappa} e^{-z/2\sqrt{1-t}}+\left(\frac{1-\sqrt{1-t}}{1+\sqrt{1+t}}\right)^{\varkappa} e^{+z/2\sqrt{1-t}}\right\}\cdot\frac{dt}{\sqrt{1-t}} \quad (8)$$

$$\left(\Re\left(\frac{1+\mu}{2}\pm\varkappa\right)>0\right).$$

Die geschweifte Klammer stellt eine innerhalb des Einheitskreises um den Punkt $+1$ herum reguläre, eindeutige Funktion dar. Nun ist nach H. Bateman [8]

$$\left(\frac{1+v}{1-v}\right)^{\varkappa}=\sum_{r=0}^{\infty}\gamma_r\cdot v^r;\qquad \gamma_0=1,\gamma_r=2\varkappa\cdot{}_2F_1(1-r,1-\varkappa;2;2) \quad (8a)$$

$$(|v|<1)\qquad\qquad (r=1,2,3,\ldots)$$

und mithin

$$\left(\frac{1+v}{1-v}\right)^{\varkappa}\cdot e^{-z/2\cdot v}=\sum_{\lambda=0}^{\infty}v^{\lambda}\left\{\sum_{s=0}^{\lambda}\frac{(-z/2)^s}{s!}\gamma_{\lambda-s}\right\}\equiv\sum_{\lambda=0}^{\infty}c_{\lambda}\cdot v^{\lambda}. \quad (8b)$$

Durch Einsetzen von (8b) in (8) ergibt sich schließlich für $\mathcal{M}_{\varkappa,\mu/2}(z)$ die Fakultätenreihe

$$\mathcal{M}_{\varkappa,\mu/2}(z)=\frac{2\sqrt{\pi}\,\Gamma\left(\frac{1+\mu}{2}\right)\Big/\Gamma\left(1+\frac{\mu}{2}\right)}{\Gamma\left(\frac{1+\mu}{2}+\varkappa\right)\Gamma\left(\frac{1+\mu}{2}-\varkappa\right)}(z/4)^{\frac{1+\mu}{2}}\sum_{\lambda=0}^{\infty}\frac{a_{\lambda}\cdot\lambda!}{\left(\frac{\mu}{2}+1\right)_{\lambda}} \quad (9)$$

$$(|\mathrm{arc}\,(\mu)|\leq\pi/2)$$

$$\frac{2^{2\lambda}\,\lambda!\,\lambda!}{(2\lambda)!}\cdot a_{\lambda}\equiv c_{2\lambda}=\frac{1}{2\pi i}\int^{(0+)} e^{-z/2\cdot v+\varkappa\cdot\ln\frac{1+v}{1-v}}\cdot\frac{dv}{v^{2\lambda+1}}$$

$$(|v|<1) \quad (9a)$$

$$a_0=1 \quad (9\alpha)\qquad\qquad a_1=\varkappa^2\left(1-\frac{z}{4\varkappa}\right)^2 \quad (9\beta)$$

$$a_2=\frac{1}{2}\varkappa^2\left(1-\frac{z}{4\varkappa}\right)^2+\frac{1}{4}\varkappa^4\left(1-\frac{z}{4\varkappa}\right)^4. \quad (9\gamma)$$

Der Γ-Funktionenquotient von (9) ließe sich ebenfalls leicht in eine Fakultätenreihe entwickeln. Sie würde aber das Argument $(\mu + 1)/2$ haben. Man tut deshalb besser daran, die Fakultätenreihe (9) in eine asymptotische Entwicklung zu verwandeln, zumal sich für den Γ-Funktionenquotienten dieser Übergang ebenfalls leicht durchführen läßt. Unter Beschränkung auf das erste Glied ergibt sich danach im Falle $\mu \to \infty$ aus (9) die asymptotische Darstellung

$$\mathcal{M}_{\varkappa,\mu/2}(z) \sim \frac{z^{\frac{1+\mu}{2}}}{\Gamma(1+\mu)} \cdot \{1 + O(\mu^{-1})\} \qquad (\mu \to \infty, |\operatorname{arc}(\mu)| \leqq \pi/2). \quad (10)$$

Wir merken noch an, daß $\mathcal{M}_{\varkappa,\mu/2}(z)$ in bezug auf $\mu/2$ die Differenzengleichung

$$\begin{aligned}(1-\mu) \cdot \left[\left(\frac{1+u}{2}\right)^2 - \varkappa^2\right] z \cdot \mathcal{M}_{\varkappa, 1+\mu/2}(z) \\ + \mu\,(2\varkappa z + 1 - \mu^2) \cdot \mathcal{M}_{\varkappa,\mu/2}(z) + (1+\mu)\, z \cdot \mathcal{M}_{\varkappa,-1+\mu/2}(z) = 0\end{aligned} \quad (11\text{a})$$

befriedigt. Gemäß der Regel von § 5.6 gibt dann

$$\begin{aligned}(1-\mu)\left(\varkappa - \frac{1+\mu}{2}\right) z \cdot W_{\varkappa,1+\mu/2}(z) + \mu\,(2\varkappa z + 1 - \mu^2) \cdot W_{\varkappa,\mu/2}(z) \\ - (1+\mu)\left(\varkappa - \frac{1-\mu}{2}\right) z \cdot W_{\varkappa,-1+\mu/2}(z) = 0\end{aligned} \quad (11\text{b})$$

die Differenzengleichung für $W_{\varkappa,\mu/2}(z)$ an.

Da die Entwicklung (9) für $\mu = -1, -2, -3, \ldots$ versagt, obschon die Funktion $\mathcal{M}$ an diesen Stellen regulär ist, kann die Konvergenzabszisse der Fakultätenreihe (9) nicht kleiner als -1 sein.

Auf andere Weise ist (10) von A. Erdelyi [2] gefunden worden.

3. Das asymptotische Verhalten von $\mathcal{M}_{\varkappa_1 \pm \mu/2,\, \alpha+\mu/2}(z)$. Dieser ebenfalls häufig vorkommende Fall erledigt sich besonders einfach, da nach (§ 2, 3a) und (§ 2, 5a) geschrieben werden kann

$$\mathcal{M}_{\varkappa+\mu/2,\alpha+\mu/2}(z) = z^{\alpha + \frac{1+\mu}{2}}\, e^{-z/2} \cdot \frac{{}_1F_1(\alpha + \frac{1}{2} - \varkappa;\, 2\alpha + 1 + \mu;\, + z)}{\Gamma(1+\mu+2\alpha)}, \quad (12\text{a})$$

$$\mathcal{M}_{\varkappa+\mu/2,\alpha+\mu/2}(z) = z^{\alpha + \frac{1+\mu}{2}} \cdot e^{+z/2} \cdot \frac{{}_1F_1(\alpha + \frac{1}{2} + \varkappa;\, 2\alpha + 1 + \mu;\, - z)}{\Gamma(1+\mu+2\alpha)}. \quad (12\text{b})$$

Die beiden Kummerschen Funktionen stellen hierin hinsichtlich μ Fakultätenreihen dar. Es ist mithin

$$\mathcal{M}_{\varkappa \pm \mu/2, \alpha + \mu/2}(z) \sim z^{\alpha + \frac{1+\mu}{2}} \frac{e^{\mp z/2}}{\Gamma(1+\mu+2\alpha)} \{1 + O\left((1+\mu+2\alpha)^{-1}\right)\} \tag{12}$$

$$(|\mu| \to \infty, |\operatorname{arc}(\mu)| < \pi).$$

Dieser Fall unterscheidet sich daher von dem eben behandelten im wesentlichen nur durch das Hinzutreten des Faktors $\exp(\mp z/2)$ zum asymptotischen Ausdruck der rechten Gleichungsseite.

4. Das asymptotische Verhalten hinsichtlich $\varkappa$. Wesentlich heikler ist das Problem, die beiden parabolischen Funktionen asymptotisch anzunähern, wenn allein der vordere Parameter $\varkappa$ unbegrenzt zunimmt. Wir ziehen, um dieses Problem zu lösen, (§ 5, 19a) heran, setzen darin $v = \pi i/2 + t$ und gehen überdies von $-\mu$ zu $+\mu$ über. Wegen $\operatorname{Cof} v = i \cdot \operatorname{Sin} t$ ergibt sich dann die Darstellung:

$$\mathcal{M}_{\varkappa, \mu/2}(z) = 2^{\mu} \cdot \frac{\left(z e^{-\pi i}\right)^{\frac{1-\mu}{2}}}{2\pi i} \cdot \int_{0(-\varepsilon)}^{(0-)} e^{2\varkappa \cdot t - z/2 \cdot \operatorname{Cotg} t} \cdot \frac{dt}{(i \cdot \operatorname{Sin} t)^{1-\mu}} \tag{13}$$

$$\left(|\operatorname{arc}(z) + \varepsilon| < \frac{\pi}{2}\right).$$

Der Integrationsweg von (13) tritt aus dem singulären Punkt $t = 0$ unter dem Winkel $-\varepsilon$ gegen die positiv reelle Achse aus, umläuft den Nullpunkt im mathematisch negativen Sinne und zieht dann wieder unter dem Winkel $-\varepsilon$ in den Punkt 0 ein. Es läßt sich nun schreiben

$$e^{z/2 \cdot \operatorname{Cotg} t} \cdot (\operatorname{Sin} t)^{\mu - 1} \equiv e^{-z/2 \cdot t}\, t^{\mu - 1} \times e^{-z/2\left(\operatorname{Cotg} t - \frac{1}{t}\right)} \cdot \left(\frac{t}{\operatorname{Sin} t}\right)^{1-\mu}.$$

Für den Faktor hinter dem $\times$ besteht die für $|t| = \pi - \delta$ absolut und gleichmäßig konvergente Entwicklung

$$e^{z/2 \cdot \left(\operatorname{Cotg} t - \frac{1}{t}\right)} \cdot \left(\frac{t}{\operatorname{Sin} t}\right)^{1-\mu} = \sum_{\lambda=0}^{\infty} p_{\lambda}^{(\mu)}(z) \left(-\frac{t}{z}\right)^{\lambda}. \tag{14}$$

Die darin auftretenden Koeffizienten $p_{\lambda}^{(\mu)}(z)$ sind Polynome in z^2 mit dem in z kleinsten Exponenten $2\left[\frac{\lambda+1}{2}\right]$ und dem größten Exponenten 2λ. Sie sind allgemein durch das Umlaufsintegral

$$\begin{aligned} p_{\lambda}^{(\mu)}(z) &= \frac{(-z)^{\lambda}}{2\pi i} \int^{(0+)} e^{-z/2 \cdot \left[\operatorname{Cotg} t - \frac{1}{t}\right]} \left(\frac{\operatorname{Sin} t}{t}\right)^{\mu - 1} \cdot \frac{dt}{t^{\lambda+1}} \\ &= \frac{(iz)^{\lambda}}{2\pi i} \int^{(0+)} e^{+iz/2 \cdot \left[\operatorname{ctg} v - \frac{1}{v}\right]} \left(\frac{\sin v}{v}\right)^{\mu - 1} \cdot \frac{dv}{v^{\lambda+1}} \end{aligned} \tag{14α}$$

definiert. Die ersten fünf dieser Polynome haben die Form:

$$p_0^{(\mu)}(z) = 1 \quad (14a) \qquad\qquad p_1^{(\mu)}(z) = z^2/6 \quad (14b)$$

$$p_2^{(\mu)}(z) = \frac{z^2}{6}\left(\frac{z^2}{12} + \mu - 1\right) \quad (14c) \qquad p_3^{(\mu)}(z) = \frac{z^4}{36}\left(\frac{z^2}{36} + \mu - \frac{7}{5}\right) \quad (14d)$$

$$p_4^{(\mu)}(z) = \frac{z^4}{36}\left(\frac{z^4}{864} - \frac{z^2}{60}\left(4 + 5(1-\mu)\right) + \frac{1-\mu}{10}\left(2 + 5(1-\mu)\right)\right). \quad (14e)$$

Geht man mit (14) in (13) ein, vertauscht die Reihenfolge von Summation und Integration, was hier erlaubt ist, und ersetzt noch t durch $(z/4\varkappa)^{1/2} \cdot v$, so entsteht:

$$\mathcal{M}_{\varkappa,\mu/2}(z) = 2^\mu \cdot (z\,e^{-2\pi i})^{\frac{1-\mu}{2}} \quad (15a)$$

$$\cdot \sum_{\lambda=0}^{\infty} (-)^\lambda p_\lambda^{(\mu)}(z) \cdot z^{\frac{\mu-\lambda}{2}} \cdot (4\varkappa)^{-\frac{\mu+\lambda}{2}} \cdot (1/2\pi i) \int_{0(\psi)}^{(0-)} e^{\sqrt{z\varkappa}\,(v-1/v)} v^{\mu+\lambda-1}\, dv$$

$$\left(\left|\operatorname{arc}\left(\sqrt{z\varkappa}\right) - \varphi\right| < \frac{\pi}{2}\right).$$

Nach einem von Sonin stammenden und bei G. N. Watson [2] besprochenen Integral ist aber

$$J_\mu(z) = \frac{1}{2\pi i}\int_{\infty(-\pi)}^{(0+)} e^{z/2\cdot(s-1/s)} s^{-\mu-1}\, ds = \frac{e^{+\pi i(1+\mu)}}{2\pi i}\int_{0(\psi)}^{(0-)} e^{z/2\cdot(v-1/v)} v^{\mu-1}\, dv \quad (15b)$$

$$(s = 1/v \cdot e^{-\pi i},\ |\operatorname{arc}(z/v)| < \pi/2).$$

Nach gehöriger Zusammenfassung entsteht damit aus (15a) die Entwicklung:

$$\frac{\mathcal{M}_{\varkappa,\mu/2}(z)}{z^{\frac{1+\mu}{2}}} = 2^\mu \sum_{\lambda=0}^{\infty} p_\lambda^{(\mu)}(z)\, \frac{J_{\mu+\lambda}(2\sqrt{z\varkappa})}{(2\sqrt{z\varkappa})^{\mu+\lambda}} = e^{-z/2} \cdot \frac{{}_1F_1\left(\frac{1+\mu}{2} - \varkappa; 1+\mu; z\right)}{\Gamma(1+\mu)} \quad (16)$$

$$(z, \varkappa, \mu \text{ beliebig, einschließlich } \mu = -1, -2, \ldots).$$

Die linke wie die rechte Seite von (16) stellt eine in allen drei Variablen z, $\varkappa$ und μ eindeutige analytische Funktion dar. In Übereinstimmung mit (§ 2, 5a, b) bleibt die rechte Seite von (16) bei einem gleichzeitigen Vorzeichenwechsel von $\varkappa$ und z unverändert. Ähnliche Entwicklungen wie (16) haben H. Schmidt [2] und F. Tricomi [4] angegeben. So hat z. B. der letztere die noch allgemeinere Reihe

$$\frac{2^{1-c}}{\Gamma(c)} \cdot {}_1F_1(-a; c; z) = e^{hz} \cdot \sum_{\lambda=0}^{\infty} A_\lambda \cdot (2z)^\lambda \cdot \frac{J_{\lambda+c-1}(2\sqrt{za})}{(2\sqrt{za})^{\lambda+c-1}} \quad (16a)$$

aufgestellt, worin die A_λ die Entwicklungskoeffizienten von

$$e^{az}\cdot\frac{[1+(h-1)z]^a}{(1+hz)^{a+c}}=\sum_{\lambda=0}^{\infty}A_\lambda z^\lambda$$

bedeuten. Vgl. auch die Arbeit von E. M. Wright [1].

Hat entsprechend dem vorläufig angenommenen Standpunkt z in (16) einen festen und beschränkten Wert, so genügt für eine Beurteilung des asymptotischen Verhaltens von $M_{\varkappa,\mu/2}(z)$ für $\varkappa\to\infty$ allein die Berücksichtigung des ersten Gliedes von (16). Wenn auch von der asymptotischen Entwicklung der Besselschen Funktion $J_\mu(z)$ selbst, die für $|\mathrm{arc}\,(z)|<\pi$ gilt, nur der erste Term beibehalten wird, so läßt sich das erste Glied schreiben:

$$\mathcal{M}_{\varkappa,\mu/2}(z)\sim\left(\frac{z}{\pi^2\varkappa}\right)^{1/4}\varkappa^{-\mu/2}\cdot\cos\left[2\sqrt{z\varkappa}-\frac{\pi\mu}{2}-\frac{\pi}{4}\right]\cdot\{1+O(|\varkappa|^{-1/2})\}$$

$$(\varkappa\to\infty,\quad \mathrm{arc}\,(z\varkappa)<2\pi,\quad \mu \text{ beliebig, aber klein}). \tag{17a}$$

Zu dem gleichen Ausdruck gelangt A. Erdelyi [9] auf dem Wege über die Sattelpunktsmethode, die er nach Durchführung einer geeigneten Substitution auf (§ 5, 21) anwendet. Es läßt sich jedoch hierbei der Aufbau der höheren Entwicklungsglieder schwer übersehen.

Die weitere Formel

$$\mathcal{M}_{-\varkappa,\mu/2}(z)\sim\left(\frac{z}{\pi^2\varkappa}\right)^{1/4}\varkappa^{-\frac{\mu}{2}}\cdot e^{\mp\frac{\pi i}{2}\left(\mu+\frac{1}{2}\right)}\cdot\cos\left[2\sqrt{z\varkappa}\,e^{\pm\frac{\pi i}{2}}-\frac{\pi\mu}{2}-\frac{\pi}{4}\right]$$

$$(-\varkappa=\varkappa\,e^{\pm\pi i}) \tag{17b}$$

ob. Vorz.: $-3\pi<\mathrm{arc}\,(z\varkappa)<+\pi$ unt. Vorz.: $-\pi<\mathrm{arc}\,(z\varkappa)<+3\pi$

folgt unmittelbar aus (17a). Für $-2\pi<\mathrm{arc}\,(z\varkappa)<0$ kann in (17a) selbstredend die cos-Funktion durch $1/2\cdot\exp[2i\sqrt{z\varkappa}-\pi i\mu/2-\pi i/4]$ ersetzt werden und im Falle von $0<\mathrm{arc}\,(z\varkappa)<2\pi$ entsprechend durch $1/2\cdot\exp[-2i\sqrt{z\varkappa}+\pi i\mu/2+\pi i/4]$.

Aus (17b) folgen ferner im Hinblick auf (§ 2, 3a) für ein durch reelle Werte gegen $+\infty$ strebendes n die asymptotischen Darstellungen:

$$\frac{{}_1F_1(\alpha+n;\beta;z)}{\Gamma(\beta)}=e^z\cdot\frac{{}_1F_1(\beta-\alpha-n;\beta;-z)}{\Gamma(\beta)} \tag{18a}$$

$$\sim\frac{\pi^{-1/2}}{2}\cdot(zn)^{1/4-\beta/2}\,e^{z/2+2\sqrt{zn}}\,[1+O(n^{-1/2})]$$

$$(|\mathrm{arc}\,(z)|<\pi)$$

$$\frac{{}_1F_1(\alpha+n;\beta;-x)}{\Gamma(\beta)} \tag{18b}$$

$$\sim\pi^{-1/2}(xn)^{1/4-\beta/2}e^{-x/2}\cdot\left\{\cos\left(2\sqrt{xn}+\frac{\pi}{4}-\frac{\pi\beta}{2}\right)+O(n^{-1/2})\right\}$$

$$(x>0).$$

Sie sind zuerst von O. Perron [3] nach der Methode der Sattelpunkte gefunden worden. Zu dem entsprechenden Ausdruck für ${}_1F_1(\alpha - n;\beta;z)$ gelangt man von (18a) aus. Schließlich führen wir noch im Hinblick auf die praktischen Bedürfnisse die drei Formeln

$$\frac{\mathcal{M}_{\varkappa,\mu/2}(z)}{\Gamma\left(\frac{1-\mu}{2}\mp\varkappa\right)} \tag{18c}$$

$$\sim \frac{2^{\pm 1/2}}{\pi}\cdot\left(\frac{z}{\varkappa}\right)^{1/4} e^{\pm\varkappa\cdot\ln(\varkappa/e)}\cdot\begin{Bmatrix}\cos\pi\left(\frac{\mu}{2}+\varkappa\right)\\ 1\end{Bmatrix}\cdot\cos\left(2\sqrt{z\varkappa}-\frac{\pi\mu}{2}-\frac{\pi}{4}\right)$$

$$(\varkappa\to\infty,\quad |\operatorname{arc}(\varkappa)|<\pi,\quad |\operatorname{arc}(z\varkappa)|<2\pi)$$

$$\frac{d}{dz}\left[z^{-1/2}\mathcal{M}_{\varkappa,\mu/2}(z)\right]\sim-(\pi z)^{-1/2}\left(\frac{\varkappa}{z}\right)^{1/4}\varkappa^{-\mu/2}\cdot\sin\left(2\sqrt{z\varkappa}-\frac{\pi\mu}{2}-\frac{\pi}{4}\right) \tag{18d}$$

$$\frac{\partial}{\partial\varkappa}\left[z^{-1/2}\mathcal{M}_{\varkappa,\mu/2}(z)\right]\sim-(\pi\varkappa)^{-1/2}\left(\frac{z}{\varkappa}\right)^{1/4}\varkappa^{-\mu/2}\cdot\sin\left(2\sqrt{z\varkappa}-\frac{\pi\mu}{2}-\frac{\pi}{4}\right)$$

$$(\varkappa\to\infty,\quad |\operatorname{arc}(z\varkappa)|<2\pi) \tag{18e}$$

an, die alle nur den ersten Term der zugehörigen asymptotischen Entwicklung enthalten. In (18c) ist die Beschränkung auf den Winkelbereich $|\operatorname{arc}(\varkappa)|<\pi$ im Hinblick auf die Γ-Funktion erforderlich.

Läßt man zu, daß z von $\varkappa$ abhängt, so ist (16) als Ausgangspunkt für eine asymptotische Entwicklung nur so lange geeignet, als $|z| < N\cdot |\varkappa|^{1/3-\varepsilon}$ ist, worin N eine feste Zahl bedeutet und $\varepsilon > 0$ ist.

Mit Hilfe von (§ 2, 18a) läßt sich auch das erste Glied in der asymptotischen Entwicklung

$$W_{\varkappa,\mu/2}(z)\sim 2^{1/2}\left(\frac{z}{\varkappa}\right)^{1/4}\cdot e^{+\varkappa\cdot\ln(\varkappa/e)}\cdot\cos\left(2\sqrt{z\varkappa}-\pi\varkappa+\frac{\pi}{4}\right) \tag{19}$$

$$(|\operatorname{arc}(\varkappa)|<\pi,\quad |\operatorname{arc}(z\varkappa)|<2\pi)$$

für $W_{\varkappa,\mu/2}(z)$ angeben. Abgesehen von dem Term $2\sqrt{z\varkappa}$ tritt hier im Argument der cos-Funktion auch $\varkappa$ selbst auf. Das bewirkt ein von z wesentlich unabhängigeres Verhalten von $W_{\varkappa,\mu/2}(z)$ gegenüber $\mathcal{M}_{\varkappa,\mu/2}(z)$, denn für $\varkappa\to\infty$ gibt natürlich der Summand $-\pi\varkappa$ den Ausschlag. Man hat z. B. im besonderen

$$W_{\varkappa,\mu/2}(z)\sim 2^{-1/2}\left(\frac{z}{\varkappa}\right)^{1/4}\cdot e^{+\varkappa\cdot\ln(\varkappa/e)\mp i(\pi\varkappa-\pi/4-2\sqrt{z\varkappa})}\qquad(\Im(\varkappa)\gtrless 0). \tag{19a}$$

Für ein reellwertiges $\varkappa$ braucht in (19) die cos-Funktion nur beibehalten zu werden, wenn auch $(z\varkappa)^{1/2}$ reell ist. Anderenfalls kann die cos-

Funktion ersetzt werden durch $1/2 \cdot \exp\left(\mp\left(2i \cdot \sqrt{z\varkappa} - \pi\varkappa + \pi/4\right)\right)$, je nachdem $\Im\left(\sqrt{z\varkappa}\right) \gtrless 0$ ist.

Man setze nun in (19) vorübergehend $\varkappa = \varkappa' \cdot e^{i\nu}$ mit $\Im(\varkappa') > 0$. Dann muß wegen der Beschränkung über $\varkappa$ in (19), will man von $\varkappa$ zu $-\varkappa$ übergehen, ν von 0 nach $-\pi$ abnehmen. Ist umgekehrt $\Im(\varkappa') < 0$, so muß ν von 0 nach $+\pi$ zunehmen. In beiden Fällen folgt aus (19) für $W_{-\varkappa', \mu/2}(z)$ ein und dieselbe asymptotische Näherung:

$$W_{-\varkappa', \mu/2}(z) \sim 2^{-1/2}\left(\frac{z}{\varkappa'}\right)^{1/4} e^{-\varkappa' \ln(\varkappa'/e) - 2\sqrt{z\varkappa'}} \tag{20}$$

$\Im(\varkappa') > 0\colon -\pi < \operatorname{arc}(z\varkappa') < +3\pi$; $\Im(\varkappa') < 0\colon -3\pi < \operatorname{arc}(z\varkappa') < +\pi$.

Da mit Hilfe von (17b) und (§ 2, 18a) der gleiche Ausdruck entsteht, so gilt (20) auch noch für $\operatorname{arc}(\varkappa') = 0$.

In den Anwendungen kommt besonders häufig der Fall vor, daß die Konvergenz von Integralen entschieden werden muß, in denen $z = \pm i\eta$ mit $\eta > 0$ ist, während $\operatorname{arc}(\varkappa)$ entsprechend der Bewegung auf dem unendlich fernen Halbkreis zwischen $-\pi/2$ und $+\pi/2$ schwankt. Aus diesem Grunde mögen hier auch noch unter Beschränkung auf reelle Werte von μ und auf die Angabe der absoluten Beträge die dieser Voraussetzung angepaßten Varianten der obigen Formeln angegeben werden. Es gelten dann die folgenden asymptotischen Näherungswerte:

$$|\mathcal{M}_{\varkappa, \mu/2}(\pm i\eta)| \sim \frac{1}{2} \cdot \left(\frac{\eta}{\pi^2|\varkappa|}\right)^{1/4} \cdot |\varkappa|^{-\frac{\mu}{2}} \cdot \exp\left\{2\sqrt{\eta|\varkappa|} \cdot \sin\left(\frac{\nu}{2} \pm \frac{\pi}{4}\right)\right\} \tag{21a}$$

$$\text{für } +i\eta\colon -\frac{\pi}{2} < \nu \leqq +\frac{\pi}{2}, \text{ für } -i\eta\colon -\frac{\pi}{2} \lesseqgtr \nu < +\frac{\pi}{2}$$

$$|\mathcal{M}_{\varkappa, \mu/2}(\pm i\eta)| \sim \left(\frac{\eta}{\pi^2|\varkappa|}\right)^{1/4} \cdot |\varkappa|^{-\frac{\mu}{2}} \cdot \cos\left(2\sqrt{\eta|\varkappa|} - \frac{\pi\mu}{2} - \frac{\pi}{4}\right) \tag{21α}$$

$$\text{für } \pm i\eta \text{ und } \nu = \mp\frac{\pi}{2}$$

$$|\mathcal{M}_{-\varkappa, \mu/2}(\pm i\eta)| \sim \frac{1}{2} \cdot \left(\frac{\eta}{\pi^2|\varkappa|}\right)^{1/4} \cdot |\varkappa|^{-\frac{\mu}{2}} \cdot \exp\left\{2\sqrt{\eta|\varkappa|} \cdot \cos\left(\frac{\nu}{2} \pm \frac{\pi}{4}\right)\right\} \tag{21b}$$

$$\text{für } +i\eta\colon -\frac{\pi}{2} \lesseqgtr \nu < +\frac{\pi}{2}, \text{ für } -i\eta\colon -\frac{\pi}{2} < \nu \leqq +\frac{\pi}{2}$$

$$|\mathcal{M}_{-\varkappa, \mu/2}(\pm i\eta)| \sim \left(\frac{\eta}{\pi^2|\varkappa|}\right)^{1/4} \cdot |\varkappa|^{-\frac{\mu}{2}} \cdot \cos\left(2\sqrt{\eta|\varkappa|} - \frac{\pi\mu}{2} - \frac{\pi}{4}\right) \tag{21β}$$

$$\text{für } \pm i\eta \text{ und } \nu = \pm\frac{\pi}{2}$$

$$|W_{\varkappa,\mu/2}(\pm i\eta)| \sim \left(\frac{\eta}{4|\varkappa|}\right)^{1/4} \tag{22a}$$
$$\cdot \exp\left\{|\varkappa| \cdot \cos\nu \cdot \ln\left(\frac{|\varkappa|}{e}\right) + (\pi - |\nu|) \cdot |\varkappa \cdot \sin\nu| - 2\sqrt{\eta|\varkappa|} \cdot \sin\left(\frac{\nu}{2} \pm \frac{\pi}{4}\right) \cdot sgn\,\nu\right\}$$
$$(\delta < |\nu| \leq \pi/2)$$

$$|W_{\varkappa,\mu/2}(\pm i\eta)| \sim \left(\frac{\eta}{4|\varkappa|}\right)^{1/4} \cdot \exp\left\{|\varkappa| \cdot \ln\left(\frac{|\varkappa|}{e}\right) + 2\sqrt{\eta|\varkappa|} \cdot \sin\frac{\pi}{4}\right\} \tag{22α}$$
$$(-\delta < \nu < +\delta, \delta \approx 0+)$$

$$|W_{-\varkappa,\mu/2}(\pm i\eta)| \sim \left(\frac{\eta}{4|\varkappa|}\right)^{1/4} \tag{22b}$$
$$\cdot \exp\left\{-|\varkappa| \cdot \cos\nu \cdot \ln\left(\frac{|\varkappa|}{e}\right) + |\varkappa| \cdot \nu \cdot \sin\nu - 2\sqrt{\eta|\varkappa|} \cdot \cos\left(\frac{\nu}{2} \pm \frac{\pi}{4}\right)\right\}$$
$$\left(|\nu| \leq \frac{\pi}{2}\right).$$

Aus den oben angegebenen Gründen muß dabei in (22a, α) zwischen einem von Null verschiedenen und einem verschwindenden Wert von μ unterschieden werden.

§ 8. Die Asymptotik bei großen Werten von z und $\varkappa$.

1. Die Sattelpunktsmethode. Nachdem bisher das asymptotische Verhalten der beiden parabolischen Funktionen unter der Annahme besprochen wurde, daß von den drei unabhängigen Veränderlichen z, μ und $\varkappa$ jeweils nur eine einzige von ihnen einen sehr großen Wert hat, soll jetzt der Fall behandelt werden, daß $\varkappa$ und z zugleich sehr groß sind. Dabei beschränken wir uns jedoch auf solche Werte von z und $4\varkappa$, deren Verhältnis gleich einer beliebigen reellen Zahl ist.

Wegen Raummangels muß auf eine Herleitung der hierher gehörigen Formeln verzichtet werden. Der Leser wird in dieser Hinsicht auf eine Arbeit des Verfassers [8] verwiesen. An sonstiger Literatur sind speziell zu dieser Frage noch zwei Arbeiten von A. Erdelyi [11, 22] und eine neuere Arbeit von H. A. Lauwerier [2] zu nennen. In der dem Verfasser allein bekannten ersten Arbeit werden in zwei Sonderfällen unter der gleichen Annahme über z und $\varkappa$ ebenfalls asymptotische Entwicklungen aufgestellt. Sie sind in der nachfolgenden Formelzusammenstellung mitenthalten. Der Fall großer Werte von z und μ allein ist anscheinend bisher noch nicht untersucht worden.

In der erwähnten Arbeit des Verfassers werden die Formeln der $z,\varkappa$-Asymptotik von $\mathcal{M}_{\varkappa,\mu/2}(z)$ und $W_{\varkappa,\mu/2}(z)$ mit Hilfe der Sattelpunktsmethode hergeleitet, und zwar an Hand der in § 5.2 besprochenen Integrale. Mittels der durch die Gleichung

$$\frac{z}{4\varkappa} = \xi + i\eta = r \cdot e^{i(\zeta - \tau)} \tag{1}$$
$$= \mathfrak{Cof}^2\gamma = \mathfrak{Cof}^2(\alpha + i\beta) = \frac{1}{2}\cdot\{1 + \mathfrak{Cof}\,2\alpha\cdot\cos 2\beta + i\cdot\mathfrak{Sin}\,2\alpha\cdot\sin 2\beta\}$$

definierten Hilfsgröße γ läßt sich die Lage der Sattelpunkte in der ν-Ebene durch die Angabe

$$\nu_k(\pm\gamma) = \pm\gamma + \pi i k \qquad (k = 0, \pm 1, \pm 2, \ldots) \tag{2}$$

beschreiben. In $\pm\gamma$ liegen die beiden Hauptsattelpunkte vor, die allemal im Horizontalstreifen $\nu = \pm\pi i/2$ oder auf seinem oberen Rande liegen. Die Sattelpunkte sind für $\gamma \neq 0$ von der ersten Ordnung. Nur im Falle $\gamma = 0$, d. h. $z/4\varkappa = 1$, liegt ein Sattelpunkt zweiter Ordnung vor. Bei gegebenen Werten von ξ und μ lassen sich α und β nach der Gleichung

$$\left.\begin{matrix}\mathfrak{Cof}\,2\alpha\\ \cos 2\beta\end{matrix}\right\} = |\sqrt{\xi^2+\eta^2}\,| \pm |\sqrt{(1-\xi)^2+\eta^2}\,| \tag{3a, b}$$

berechnen. Wir heben als besondere Forderung aus diesem letzten Gleichungspaar hervor: Es ist für $\eta = 0$ und

1. $-\infty < \xi \leqq 0$, $\infty > \alpha \geqq 0$, $\beta = +\pi/2$

2. $0 \lessapprox \xi \leqq 1$, $\alpha = 0$, $\pi/2 \gtrapprox \beta > 0$

3. $1 \lessapprox \xi < +\infty$, $0 \lessapprox \alpha < \infty$, $\beta = 0$.

Durchläuft also $z/4\varkappa$ den ganzen reellen Zahlenbereich von $-\infty \cdots +\infty$, so umläuft der Sattelpunkt $+\gamma$ den Rand des rechteckigen Halbstreifens, der aus der positiv reellen ν-Achse, der imaginären Achse zwischen 0 und $\pi/2$ und der Parallelen zur reellen Achse zwischen den Punkten $+\pi i/2 \ldots + \pi i/2 + \infty$ besteht. Spiegelt man eine zum Sattelpunkt $+\gamma$ gehörende Fallinie in ihrem ganzen Verlauf im Ursprung der ν-Ebene, so geht die Kurve in die zum Sattelpunkt $-\gamma$ gehörende Steiglinie über.

Um die Ergebnisse in möglichst übersichtlicher Form darstellen zu können, benutzt man zweckmäßig die durch

$$P_1(\gamma;\mu) \equiv Q_1(\gamma;\mu^2) = \frac{\mathfrak{Cotg}^3\gamma}{96}\cdot\{3(4\mu^2-1)\cdot\mathfrak{Tg}^4\gamma - 6\cdot\mathfrak{Tg}^2\gamma + 5\} \tag{4a}$$

$$\begin{aligned} P_2(\gamma;\mu) = \frac{\mathfrak{Cotg}^6\gamma}{18\,432}\cdot\{&9(4\mu^2-9)(4\mu^2-1)\cdot\mathfrak{Tg}^8\gamma \\ &-12(2\mu-1)(2\mu-3)(8\mu+7)\cdot\mathfrak{Tg}^6\gamma \\ &+6(121-28\mu^2)\cdot\mathfrak{Tg}^4\gamma - 924\cdot\mathfrak{Tg}^2\gamma + 385\}\end{aligned} \tag{4b}$$

$$Q_2(\gamma;\mu^2) \equiv P_2(\gamma;\mu) + \frac{\mu(\mu^2-1)}{48} \tag{4c}$$

$$= \frac{\mathfrak{Cotg}^6\gamma}{18432}\cdot\{9(4\mu^2-9)(4\mu^2-1)\cdot\mathfrak{Tg}^8\gamma + 36(12\mu^2-7)\cdot\mathfrak{Tg}^6\gamma$$
$$+ 6(121-28\mu^2)\cdot\mathfrak{Tg}^4\gamma - 924\cdot\mathfrak{Tg}^2\gamma + 385\}$$

definierten Hilfsgrößen. Für die Wiedergabe der verschiedenen Formeln wird im folgenden nach den drei Fällen

$$+1 < \frac{z}{4\varkappa} < \infty, \qquad 0 < \frac{z}{4\varkappa} < +1 \qquad \text{und} \qquad -\infty < \frac{z}{4\varkappa} < 0$$

unterschieden. In den Formeln ist im übrigen $\zeta = \operatorname{arc}(z)$ und $\tau = \operatorname{arc}(\varkappa)$.

Der Fall $1 < z/4\varkappa < +\infty$. Der Sattelpunkt $+\gamma$ liegt hier stets auf der positiv reellen v-Achse, und der Verlauf der Fallinie über diesen Punkt hinweg entspricht für jedes γ auf diesem Teil der Achse im Hinblick auf (§ 5, 16) dem für die Funktion $W_{\varkappa,\mu/2}(z)$ maßgebenden Integrationsweg. Es ergibt sich daher

$$W_{\varkappa,\mu/2}(z) = W_{\varkappa,\mu/2}(4\varkappa\,\mathfrak{Cof}^2\alpha)$$
$$\sim (\mathfrak{Tg}\,\alpha)^{-\frac{1}{2}}\cdot\exp\left\{\varkappa\left[\ln\left(\frac{\varkappa}{e}\right) + 2\alpha - \mathfrak{Sin}\,2\alpha\right] + \frac{\mu^2-\frac{1}{3}}{8\varkappa}\right\} \tag{5}$$
$$\left(\zeta = \tau \text{ mit } |\zeta| = |\tau| \lessgtr \frac{\pi}{2}\right). \qquad \cdot\left[1 - \frac{Q_1(\alpha;\mu^2)}{\varkappa} + \frac{Q_2(\alpha;\mu^2)}{\varkappa^2} + O(\varkappa^{-3})\right]$$

Sie ist in dem ganzen Winkelbereich $|\zeta| = |\tau| \leq \pi/2$ gültig.

Vergleicht man den Verlauf der über den Sattelpunkt $-\gamma$ hinwegziehenden Fallinie mit den in Abb. 7 zusammengestellten Integrationswegen, so zeigt sich, daß das zu $-\gamma$ gehörende Sattelpunktsintegral jetzt die beiden Funktionen $W_{-\varkappa,\mu/2}(z\cdot e^{\pm\pi i})$ mit den asymptotischen Entwicklungen

$$W_{-\varkappa,\mu/2}(z\cdot e^{\pm\pi i}) = W_{-\varkappa,\mu/2}(4\varkappa\,\mathfrak{Cof}^2\alpha\cdot e^{\pm\pi i})$$
$$\sim (\mathfrak{Tg}\,\alpha)^{-1/2}\cdot\exp\left\{-\varkappa\cdot\left[\ln\left(\frac{\varkappa e^{\pm\pi i}}{e}\right) + 2\alpha - \mathfrak{Sin}\,2\alpha\right] - \frac{\mu^2-\frac{1}{3}}{8\varkappa}\right\} \tag{6a, b}$$
$$\cdot\left[1 + \frac{Q_1(\alpha;\mu^2)}{\varkappa} + \frac{Q_2(\alpha;\mu^2)}{\varkappa^2} + O(\varkappa^{-3})\right]$$
$$\left(\zeta = \tau,\ 1 < z/4\varkappa < \infty;\ \begin{matrix}\text{ob. Vorz.: } -\pi/2 \lessgtr \zeta, \tau \leq 0\\ \text{unt. Vorz.: } 0 \lessgtr \zeta, \tau \leq +\pi/2\end{matrix}\right)$$

darstellt.

Bildet man mit den Gl. (5) und (6a, b) die Gl. (§ 2, 20a) nach, so berechnet sich für die Funktion $\mathcal{M}_{\varkappa,\mu/2}(z)$ der asymptotische Ausdruck:

$$\mathcal{M}_{\varkappa,\mu/2}(z) = \mathcal{M}_{\varkappa,\mu/2}(4\varkappa\,\mathfrak{Cof}^2\alpha) \sim (2\pi\cdot\mathfrak{Tg}\,\alpha)^{-1/2}\cdot e^{-\frac{\mu}{2}\cdot\ln\varkappa+\frac{\mu(\mu^2-1)}{48\varkappa^2}}$$
$$\cdot\left\{2\cdot\sin\pi\left(\frac{1+\mu}{2}-\varkappa\right)\cdot e^{+\varkappa(\mathfrak{Sin}\,2\alpha-2\alpha)}\cdot\left[1+\frac{Q_1}{\varkappa}+\frac{Q_2}{\varkappa^2}\cdots\right]\right.$$
$$\left.+e^{\mp\varkappa i\left(\varkappa-\frac{1+\mu}{2}\right)-\varkappa(\mathfrak{Sin}\,2\alpha-2\alpha)}\cdot\left[1-\frac{Q_1}{\varkappa}+\frac{Q_2}{\varkappa^2}\cdots\right]\right\} \tag{7}$$
$$\left(\zeta=\tau,\ 1<z/4\varkappa=\mathfrak{Cof}^2\alpha<\infty;\quad \begin{matrix}\text{ob. Vorz.: } 0\gtrless\zeta,\tau\leq+\pi/2\\ \text{unt. Vorz.: } -\pi/2\gtrless\zeta,\tau\leq 0\end{matrix}\right).$$

Gemäß den dazu gemachten Angaben tritt hier das Doppelvorzeichen nur im Falle $\zeta=\tau=0$ auf. Jedoch ist die darin liegende Zweideutigkeit nur scheinbar und ein Beispiel für das bekannte Phänomen von G. Stokes. Da nämlich für jedes $\alpha>0$ auch $\mathfrak{Sin}\,2\alpha>2\alpha$ ist, so ist für $\mathfrak{J}(\varkappa)>0$ der zweite Summand in der geschweiften Klammer vernachlässigbar klein gegenüber dem ersten.

Ein interessanter Grenzfall von (7) liegt vor, wenn $\varkappa=n+(1+\mu)/2$ ist mit $n=0,1,2,\ldots$. Dann entartet nach (§ 2, 10) die Funktion $\mathcal{M}_{\varkappa,\mu/2}(z)$ in das Laguerrepolynom. Es hat definitionsgemäß im Hinblick auf (§ 1, 7a) als Glied mit der höchsten Potenz von z den Summanden $(-z)^n/n!$. Bei großen Werten von n und $z=x>0$ hat aber in der Regel irgendein mittleres Glied den größten Zahlenwert. Für reelle Werte von $\varkappa$ und $z=x$ verschwindet dann in diesem Fall jede Zweideutigkeit aus Gl. (7), weil $\varkappa-(1+\mu)/2$ jetzt eine positive ganze Zahl ist. Nach (7) ist dann auf Grund der Definition für große Werte von z und $\varkappa$

$$L_n^{(\mu)}(z)\sim\frac{(-)^n}{(2\pi z\cdot\mathfrak{Tg}\,\alpha)^{1/2}\cdot(2\cdot\mathfrak{Cof}\,\alpha)^{\mu}}\cdot\exp\left\{\varkappa\left(1+2\alpha+e^{-2\alpha}\right)\right\} \tag{8}$$
$$\cdot\left[1-\frac{P_1(\alpha;\mu)}{\varkappa}+\frac{P_2(\alpha;\mu)}{\varkappa^2}+O(\varkappa^{-3})\right]\quad\left(\varkappa=n+\frac{1+\mu}{2},\quad\zeta=\tau\right).$$

Geht hierin $z/4\varkappa\to\infty$, so wird angenähert $2\alpha\sim\ln(z/\varkappa)$, also ebenfalls sehr groß, und man errechnet aus (8) den besonderen asymptotischen Näherungswert

$$(-)^n\cdot(2\pi)^{-1/2}\cdot z^{\varkappa-\frac{1+\mu}{2}}\cdot e^{\varkappa-\left(\varkappa-\frac{\mu}{2}\right)\ln\varkappa}.$$

Für ein genügend großes n entspricht er dem Gliede $(-z)^n/n!$.

Der Fall $0 < z/4\varkappa < +1$. Für diesen Wertebereich von $z/4\varkappa$ liegen die beiden Sattelpunkte $\pm\gamma$ auf der imaginären Achse der ν-Ebene, und zwar für $z/4\varkappa \approx 1$ in der Nähe des Nullpunktes dieser Ebene und für $z/4\varkappa \approx 0$ in der Nähe der beiden wesentlich singulären Stellen $\pm\pi i/2$. Die Fallinien, die sich jetzt von den singulären Punkten kommend über die beiden Pässe zur linken ν-Halbebene hinüberziehen, können in diesem Fall als die Integrationswege der Integrale (§ 5, 15a, b) aufgefaßt werden. Das führt mittels der allgemeinen Formeln für die Sattelpunktsintegrale zu den beiden asymptotischen Entwicklungen:

$$W_{-\varkappa,\mu/2}(z\cdot e^{\pm\pi i}) = W_{-\varkappa,\mu/2}(4\varkappa\cos^2\beta\cdot e^{\pm\pi i}) \tag{9a, b}$$

$$\sim (\operatorname{tg}\beta)^{-1/2}\cdot\exp\left\{\pm i\varkappa(2\beta-\sin 2\beta)\pm\frac{\pi i}{4}-\varkappa\cdot\ln\left(\frac{\varkappa\cdot e^{\pm\pi i}}{e}\right)-\frac{\mu^2-\frac{1}{3}}{8\varkappa}\right\}$$

$$\cdot\left[1\mp\frac{Q_1(+i\beta;\mu^2)}{\varkappa}+\frac{Q_2(+i\beta;\mu^2)}{\varkappa^2}+O(\varkappa^{-3})\right]$$

$$\left(0<\beta<\frac{\pi}{2},\ \zeta=\tau,-\frac{\pi}{2}\lessgtr\zeta,\tau\leqq+\frac{\pi}{2},\ \mathfrak{Tg}\,i\beta=i\cdot\operatorname{tg}\beta\right).$$

Sie sind in dem ganzen Winkelbereich $-\pi/2 \lessgtr \zeta,\tau \leqq +\pi/2$ gültig. Zieht man wieder (§ 2, 21a, b) heran und benutzt die bekannte asymptotische Darstellung für die Funktion $\Gamma\left(\varkappa+\frac{1+\mu}{2}\right)$, so entstehen die beiden weiteren asymptotischen Entwicklungen

$$W_{\varkappa,\mu/2}(z) = W_{\varkappa,\mu/2}(4\varkappa\cos^2\beta) \tag{10}$$

$$\sim 2\,(\operatorname{tg}\beta)^{-1/2}\cdot\exp\left\{\varkappa\cdot\ln\left(\frac{\varkappa}{e}\right)+\frac{\mu^2-\frac{1}{3}}{8\varkappa}+O(\varkappa^{-3})\right\}$$

$$\times\left[\sin\left(\varkappa(2\beta-\sin 2\beta)+\frac{\pi}{4}\right)\cdot\left(1+\frac{Q_2(i\beta;\mu^2)}{\varkappa^2}+O(\varkappa^{-4})\right)\right.$$

$$\left.+\cos\left(\varkappa(2\beta-\sin 2\beta)+\frac{\pi}{4}\right)\cdot\left(i\cdot\frac{Q_1(i\beta;\mu^2)}{\varkappa}+O(\varkappa^{-3})\right)\right].$$

$$\mathcal{M}_{\varkappa,\mu/2}(z) = \mathcal{M}_{\varkappa,\mu/2}(4\varkappa\cos^2\beta) \tag{11}$$

$$\sim(\pi/2\cdot\operatorname{tg}\beta)^{-1/2}\cdot\varkappa^{-\mu/2}\cdot\exp\left\{\frac{\mu(\mu^2-1)}{48\varkappa^2}+O(\varkappa^{-4})\right\}$$

$$\times\left[\sin\left(\varkappa(\pi-2\beta+\sin 2\beta)-\frac{\pi}{2}\left(\mu-\frac{1}{2}\right)\right)\cdot\left(1+\frac{Q_2(i\beta;\mu^2)}{\varkappa^2}+O(\varkappa^{-4})\right)\right.$$

$$\left.-\cos\left(\varkappa(\pi-2\beta+\sin 2\beta)-\frac{\pi}{2}\left(\mu-\frac{1}{2}\right)\right)\cdot\left(i\cdot\frac{Q_1(i\beta;\mu^2)}{\varkappa}+O(\varkappa^{-3})\right)\right]$$

$$\left(0<\frac{z}{4\varkappa}=\cos^2\beta<1,\ 0<\beta<\frac{\pi}{2},\ \zeta=\tau,\ -\frac{\pi}{2}\lessgtr\zeta,\tau\leqq+\frac{\pi}{2}\right).$$

Bei einer imaginären Komponente von $\varkappa$ darf natürlich in diesen Beziehungen der sin und cos gemäß der Eulerschen Formel durch eine der beiden Exponentialfunktionen ersetzt werden. Ohne die Glieder mit $\varkappa^{-1}$ und $\varkappa^{-2}$ wurde die Formel (11) zum ersten Male von A. Erdelyi [11] angegeben.

Mit Hilfe von (§ 2, 10) kann aus (11) auch wieder für das Laguerre-Polynom im Falle großer Werte von n und $z = x > 0$ ein asymptotischer Näherungsausdruck aufgestellt werden. Es ergibt sich diesmal die Formel:

$$\begin{aligned}(-)^n e^{-x/2} L_n^{(\mu)}(x) &\sim (2\cos\beta)^{-\mu}(\pi\varkappa\cdot\sin 2\beta)^{-1/2}\cdot\exp\left\{-\frac{\mu(\mu^2-1)}{48\varkappa^2}+O(\varkappa^{-4})\right\}\\ &\times\left[\sin\left(\varkappa(2\beta-\sin 2\beta)+\frac{\pi}{4}\right)\cdot\left(1+\frac{Q_2(i\beta;\mu^2)}{\varkappa^2}+O(\varkappa^{-4})\right)\right.\\ &\left.+\cos\left(\varkappa(2\beta-\sin 2\beta)+\frac{\pi}{4}\right)\cdot\left(i\,\frac{Q_1(i\beta;\mu^2)}{\varkappa}+O(\varkappa^{-3})\right)\right] \qquad (12)\\ &\left(\varkappa=n+\frac{1+\mu}{2},\ 0<\frac{x}{4\varkappa}=\cos^2\beta<1,\ 0<\beta<\frac{\pi}{2},\ \zeta=\tau=0\right).\end{aligned}$$

Im Hinblick auf diesen Fall allein wäre es natürlich zweckmäßiger, nicht mit dem hier benutzten Hilfswinkel β zu arbeiten, sondern etwa mit dem durch die Gleichung $\cos^2\beta' = x/4n$ definierten Hilfswinkel β'. Man vergleiche in dieser Hinsicht mit (12) eine ähnliche Formel in der Arbeit [2] von F. Tricomi.

Für $\varkappa = -i\sigma$ mit $\sigma > 0$ und $z = -i\eta$ ist nach (11) in erster Näherung

$$\mathcal{M}_{-i\sigma,\mu/2}(-i\eta) \sim -\left(\frac{\pi}{2}\cdot\operatorname{tg}\beta\right)^{-1/2}\cdot i\,\sigma^{-\mu/2}\cdot e^{\pi i\mu/4} \qquad (11a)$$
$$\cdot\,\mathfrak{Sin}\left[\sigma(\pi-2\beta+\sin 2\beta)-\frac{\pi i}{2}\left(\mu-\frac{1}{2}\right)\right].$$

Für große Werte von η und σ hat danach die linksstehende Funktion in dem Bereich $0 < \eta < 4\sigma$ keine Nullstellen.

Der Fall $-\infty < z/4\varkappa < 0$. Ist das Verhältnis $z/4\varkappa$ gleich einer beliebigen negativ reellen Zahl, so liegen die beiden Hauptsattelpunkte in der ν-Ebene an den Stellen $\pm(\alpha + \pi i/2)$ mit $0 < \alpha < \infty$. Die Hyperbelfunktionen mit γ als Argument stellen sich dann als Funktion von α in der Form

$$\mathfrak{Sin}\,\gamma \equiv \mathfrak{Sin}\left(\alpha+\frac{\pi i}{2}\right) = i\cdot\mathfrak{Cof}\,\alpha \quad (12a) \qquad \mathfrak{Cof}\,\gamma = i\cdot\mathfrak{Sin}\,\alpha \quad (12b)$$

$$\mathfrak{Tg}\,\gamma = \mathfrak{Cotg}\,\alpha \quad (12c) \qquad \mathfrak{Cotg}\,\gamma = \mathfrak{Tg}\,\alpha \quad (12d)$$

$$\mathfrak{Sin}\,2\gamma = 2\gamma = -[2\alpha + \mathfrak{Sin}\,2\alpha + \pi i] \qquad (12e)$$

dar. Die Differenz der Phasenwinkel ζ und τ von z und $\varkappa$ ist bei dieser Lage des Sattelpunktes $+\gamma$ durch die Gl. (13a) gegeben.

$\zeta - \tau = +\pi$ (13a) $\varkappa = \varkappa' \cdot e^{-\pi i}$ (13b) $\tau' = \operatorname{arc}(\varkappa')$ (13c) $\tau = \tau' - \pi$. (13d)

Die Frage nach dem Zusammenhang der Fallinien mit den Integrationswegen von Abb. 7 läßt sich auch hier am einfachsten auf anschaulichem Wege entscheiden. Die über den Sattelpunkt $+\gamma$ laufende Fallinie führt hier zunächst zu der asymptotischen Entwicklung:

$$\begin{aligned} W_{-\varkappa',\mu/2}(z) &= W_{-\varkappa',\mu/2}(4\varkappa' \operatorname{Sin}^2\alpha) \\ &\sim (\operatorname{Tg}\alpha)^{-1/2} \cdot \exp\left\{-\varkappa' \ln\left(\frac{\varkappa'}{e}\right) - \varkappa'(2\alpha + \operatorname{Sin} 2\alpha) - \frac{\mu^2 - \frac{1}{2}}{8\varkappa'}\right\} \\ &\quad \cdot \left[1 + \frac{Q_1\left(\alpha + \frac{\pi i}{2}; \mu^2\right)}{\varkappa'} + \frac{Q_2\left(\alpha + \frac{\pi i}{2}; \mu^2\right)}{\varkappa'^2} + O(\varkappa'^{-3})\right] \\ &\quad \left(0 < \alpha < \infty;\ \zeta = \tau';\ -\frac{\pi}{2} \lessgtr \tau' \leqq +\frac{\pi}{2}\right). \end{aligned} \tag{14}$$

Das über die Fallinie des Sattelpunktes $-\gamma$ erstreckte Integral stellt jetzt die Funktion $W_{-\varkappa',\mu/2}(z \cdot e^{-2\pi i})$ dar mit der asymptotischen Entwicklung:

$$\begin{aligned} W_{-\varkappa',\mu/2}(z \cdot e^{-2\pi i}) &= W_{-\varkappa',\mu/2}(4\varkappa' \operatorname{Sin}^2\alpha \cdot e^{-2\pi i}) \\ &\sim -i(\operatorname{Tg}\alpha)^{+1/2} \cdot \exp\left\{-\varkappa' \ln\left(\frac{\varkappa'}{e}\right) + \varkappa'(2\alpha + \operatorname{Sin} 2\alpha) - \frac{\mu^2 - \frac{1}{3}}{8\varkappa'}\right\} \\ &\quad \cdot \left[1 - \frac{Q_1\left(\alpha + \frac{\pi i}{2}; \mu^2\right)}{\varkappa'} + \frac{Q_2\left(\alpha + \frac{\pi i}{2}; \mu^2\right)}{\varkappa'^2} + O(\varkappa'^{-3})\right] \\ &\quad \left(0 < \alpha < \infty;\ \zeta = \tau';\ -\frac{\pi}{2} \lessgtr \tau' \leqq +\frac{\pi}{2}\right). \end{aligned} \tag{15}$$

Setzt man (14) und (15) nach Anweisung von (§ 2, 21a) zusammen, indem man darin z mit $4\varkappa' \operatorname{Sin}^2\alpha \cdot e^{-\pi i}$ identifiziert, so entsteht die asymptotische Reihe

$$\begin{aligned} \mathcal{M}_{\varkappa',\mu/2}(4\varkappa' \operatorname{Sin}^2\alpha \cdot e^{-\pi i}) &= e^{-\frac{\pi i}{2}(1+\mu)} \cdot \mathcal{M}_{-\varkappa',\mu/2}(4\varkappa' \operatorname{Sin}^2\alpha) \\ &\sim \left(\frac{\operatorname{Tg}\alpha}{2\pi}\right)^{1/2} \cdot \varkappa'^{-\frac{\mu}{2}} \cdot e^{-\frac{\pi i}{4} + \frac{\mu(\mu^2 - 1)}{48\varkappa'^2}} \\ &\quad \cdot \left\{ e^{+\frac{\pi i}{2}\left(\mu + \frac{1}{2}\right) - \varkappa'(2\alpha + \operatorname{Sin} 2\alpha)} \left[1 + \frac{Q_1}{\varkappa'} + \frac{Q_2}{\varkappa'^2} \cdots\right] \right. \\ &\quad \left. + e^{-\frac{\pi i}{2}\left(\mu + \frac{1}{2}\right) + \varkappa'(2\alpha + \operatorname{Sin} 2\alpha)} \cdot \left[1 - \frac{Q_1}{\varkappa'} + \frac{Q_2}{\varkappa'^2} \cdots\right]\right\}. \end{aligned} \tag{16}$$

und in der gleichen Weise aus (§ 2, 21b) die asymptotische Darstellung

$$W_{\varkappa', \mu/2}(4\varkappa' \mathfrak{Sin}^2\alpha \cdot e^{-\pi i}) \sim (\mathfrak{Tg}\alpha)^{1/2} \cdot e^{-\frac{\pi i}{4} + \varkappa' \cdot \ln\left(\frac{\varkappa'}{e}\right)}$$

$$\cdot \left\{ e^{+\pi i \varkappa' - \frac{\pi i}{4} - \varkappa'(2\alpha + \mathfrak{Sin}\, 2\alpha)} \left[1 + \frac{Q_1}{\varkappa'} + \frac{Q_2}{\varkappa'^2} \cdots\right]\right.$$

$$\left. + e^{-\pi i \varkappa' + \frac{\pi i}{4} + \varkappa'(2\alpha + \mathfrak{Sin}\, 2\alpha)} \left[1 - \frac{Q_1}{\varkappa'} + \frac{Q_2}{\varkappa'^2} \cdots\right]\right\}. \tag{17}$$

$$\left(\text{In (16) und (17)}: Q_{1,2} \equiv Q_{1,2}\left(\alpha + \frac{\pi i}{2}; \mu^2\right), z/4\varkappa' = \mathfrak{Sin}^2\alpha,\right.$$

$$\left. 0 < \alpha < \infty, \zeta = \tau', -\frac{\pi}{2} \lesseqgtr \tau' \leqq + \frac{\pi}{2}\right).$$

In (17) überwiegt im allgemeinen der eine oder der andere Summand in der geschweiften Klammer.

In (16) tritt der Fall gleicher Betragshöhen für beide Summanden dann ein, wenn im besonderen $\varkappa' = i\sigma$ mit $\sigma > 0$ ist. Die Gleichung hat in diesem Fall die Form:

$$\mathcal{M}_{-i\sigma, \mu/2}(4 i \sigma\, \mathfrak{Sin}^2\alpha) \sim \left(\frac{2}{\pi} \cdot \mathfrak{Tg}\alpha\right)^{1/2} \cdot \sigma^{-\frac{\mu}{2}} \cdot e^{+\frac{\pi i}{4}(1+\mu) - \frac{\mu(\mu^2-1)}{48\sigma^2}}$$

$$\cdot \left\{ \sin\left[\sigma(2\alpha + \mathfrak{Sin}\, 2\alpha) + \frac{\pi}{4} - \frac{\pi\mu}{2}\right] \cdot \left(1 - \frac{Q_2\left(\alpha + \frac{\pi i}{2}; \mu^2\right)}{\sigma^2} + \cdots\right)\right. \tag{16a}$$

$$\left. + \cos\left[\sigma(2\alpha + \mathfrak{Sin}\, 2\alpha) + \frac{\pi}{4} - \frac{\pi\mu}{2}\right] \cdot \left(\frac{Q_1\left(\alpha + \frac{\pi i}{2}; \mu^2\right)}{\sigma} + \cdots\right)\right\}.$$

Die Funktion $\mathcal{M}_{-i\sigma, \mu/2}(+i\eta)$ mit $\sigma, \eta > 0$ hat demnach im Gegensatz zur Funktion (11a) stets unendlich viele Nullstellen.

Der Fall $z/4\varkappa \approx 1$. Im Falle $\gamma = 0$ oder $z/4\varkappa = 1$ vereinigen sich die sonst getrennt liegenden Hauptsattelpunkte erster Ordnung zu einem einzigen Sattelpunkt zweiter Ordnung. Von ihm gehen jetzt drei Fallinien und drei Steiglinien aus. Wir setzen neuerdings

$$2\varkappa = \frac{z}{2}\left(1 - \varepsilon\right) \quad (17\text{a}) \qquad z - 4\varkappa = \varepsilon z \quad (17\text{b}) \qquad \varepsilon z = o\left\{\left(\frac{z}{6}\right)^{1/3}\right\}. \quad (17\text{c})$$

Der Verlauf der Fallinien läßt sich dann auch diesmal für alle Werte von $|\zeta| \lesseqgtr \pi/2$ zwanglos den verschiedenen Integrationswegen von Abb. 7 zuordnen. Die Anwendung der bekannten Formeln für die Sattelpunktsintegration führt hier auf die folgenden asymptotischen Darstellungen:

$$
\begin{aligned}
W_{\varkappa,\mu/2}(z) \sim \pi^{-1/2}\cdot\Gamma\left(\frac{1}{3}\right)\cdot\left(\frac{z}{6}\right)^{1/6}\cdot\exp\left\{\varkappa\cdot\ln\left(\frac{\varkappa}{e}\right)+\frac{\mu^2-\frac{1}{3}}{8\varkappa}\right\} \\
\cdot\left[1-\frac{\frac{\varepsilon z}{2}}{\left(\frac{z}{3}\right)^{1/3}}\cdot\frac{\Gamma\left(\frac{5}{6}\right)}{\pi^{1/2}}+\frac{\frac{\varepsilon z}{2}}{3!\,\frac{z}{2}}\cdot\left(\left(\frac{\varepsilon z}{2}\right)^2+\frac{1}{5}\right)\right. \qquad (18\text{a}) \\
\left.-\frac{1}{3\cdot 3!\left(\frac{z}{3}\right)^{4/3}}\cdot\frac{\Gamma\left(\frac{5}{6}\right)}{\pi^{1/2}}\cdot\left(\left(\frac{\varepsilon z}{2}\right)^4+2\cdot\left(\frac{\varepsilon z}{2}\right)^2+3\mu^2-\frac{33}{35}\right)+O\left(\frac{\left(\frac{\varepsilon z}{2}\right)^6}{\left(\frac{z}{3}\right)^2}\right)\right]
\end{aligned}
$$

$$
\begin{aligned}
W_{-\varkappa,\mu/2}(z\cdot e^{\pm\pi i}) \sim \pi^{-1/2}\cdot\Gamma\left(\frac{1}{3}\right)\cdot\left(\frac{z e^{\pm\pi i}}{6}\right)^{1/6} \\
\cdot\exp\left\{-\varkappa\cdot\ln\left(\frac{\varkappa\cdot e^{\pm\pi i}}{e}\right)-\frac{\mu^2-\frac{1}{3}}{8\varkappa}\right\}\cdot\left[1-\frac{\frac{\varepsilon z}{2}}{\left(\frac{z}{3}\right)^{1/3}}\cdot e^{\pm\frac{2\pi i}{3}}\cdot\frac{\Gamma\left(\frac{5}{6}\right)}{\pi^{1/2}}\right. \\
+\frac{\frac{\varepsilon z}{2}}{3!\,\frac{z}{2}}\cdot\left(\left(\frac{\varepsilon z}{2}\right)^2+\frac{1}{5}\right)-\frac{e^{\pm 2\frac{\pi i}{3}}}{3\cdot 3!\left(\frac{z}{3}\right)^{4/3}}\cdot\frac{\Gamma\left(\frac{5}{6}\right)}{\pi^{1/2}} \qquad (18\text{b}) \\
\left.\cdot\left(\left(\frac{\varepsilon z}{2}\right)^4+2\cdot\left(\frac{\varepsilon z}{2}\right)^2+3\mu^2-\frac{33}{35}\right)+O\left(\frac{\left(\frac{\varepsilon z}{2}\right)^6}{\left(\frac{z}{2}\right)^2}\right)\right]
\end{aligned}
$$

$$\left(-\frac{\pi}{2}\gtrless\zeta\leq+\frac{\pi}{2};\quad \Gamma\left(\frac{1}{3}\right)=2{,}6789385,\quad \Gamma\left(\frac{5}{6}\right)\cdot\pi^{-\frac{1}{2}}=0{,}6368499\right).$$

Die Vereinigung von (18a) und (18b) zur Funktion $\mathcal{M}_{\varkappa,\mu/2}(z)$ gemäß Gl. (§ 2, 20a) liefert außerdem die asymptotische Entwicklung:

$$
\begin{aligned}
\mathcal{M}_{\varkappa,\mu/2}(z) \sim \frac{2^{1/2}\cdot\Gamma\left(\frac{1}{3}\right)}{\pi}\cdot\left(\frac{z}{6}\right)^{1/6}\cdot\varkappa^{-\frac{\mu}{2}}\cdot\left\{\sin\pi\left(\frac{\mu}{2}-\varkappa+\frac{2}{3}\right)\right. \\
\cdot\left[1+\frac{\frac{\varepsilon z}{2}}{3!\,\frac{z}{2}}\cdot\left(\left(\frac{\varepsilon z}{2}\right)^2+\frac{1}{5}\right)\cdots\right]-\sin\pi\left(\frac{\mu}{2}-\varkappa-\frac{2}{3}\right)\cdot\frac{\Gamma\left(\frac{5}{6}\right)}{\pi^{1/2}} \qquad (19) \\
\left.\cdot\left[\frac{\frac{\varepsilon z}{2}}{\left(\frac{z}{3}\right)^{1/3}}+\frac{1}{3\cdot 3!\left(\frac{z}{3}\right)^{4/3}}\left(\left(\frac{\varepsilon z}{2}\right)^4+2\left(\frac{\varepsilon z}{2}\right)^2+3\mu^2-\frac{33}{35}\right)+\cdots\right]\right\}.
\end{aligned}
$$

Das asymptotische Verhalten der Funktion $D_\nu(z)$ des parabolischen Zylinders für große Werte von ν und z hat zuerst G. N. Watson in einer älteren Arbeit [1, II] untersucht. Er bedient sich dabei gleichfalls der Sattelpunktsmethode, wobei die Integraldarstellung (§ 3, 36β) benutzt wird. Seine Untersuchungen gelten für beliebige komplexe Werte von ν und z.

Später ist das gleiche Problem noch einmal von H. Kienast [2] aufgegriffen und nach der durch O. Perron vereinfachten Sattelpunktsmethode behandelt worden. Die Formel, zu der Kienast auf diesem Wege gelangt, lautet:

$$D_\nu(z) \sim 2^{-1/2}\cdot \exp\left\{i\,z\,\nu^{1/2} + \frac{\nu}{2}\cdot[\ln(\nu/e) - \pi i]\right\}\cdot$$

$$\left[\sum_{n=0}^{N-1} i^n (2\nu)^{-n/2}\cdot Q_n(z) + O(|\nu|^{-N})\right] \tag{20}$$

$$(\delta \leq \chi \leq 2\pi - \delta \text{ mit } \nu = |\nu|\cdot e^{i\chi} \to \infty).$$

Hierin ist

$$Q_0(z) = 1 \quad (20\text{a}) \qquad Q_1(z) = -z(z^2-6)/(12\sqrt{2}) \quad (20\text{b})$$

$$Q_2(z) = (z^6 - 12z^4 - 36z^2 + 96)/576. \tag{20c}$$

Man vergleiche auch die Arbeit von Plancherel-Rottach [1], in der die gleiche Methode bei den Hermite-Polynomen angewendet wird.

2. Das Verfahren von E. Langer. Auf der Grundlage der bekannten Arbeiten von E. Langer [1, 2, 3, 4] hat W. C. Taylor [1] eine Reihe von asymptotischen Formeln für die parabolischen Funktionen aufgestellt, die hier in einer Form, die der in 1. benutzten Symbolik angepaßt ist, wiedergegeben werden. Nach Definition bei Taylor ist

$$i\xi = -\frac{1}{2}\sqrt{z(z-4\varkappa)} + 2\varkappa\cdot\ln\left[\sqrt{z}+\sqrt{z-4\varkappa}\right] - \varkappa\cdot\ln\varkappa. \tag{21a}$$

Für $z, \varkappa$ und $z-4\varkappa$ reell und positiv sind in (21a) alle Wurzeln mit dem positiven Vorzeichen zu nehmen. Für andere Werte dieser drei Größen ist der durch stetige Fortsetzung erreichte Wert zu wählen, wobei $|\operatorname{arc}(z/\varkappa)| \leq \pi$ bleiben muß. Außerdem muß im Gültigkeitsbereich der unten mitgeteilten Formeln $|z| > N|\varkappa|^{-1+2r}$ mit $0 < r \leq 1$ sein, worin N eine hinreichend große positive Zahl ist. Setzt man nun wie in 1. wieder $z/4\varkappa = \operatorname{Cof}^2\gamma$, so läßt sich statt (21a) schreiben:

$$i\xi = \varkappa\{2\gamma - \operatorname{Sin}2\gamma\} \text{ mit } \gamma > 0 \quad \text{für} \quad z/4\varkappa = \operatorname{Cof}^2\gamma > 1. \tag{21b}$$

Ferner ist in dieser neuen Variablen γ die weitere von Taylor eingeführte Hilfsgröße

$$\varphi \equiv \left(1-\frac{4\varkappa}{z}\right)^{1/2} = \mathfrak{Tg}\,\gamma. \tag{22}$$

Dann ist nach der genannten Arbeit

$$W_{\varkappa,\mu/2}(z) \sim \varkappa^{\varkappa}(\mathfrak{Tg}\gamma)^{-1/2}\, e^{-\varkappa+\varkappa(2\gamma-\mathfrak{Sin}\,2\gamma)}\,\{1+O(\varkappa^{-r})+O(\xi^{-1})\} \tag{23a}$$

$$\left(-\frac{\pi}{2}+\varepsilon \lessgtr \operatorname{arc}(i\,\xi) \leq \frac{5\pi}{2}-\varepsilon\right)$$

$$W_{\varkappa,\mu/2}(z) \sim \varkappa^{\varkappa}(\mathfrak{Tg}\gamma)^{-1/2} e^{-\varkappa-\varkappa(2\gamma-\mathfrak{Sin}\,2\gamma)+\pi i/2}\{1+O(\varkappa^{-r})+O(\xi^{-1})\} \tag{23b}$$

$$\left(\frac{5\pi}{2}+\varepsilon \lessgtr \operatorname{arc}(i\,\xi) \leq \frac{11\pi}{2}-\varepsilon\right).$$

$$W_{\varkappa,\mu/2}(z) \sim 2\varkappa^{\varkappa}(\mathfrak{Tg}\,\gamma)^{-1/2}\, e^{-\varkappa+\pi i/4}\cdot \mathfrak{Cof}\left(i\,\xi-\frac{\pi i}{4}\right) \tag{23c}$$

$$\left(+\frac{3\pi}{2}+\varepsilon \lessgtr \operatorname{arc}(i\,\xi) \leq \frac{7\pi}{2}-\varepsilon\right)$$

$$W_{\varkappa,\mu/2}(z) \sim 2\varkappa^{\varkappa}(\mathfrak{Tg}\,\gamma)^{-1/2}\, e^{-\varkappa-\pi i/4}\cdot \mathfrak{Cof}\left(i\,\xi+\frac{\pi i}{4}\right) \tag{23d}$$

$$\left(-\frac{3\pi}{2}+\varepsilon \lessgtr \operatorname{arc}(i\,\xi) \leq \frac{\pi}{2}-\varepsilon\right)$$

und schließlich

$$W_{\varkappa,\mu/2}(z) \sim \left\{\frac{2\pi\varkappa}{3\,\mathfrak{Tg}\,\gamma}(2\gamma-\mathfrak{Sin}\,2\gamma)\right\}^{1/2} \varkappa^{\varkappa}\cdot e^{-\varkappa-\pi i/2}$$

$$\cdot\{e^{+\pi i/3} I_{-1/3}(i\xi) - e^{-\pi i/3} I_{+1/3}(i\xi)\} + \varkappa^{\varkappa} e^{-\varkappa}\cdot O(\varkappa^{-5/6}) \tag{24}$$

$$(z-4\varkappa = O(\varkappa^{1/3})).$$

Strebt z in höherer Ordnung gegen Null, als es der eingangs angeführten Ungleichung zwischen z und $\varkappa$ entspricht, so gelten andere Formeln.

Die in der Arbeit von Taylor für die Funktion $M_{\varkappa,\mu/2}(z)$ mitgeteilten asymptotischen Darstellungen stützen sich auf Gl. (§ 7, 16), wobei jedoch bereits der zweite Term nur größenordnungsmäßig abgeschätzt wird.

IV. Abschnitt.

Unbestimmte und bestimmte Integrale mit parabolischen Funktionen und einige unendliche Reihen.

§ 9. Unbestimmte Integrale mit parabolischen Funktionen.

1. Unbestimmte Integrale mit dem Produkt zweier parabolischer Funktionen. Befriedigen die beiden Funktionen $F_1(z)$ und $F_2(z)$ die D.Gln.

$$\frac{d^2F_1}{dz^2} + Q_1(z) \cdot F_1(z) = 0 \qquad (1a) \qquad \frac{d^2F_2}{dz^2} + Q_2(z) \cdot F_2(z) = 0, \qquad (1b)$$

so führt die Multiplikation der ersten Gleichung mit $F_2(z)$ und die der zweiten Gleichung mit $F_1(z)$ nach Subtraktion mit anschließender Integration zu der Formel:

$$\int^z \{Q_1(z) - Q_2(z)\} \cdot F_1(z) \cdot F_2(z) \cdot dz = F_1(z) \cdot \frac{dF_2(z)}{dz} - F_2(z) \cdot \frac{dF_1(z)}{dz}. \qquad (2)$$

Es mögen dann $P^{(1)}_{\varkappa,\mu/2}(a_1 z)$ und $P^{(2)}_{\lambda,\nu/2}(a_2 z)$ zwei Partikularintegrale der Whittakerschen D. Gl. sein, also etwa in dem einen Falle die Funktion $\mathcal{M}_{\varkappa,\mu/2}(a_1 z)$ und in dem anderen Falle die Funktion $W_{\lambda,\nu/2}(a_2 z)$. Die Polynome $Q_{1,2}(z)$ in (1a, b) lauten dann

$$Q_1(z) = -\frac{a_1^2}{4} + \frac{a_1 \varkappa}{z} + \frac{1-\mu^2}{4z^2} \qquad Q_2(z) = -\frac{a_2^2}{4} + \frac{a_2 \lambda}{z} + \frac{1-\nu^2}{4z^2}.$$

Im Hinblick auf (2) besteht mithin die allgemeine Beziehung:

$$\int^z \left\{\frac{a_2^2 - a_1^2}{4} + \frac{\varkappa a_1 - \lambda a_2}{z} + \frac{\nu^2 - \mu^2}{4z^2}\right\} \cdot P^{(1)}_{\varkappa,\mu/2}(a_1 z) \cdot P^{(2)}_{\lambda,\nu/2}(a_2 z) \cdot dz \qquad (3)$$

$$= \begin{vmatrix} P^{(1)}_{\varkappa,\mu/2}(a_1 z) & P^{(2)}_{\lambda,\nu/2}(a_2 z) \\ \frac{d}{dz} P^{(1)}_{\varkappa,\mu/2}(a_1 z) & \frac{d}{dz} P^{(2)}_{\lambda,\nu/2}(a_2 z) \end{vmatrix}.$$

Für gewöhnlich führen die Anwendungen auf den Fall $\mu = \nu$. Dann nimmt (3) die einfachere Form

$$\int^z \left\{\frac{a_2^2 - a_1^2}{4} + \frac{\varkappa a_1 - \lambda a_2}{z}\right\} \cdot P^{(1)}_{\varkappa,\mu/2}(a_1 z) \cdot P^{(2)}_{\lambda,\mu/2}(a_2 z) \cdot dz \qquad (4)$$

$$= \begin{vmatrix} P^{(1)}_{\varkappa,\mu/2}(a_1 z) & P^{)2)}_{\lambda,\mu/2}(a_2 z) \\ \frac{d}{dz} P^{(1)}_{\varkappa,\mu/2}(a_1 z) & \frac{d}{dz} P^{(2)}_{\lambda.\mu/2}(a_2 z) \end{vmatrix}$$

an. Für $a_1 = a_2 = a$ vereinfacht sich (4) noch weiter zu:

$$(\varkappa - \lambda) \cdot \int^z P^{(1)}_{\varkappa,\mu/2}(a z) \cdot P^{(2)}_{\lambda,\mu/2}(a z) \cdot \frac{d(a z)}{a z} = \begin{vmatrix} P^{(1)}_{\varkappa,\mu/2}(a z) & P^{(2)}_{\lambda,\mu/2}(a z) \\ P^{(1)\prime}_{\varkappa,\mu/2}(a z) & P^{(2)\prime}_{\lambda,\mu/2}(a z) \end{vmatrix}. \tag{4a}$$

Wird aber in (4) bei einem $a_1 \neq a_2$ der Parameter $\varkappa = \lambda$, so ergibt sich die Beziehung:

$$(a_1 - a_2) \cdot \int^z \left\{ -\frac{a_1 + a_2}{4} + \frac{\varkappa}{z} \right\} \cdot P^{(1)}_{\varkappa,\mu/2}(a_1 z) \cdot P^{(2)}_{\varkappa,\mu/2}(a_2 z) \cdot dz \tag{4b}$$

$$= \begin{vmatrix} P^{(1)}_{\varkappa,\mu/2}(a_1 z) & P^{(2)}_{\varkappa,\mu/2}(a_2 z) \\ a_1 \cdot P^{(1)\prime}_{\varkappa,\mu/2}(a_1 z) & a_2 \cdot P^{(2)\prime}_{\varkappa,\mu/2}(a_2 z) \end{vmatrix}.$$

Schließlich entsteht aus (3) für $a_1 = a_2 = a$ und $\varkappa = \lambda$:

$$\frac{\nu^2 - \mu^2}{4} \cdot \int^z P^{(1)}_{\varkappa,\mu/2}(a z) \cdot P^{(2)}_{\varkappa,\nu/2}(a z) \cdot \frac{d(a z)}{(a z)^2} = \begin{vmatrix} P^{(1)}_{\varkappa,\mu/2}(a z) & P^{(2)}_{\varkappa,\nu/2}(a z) \\ P^{(1)\prime}_{\varkappa,\mu/2}(a z) & P^{(2)\prime}_{\varkappa,\nu/2}(a z) \end{vmatrix}. \tag{4c}$$

Setzt man in (4a) $\lambda = \varkappa + \varepsilon$ und in (4c) $\nu = \mu + \varepsilon$ und behandelt hierin ε als eine sehr kleine Größe, so kann man wegen des analytischen Charakters der Funktion $P_{\varkappa,\mu/2}$ hinsichtlich $\varkappa$ und μ auf der rechten Seite nach Potenzen von ε entwickeln. Die dabei entstehende, von ε nicht abhängende Determinante ist nichts anderes als die Wronskische Determinante der beiden parabolischen Funktionen P_1 und P_2 und daher hinsichtlich z eine Konstante, die außer Betracht bleiben kann. Der Grenzübergang $\varepsilon \to 0$ führt dann zu den Formeln:

$$\int^z P^{(1)}_{\varkappa,\mu/2}(a z) \cdot P^{(2)}_{\varkappa,\mu/2}(a z) \cdot \frac{d(a z)}{a z} \tag{4α}$$

$$= -\begin{vmatrix} P^{(1)}_{\varkappa,\mu/2}(a z) & \frac{\partial}{\partial \varkappa} P^{(2)}_{\varkappa,\mu/2}(a z) \\ P^{(1)\prime}_{\varkappa,\mu/2}(a z) & \frac{\partial}{\partial \varkappa} P^{(2)\prime}_{\varkappa,\mu/2}(a z) \end{vmatrix} = \begin{vmatrix} \frac{\partial}{\partial \varkappa} P^{(1)}_{\varkappa,\mu/2}(a z) & P^{(2)}_{\varkappa,\mu/2}(a z) \\ \frac{\partial}{\partial \varkappa} P^{(1)\prime}_{\varkappa,\mu/2}(a z) & P^{(2)\prime}_{\varkappa,\mu/2}(a z) \end{vmatrix}$$

$$\frac{\mu}{2} \int^z P^{(1)}_{\varkappa,\mu/2}(a z) \cdot P^{(2)}_{\varkappa,\mu/2}(a z) \cdot \frac{d(a z)}{(a z)^2} \tag{4γ}$$

$$= \begin{vmatrix} P^{(1)}_{\varkappa,\mu/2}(a z) & \frac{\partial}{\partial \mu} P^{(2)}_{\varkappa,\mu/2}(a z) \\ P^{(1)\prime}_{\varkappa,\mu/2}(a z) & \frac{\partial}{\partial \mu} P^{(2)\prime}_{\varkappa,\mu/2}(a z) \end{vmatrix} = -\begin{vmatrix} \frac{\partial}{\partial \mu} P^{(1)}_{\varkappa,\mu/2}(a z) & P^{(2)}_{\varkappa,\mu/2}(a z) \\ \frac{\partial}{\partial \mu} P^{(1)\prime}_{\varkappa,\mu/2}(a z) & P^{(2)\prime}_{\varkappa,\mu/2}(a z) \end{vmatrix}.$$

Die in beiden Fällen angeschriebenen zwei Determinanten unterscheiden sich nur um Konstanten hinsichtlich z; denn bildet man ihre Differenz, so ist sie im Falle (4α) die von z unabhängige Ableitung der Wronskischen Determinante nach $\varkappa$.

Behandelt man auf die gleiche Weise (4b), indem man jetzt $a_1 = a$ und $a_2 = a + \varepsilon$ setzt und darin wieder ε als klein ansieht, so gelangt man durch eine ganz analoge Rechnung zu der Beziehung:

$$\int^z \left\{\frac{1}{2} - \frac{\varkappa}{a\,z}\right\} \cdot P^{(1)}_{\varkappa,\mu/2}(a\,z) \cdot P^{(2)}_{\varkappa,\mu/2}(a\,z) \cdot d\,(a\,z)$$

$$= - a\,z \cdot P^{(1)}_{\varkappa,\mu/2}(a\,z) \cdot P^{(2)}_{\varkappa,\mu/2}(a\,z) \cdot \left[-\frac{1}{4} + \frac{\varkappa}{a\,z} + \frac{1-\mu^2}{4a^2\,z^2}\right] \qquad (4\beta)$$

$$- a\,z \cdot P^{(1)\prime}_{\varkappa,\mu/2}(a\,z) \cdot P^{(2)\prime}_{\varkappa,\mu/2}(a\,z) + \frac{1}{2} \cdot \frac{d}{dz}\left[P^{(1)}_{\varkappa,\mu/2}(a\,z) \cdot P^{(2)}_{\varkappa,\mu/2}(a\,z)\right].$$

Zunächst entsteht sie allerdings nicht in dieser symmetrischen Form. Man kann sie jedoch leicht dadurch auf diese Form bringen, daß man den halben Betrag der Wronski mit dem entgegengesetzten Vorzeichen zu der rechten Gleichungsseite hinzuschlägt. Wir beleben diese etwas trockenen Angaben durch einige Beispiele.

2. Beispiele. An erster Stelle wollen wir aus (3) durch eine Spezialisierung eine weitere Integrationsformel herleiten, in der nur noch eine parabolische Funktion im Integranden auftritt. Wir setzen zu diesem Zweck in (3) $\lambda = \pm(\nu + 1)/2$ und wählen für $P^{(2)}$ die Funktion M. Dann ist nach (§ 2,9a,b) $P^{(2)}_{\lambda,\nu/2}(\alpha z) = (\alpha z)^{(1+\nu)/2} \cdot \exp(\mp \alpha z/2)$. Mithin gilt auch die Formel:

$$\int^z \left\{\frac{\alpha^2 - a^2}{2} + \frac{2\varkappa \cdot a \mp (\nu+1)\,\alpha}{z} + \frac{\nu^2 - \mu^2}{2\,z^2}\right\} \cdot z^{\frac{1+\nu}{2}} \cdot e^{\mp\frac{\alpha\,z}{2}} \cdot P_{\varkappa,\mu/2}(a\,z) \cdot d\,z \qquad (5)$$

$$= z^{\frac{\nu-1}{2}} \cdot e^{\mp\frac{\alpha\,z}{2}} \cdot \left[-2a\,z \cdot P'_{\varkappa,\mu/2}(a\,z) - (\nu + 1 \mp \alpha\,z) \cdot P_{\varkappa,\mu/2}(a\,z)\right].$$

Für $\nu = \mu$ und $\alpha = a$ ist noch einfacher:

$$\left(\varkappa \mp \frac{1+\mu}{2}\right) \cdot \int^z z^{\frac{\mu-1}{2}} \cdot e^{\mp\frac{z}{2}} \cdot P_{\varkappa,\mu/2}(z) \cdot dz$$

$$= + z^{\frac{\mu-1}{2}} \cdot e^{\mp\frac{z}{2}} \cdot \left[\left(\frac{\mu+1}{2} \mp \frac{z}{2}\right) \cdot P_{\varkappa,\mu/2}(z) - z \cdot P'_{\varkappa,\mu/2}(z)\right]. \qquad (6)$$

Andere Spezialisierungen liegen auf der Hand.

Wir setzen in einem zweiten Falle $P^{(1)}_{\varkappa,\mu/2}(a_1 z) = M_{m+\frac{\mu+1}{2},\frac{\mu}{2}}(a_1 z)$ und $P^{(2)}_{\lambda,\nu/2}(a_2\,z) = M_{n+\frac{\mu+1}{2},\frac{\mu}{2}}(a_2\,z)$ und gehen dann im Hinblick auf

(§ 2, 10) zu den Laguerre-Polynomen über. Auf diese Weise entsteht:

$$\int^{z} \left\{\frac{a_1^2 - a_2^2}{4}\, x - \left(m + \frac{\mu+1}{2}\right) a_1 + \left(n + \frac{\mu+1}{2}\right) a_2\right\} \cdot e^{-\frac{a_1+a_2}{2} x} \cdot x^{\mu}\, L_m^{(\mu)}(a_1 x)\, L_n^{(\mu)}(a_2 x) \cdot dx \tag{7}$$

$$= e^{-\frac{a_1+a_2}{2} z}\, z^{1+\mu} \left\{\frac{a_2 - a_1}{2} L_m^{(\mu)}(a_1 x)\, L_n^{(\mu)}(a_2 x) + \begin{vmatrix} \frac{d}{dz} L_m^{(\mu)}(a_1 z) & \frac{d}{dz} L_n^{(\mu)}(a_2 z) \\ L_m^{(\mu)}(a_1 z) & L_n^{(\mu)}(a_2 z) \end{vmatrix}\right\}.$$

Wir setzen in dieser Formel $a_1 = a_2 = 1$ und nehmen das Integral für $\Re(\mu) > -1$ zwischen den Grenzen $0 \ldots \infty$. Dann verschwindet die rechte Gleichungsseite, und wir erhalten mithin für alle $n \neq m$ die Relation:

$$\int_0^{\infty} e^{-x} \cdot x^{\mu} \cdot L_n^{(\mu)}(x)\, L_m^{(\mu)}(x) \cdot dx = \frac{\Gamma(n+\mu+1)}{n!} \cdot \delta_{n,m} \qquad (\Re(\mu) > -1). \tag{8}$$

Sie kennzeichnet für $m \neq n$ die Laguerre-Polynome als ein zur Belegung $p(x) = x^{\mu} \cdot \exp(-x)$ gehöriges System von orthogonalen Polynomen über dem Grundgebiet $0 \ldots \infty$.

Die rechte Gleichungsseite von (7) verschwindet aber bei einer Integration zwischen den Grenzen $0 \ldots \infty$ auch für $a_1 \neq a_2$, falls nur $\Re(a_{1,2}) > 0$ und $\Re(\mu) > -1$ ist. Es entsteht zunächst in

$$\frac{a_1^2 - a_2^2}{4} \cdot \int_0^{\infty} e^{-\frac{a_1+a_2}{2} \cdot x} \cdot x^{\mu+1} \cdot L_n^{(\mu)}(a_2 x)\, L_m^{(\mu)}(a_1 x) \cdot dx \tag{9}$$

$$= \left[a_1\left(m + \frac{1+\mu}{2}\right) - a_2\left(n + \frac{1+\mu}{2}\right)\right] \cdot \int_0^{\infty} e^{-\frac{a_1+a_2}{2}} \cdot x^{\mu} \cdot L_n^{(\mu)}(a_2 x)\, L_m^{(\mu)}(a_1 x) \cdot dx$$

$$(\Re(\mu) > -1,\ \Re(a_{1,2}) > 0)$$

eine Art Integraltransformation. Macht man nun in (9) $a_1 = C \cdot (n+(1+\mu)/2)$ und $a_2 = C \cdot (m + (1+\mu)/2)$ mit $C > 0$ als Proportionalitätsfaktor, so kommt die merkwürdige Beziehung

$$\frac{1}{4} C^2 \cdot (n-m)(n+m+\mu+1) \cdot \int_0^{\infty} e^{-C/2 \cdot (n+m+1+\mu) \cdot x} \cdot x^{\mu+1} \cdot L_m^{(\mu)}\left(\left(n + \frac{1+\mu}{2}\right) C x\right) \cdot L_n^{(\mu)}\left(\left(m + \frac{1+\mu}{2}\right) C x\right) \cdot dx = 0 \tag{9a}$$

$$(n, m = 0, 1, 2, \ldots;\ n \neq m;\ C > 0;\ \Re(\mu) > -1)$$

zustande, die ebenfalls eine Orthogonalitätsrelation darstellt. Für $\mu = 2p+1$ mit $p = 0, 1, 2, \ldots$, $m = q' - p - 1$, $n = q - p - 1$ und $C = 2/(q\,q')$ spielt sie wegen dieser Eigenschaft eine wichtige Rolle in der Wellenmechanik. Man vergleiche hiermit die Arbeit von J. Meixner [1].

Um den Wert des Integrals (8) für $n = m$ zu ermitteln, werde ein Weg eingeschlagen, der zwar im vorliegenden Falle umständlich anmutet, dafür aber auch in schwierigeren Fällen noch zum Ziele führt. Wir greifen zu diesem Zweck auf (4α) zurück und identifizieren hierin die parabolischen Funktionen $P^{(1)}$ und $P^{(2)}$ mit der Funktion $M_{\varkappa,\mu/2}$ für ein $\varkappa = \nu + (1+\mu)/2$ bei variablem ν und konstantem μ. Statt nach $\varkappa$ kann dann auch nach ν differenziert werden. Nach dieser Differentiation werde $\nu = n$ gesetzt mit $n = 0, 1, 2, \ldots$. Nach dem Übergang zu den Laguerre-Polynomen bei den nicht nach ν zu differenzierenden Funktionen entsteht dann mit $a = 1$ der Ausdruck:

$$\int^{z} e^{-x} \cdot x^{\mu} \cdot L_n^{(n)}(x) \cdot dx = \begin{vmatrix} z^{\frac{1+\mu}{2}} e^{-\frac{z}{2}} L_n^{(\mu)}(z) & \left(\frac{\partial}{\partial \nu} M_{\nu+(1+\mu)/2,\mu/2}(z)\right)_{\nu=n} \\ \frac{d}{dz}\left[z^{\frac{1+\mu}{2}} e^{-\frac{z}{2}} L_n^{(\mu)}(z)\right] & \left(\frac{\partial^2}{\partial \nu\, \partial z} M_{\nu+(1+\mu)/2,\mu/2}(z)\right)_{\nu=n} \end{vmatrix}. \tag{10}$$

Nimmt man das Integral zwischen den Grenzen $0 \ldots \infty$, so stellt man leicht fest, daß für $z = 0$ und $\Re(\mu) > -1$ die rechts stehende Determinante verschwindet. Um den Wert der Determinante an der oberen Grenze ∞ zu finden, genügt es natürlich, $L_n^{(\mu)}(z) \approx (-z)^n/n!$ zu setzen. Bei der Funktion $M_{\nu+(1+\mu)/2,\mu/2}(z)$ muß man jedoch für $z \to \infty$ (0) gemäß Gl. (§ 7, 3) von dem Ausdruck

$$M_{\nu+(\mu+1)/2,\mu/2}(z) \sim z^{-\nu-\frac{1+\mu}{2}} \cdot \frac{e^{z/2}}{\Gamma(-\nu)}$$

Gebrauch machen. Die weiteren Rechnungen gehen dann leicht vonstatten und führen auf den in (8) angegebenen Wert.

Als drittes Anwendungsbeispiel diene die Berechnung des uneigentlichen Integrals

$$\int_0^{\infty} \mathcal{M}_{\varkappa_1,\mu/2}(z) \cdot W_{\varkappa_2,\mu/2}(z) \cdot \frac{dz}{z} = \frac{1}{(\varkappa_1 - \varkappa_2) \cdot \Gamma\left(\frac{1+\mu}{2} - \varkappa_2\right)} \tag{11}$$

$$(\Re(\mu) > -1,\ \Re(\varkappa_2 - \varkappa_1) < 0).$$

Hier geht man am besten von (4a) aus. Eine sorgfältige Diskussion des Verhaltens der rechten Seite dieser Gleichung für $z \to 0$ und $z \to \infty$ liefert dann für (11) unmittelbar den rechts stehenden Ausdruck. Ersetzt man in (11) μ durch $-\mu$ und addiert beide Gleichungen, nachdem man sie mit den der Gl. (§ 2, 18a) entsprechenden Faktoren multipliziert hat, so folgt aus (11) die weitere Formel:

$$\int_0^{\infty} W_{\varkappa_1,\mu/2}(z) \cdot W_{\varkappa_2,\mu/2}(z) \cdot \frac{dz}{z} = \frac{1}{\varkappa_1 - \varkappa_2} \cdot \frac{\pi}{\sin(\pi\mu)} \tag{12}$$

$$\cdot \left\{\frac{1}{\Gamma\left(\frac{1+\mu}{2} - \varkappa_1\right)\Gamma\left(\frac{1+\mu}{2} - \varkappa_2\right)} - \frac{1}{\Gamma\left(\frac{1-\mu}{2} - \varkappa_1\right)\Gamma\left(\frac{1-\mu}{2} - \varkappa_2\right)}\right\}$$

$$(|\Re(\mu)| < 1).$$

Da ihre Gültigkeit nicht mehr an die Bedingung $\Re(\varkappa_2 - \varkappa_1) < 0$ gebunden ist, so darf in (12) $\varkappa_1 = \varkappa_2 = \varkappa$ werden. Der zugehörige Integralwert

$$\int_0^\infty \{W_{\varkappa,\mu/2}(z)\}^2 \cdot \frac{dz}{z} = \frac{\pi}{\sin(\pi\mu)} \cdot \frac{\Psi\left(\frac{1+\mu}{2} - \varkappa\right) - \Psi\left(\frac{1-\mu}{2} - \varkappa\right)}{\Gamma\left(\frac{1+\mu}{2} - \varkappa\right) \cdot \Gamma\left(\frac{1-\mu}{2} - \varkappa\right)} \tag{12a}$$

$$(|\Re(\mu)| < 1)$$

folgt aus der rechten Gleichungsseite von (12) durch Grenzübergang. Für $\mu \to 0$ ergibt sich daraus durch nochmaligen Grenzübergang die Beziehung:

$$\int_0^\infty \{W_{\varkappa,0}(z)\}^2 \cdot \frac{dz}{z} = \frac{\Psi'\left(\frac{1}{2} - \varkappa\right)}{\left[\Gamma\left(\frac{1}{2} - \varkappa\right)\right]^2}. \tag{12b}$$

Geht man andererseits in (12) zu dem Sonderfall der Funktionen des parabolischen Zylinders über, so entstehen daraus im Hinblick auf (§ 3, 22a) die beiden Formeln:

$$\begin{aligned}\int_0^\infty D_{\nu_1}\left(\sqrt{2z}\right) \cdot D_{\nu_2}\left(\sqrt{2z}\right) \cdot \frac{dz}{z^{1/2}} &= 2^{1/2} \cdot \int_0^\infty D_{\nu_1}(v)\, D_{\nu_2}(v) \cdot dv \\ &= \frac{\pi \cdot 2^{1+\frac{\nu_1+\nu_2}{2}}}{\nu_2 - \nu_1} \cdot \left\{\frac{1}{\Gamma\left(-\frac{\nu_1}{2}\right)\Gamma\left(\frac{1-\nu_2}{2}\right)} - \frac{1}{\Gamma\left(\frac{1-\nu_1}{2}\right)\Gamma\left(-\frac{\nu_2}{2}\right)}\right\}\end{aligned} \tag{13a}$$

$$\begin{aligned}\int_0^\infty D_\nu^2(v) \cdot dv \\ = \frac{\Gamma(1+\nu)}{2^{3/2} \cdot \pi^{1/2}} \cdot \left\{2\pi + \sin\pi\nu \cdot \left[\Psi\left(1+\frac{\nu}{2}\right) - \Psi\left(\frac{1+\nu}{2}\right)\right]\right\}.\end{aligned} \tag{13b}$$

Die Gl. (13b) findet sich bereits in einer älteren Arbeit von G. N. Watson [5].

Schließlich ist noch daran zu erinnern, daß die Auswertung der beiden Integrale

$$\begin{aligned}&\frac{1+\mu}{\Gamma\left(\frac{\nu-\mu}{2}\right) \cdot \Gamma\left(\frac{\nu+\mu}{2}\right)} \cdot \int^z e^{-t/2} \cdot t^{(\nu-3)/2} \cdot W_{\varkappa,\mu/2}(t) \cdot dt \\ &= \left(\frac{1+\mu}{2} + \varkappa\right) \cdot W_{\varkappa,\mu/2}(z) \cdot R^{(\nu/2)}_{\varkappa,\mu/2+1}(z) + \left(\frac{1+\mu}{2} - \varkappa\right) W_{\varkappa,\mu/2+1}(z)\; R^{(\nu/2)}_{\varkappa,\mu/2}(z)\end{aligned} \tag{14}$$

$$\begin{aligned}&\frac{1+\mu}{\Gamma\left(\frac{\nu-\mu}{2}\right) \cdot \Gamma\left(\frac{\nu+\mu}{2}\right)} \cdot \int^z e^{-t/2} \cdot t^{(\nu-3)/2}\, \mathcal{M}_{\varkappa,\mu/2}(t) \cdot dt \\ &= \left(\frac{1+\mu}{2} + \varkappa\right) \cdot \mathcal{M}_{\varkappa,\mu/2}(z) \cdot R^{(\nu/2)}_{\varkappa,\mu/2+1}(z) + \left(\varkappa^2 - \left(\frac{1+\mu}{2}\right)^2\right) \mathcal{M}_{\varkappa,\mu/2+1}(z)\; R^{(\nu/2)}_{\varkappa,\mu/2}(z)\end{aligned} \tag{15}$$

auch allgemein mit Hilfe der im § 3.2 eingeführten Funktion $R^{(\nu/2)}_{\varkappa,\mu/2}(z)$ erfolgen kann. Da nämlich diese Funktion eine Lösung der inhomogenen Whittakerschen D.Gl. (§ 3, 17) ist, so muß sie sich im Hinblick auf die Methode der Variation der Konstanten auch durch die Integrale (14), (15) darstellen lassen. Wegen Einzelheiten der Rechnung wird auf die Arbeit von H. Buchholz [11] verwiesen.

§ 10. Die Laplace-Transformierte der parabolischen Funktionen.

1. Die Laplace- und Mellin-Transformierte der Funktion $\mathcal{M}_{\varkappa,\mu/2}(z)$. Das Laplace-Integral

$$\int_0^\infty e^{-st}\cdot t^{\nu-1}\cdot \mathcal{M}_{\varkappa,\mu/2}(t)\cdot dt = \left(s+\frac{1}{2}\right)^{-\nu-\frac{1+\mu}{2}} \cdot \frac{\Gamma\left(\nu+\frac{1+\mu}{2}\right)}{\Gamma(1+\mu)}\cdot {}_2F_1\left(\frac{1+\mu}{2}-\varkappa,\ \frac{1+\mu}{2}+\nu;\ 1+\mu;\ \frac{1}{s+\frac{1}{2}}\right) \tag{1}$$

$$\left(\Re(s)>\frac{1}{2},\ \Re\left(\nu+\frac{1+\mu}{2}\right)>0\right)$$

von $\mathcal{M}_{\varkappa,\mu/2}(z)$ berechnet sich am einfachsten, indem man für $\mathcal{M}_{\varkappa,\mu/2}(z)$ unter dem Integralzeichen die dafür gültige unbeschränkt konvergente Reihe (§ 2, 3a) einsetzt und gliedweise integriert, was nach einem bei G. Doetsch [4, S. 398] zitierten Hilfssatz hier erlaubt ist. Die Gültigkeitsbeschränkung $\Re(s) > 1/2$ ist im Hinblick auf die Gl. (§ 7, 3) in Rücksicht auf die obere Grenze erforderlich, die Konvergenz an der unteren Grenze verlangt das Bestehen der Ungleichung zwischen μ und ν. Man kann sich von dieser zweiten Bedingung befreien, wenn man wie in

$$\frac{1}{2\pi i}\int_{\infty(-\pi)}^{(0+)} e^{+st}\cdot t^{\nu-1}\cdot \mathcal{M}_{\varkappa,\mu/2}(a\,t)\cdot dt = \frac{\left(s+\frac{a}{2}\right)^{\varkappa-\frac{1+\mu}{2}}}{\left(s-\frac{a}{2}\right)^{\varkappa+\nu}} \cdot \frac{a^{\frac{1+\mu}{2}}}{\Gamma\left(\frac{1-\mu}{2}-\nu\right)\Gamma(1+\mu)}\cdot {}_2F_1\left(\frac{1+\mu}{2}-\varkappa,\ \frac{1+\mu}{2}-\nu;\ 1+\mu;\ \frac{a}{s+\frac{a}{2}}\right) \tag{2}$$

$$(\Re(s) > a/2,\ \operatorname{Arc}(t) = -\pi)$$

statt eines Linienintegrals ein Schleifenintegral verwendet. Der Übergang von (2) zu (1) läßt sich auf die gleiche Weise bewerkstelligen wie im § 2.3. Dabei ist von (§ 2, 5a, b) Gebrauch zu machen. Ferner ist beim Übergang von (1) zu (2) eine bekannte Transformationsformel für die hypergeometrische Funktion benutzt worden.

Für $\Re(\varkappa-\nu)>0$ darf $s=1/2$ gesetzt werden. Man erhält dann in leichter Verallgemeinerung von (1) unter Zuhilfenahme der Summenformel für die hypergeometrische Reihe die Beziehung:

$$\int_0^\infty e^{-bt/2}\cdot t^{\nu-1}\cdot \mathcal{M}_{\varkappa,\mu/2}(bt)\cdot dt=\frac{\Gamma(\varkappa-\nu)\cdot\Gamma\left(\frac{1+\mu}{2}+\nu\right)}{\Gamma\left(\frac{1+\mu}{2}+\varkappa\right)\cdot\Gamma\left(\frac{1+\mu}{2}-\nu\right)}\cdot b^{\frac{1+\mu}{2}} \tag{3}$$

$$\left(\Re\left(\nu+\frac{1+\mu}{2}\right)>0,\ \Re(\varkappa-\nu)>0\right).$$

Es ist jetzt die Bedingung $\Re(\varkappa-\nu)>0$, die die Konvergenz an der oberen Grenze sicherstellt. Für $\nu=0$ läßt sich die hypergeometrische Funktion auf der rechten Seite gemäß der Gleichung

$$\int_0^\infty e^{-st}\cdot\mathcal{M}_{\varkappa,\mu/2}(t)\cdot\frac{dt}{t}$$

$$=2/\Gamma\left(\frac{1+\mu}{2}+\varkappa\right)\cdot e^{-\pi i\varkappa}\cdot\left(\frac{s-\frac{1}{2}}{s+\frac{1}{2}}\right)^{\varkappa/2}\cdot\mathfrak{Q}^{\varkappa}_{\frac{\mu-1}{2}}(2s) \tag{4a}$$

$$\left(\Re\left(\frac{\mu+1}{2}\right)>0,\ \Re(s)>\frac{1}{2}\right)$$

durch die Kugelfunktion zweiter Art darstellen. Für $\varkappa=n+(1+\mu)/2$ mit $n=0,1,2,\ldots$ kann die Funktion $\mathcal{M}_{\varkappa,\mu/2}(z)$ in (1) durch das Laguerre-Polynom ersetzt werden. Es ergibt sich damit die Formel:

$$\int_0^\infty e^{-st}\,t^{\gamma-1}\,L_n^{(\mu)}(bt)\cdot dt \tag{4b}$$

$$=\frac{\Gamma(\gamma)\,\Gamma(n+\mu+1)}{n!\,\Gamma(\mu+1)}\cdot s^{-\gamma}\cdot{}_2F_1\left(-n,\gamma;1+\mu;\frac{b}{s}\right)\qquad(\Re(\gamma)>0).$$

Ist schließlich $\nu=(1+\mu)/2$, so geht auf der rechten Seite von (1) die hypergeometrische Funktion in die Potenz eines Binoms über, und es entsteht die Beziehung:

$$\int_0^\infty e^{-st+\lambda t}\cdot t^{\frac{\mu-1}{2}}\cdot\mathcal{M}_{\varkappa,\mu/2}(bt)\cdot dt=\frac{b^{\frac{\mu+1}{2}}}{\left(s-\lambda+\frac{b}{2}\right)^{1+\mu}}\cdot\left(\frac{s-\lambda-\frac{b}{2}}{s-\lambda+\frac{b}{2}}\right)^{\varkappa-\frac{1+\mu}{2}} \tag{4c}$$

$$\left(\Re(\mu+1)>0,\ \Re(s-\lambda)>\frac{1}{2}\right).$$

Für $s = b = 1$ ergibt sich aus (4b) als Gegenstück zu (3) die Relation:

$$\int_0^\infty e^{-t} t^{\gamma-1} L_n^{(\mu)}(t) \cdot dt = \frac{\Gamma(\gamma)\,\Gamma(1+\mu+n-\gamma)}{n!\,\Gamma(1+\mu-\gamma)} \qquad (\Re(\gamma) > 0). \quad (4\beta)$$

Mit ihrer Hilfe kann man sich ebenfalls die Richtigkeit der Gl. (§ 9, 8) klar machen, denn für $\gamma = 1 + \mu + p$ wird die rechte Seite von (4b) gleich $\Gamma(1 + p + \mu) \cdot p!/(n!\,(p - n)!)$. Im übrigen wird auf A. Erdelyi [1] verwiesen.

Man beachte, daß wegen des Faktors $t^{\nu-1}$ oder $t^{\gamma-1}$ in den Integranden von (1), (3) und (4b, β) diese Formeln zugleich die Mellin-Transformierten der Funktionen L und M angeben. Vgl. (§ 11, 2b).

2. Die Laplace- und die Mellin-Transformierte der Funktion $W_{\varkappa,\mu/2}(z)$. Wendet man auf die rechte Seite von (1) diejenige Transformationsformel aus der Theorie der hypergeometrischen Funktion an, die eine Funktion dieser Art mit dem Argument x in die Summe zweier solcher Funktionen mit dem Argument $1 - x$ verwandelt, so läßt sich die rechte Seite nach Multiplikation mit $1/\Gamma\left(\frac{1-\mu}{2} - \varkappa\right)$ auch in der Form schreiben:

$$\frac{1}{\pi} \cdot \left(s + \frac{1}{2}\right)^{-\nu - \frac{1+\mu}{2}} \cdot \frac{\Gamma\left(\nu + \frac{1+\mu}{2}\right)}{\Gamma\left(-\nu + \frac{1+\mu}{2}\right)} \cdot \Gamma(\varkappa - \nu) \cdot \cos\pi\left(\frac{\mu}{2} + \varkappa\right)$$
$$\cdot {}_2F_1\left(\frac{1+\mu}{2} - \varkappa, \frac{1+\mu}{2} + \nu; \nu - \varkappa + 1; \frac{s - \frac{1}{2}}{s + \frac{1}{2}}\right)$$
$$+ \left(s + \frac{1}{2}\right)^{-\nu - \frac{1+\mu}{2}} \cdot \left(\frac{s - \frac{1}{2}}{s + \frac{1}{2}}\right)^{\varkappa - \nu} \cdot \frac{\Gamma(\nu - \varkappa)}{\Gamma\left(\frac{1+\mu}{2} - \varkappa\right) \cdot \Gamma\left(\frac{1-\mu}{2} - \varkappa\right)}$$
$$\cdot {}_2F_1\left(\frac{1+\mu}{2} + \varkappa, \frac{1+\mu}{2} - \nu; \varkappa - \nu + 1; \frac{s - \frac{1}{2}}{s + \frac{1}{2}}\right).$$

Geht man hierin von $+\mu$ zu $-\mu$ über und beachtet die andere Transformationsformel

$${}_2F_1(\alpha, \beta; \gamma; z) = (1 - z)^{\gamma - \alpha - \beta} \cdot {}_2F_1(\gamma - \alpha, \gamma - \beta; \gamma; z),$$

so ändert sich in der ersten Zeile nur das Vorzeichen von μ im Argument der cos-Funktion und der zwei Γ-Funktionen, die zweite Zeile nimmt jedoch wieder dieselbe Gestalt an. Bei der Differenzbildung von (1) im Sinne der Gl. (§ 2, 18a) fällt dadurch die zweite Zeile heraus. Die von der ersten Zeile herrührenden Beiträge lassen sich jedoch mit Hilfe der Ergänzungsrelation der Γ-Funktion weitgehend zusammenfassen, so daß schließlich die Beziehung

$$\int_0^\infty e^{-st}\cdot t^{\nu-1}\cdot W_{\varkappa,\mu/2}(t)\cdot dt = \frac{\Gamma\left(\nu+\frac{1+\mu}{2}\right)\cdot\Gamma\left(\nu+\frac{1-\mu}{2}\right)}{\Gamma(\nu-\varkappa+1)}$$

$$\cdot\begin{cases}\left(s+\frac{1}{2}\right)^{-\nu-\frac{1+\mu}{2}}\cdot{}_2F_1\left(\frac{1+\mu}{2}-\varkappa,\frac{1+\mu}{2}+\nu;\nu-\varkappa+1;\frac{s-\frac{1}{2}}{s+\frac{1}{2}}\right)\\ \text{oder}\\ {}_2F_1\left(\nu+\frac{1-\mu}{2},\nu+\frac{1+\mu}{2};\nu-\varkappa+1;\frac{1}{2}-s\right)\\ \text{oder}\\ \left(s+\frac{1}{2}\right)^{-\nu-\varkappa}\cdot{}_2F_1\left(\frac{1+\mu}{2}-\varkappa,\frac{1-\mu}{2}-\varkappa;\nu-\varkappa+1;\frac{1}{2}-s\right)\end{cases}\tag{5}$$

entsteht. In etwas verallgemeinerter Form läßt sich diese Gleichung auch in der Gestalt

$$\int_0^\infty e^{-st+\lambda t}\cdot t^{\nu-1}\cdot W_{\varkappa,\mu/2}(bt)\cdot dt = \frac{\Gamma\left(\nu+\frac{1+\mu}{2}\right)\Gamma\left(\nu+\frac{1-\mu}{2}\right)}{\Gamma(\nu-\varkappa+1)}$$

$$\cdot b^{-\nu}\cdot{}_2F_1\left(\frac{1-\mu}{2}+\nu,\frac{1+\mu}{2}+\nu;\nu-\varkappa+1;\frac{\lambda+\frac{b}{2}-s}{b}\right)\tag{6}$$

$$\left(\Re\left(s-\lambda+\frac{b}{2}\right)>0,\ \Re\left(\nu+\frac{1\pm\mu}{2}\right)>0\right)$$

schreiben. Für $\nu=0$ geht in (5) die hypergeometrische Funktion wieder in eine Kugelfunktion über, und man erhält

$$\int_0^\infty e^{-st}\cdot W_{\varkappa,\mu/2}(t)\cdot\frac{dt}{t} = \frac{\pi}{\cos\left(\frac{\pi\mu}{2}\right)}\cdot\left(\frac{s-\frac{1}{2}}{s+\frac{1}{2}}\right)^{\varkappa/2}\cdot\mathfrak{P}^{\varkappa}_{\frac{\mu-1}{2}}(2s)\tag{7}$$

$$\left(\Re\left(\frac{1\pm\mu}{2}\right)>0,\ \Re(s)>-\frac{1}{2}\right).$$

Für die besonderen Werte $s=+3/2$, $+1/2$ und $-1/2$ lassen sich die hypergeometrischen Funktionen auf der rechten Seite von (5) summieren, und man bekommt

$$\int_0^\infty e^{-3/2\cdot t}\cdot t^{\varkappa+\mu-1}\cdot W_{\varkappa,\mu/2}(t)\cdot dt = \frac{\Gamma\left(\varkappa+\frac{1+\mu}{2}\right)\cdot\Gamma\left(\frac{\varkappa}{2}+\frac{5+3\mu}{4}\right)}{\left(\varkappa+\frac{1+3\mu}{2}\right)\cdot\Gamma\left(-\frac{\varkappa}{2}+\frac{3+\mu}{4}\right)} \tag{8a}$$

$$\left(\Re\left(\varkappa+\mu+\frac{1\pm\mu}{2}\right)>0\right)$$

$$\int_0^\infty e^{-1/2\cdot t}\cdot t^{\nu-1}\cdot W_{\varkappa,\mu/2}(t)\cdot dt = \frac{\Gamma\left(\nu+\frac{1-\mu}{2}\right)\cdot\Gamma\left(\nu+\frac{1+\mu}{2}\right)}{\Gamma(\nu-\varkappa+1)} \tag{8b}$$

$$\left(\Re\left(\nu+\frac{1\pm\mu}{2}\right)>0\right)$$

$$\int_0^\infty e^{+1/2\cdot t}\cdot t^{\nu-1}\cdot W_{\varkappa,\mu/2}(t)\cdot dt$$

$$= \Gamma(-\varkappa-\nu)\cdot\frac{\Gamma\left(\frac{1-\mu}{2}-\nu\right)\cdot\Gamma\left(\frac{1+\mu}{2}-\nu\right)}{\Gamma\left(\frac{1-\mu}{2}-\varkappa\right)\cdot\Gamma\left(\frac{1+\mu}{2}-\varkappa\right)} \tag{8c}$$

$$\left(\Re\left(\nu+\frac{1\pm\mu}{2}\right)>0,\quad \Re(\varkappa+\nu)<0\right).$$

Für $\lambda=0$ definiert in (6) die linke Gleichungsseite bei einem reellen $s>0$ eine für alle b mit $0<|b|<2s$ und $|\mathrm{arc}\,(b)|<\pi$ reguläre Funktion. Für $b=a\cdot e^{i\alpha}$, a reell und $0<a<2s$ sei einmal $\alpha=+\pi-\varepsilon$ und das andere Mal $\alpha=-\pi+\varepsilon$ mit $\varepsilon\approx 0+$. Bildet man dann für zwei solche Werte von b die Differenz der entsprechenden beiden Gl. (6), nachdem man sie im ersten Falle mit $e^{+\pi i\nu}$ und im zweiten Falle mit $e^{-\pi i\nu}$ multipliziert hat, so wird im Grenzfall $\varepsilon\to 0$

$$\int_0^\infty e^{-st}\cdot t^{\nu-1}\cdot\{e^{+\pi i\nu}\cdot W_{\varkappa,\mu/2}(a\,t\cdot e^{+\pi i}) - e^{-\pi i\nu}\cdot W_{\varkappa,\mu/2}(a\,t\cdot e^{-\pi i})\}\cdot dt$$

$$= \frac{\Gamma\left(\nu+\frac{1-\mu}{2}\right)\cdot\Gamma\left(\nu+\frac{1+\mu}{2}\right)}{\Gamma(\nu-\varkappa+1)}\cdot a^{-\nu}$$

$$\cdot\lim_{\varepsilon\to 0}\left\{e^{-i\varepsilon\nu}\cdot{}_2F_1\left(\frac{1+\mu}{2}+\nu,\frac{1-\mu}{2}+\nu;\nu-\varkappa+1;\frac{1}{2}+\frac{s}{a}(1+i\varepsilon)\right)\right.$$

$$\left.-e^{+i\varepsilon\nu}\cdot{}_2F_1\left(\frac{1+\mu}{2}+\nu,\frac{1-\mu}{2}+\nu;\nu-\varkappa+1;\frac{1}{2}+\frac{s}{a}(1-i\varepsilon)\right)\right\}.$$

Die hierin rechts auftretende Differenz ist für $\varepsilon=0$ keineswegs selbst gleich Null, denn das Argument der beiden hypergeometrischen Funktionen ist größer als 1 und nach einem Umlauf um den Punkt $z=1$ nimmt bekanntlich die hypergeometrische Funktion nicht wieder denselben Wert an. Wir transformieren aus diesem Grunde die oben vorkommenden Funktionen ${}_2F_1$ vom Argument z auf das Argument $1/z$. Das führt schließlich zu dem Ergebnis:

$$\frac{1}{2\pi i}\int_0^\infty e^{-st}\cdot t^{\nu-1}\cdot\{e^{+\pi i\nu}\cdot W_{\varkappa,\mu/2}(at\cdot e^{+\pi i})-e^{-\pi i\nu}\cdot W_{\varkappa,\mu/2}(at\cdot e^{-\pi i})\}\cdot dt$$
$$\left(\Re(s)>\frac{a}{2},\ \Re\left(\nu+\frac{1\pm\mu}{2}\right)>0\right)$$
$$=\frac{\pi/\sin(\pi\mu)\cdot a^{-\nu}}{\Gamma\left(\frac{1+\mu}{2}-\nu\right)\cdot\Gamma\left(\frac{1+\mu}{2}-\varkappa\right)}\cdot\left(\frac{1}{2}+\frac{s}{a}\right)^{-\nu-\frac{1-\mu}{2}}$$
$$\cdot{}_2F_1\left(\frac{1-\mu}{2}+\nu,\frac{1-\mu}{2}+\varkappa;1-\mu;\frac{a}{s+\frac{a}{2}}\right)\Big/\Gamma(1-\mu) \tag{9}$$
$$+\frac{\pi/\sin(\pi\mu)\cdot a^{-\nu}}{\Gamma\left(\frac{1-\mu}{2}-\nu\right)\cdot\Gamma\left(\frac{1-\mu}{2}-\varkappa\right)}\cdot\left(\frac{1}{2}+\frac{s}{a}\right)^{-\nu-\frac{1+\mu}{2}}$$
$$\cdot{}_2F_1\left(\frac{1+\mu}{2}+\nu,\frac{1+\mu}{2}+\varkappa;1+\mu;\frac{a}{s+\frac{a}{2}}\right)\Big/\Gamma(1+\mu)$$
$$=\frac{1}{2\pi i}\int_{\infty(-\pi)}^{(0+)} e^{+st}\cdot t^{\nu-1}\cdot W_{\varkappa,\mu/2}(at)\cdot dt\qquad\left(\Re(s)>\frac{a}{2}\right).$$

Auch im vorliegenden Falle gibt z. B. die Gl. (6) zugleich die Mellin-Transformierte der Funktion W an.

Setzt man in (9) insbesondere $\varkappa=\alpha+(1+\mu)/2$, $\nu=(1-\mu)/2$ und $s=y+a/2$, so fällt der zweite Summand im Mittelglied der Gleichung heraus und im ersten Summanden reduziert sich die hypergeometrische Funktion auf die Potenz eines Binoms. Man erhält also im ganzen

$$\frac{1}{2\pi i}\int_{\infty(-\pi)}^{(0+)} e^{(y+a/2)\cdot t}\cdot t^{-\frac{1+\mu}{2}}\cdot W_{\alpha+\frac{1+\mu}{2},\frac{\mu}{2}}(at)\cdot dt$$
$$=\frac{1}{\Gamma(-\alpha)}\cdot\frac{(y+a)^{\mu+\alpha}}{a^{\frac{\mu-1}{2}}\cdot y^{1+\alpha}}\qquad(y>0,\ \operatorname{Arc}(t)=-\pi). \tag{9a}$$

Für $\alpha=n=0,1,2,\ldots$ verschwinden beide Seiten der Gleichung. Wegen dieser und weiterer Formeln wird auf A. Erdelyi [1, 25] verwiesen.

Die Schreibweise und die Definition der beiden Kugelfunktionen erster und zweiter Art in den Gl. (4a) und (7) entsprechen der Formelsammlung von Magnus-Oberhettinger [1].

§ 11. Verschiedene weitere Integrale mit parabolischen Funktionen und einige unendliche Reihen.

1. Integrale vom Stieltjesschen und Hankelschen Typus. Andere Integrale, mit denen man es in den Anwendungen zu tun bekommt, haben die Form:

$$I(\gamma;\varkappa',\mu',\alpha;z)=\int\limits_0^\infty e^{-t/2}t^{\gamma+\alpha-1}\cdot W_{\varkappa',\mu'/2}(t)\cdot\frac{dt}{(z+t)^\alpha}$$

$$\equiv\int\limits_0^\infty e^{-t/2}t^\gamma\cdot W_{\varkappa',\mu'/2}(t)\cdot\left(1+\frac{z}{t}\right)^{-\alpha}\cdot\frac{dt}{t} \tag{1}$$

$$\left(|\mathrm{arc}\,(z)|<\pi,\qquad \Re\left(\gamma+\alpha+\frac{1\pm\mu}{2}\right)>0\right).$$

Um solche Integrale auszuwerten, verwandelt man sie am besten unter Zuhilfenahme der Mellin-Transformation in Integrale vom Mellin-Typus. Nach der Theorie dieser Transformation besteht für einen geeignet zu wählenden Wert der Integrationsabzisse σ die Beziehung:

$$\int\limits_0^\infty g(t)\cdot f\left(\frac{z}{t}\right)\cdot\frac{dt}{t}=\frac{1}{2\pi i}\int\limits_{\sigma-\infty i}^{\sigma+\infty i}\mathfrak{F}(s)\cdot\mathfrak{G}(s)\cdot ds, \tag{2a}$$

worin $\mathfrak{F}(s)$ und $\mathfrak{G}(s)$ die durch

$$\left.\begin{matrix}\mathfrak{F}(s)\\ \mathfrak{G}(s)\end{matrix}\right\}=\int\limits_0^\infty\left\{\begin{matrix}f(x)\\ g(x)\end{matrix}\right\}\cdot x^{s-1}\cdot dx \tag{2b}$$

definierten Mellin-Transformierten von $f(x)$ und $g(x)$ bedeuten. Gemäß dem Vergleich der linken Seite von (2a) mit (1) sind hier $f(x)$ und $g(x)$ durch

$$f(x)=(1+x)^{-\alpha}\quad(3\text{a})\qquad g(x)=e^{-x/2}\,x^\gamma\,W_{\varkappa',\mu'/2}(x)\quad(3\text{b})$$

gegeben. Demnach ist im Hinblick auf (§ 10, 8b) und auf das Eulersche Integral erster Gattung

$$\mathfrak{F}(s)=\frac{\Gamma(s)\,\Gamma(\alpha-s)}{\Gamma(\alpha)}\qquad(\Re(\alpha-s)>0) \tag{4a}$$

$$\mathfrak{G}(s)=\frac{\Gamma\left(\gamma+s+\frac{1-\mu'}{2}\right)\cdot\Gamma\left(\gamma+s+\frac{1+\mu'}{2}\right)}{\Gamma(\gamma+s-\varkappa'+1)}. \tag{4b}$$

Die Gl. (2a) führt mithin nach dem Übergang von s zu $-t$ zu der Beziehung:

$$\Gamma(\alpha)\cdot I(\gamma;\varkappa',\mu';\alpha,z)$$

$$=\frac{1}{2\pi i}\int_{\tau-i\infty}^{\tau+i\infty}\frac{\Gamma(-t)\,\Gamma\left(\gamma+\frac{1+\mu'}{2}-t\right)\Gamma\left(\gamma+\frac{1-\mu'}{2}-t\right)\cdot\Gamma(\alpha+t)}{\Gamma(\gamma-\varkappa'-t+1)}\cdot z^t\cdot dt \tag{5'}$$

$$\left(|\operatorname{arc}(z)|<\frac{3\pi}{2},\ 0<\tau<\Re(\alpha),\ \Re\left(\gamma+\frac{1\pm\mu'}{2}\right)>\tau\right).$$

Gemäß den hierzu angegebenen Ungleichungen läuft die Vorschrift über die Wegführung des Integrals (5') darauf hinaus, daß die Integrationsbahn sämtliche Pole der drei nach rechts strebenden Polketten zur Rechten und sämtliche Pole der einen nach links strebenden Polkette zur Linken haben muß.

Das in (5') vorkommende Mellin-Integral kann mittels des Residuensatzes für jedes z mit $|\operatorname{arc}(z)|<3\pi/2$ in Reihen aufgelöst werden. Entsprechend den drei Polreihen, deren äußerste linke Pole an den Stellen $t=0$ und $t=\gamma+(1\pm\mu')/2$ liegen, stellt sich das Resultat als Summe dreier ${}_2F_2$-Funktionen dar:

$$I(\gamma;\varkappa',\mu';\alpha,z)$$

$$=\frac{\Gamma\left(\gamma+\frac{1+\mu'}{2}\right)\Gamma\left(\gamma+\frac{1-\mu'}{2}\right)}{\Gamma(\gamma-\varkappa'+1)}\cdot{}_2F_2\left(\alpha,\varkappa'-\gamma;\frac{1-\mu'}{2}-\gamma,\frac{1+\mu'}{2}-\gamma;z\right)$$

$$+\frac{\pi}{\Gamma(\alpha)\cdot\sin(\pi\mu')}\cdot\left\{\frac{\Gamma\left(\alpha+\gamma+\frac{1-\mu'}{2}\right)\cdot\Gamma\left(-\gamma-\frac{1-\mu'}{2}\right)}{\Gamma\left(\frac{1+\mu'}{2}-\varkappa'\right)\cdot\Gamma(1-\mu')}\cdot z^{\gamma+\frac{1-\mu'}{2}}\right. \tag{5}$$

$$\cdot{}_2F_2\left(\alpha+\gamma+\frac{1-\mu'}{2},\frac{1-\mu'}{2}+\varkappa';\frac{3-\mu'}{2}+\gamma,1-\mu';z\right)$$

$$-\frac{\Gamma\left(\alpha+\gamma+\frac{1+\mu'}{2}\right)\cdot\Gamma\left(-\gamma-\frac{1+\mu'}{2}\right)}{\Gamma\left(\frac{1-\mu'}{2}-\varkappa'\right)\cdot\Gamma(1+\mu')}\cdot z^{\gamma+\frac{1+\mu'}{2}}$$

$$\left.\cdot{}_2F_2\left(\alpha+\gamma+\frac{1+\mu'}{2},\frac{1+\mu'}{2}+\varkappa';\frac{3+\mu'}{2}+\gamma,1+\mu';z\right)\right\}.$$

Rechts wie links steht in (5) eine in μ' gerade Funktion.

In einzelnen besonderen Fällen reduzieren sich die ${}_2F_2$-Funktionen auf ${}_1F_1$-Funktionen. Mit Hilfe der in § 3.2 eingeführten Funktion $R^{(\nu/2)}_{\varkappa,\mu/2}(z)$

läßt sich z. B. schreiben:

$$\int_0^\infty e^{-t/2} \cdot t^{-\frac{\nu+1}{2}} \cdot W_{-\varkappa,\mu/2}(t) \cdot \frac{dt}{t+z}$$

$$= \frac{\pi^2 \cdot e^{z/2} \cdot z^{-\frac{1+\nu}{2}}}{\Gamma\left(\frac{1-\nu}{2}+\varkappa\right) \cdot \sin\frac{\pi(\nu-\mu)}{2} \cdot \sin\frac{\pi(\nu+\mu)}{2}} \cdot R^{(\nu/2)}_{\varkappa,\mu/2}(z) \quad \left(\Re\left(\frac{\nu \mp \mu}{2}\right) < 1\right) \tag{6}$$

$$\int_0^\infty e^{-t/2} \cdot t^{-\frac{1+\mu}{2}} \cdot W_{\varkappa,\mu/2}(t) \cdot \frac{dt}{(t+z)^\alpha} = \frac{\pi \cdot \Gamma(1-\alpha)}{\Gamma\left(\frac{1-\mu}{2}-\varkappa\right) \cdot \sin(\pi\mu)}$$
$$\cdot z^{-\frac{\alpha+\mu}{2}} \cdot e^{z/2} \cdot R^{\left(\frac{\mu-\alpha+1}{2}\right)}_{\frac{1-\alpha}{2}-\varkappa,\frac{\mu+\alpha-1}{2}}(z) \qquad (\Re(\mu) < 1). \tag{7}$$

Für $\alpha = 1 - 2\varkappa$, $\gamma = \varkappa - 1$, $\varkappa' = \varkappa$ und $\mu' = \mu$ entsteht aus (5) die zuerst von Sharma [2] aufgefundene Integralgleichung

$$\frac{W_{\varkappa,\mu/2}(z)}{z} = \frac{\Gamma(1-2\varkappa)}{\Gamma\left(\frac{1-\mu}{2}-\varkappa\right)\Gamma\left(\frac{1+\mu}{2}-\varkappa\right)}$$
$$\cdot \int_0^\infty e^{-(z+t)/2} \frac{(z+t)^{2\varkappa-1}}{(z\,t)^\varkappa} \cdot \frac{W_{\varkappa,\mu/2}(t)}{t} \cdot dt \qquad \left(\Re\left(\frac{1\pm\mu}{2}-\varkappa\right) > 0\right) \tag{7a}$$

für die Funktion $z^{-1} \cdot W_{\varkappa,\mu/2}(z)$.

Auf genau die gleiche Weise kann man verfahren, wenn im Integranden von (1) die Funktion $\mathcal{M}_{\varkappa,\mu/2}(z)$ steht. Es ergibt sich dann

$$\int_0^\infty e^{-t/2} \cdot t^{\gamma+\alpha-1} \cdot \mathcal{M}_{\varkappa',\mu'/2}(t) \cdot \frac{dt}{(t+z)^\alpha}$$

$$= \frac{\Gamma\left(\frac{1+\mu'}{2}+\gamma\right) \cdot \Gamma(\varkappa'-\gamma)}{\Gamma\left(\frac{1+\mu'}{2}-\gamma\right) \cdot \Gamma\left(\frac{1+\mu'}{2}+\varkappa'\right)}$$
$$\cdot {}_2F_2\left(\alpha, \varkappa'-\gamma; \frac{1+\mu'}{2}-\gamma, \frac{1-\mu'}{2}-\gamma; z\right) \tag{8}$$
$$+ \frac{\Gamma\left(\alpha+\gamma+\frac{1+\mu'}{2}\right) \cdot \Gamma\left(-\gamma-\frac{1+\mu'}{2}\right)}{\Gamma(\alpha) \cdot \Gamma(1+\mu')} \cdot z^{\gamma+\frac{1+\mu'}{2}}$$
$$\cdot {}_2F_2\left(\alpha+\gamma+\frac{1+\mu'}{2}, \varkappa'+\frac{1+\mu'}{2}; 1+\mu', \frac{3+\mu'}{2}+\gamma; z\right)$$
$$\left(\Re\left(\gamma+\alpha+\frac{1+\mu'}{2}\right) > 0, \ \Re(\gamma-\varkappa') < 0\right).$$

Wendet man auf diese Formel (§ 2, 18a) an, so wird man zu (5) zurückgeführt. Die Sonderfälle (6) und (7) lassen sich im vorliegenden Falle auf die Form bringen:

$$\frac{1}{2\pi i}\cdot\int\limits_{\infty(-\pi)}^{(0+,z+)} e^{t/2}\cdot t^{-\frac{\nu+1}{2}}\cdot\frac{\mathcal{M}_{\varkappa,\mu/2}(t)}{t-z}\cdot dt$$

$$=\frac{\Gamma\left(\frac{\nu+1}{2}-\varkappa\right)}{\Gamma\left(\frac{\mu+1}{2}-\varkappa\right)}\cdot e^{z/2}\cdot z^{-\frac{1+\nu}{2}}\cdot S^{(\nu/2)}_{\varkappa,\mu/2}(z) \tag{9}$$

$$\left(\Re(\varkappa)<\Re\left(\frac{1+\nu}{2}\right),\ |\mathrm{arc}\,(z)|<\pi\right),$$

$$\int\limits_0^\infty e^{-t/2}\cdot t^{-\frac{1+\mu}{2}}\cdot\mathcal{M}_{\varkappa,\mu/2}(t)\cdot\frac{dt}{(t+z)^\alpha}=\Gamma(1-\alpha)\cdot e^{z/2}\cdot z^{-\frac{\alpha+\mu}{2}}$$

$$\cdot\left\{\frac{\Gamma\left(\varkappa+\alpha-\frac{1-\mu}{2}\right)}{\Gamma(1+\alpha)\,\Gamma\left(\frac{1+\mu}{2}+\varkappa\right)}\cdot\mathcal{M}_{\frac{1-\alpha}{2}-\varkappa,\frac{\alpha+\mu-1}{2}}(z)-S^{((1+\mu-\alpha)/2)}_{\frac{1-\alpha}{2}-\varkappa,\frac{\alpha+\mu-1}{2}}(z)\right\}$$

$$\left(\Re\left(\varkappa+\alpha-\frac{1-\mu}{2}\right)>0,\ |\mathrm{arc}\,(z)|<\pi\right). \tag{10}$$

Ein dritter einfacher Sonderfall von (5) und (8) liegt für $\gamma=\varkappa'-1$ vor.

Setzt man schließlich in (8) $\alpha=1$ und $\gamma=n+(1+\mu')/2$ mit $n=0,1,2,\ldots$ und macht darnach von der Gl. (§ 2, 18a) und der Grenzwertgleichung

$$\lim_{\gamma\to-n}\left\{\frac{1}{\Gamma(\gamma)}\cdot{}_2F_2(\alpha,\beta;\gamma,\delta;z)\right\}=\frac{(\alpha)_{n+1}\cdot(\beta)_{n+1}}{(\delta)_{n+1}\cdot(n+1)!}$$

$$\cdot z^{n+1}\cdot{}_2F_2(\alpha+n+1,\beta+n+1;\delta+n+1,n+2;z)$$

Gebrauch, so entsteht die Beziehung:

$$\int\limits_0^\infty e^{-t/2}\cdot t^{n+\frac{1+\mu}{2}}\cdot\mathcal{M}_{\varkappa,\mu/2}(t)\cdot\frac{dt}{t+z}$$

$$=(-)^{n+1}\cdot z^{n+\frac{1+\mu}{2}}\cdot e^{z/2}\cdot\Gamma\left(\frac{1-\mu}{2}+\varkappa\right)\cdot W_{-\varkappa,\mu/2}(z) \tag{10a}$$

$$\left(n=0,1,2,\ldots,\Re(\mu)>-2-n,\ \Re\left(\varkappa-\frac{1+\mu}{2}\right)<n,\ |\mathrm{arc}\,z|<\pi\right).$$

Sie wurde auf anderem Wege zuerst von J. Meixner [1] gefunden.

Ein anderer wichtiger Typus von Integralen liegt vor in

$$\int\limits_0^\infty e^{-sx}\cdot x^{\tau-1}\cdot\left\{\begin{matrix}\mathcal{M}_{\varkappa,\mu/2}(a\,x)\\ W_{\varkappa,\mu/2}(a\,x)\end{matrix}\right\}\cdot J_\nu\left(2\sqrt{x\,y}\right)\cdot dx. \tag{11}$$

Hier handelt es sich also um die Berechnung der Hankelschen Transformierten der parabolischen Funktionen. Wir geben hierfür die beiden Beispiele:

$$a^{\frac{\mu+1-\nu}{2}} \cdot \int_0^\infty e^{-\frac{a x}{2}} x^{\frac{\mu-\nu-1}{2}} \mathcal{M}_{\varkappa, \mu/2}(a x)\, J_\nu\left(2\sqrt{x y}\right) \cdot dx$$

$$= \left(\frac{y}{a}\right)^{\frac{\varkappa-1}{2}-\frac{1+\mu}{4}} \cdot e^{-\frac{y}{2a}} \cdot \mathcal{M}_{\frac{\varkappa-\nu-1}{2}+\frac{3}{4}(1+\mu),\, \frac{\varkappa+\nu}{2}-\frac{1+\mu}{4}}(y/a) \tag{12}$$

$$\left(\Re(1+\mu) > 0,\ \Re\left(\varkappa + \frac{\nu-\mu}{2}\right) > -\frac{3}{4},\ \Im(y) = 0\right)$$

$$a^{\frac{\nu+1\mp\mu}{2}} \cdot \int_0^\infty e^{+\frac{a x}{2}} x^{\frac{\nu-1\mp\mu}{2}} \cdot W_{\varkappa, \mu/2}(a x)\, J_\nu\left(2\sqrt{x y}\right) \cdot dx$$

$$= \frac{\Gamma(\nu+1\mp\mu)}{\Gamma\left(\frac{1\pm\mu}{2}-\varkappa\right)} \cdot e^{\frac{y}{2a}} \cdot \left(\frac{a}{y}\right)^{\frac{\varkappa+1}{2}+\frac{1\mp\mu}{4}} \cdot W_{\frac{\varkappa+1-\nu}{2}-\frac{3}{4}(1\mp\mu),\, \frac{\varkappa+\nu}{2}+\frac{1\mp\mu}{4}}(y/a) \tag{13}$$

$$\left(\Re\left(\frac{\nu\mp\mu}{2}+\varkappa\right) < \frac{3}{4},\ \Re(\nu) > -1\right).$$

Viele weitere Integrale dieser Art hat A. Erdelyi [20, 21, 23] ausgewertet.

2. Das Additionstheorem der Parameter für die Funktion $\mathcal{M}_{\varkappa,\mu/2}(z)$. Eine sehr allgemeine und doch leicht beweisbare Beziehung stellt die Formel

$$\mathcal{M}_{\varkappa_1+\varkappa_2, (\mu_1+\mu_2+1)/2}(z)$$

$$= \int_0^1 x^{\frac{\mu_1-1}{2}} (1-x)^{\frac{\mu_2-1}{2}} \cdot \mathcal{M}_{\varkappa_1, \mu_1/2}(x z)\, \mathcal{M}_{\varkappa_2, \mu_2/2}((1-x) z) \cdot dx \tag{14}$$

$$\left(\Re(\mu_{1,2}) > -1\right)$$

dar, die ebenfalls zuerst A. Erdelyi [17] aufgestellt hat. Sie läßt sich mit den hier bereit gestellten Mitteln am einfachsten aus der Gl. (§ 6, 2) herleiten. Stellt man nämlich in (14) das Produkt der beiden $\mathcal{M}$-Funktionen durch das Doppelintegral der genannten Gleichung dar und vertauscht, was als zulässig nachgewiesen werden kann, die Reihenfolge der Integrationen, so wird die Integration über x sofort nach einer bekannten Formel aus der Theorie der Zylinderfunktionen ausführbar, und darnach gelingt dann auch die Integration nach φ. Im Hinblick auf (§ 2, 13a) ist damit die oben angegebene Beziehung bereits bewiesen.

Setzt man in (14) $\varkappa_1 = 0$, $\varkappa_2 = \varkappa$, $\mu_1/2 = \mu/2 - \varkappa$ und $\mu_2/2 = \varkappa - 1/2$, so werden die beiden Parameter der links stehenden $\mathcal{M}$-Funktion $\varkappa$ und $\mu/2$. Hingegen geht die erste der beiden $\mathcal{M}$-Funktionen unter dem Integralzeichen nach (§ 2, 11a) in die Funktion $I_{\mu/2-\varkappa}$ und die zweite nach (§ 2, 9a) in eine elementare Funktion über. Im ganzen entsteht also die Relation

$$\mathcal{M}_{\varkappa,\mu/2}(z) = \frac{\pi^{1/2}}{\Gamma(2\varkappa)} \cdot z^{\varkappa+1/2} \cdot e^{-z/2}$$

$$\cdot \int_0^1 x^{\mu/2-\varkappa} (1-x)^{2\varkappa-1} \cdot I_{\mu/2-\varkappa}\left(\tfrac{1}{2} x z\right) \cdot e^{-xz/2} \cdot dx \quad (14\text{a})$$

$$\left(\Re\left(\varkappa - \frac{1+\mu}{2}\right) < 0, \quad \Re(\varkappa) > 0\right).$$

Für $\varkappa_1 = \varkappa/2 + (1+\mu)/4$ und $\varkappa_2 = \varkappa/2 - (1+\mu)/4$ sowie $\mu_{1,2} = (\mu-1)/2 \pm \varkappa$ gelangt man zu (§ 2, 12) zurück.

Eine andere bemerkenswerte Spezialisierung von (14) kommt durch die Wahl $\varkappa_1 = n + (1+\alpha)/2$, $\mu_1 = \alpha$, $\varkappa_2 = \varkappa - (1+\alpha)/2$ und $\alpha + \mu_2 + 1 = \mu$ zustande. Die eine der beiden $\mathcal{M}$-Funktionen geht dann in ein Laguerre-Polynom über, und man erhält

$$\mathcal{M}_{\varkappa+n,\mu/2}(z) = \frac{n!}{\Gamma(1+n+\alpha)} \cdot z^{\frac{1+\alpha}{2}} \quad (14\text{b})$$

$$\cdot \int_0^1 e^{-xz/2} x^\alpha (1-x)^{\frac{\mu-\alpha}{2}-1} \cdot L_n^{(\alpha)}(xz) \cdot \mathcal{M}_{\varkappa - \frac{1+\alpha}{2}, \frac{\mu-1-\alpha}{2}}\big((1-x)z\big)\, dx$$

$$\big(\Re(\alpha) > -1, \quad \Re(\mu-\alpha) > 0, \quad n = 0, 1, 2, \ldots\big).$$

In dieser Formel ist α in einem gewissen Ausmaß willkürlich wählbar.

Für $\varkappa = \frac{1+\mu}{2}$ vereinfacht sich (14b) weiter zu der zuerst von Kogbetliantz [6] und Koshliakow [1] aufgestellten Formel:

$$\frac{L_n^{(\mu)}(z)}{\Gamma(1+\mu+n)} = \frac{1}{\Gamma(\mu-\alpha)} \int_0^1 x^\alpha (1-x)^{\mu-\alpha-1} \cdot \frac{L_n^{(\alpha)}(xz)}{\Gamma(1+\alpha+n)} \cdot dx \quad (14\text{c})$$

$$\big(\Re(\mu) > \Re(\alpha) > -1\big).$$

Geht man hierin im Sinne der Ausführungen zu (§ 2, 12a) zu dem Schleifenintegral $0\ldots(+1+)$ über, so kann in (14c) $\mu = \alpha$ gemacht werden, und es entsteht eine Identität.

3. Ein allgemeines Prinzip zur Herleitung einer unendlichen Reihe mit den Funktionen $\mathcal{M}_{\varkappa,\mu/2+n}(z)$. Wir erläutern in dieser Nummer

an einem Beispiel das schon im § 5.3 erwähnte und von A. Erdelyi [3, 6, 7] vielfach benutzte Verfahren, um aus den sogenannten Neumannschen Reihen in der Theorie der Zylinderfunktionen Reihen mit den Funktionen $\mathcal{M}_{\varkappa,\mu/2+n}(z)$ herzuleiten, in denen der hintere Parameter $\mu/2$ dieser Funktionen von Glied zu Glied um die Einheit zunimmt.

Wir gehen zu diesem Zweck von der für beliebige Werte von k und z gleichmäßig und absolut konvergenten Neumannschen Reihe

$$\left(\frac{1}{2}kz\right)^{\mu-\nu}\cdot J_\nu(kz) = k^\mu\cdot\sum_{n=0}^{\infty}\frac{\Gamma(\mu+n)}{n!\,\Gamma(\nu+1)}\cdot(\mu+2n)\cdot{}_2F_1(-n,\mu+n;\nu+1;k^2)\cdot J_{\mu+2n}(z) \tag{15}$$

$$(z \text{ u. } k^2 \text{ beliebig};\ \mu,\nu,\mu-\nu \neq -1,-2,\ldots)$$

aus, die von G. N. Watson [1] auf S. 140 bewiesen wird. Multipliziert man diese Gleichung mit $t^{2\varkappa}\cdot\exp(-t^2)$ und integriert unter geeigneten Bedingungen hinsichtlich μ und ν zwischen den Grenzen 0 und ∞, so entsteht aus (15) im Hinblick auf (§ 2, 13b) die Beziehung:

$$z^{\frac{1+\mu}{2}}\cdot e^{\frac{z}{2}(1-k^2)}\cdot\mathcal{M}_{\varkappa+\frac{\mu-\nu}{2},\frac{\nu}{2}}(zk^2) = (k^2 z)^{\frac{1+\nu}{2}}\cdot\sum_{n=0}^{\infty}\frac{\Gamma(\mu+n)}{n!\,\Gamma(1+\nu)}\cdot(\mu+2n)\cdot\left(\varkappa+\frac{1+\mu}{2}\right)_n\cdot{}_2F_1(-n,\mu+n;\nu+1;k^2)\cdot\mathcal{M}_{\varkappa,\mu/2+n}(z) \tag{16}$$

$$(\mu,\nu\neq -1,-2,\ldots).$$

Das in (15) und (16) auftretende hypergeometrische Polynom ist identisch mit den Jacobischen Polynomen. Bedienen wir uns im Hinblick darauf der dafür üblichen Bezeichnungsweise, die aus (§ 12, 20α) zu ersehen ist, und setzen noch $k^2 = (1-\alpha)/2$, so nimmt die Gl. (16) die Form an:

$$z^{\frac{1+\mu}{2}}\cdot e^{\frac{z(1+\alpha)}{4}}\cdot\mathcal{M}_{\varkappa+\frac{\mu-\nu}{2},\frac{\nu}{2}}\left(z\frac{1-\alpha}{2}\right) = \left(z\frac{1-\alpha}{2}\right)^{\frac{1+\nu}{2}}\cdot\sum_{n=0}^{\infty}\frac{\Gamma(\mu+n)}{\Gamma(1+\nu+n)}\cdot(\mu+2n)\cdot\left(\varkappa+\frac{1+\mu}{2}\right)_n\cdot P_n^{(\nu,\mu-\nu-1)}(\alpha)\cdot\mathcal{M}_{\varkappa,\mu/2+n}(z). \tag{16a}$$

$$(\mu,\nu\neq -1,-2,\ldots).$$

Die Reihen (16) und (16a) konvergieren wie die Ausgangsreihe absolut und gleichmäßig für alle endlichen Werte von α und z. Setzt man in (16a) $\varkappa = 0$, $\mu/2 = \varkappa' + \nu/2$ und $\alpha = -1$, so entsteht die reine Neumannsche Reihe:

$$z^{\varkappa'-1/2}\cdot\mathcal{M}_{\varkappa',\nu/2}(z) = 2^{2\varkappa'+\nu}\cdot\Gamma\left(\varkappa'+\frac{\nu}{2}\right)\cdot\sum_{n=0}^{\infty}(-)^n\frac{\left(\varkappa'+\frac{\nu}{2}+n\right)(2\varkappa'+\nu)_n\,(2\varkappa')_n}{n!\,\Gamma(1+\nu+n)}\cdot I_{\varkappa'+\nu/2+n}\left(\frac{z}{2}\right). \tag{16a'}$$

Man vergleiche hiermit (§ 7, 16) und (19a).

Mit $\mu = \nu$ stellt (16) eine der verschiedenen möglichen Formen des Multiplikationstheorems der Funktion $\mathcal{M}_{\varkappa,\mu/2}$ dar. Macht man in (16a) $\alpha = 1$, so entsteht die Formel:

$$z^{\frac{1+\mu}{2}} \cdot e^{z/2} = \sum_{n=0}^{\infty} \frac{\Gamma(\mu+n)}{n!} \cdot (\mu+2n) \cdot \left(\varkappa + \frac{1+\mu}{2}\right)_n \cdot \mathcal{M}_{\varkappa,n+\mu/2}(z) \tag{16α}$$

($\varkappa$ beliebig; $\mu \neq -1, -2, \ldots$).

Für $\nu = \varkappa + (\mu - 1)/2$ liefert (16a) die etwas allgemeinere Beziehung:

$$z^{\frac{1+\mu}{2}} \cdot e^{\alpha z/2} = \sum_{n=0}^{\infty} \Gamma(\mu+n) \cdot (\mu+2n) \cdot P_n^{\left(\frac{\mu-1}{2}+\varkappa,\ \frac{\mu-1}{2}-\varkappa\right)}(\alpha) \cdot \mathcal{M}_{\varkappa,\mu/2+n}(z)$$

$$(\mu \neq -1, -2, \ldots). \tag{16β}$$

Ist hierin noch $\alpha = 0$, so entsteht im besonderen die Entwicklung

$$z^{\frac{1+\mu}{2}} = \sum_{n=0}^{\infty} c_{\varkappa,\mu/2+n,n} \cdot \mathcal{M}_{\varkappa,\mu/2+n}(z) \qquad (\mu \neq -1, -2, \ldots) \tag{16β_1}$$

mit der Erklärungsgleichung

$$c_{\varkappa,\mu/2+\lambda,n} = \frac{\left(-\frac{1}{2}\right)^n}{n!} \cdot \Gamma(\mu+2\lambda+1) \cdot {}_2F_1\left(-n, \frac{1-\mu}{2} - \lambda - \varkappa; 1-\mu-2\lambda; 2\right)$$

$$= \frac{\mu+2\lambda}{n!} \cdot \Gamma(\mu+2\lambda-n) \cdot \frac{\Gamma\left(\frac{1+\mu}{2}+\varkappa+\lambda\right)}{\Gamma\left(\frac{1+\mu}{2}+\varkappa+\lambda-n\right)} \tag{16β_2}$$

$$\cdot {}_2F_1\left(-n, \mu+2\lambda-n; \frac{1+\mu}{2}+\varkappa+\lambda-n; \frac{1}{2}\right)$$

$$= (\mu+2\lambda) \cdot \Gamma(\mu+2\lambda-n) \cdot P_n^{(\alpha,\beta)}(0) \quad \left(\begin{matrix}\alpha \\ \beta\end{matrix} = \frac{\mu-1}{2} \pm \varkappa + \lambda - n\right)$$

für die Koeffizienten c. Verwendet man hierin noch die Formel (§ 2, 17′) so ergibt sich noch die andere Darstellung:

$$c_{\varkappa,\mu/2+\lambda,n} = \frac{\pi(\mu+2\lambda)}{\sin \pi(\mu+2\lambda)} \cdot \frac{1}{2\pi i} \int^{(0+)} z^{\frac{\mu-3}{2}+\lambda-n} \cdot \mathcal{M}_{\varkappa,-\mu/2-\lambda}(z) \cdot dz \tag{16β_3}$$

$$(\mu \neq \pm 1, \pm 2, \ldots).$$

Zu anderen bemerkenswerten Entwicklungen wird man geführt, wenn man in (16a) $\alpha = \cos\vartheta$ und $\nu = (\mu - 1)/2$ setzt. Dann geht das Jacobische Polynom in das Gegenbauersche über, und man erhält nach (§ 12, 21a):

$$e^{z/2\cdot\cos^2(\vartheta/2)} \cdot z^{(1+\mu)/4} \cdot \mathcal{M}_{\varkappa+\frac{\mu+1}{4},\frac{\mu-1}{4}}\left(z\cdot\sin^2\frac{\vartheta}{2}\right) = \left(\sin\frac{\vartheta}{2}\right)^{\frac{\mu+1}{2}}$$

$$\frac{\Gamma(\mu)}{\Gamma\left(\frac{1+\mu}{2}\right)} \sum_{n=0}^{\infty} (\mu+2n) \cdot \left(\varkappa + \frac{1+\mu}{2}\right)_n \cdot C_n^{\mu/2}(\cos\vartheta)\, \mathcal{M}_{\varkappa,\mu/2+n}(z). \tag{16γ}$$

Macht man jedoch in (16a) $\alpha = \cos\vartheta$ und entweder $\mu = 0$, $\nu = -1/2$ oder $\mu = 1$, $\nu = +1/2$, so werden aus den Jacobischen Polynomen die Polynome von Tschebyscheff, und man bekommt nach dem Übergang von z zu $z^2/2$ im Hinblick auf (§ 3, 27a, b)

$$e^{z^2/4 \cdot \cos^2(\vartheta/2)} \cdot E_\nu^{(0)}\left(z \cdot \sin(\vartheta/2)\right) = 2^{3/2} \cdot \sum_{n=0}^{\infty} \left(\frac{\nu+1}{2}\right)_n \cdot \cos n\,\vartheta \cdot \frac{\mathscr{M}_{\nu/2,\,n}(z^2/2)}{(z^2/2)^{1/2}} \tag{16δ_1}$$

$$e^{z^2/4 \cdot \cos^2(\vartheta/2)} \cdot E_\nu^{(1)}\left(z \cdot \sin(\vartheta/2)\right) = \frac{4z/\nu}{\cos(\vartheta/2)} \cdot \sum_{n=1}^{\infty} n \cdot \left(\frac{\nu}{2}\right)_n \cdot \sin(n\,\vartheta) \cdot \frac{\mathscr{M}_{(\nu-1)/2,\,n}(z^2/2)}{(z^2/2)^{3/2}} \tag{16δ_2}$$

d. h. eine Fourierentwicklung für die Funktionen $E_\nu^{(0)}$ und $E_\nu^{(1)}$. Siehe auch A. Erdelyi [3].

Allgemein läßt sich von den Reihen der hier betrachteten Art zeigen: Ist $f(z)$ eine gemäß der Gleichung

$$f(z) = \sum_{\lambda=0}^{\infty} a_\lambda \cdot \mathscr{M}_{\varkappa,\,\mu/2+\lambda}(z) = z^{\frac{1+\mu}{2}} \cdot F(z) \tag{α}$$

definierte analytische Funktion nebst ihren analytischen Fortsetzungen und

$$g(z) = z^{\frac{1+\mu}{2}} \sum_{\lambda=0}^{\infty} a_\lambda \cdot z^\lambda \tag{β}$$

die ihr zugeordnete Potenzreihe mit ihren analytischen Fortsetzungen, so haben beide Reihen ein und dasselbe Konvergenzgebiet. Diese Korrespondenz zwischen den Reihen (α) und (β) geht aber insofern noch weiter, als man in Analogie zu dem Verhalten der Neumannschen Reihen in der Theorie der Zylinderfunktionen sogar beweisen kann, daß $f(z)$ keine Singularitäten hat, die nicht auch die Funktion $g(z)$ besitzt.

Die Koeffizienten a_λ in (α) lassen sich nach A. Erdelyi [2, 27] z. B. für eine Funktion $F(z)$, die im Innern und auf dem Rande eines um den Nullpunkt beschriebenen Kreises eindeutig und regulär ist, mit Hilfe der verallgemeinerten Polynome von Neumann darstellen. Wir kommen im § 14.2 darauf zurück.

4. Eine unendliche Reihe mit halbzahligen Besselschen Funktionen für $\mathscr{M}_{\varkappa,\,\mu/2}(z)$. In seinem Bericht [2] hat der Verfasser für die Funktion $\mathscr{M}_{\varkappa,\,\mu/2}(z)$ eine nach halbzahligen Besselschen Funktionen wachsender Ordnungszahl fortschreitende Reihe angegeben. Sie hat sich vor allem bei der zahlenmäßigen Berechnung dieser Funktion bewährt, wenn $\varkappa = i \cdot \tau$ und $z = \pm i \cdot \zeta$ mit $\tau, \zeta \gtrless 0$ ist. Um diese Reihe zu gewinnen, knüpfen wir an die Integraldarstellung (§ 5, 13) an

und schreiben sie mit $\nu \equiv s$ in der Form:

$$z^{-\frac{1+\mu}{2}} \cdot \mathcal{M}_{\varkappa,\mu/2}(z) \cdot 2^{\mu} \cdot \Gamma\left(\frac{1+\mu}{2} - \varkappa\right) \Gamma\left(\frac{1+\mu}{2} + \varkappa\right)$$

$$= 2 \cdot \int_0^\infty \cos(2i\varkappa s) \cdot \cos\left(\frac{iz}{2} \cdot \mathfrak{Tg}\, s\right) \cdot \frac{ds}{(\mathfrak{Cof}\, s)^{\mu+1}}$$

$$+ 2 \cdot \int_0^\infty \sin(2i\varkappa s) \cdot \sin\left(\frac{iz}{2} \cdot \mathfrak{Tg}\, s\right) \cdot \frac{ds}{(\mathfrak{Cof}\, s)^{\mu+1}} \tag{17}$$

$$\left(\Re\left(\frac{1+\mu}{2} \pm \varkappa\right) > 0\right).$$

Nun ist bekanntlich

$$\begin{matrix}\cos \\ \sin\end{matrix}\left(\frac{iz}{2} \cdot \mathfrak{Tg}\, s\right) = \frac{1}{2} \cdot (\pi i z \cdot \mathfrak{Tg}\, s)^{1/2} \cdot \begin{cases} J_{-1/2}\left(\frac{iz}{2} \cdot \mathfrak{Tg}\, s\right) \\ J_{+1/2}\left(\frac{iz}{2} \cdot \mathfrak{Tg}\, s\right)\end{cases}$$

und nach einer von Lommel stammenden Formel ist andererseits

$$J_\nu\left(\frac{iz}{2} \cdot \mathfrak{Tg}\, s\right) = (\mathfrak{Tg}\, s)^\nu \cdot \sum_{\lambda=0}^{\infty} \frac{\left(\frac{iz}{4}\right)^\lambda}{\lambda!\, (\mathfrak{Cof}\, s)^{2\lambda}} \cdot J_{\nu+\lambda}\left(\frac{iz}{2}\right).$$

Geht man hiermit in (17) ein und führt an dem Integral mit $\sin(2i\varkappa s)$ eine Teilintegration durch, so läßt sich für die rechte Seite von (17) schreiben:

$$(2\pi)^{1/2} \cdot \sum_{\lambda=0}^{\infty} \frac{\left(\frac{1}{2}\right)^\lambda}{\lambda!} \cdot \left\{ \left[x^{\lambda+1/2} \cdot J_{\lambda+1/2}(x)\right]_{x=iz/2} \cdot \frac{2\varkappa i}{2\lambda + \mu + 1}\right.$$

$$\left. + \left[\frac{d}{dx}\left(x^{\lambda+1/2} \cdot J_{\lambda+1/2}(x)\right)\right]_{x=iz/2} \right\} \cdot \int_0^\infty \frac{\cos(2i\varkappa s)}{(\mathfrak{Cof}\, s)^{2\lambda+\mu+1}} \cdot ds.$$

Der Wert des hierin noch auftretenden Integrals folgt aus (17) selbst für $z \to 0$ zu:

$$\int_0^\infty \frac{\cos(2i\varkappa s)}{(2\,\mathfrak{Cof}\, s)^{\mu+1+2\lambda}} \cdot ds = \frac{\Gamma\left(\frac{1+\mu}{2} + \lambda - \varkappa\right) \Gamma\left(\frac{1+\mu}{2} + \lambda + \varkappa\right)}{4\,\Gamma(1 + \mu + 2\lambda)}$$

$$= \frac{\Gamma\left(\frac{\mu+1}{4} - \varkappa\right) \Gamma\left(\frac{\mu+1}{2} + \varkappa\right)}{4 \cdot \Gamma(1 + \mu + 2\lambda)} \cdot \left[\frac{\Gamma\left(\frac{\mu+1}{2} + \lambda\right)}{\Gamma\left(\frac{\mu+1}{2}\right)}\right]^2 \cdot \prod_{r=1}^{\lambda} \left(1 - \frac{\varkappa^2}{\left(\frac{\mu-1}{2} + r\right)^2}\right). \tag{18}$$

Damit ist die für alle endlichen Werte von $z, \varkappa$ und μ absolut konvergente Entwicklung

$$z^{-\frac{1+\mu}{2}} \cdot \mathscr{M}_{\varkappa,\mu/2}(z) = \frac{\pi}{2^{\mu}\left[\Gamma\left(\frac{\mu+1}{2}\right)\right]^2} \cdot \sum_{\lambda=0}^{\infty} \frac{\left(\frac{1}{2}\right)^{\lambda+1/2}}{\lambda!} \cdot \frac{\Gamma\left(\frac{1+\mu}{2}+\lambda\right)}{\Gamma\left(1+\frac{\mu}{2}+\lambda\right)}$$

$$\cdot \prod_{r=1}^{\lambda}\left(1-\frac{\varkappa^2}{\left(\frac{\mu-1}{2}+r\right)^2}\right) \cdot \left\{\left[\frac{d}{dx}\left(x^{\lambda+1/2} J_{\lambda+1/2}(x)\right)\right]_{x=iz/2}\right. \qquad (19\text{a})$$

$$\left. + \frac{i\varkappa}{\lambda+\frac{\mu+1}{2}} \cdot \left[x^{\lambda+1/2} J_{\lambda+1/2}(x)\right]_{x=iz/2}\right\}$$

entstanden. Für die Ableitung der links stehenden Funktion nach z, die in den Anwendungen ebenfalls häufig auftritt, gilt die Formel:

$$\frac{d}{dz}\left[z^{-\frac{1+\mu}{2}} \mathscr{M}_{\varkappa,\mu/2}(z)\right] = \frac{\pi/2}{2^{\mu}\left[\Gamma\left(\frac{\mu+1}{2}\right)\right]^2}$$

$$\cdot \sum_{\lambda=0}^{\infty} \frac{\left(\frac{1}{2}\right)^{\lambda+1/2}}{\lambda!} \cdot \frac{\Gamma\left(\frac{1+\mu}{2}+\lambda\right)}{\Gamma\left(1+\frac{\mu}{2}+\lambda\right)} \cdot \frac{1}{\lambda+\frac{\mu+1}{2}} \cdot \prod_{r=1}^{\lambda}\left(1-\frac{\varkappa^2}{\left(\frac{\mu-1}{2}+r\right)^2}\right) \qquad (19\text{b})$$

$$\cdot \left\{i\varkappa \cdot \left[\frac{d}{dx}\left(x^{\lambda+1/2} \cdot J_{\lambda+1/2}(x)\right)\right]_{x=iz/2}\right.$$

$$\left. - \frac{2\varkappa^2+\lambda+\frac{1+\mu}{2}}{2+2\lambda+\mu} \cdot \left[x^{\lambda+1/2} \cdot J_{\lambda+1/2}(x)\right]_{x=iz/2}\right\}.$$

In (19a, b) ist auf der rechten Seite für $\lambda = 0$ das endliche Produkt Π gleich 1 zu setzen. Die besonderen Formen, die diese beiden Gleichungen annehmen, wenn $\varkappa = i \cdot \tau$ und $z = i \cdot \zeta$ ist mit $\tau > 0$ und $\zeta \gtrless 0$, brauchen wohl nicht explizite angeschrieben zu werden. Hinsichtlich der Besselschen Funktionen in (19a, b) machen wir noch die folgenden, für die Anwendung der Formeln nützlichen ergänzenden Angaben. Es ist

$$\left[x^{\lambda+1/2} \cdot J_{\lambda+1/2}(x)\right]_{x=iz/2} = i \cdot (-)^{\lambda}\left(\frac{z}{2}\right)^{\lambda+1/2} \cdot I_{\lambda+1/2}\left(\frac{z}{2}\right);$$

$$\left[x^{\lambda+1/2} \cdot J_{\lambda+1/2}(x)\right]_{x=-\zeta/2} = \mp\left|\frac{\zeta}{2}\right|^{\lambda+1/2} \cdot J_{\lambda+1/2}\left(\left|\frac{\zeta}{2}\right|\right) \quad (\zeta \gtrless 0);$$

$$\left\{\frac{d}{dx}\left(x^{\lambda+1/2} \cdot J_{\lambda+1/2}(x)\right)\right\}_{x=iz/2} = (-)^{\lambda}\left(\frac{z}{2}\right)^{\lambda+1/2} \cdot I_{\lambda-1/2}\left(\frac{z}{2}\right);$$

$$\left\{\frac{d}{dx}\left(x^{\lambda+1/2} \cdot J_{\lambda+1/2}(x)\right)\right\}_{x=-\zeta/2} = \left|\frac{\zeta}{2}\right|^{\lambda+1/2} \cdot J_{\lambda-1/2}\left(\left|\frac{\zeta}{2}\right|\right) \quad (\zeta \gtrless 0).$$

Für $\varkappa = i \cdot \tau$ und $z = i \cdot \zeta$ ist also die rechte Seite von (19a) eine rein reelle und die rechte Seite von (19b) eine rein imaginäre Größe.

V. Abschnitt.

Die den parabolischen Funktionen zugehörenden Polynome und unendliche Reihen mit diesen Polynomen.

§ 12. Reihen und Integrale mit Laguerre-Polynomen.

1. Zusammenstellung und Ergänzung des Formelmaterials. Die Laguerre-Polynome sind uns bisher ausschließlich als Sonderfälle der beiden parabolischen Funktionen $\mathcal{M}_{\varkappa,\mu/2}(z)$ und $W_{\varkappa,\mu/2}(z)$ begegnet. Sie treten aber in den Anwendungen in gewissen grundlegenden Reihenentwicklungen so häufig auf, daß es unumgänglich notwendig ist, ihnen einige besondere Bemerkungen zu widmen. Zunächst führen wir noch einmal ihre Definitionsgleichungen und die wichtigsten Integraldarstellungen für sie an. Nach (§ 2, 10) und (§ 2, 28a) ist

$$L_n^{(\mu)}(z) = \frac{\Gamma(n+\mu+1)}{n!\,\Gamma(\mu+1)} \cdot {}_1F_1(-n; 1+\mu; z) = \sum_{\lambda=0}^{n} \binom{n+\mu}{n-\lambda} \cdot \frac{(-z)^\lambda}{\lambda!} \tag{1}$$

$$= \frac{\Gamma(n+\mu+1)}{n!} z^{-\frac{1+\mu}{2}} e^{+\frac{z}{2}} \mathcal{M}_{n+\frac{1+\mu}{2}, \frac{\mu}{2}}(z) = \frac{(-)^n}{n!} z^{-\frac{1+\mu}{2}} e^{+\frac{z}{2}} \cdot W_{n+\frac{1+\mu}{2}, \frac{\mu}{2}}(z).$$

Ferner ist nach (§ 2, 15a), (§ 5, 32) und (§ 5, 33)

$$L_n^{(\mu)}(z) = \frac{1}{2\pi i} \int^{(0+)} e^{-tz} \cdot \frac{(1+t)^{n+\mu}}{t^{n+1}} \cdot dt = \frac{z^{-\mu} \cdot e^z}{2\pi i} \int^{(z+)} e^{-v} \cdot \frac{v^{n+\mu}}{(v-z)^{n+1}} \cdot dv \tag{2}$$

$$= \frac{z^{-\mu} \cdot e^z}{n!} \cdot \frac{d^n}{dz^n} \left(e^{-z} z^{n+\mu}\right) \qquad (\mu \text{ beliebig, } n = 0, 1, 2, \ldots)$$

$$L_n^{(m)}(z) = \frac{(n+m)!}{n!} \cdot \left(\frac{-1}{z}\right)^m \cdot \frac{1}{2\pi i} \int^{(0+)} e^{-zt} \cdot \frac{(1+t)^n}{t^{n+m+1}} \cdot dt \tag{3}$$

$$= \frac{(-)^m}{n!} e^{+z} \cdot \frac{d^{n+m}}{dz^{n+m}} \left(e^{-z} \cdot z^n\right) \qquad (n, m \text{ ganzzahlig, } n+m = 0, 1, 2, \ldots)$$

$$L_n^{(\mu)}(z) = \frac{\Gamma(1+\mu+n)}{n!} \cdot \frac{1}{2\pi i} \int_{\infty(-\pi)}^{(0+)} e^t \cdot \frac{(t-z)^n}{t^{n+\mu+1}} \cdot dt \qquad (n = 0, 1, 2, \ldots) \tag{4}$$

$$(\operatorname{Arc}(t) = -\pi).$$

Schließlich besteht noch als Sonderfall von (§ 2, 13a) die Darstellung durch das Integral

$$e^{-z} z^{\mu/2} \cdot L_n^{(\mu)}(z) = \frac{2}{n!} \int_0^\infty e^{-v^2} v^{2n+\mu+1} J_\mu\left(2 v \sqrt{z}\right) \cdot dv \tag{5}$$

$$= \frac{1}{n!} \int_0^\infty e^{-s} s^{n+\mu/2} J_\mu\left(2\sqrt{zs}\right) \cdot ds \qquad \begin{pmatrix} n + \Re(\mu) > -1 \\ n = 0, 1, 2, \ldots \end{pmatrix}.$$

Aus der Definitionsgleichung (1) folgt

$$L_n^{(\mu)}(0) = \frac{\Gamma(n+\mu+1)}{n!\,\Gamma(\mu+1)} = \binom{n+\mu}{n} \tag{6a}$$

$$L_{-p}^{(\mu)}(z) = 0 \quad \text{für } p = 1, 2, 3, \ldots \text{ und } \mu \neq 0, 1, 2, \ldots, \Re(\mu) > -1 \tag{6b}$$

$$L_{-p}^{(m)}(z) = 0 \quad \text{für } p = 1, 2, \ldots, m \quad \text{und} \quad m = 1, 2, 3, \ldots \tag{6c}$$

$$L_{-p}^{(m)}(z) = (-)^m \binom{p-1}{m} \quad \text{für } p = m+1, m+2, \ldots \text{ und } m = 0, 1, 2, \ldots \tag{6d}$$

Ersetzt man in (3) n durch $n+m$ und m durch $-m$ und vergleicht das Resultat mit Gl. (2), so entsteht eine Relation, die sich nach dem weiteren Ersatz von m durch $m-n$ in der symmetrischen Gestalt

$$n!\,(-z)^m L_n^{(m-n)}(z) = m!\,(-z)^n L_m^{(n-m)}(z) \qquad (n, m = 0, 1, 2, \ldots) \tag{6e}$$

schreiben läßt. Für $m = 0$ folgt daraus wegen $L_0^{(\mu)}(z) = 1$ die Formel:

$$L_n^{(-n)}(z) = \frac{(-z)^n}{n!}. \tag{6f}$$

Aus (2) entfließt die Differentiationsregel

$$\frac{d^n}{dx^n}(e^{-\alpha x} x^\beta) = n!\, x^{\beta-n} \cdot e^{-\alpha x} \cdot L_n^{(\beta-n)}(\alpha x) \tag{7}$$

und für die höheren Ableitungen die Beziehung:

$$\frac{d^p}{dz^p} L_n^{(\mu)}(z) = \begin{cases} (-)^p L_{n-p}^{(\mu+p)}(z) & \text{für} \quad p = 0, 1, \ldots n \\ 0 & \phantom{\text{für}} \quad p = n+1, n+2, \ldots \end{cases} \tag{8}$$

Eine andere wichtige Formel ist die bereits im Abschnitt IV, § 9 bewiesene Orthogonalitäts- und Normierungsrelation

$$\int_0^\infty e^{-x} x^\mu L_n^{(\mu)}(x)\, L_m^{(\mu)}(x) \cdot dx = \frac{\Gamma(m+\mu+1)}{n!} \cdot \delta_{n,m} \tag{9}$$
$$(\Re(\mu) > -1;\ n, m = 0, 1, 2, \ldots).$$

Wegen der D.Gl. der Laguerre-Polynome vergleiche man (§ 3, 7b).

Für die Beurteilung der Konvergenz von Reihen mit Laguerre-Polynomen dienen auf Grund der Angaben im Abschnitt III die folgenden asymptotischen Näherungen:

$$L_n^{(\mu)}(z) \sim (-z)^n/n! \quad (z \to \infty\,(-\pi, +\pi)) \tag{9a}$$

$$L_n^{(\mu)}(z) \sim \mu^n/n! \quad (\mu \to \infty\,(-\pi+\delta, +\pi-\delta)) \tag{9b}$$

$$L_n^{(\mu)}(z) \sim \pi^{-1/2}(n/z)^{\mu/2}(n\,z)^{-1/4} \cdot e^{z/2} \cdot \cos\left(2\sqrt{n\,z} - \frac{\pi\,\mu}{2} - \frac{\pi}{4}\right) \cdot \{1 + O(n^{-1/2})\} \tag{9c}$$
$$(n \to \infty\,(0);\quad 0 \lessgtr |\mathrm{arc}\,(z)| < 2\pi).$$

Außerdem wird auf (§ 8, 12) verwiesen, wo ein asymptotischer Näherungswert für $L_n^{(\mu)}(z)$ angegeben wird, wenn z und $\varkappa = n + (1 + \mu)/2$ zugleich große Werte haben bei mäßig großem oder kleinem μ: Siehe auch G. Szegö [4].

Schließlich bringen wir noch an dieser Stelle einige Rekursionsformeln für die Laguerre-Polynome, d. h. Beziehungen zwischen drei Laguerre-Polynomen, deren Gradzahl n oder Ordnungszahl μ sich je um die Einheit unterscheiden. Man verifiziert sie am bequemsten mit Hilfe der Integraldarstellung (2). Die wichtigsten von ihnen lauten:

$$z \cdot L_n^{(\mu+1)}(z) - (\mu + z) \cdot L_n^{(\mu)}(z) + (n + \mu)\, L_n^{(\mu-1)}(z) = 0 \tag{10a}$$

($n = 0, 1, 2 \ldots$; Differenzengleichung hinsichtlich μ)

$$(n + \mu)\, L_{n-1}^{(\mu)}(z) + (n + 1)\, L_{n+1}^{(\mu)}(z) - (\mu + 1 - z + 2n) \cdot L_n^{(\mu)}(z) = 0 \tag{10b}$$

($n = 1, 2, \ldots$; Differenzengleichung hinsichtlich n)

$$(n + 1)\, L_{n+1}^{(\mu-1)}(z) + (z - \mu) \cdot L_n^{(\mu)}(z) + z \cdot L_{n-1}^{(\mu+1)}(z) = 0 \tag{10c}$$

$$\frac{d}{dz} L_n^{(\mu)}(z) = L_n^{(\mu)}(z) - L_n^{(\mu+1)}(z) \tag{10d}$$

$$\frac{d^p}{dz^p} L_n^{(\mu)}(z) = \sum_{\lambda=0}^{p} (-)^\lambda \binom{p}{\lambda} L_n^{(\mu+\lambda)}(z) \tag{10e}$$

$$\sum_{\lambda=0}^{n} L_\lambda^{(\mu)}(z) = L_n^{(\mu+1)}(z) \tag{10f}$$

$$\begin{aligned} z \cdot \frac{d}{dz} L_n^{(\mu)}(z) &= n \cdot L_n^{(\mu)}(z) - (\mu + n) \cdot L_{n-1}^{(\mu)}(z) \\ &= (n + 1) \cdot L_{n+1}^{(\mu)}(z) - (n + \mu + 1 - z) \cdot L_n^{(\mu)}(z) \\ &= -\mu\, L_n^{(\mu)}(z) + (\mu + n)\, L_n^{(\mu-1)}(z). \end{aligned} \tag{10g}$$

Darf in dem Symbol $L_n^{(\mu)}(z)$ der untere Zeiger n ohne sonstige Änderung in der Definition auch beliebige reelle oder komplexe Werte annehmen, so ist diese Funktion im wesentlichen identisch mit der Kummerschen Funktion oder mit $\mathcal{M}_{\varkappa,\,\mu/2}(z)$. Man kann natürlich in dieser Weise verfahren, und es ist hie und da das Symbol $L_n^{(\mu)}$ auch tatsächlich so verallgemeinert worden. Man vergleiche z. B. in dieser Hinsicht die Arbeiten von E. Pinney [1, 2]. Da jedoch ein besonderer Vorteil mit diesem Vorgehen nicht verknüpft ist, so wird im Rahmen dieses Buches von dieser Möglichkeit kein Gebrauch gemacht. Siehe auch Anhang I, A 7.

Über die Nullstellen der Laguerre-Polynome besteht der folgende bei G. Szegö [4, S. 146] bewiesene Satz: Es sei μ eine beliebige reelle Zahl mit $\mu \neq -1, -2, \ldots, -n$, dann ist die Zahl der positiv reellen Nullstellen von $L_n^{(\mu)}(z)$ gleich n für $\mu > -1$, gleich $n + [\mu] + 1$ für $-n < \mu < -1$ und null für $\mu < -n$. Die Zahl der negativ reellen Nullstellen, die nur für $\mu < -1$ auftreten, beträgt 0 oder 1, je nachdem $L_n^{(\mu)}(0) = \binom{n+\mu}{n}$ $= (-)^n\, \Gamma(-\mu)/\Gamma(-\mu - n) = -\sin(\pi\mu)/(\pi\, n!) \cdot \Gamma(-\mu)\, \Gamma(n + \mu + 1) \gtrless 0$ ist.

Über die Verteilungsdichte der Nullstellen, ihr asymptotisches Verhalten usw. findet man ausführliche Angaben bei G. Szegö [4] und W. Hahn [1].

2. Reihen und Integrale mit Laguerre-Polynomen. Wir betrachten an erster Stelle die Reihe

$$\sum_{\lambda=0}^{\infty} \frac{\Gamma(2\nu+\lambda)}{\Gamma(\mu+1+\lambda)} \cdot (-s)^{\lambda} \cdot L_{\lambda}^{(\mu)}(z)$$

$$= \frac{\Gamma(2\nu)}{\Gamma(1+\mu)} \cdot (1+s)^{-2\nu} \cdot {}_1F_1\left(2\nu; 1+\mu; \frac{sz}{1+s}\right) \tag{11}$$

$$(z \text{ beliebig}, |s|<1)$$

die für jedes z und jedes $|s|<1$ absolut konvergiert, wobei die Konvergenz in jedem beschränkten Teil der z-Ebene und jedem Kreis $|s| \leqq \alpha < 1$ eine gleichmäßige ist. Der Beweis kann z. B. mit Hilfe des Doppelreihensatzes geführt werden, indem man auf der rechten Seite zu der unendlichen Reihe für die Kummersche Funktion übergeht, darin $(1+s)^{-2\nu-n}$ für $|s|<1$ nach Potenzen von s entwickelt und dann die Doppelreihe so umordnet, daß eine reine Potenzreihe nach s entsteht. Wir erwähnen drei Sonderfälle von (11).

Für $2\nu = 1+\mu$ reduziert sich (11) nach dem Übergang von s zu $-s$ auf die Formel:

$$\sum_{\lambda=0}^{\infty} s^{\lambda} \cdot L_{\lambda}^{(\mu)}(z) = (1-s)^{-(1+\mu)} \cdot e^{-\frac{zs}{1-s}}. \tag{11a}$$

Die hierin rechts stehende Funktion wird auch die erzeugende Funktion der Laguerre-Polynome genannt. Vgl. damit (§ 14, 6).

Setzt man im Hinblick auf (§ 1, 12b) $1+\mu = 4\nu$, so erhält man

$$\sum_{\lambda=0}^{\infty} \frac{\Gamma\left(\frac{\mu+1}{2}+\lambda\right)}{\Gamma(\mu+1+\lambda)} \cdot (-s)^{\lambda} \cdot L_{\lambda}^{(\mu)}(z)$$
$$= \left(\frac{\pi}{1+s}\right)^{1/2} \cdot e^{\frac{sz}{2(1-s)}} \cdot I_{\mu/2}\left(\frac{1}{2} \cdot \frac{sz}{1+s}\right) \cdot (sz)^{-\frac{\mu}{2}}. \tag{11b}$$

Wird schließlich in einem dritten Falle $2\nu = -p$ gemacht mit $p = 0, 1, 2, \ldots$, so geht in (11) die ${}_1F_1$-Funktion selbst in ein Laguerre-Polynom über, und es entsteht die Relation:

$$\sum_{\lambda=0}^{p} \frac{(-p)_{\lambda}}{\Gamma(\mu+1+\lambda)} \cdot (-s)^{\lambda} \cdot L_{\lambda}^{(\mu)}(z) = \frac{p!}{\Gamma(p+\mu+1)} \cdot (1+s)^{p} \cdot L_{p}^{(\mu)}\left(\frac{sz}{1+s}\right) \tag{11c}$$

$$(s \text{ und } z \text{ beliebig}).$$

Sie gilt für beliebige Werte von s, da jetzt links eine Reihe aus endlich vielen Gliedern steht und sich rechts alle negativen Potenzen von $1+s$ herausheben.

Der Summenwert der anderen wichtigen Reihe

$$\sum_{\lambda=0}^{\infty} \frac{\lambda!}{\Gamma(1+\mu+\lambda)} \cdot (-h)^{\lambda} \cdot L_{\lambda}^{(\mu)}(x)\, L_{\lambda}^{(\mu)}(y) = \frac{e^{(x+y)\cdot\frac{h}{1+h}}}{1+h} \cdot \frac{J_{\mu}\left(2\sqrt{x\,y}\cdot\frac{h^{1/2}}{1+h}\right)}{(x\,y\cdot h)^{\mu/2}} \tag{12a}$$

$$(|h| < 1,\ x, y \text{ beliebig};\ |h| \leqq 1,\ x, y \text{ reell}),$$

die für beliebige reelle oder komplexe Werte von x und y absolut konvergiert, solange $|h| < 1$ ist, läßt sich u. a. in der Weise bestimmen, daß man unter dem Summenzeichen zunächst jedes der beiden Laguerre-Polynome durch das Integral (5) ersetzt. Nach dem schon mehrfach zitierten Satz bei G. Doetsch [4] darf aber die Reihenfolge von Summation und Integration vertauscht werden, und man erhält nach der Summation der inneren Reihe

$$\frac{4\cdot e^{x+y}}{(x\,y\cdot h)^{\mu/2}} \cdot \int_0^{\infty}\int_0^{\infty} e^{-(u^2+v^2)} \cdot J_{\mu}\left(2u\sqrt{x}\right) \cdot J_{\mu}\left(2v\sqrt{y}\right) J_{\mu}\left(2uv\cdot\sqrt{h}\right) \cdot u\,v \cdot du\,dv\,.$$

Hierin kann die Integration über v und dann auch über u ausgeführt werden, und es entsteht danach unmittelbar das angegebene Resultat. Wegen anderer Beweise vergleiche man die Arbeiten von G. N. Watson [3], Wigert [1], Hille [1], Hardy [1], Kogbetliantz [3], W. Miller-Lebedeff [1] und A. Erdelyi [26]. Erwähnt wird die Reihe auch von H. Bateman [1]. In (12a) stellen beide Gleichungsseiten für beliebige Werte von x und y bei einem $|h| < 1$ reguläre Funktionen dar. Läßt man daher für ein solches $h = |h| \cdot e^{i\varphi}$ den Winkel φ um π zunehmen, so folgt aus (12a) ohne weitere Rechnung die Relation:

$$\sum_{\lambda=0}^{\infty} \frac{\lambda!}{\Gamma(1+\mu+\lambda)} \cdot h^{\lambda} \cdot L_{\lambda}^{(\mu)}(x)\, L_{\lambda}^{(\mu)}(y) = \frac{e^{-(x+y)\cdot\frac{h}{1-h}}}{1-h} \cdot \frac{I_{\mu}\left(2\sqrt{x\,y}\cdot\frac{h^{1/2}}{1-h}\right)}{(x\,y\cdot h)^{\mu/2}} \tag{12b}$$

$$(|h| < 1;\ x, y \text{ beliebig},\ |h| \leqq 1;\ x, y \text{ reell})$$

Für x oder $y \to 0$ führt die Formel (12b) zur Gl. (11a) zurück.

Werden x und y in (12a, b) auf reelle Werte beschränkt, so ist im Hinblick auf die Gl. (9c) ein weit entferntes Reihenglied von der Ordnung

$$O\left\{|h|^{\lambda} \cdot \lambda^{-1/2} \cdot \cos\left(2\sqrt{\lambda x} - \frac{\pi\mu}{2} - \frac{\pi}{4}\right) \cdot \cos\left(2\sqrt{\lambda y} - \frac{\pi\mu}{2} - \frac{\pi}{4}\right)\right\}.$$

Für $x \neq y > 0$ konvergieren beide Reihen auch noch für $h = 1$, überdies sogar gleichmäßig im ganzen Intervall $0 \leqq h \leqq 1$. Nach dem

Abelschen Grenzwertsatz lassen sich dann auch noch für $h = 1$ beide Reihen aus den Grenzwerten der rechten Gleichungsseite für $h \to 1$ berechnen, und zwar ist die rechte Seite von (12a) dann gleich $1/2 \cdot \exp((x+y)/2) \cdot J_\mu(x\,y)/(x\,y)^{\mu/2}$ und die von (12b) gleich Null.

Im Hinblick auf die späteren Anwendungen führen wir noch in (12a, b) die Substitutionen

$$h^{1/2} = \operatorname{tg}\frac{\varphi}{2}, \quad \frac{1}{1+h} = \cos^2\frac{\varphi}{2}, \quad \frac{h^{1/2}}{1+h} = \frac{1}{2}\sin\varphi, \quad \frac{h}{1+h} = \frac{1}{2}(1-\cos\varphi) \quad \text{in Gl. (12a)}$$

$$h^{1/2} = \mathfrak{Tg}\left(\frac{\Phi}{2}\right), \quad \frac{1}{1-h} = \mathfrak{Cof}^2\left(\frac{\Phi}{2}\right), \quad \frac{h^{1/2}}{1-h} = \frac{1}{2}\mathfrak{Sin}\,\Phi, \quad \frac{h}{1-h} = \frac{1}{2}(\mathfrak{Cof}\,\Phi - 1) \quad \text{in Gl. (12b)}$$

durch. Damit läßt sich dann schreiben

$$\sum_{\lambda=0}^{\infty} \frac{(-)^\lambda \cdot \lambda!}{\Gamma(1+\mu+\lambda)} \cdot \left(\operatorname{tg}\frac{\varphi}{2}\right)^{2\lambda} \cdot L_\lambda^{(\mu)}(x) \cdot L_\lambda^{(\mu)}(y) \tag{13a}$$
$$= \cos^2\left(\frac{\varphi}{2}\right) \cdot \left(\operatorname{ctg}\frac{\varphi}{2}\right)^\mu \cdot e^{\frac{x+y}{2}\cdot(1-\cos\varphi)} \cdot \frac{J_\mu(\sqrt{x\,y}\cdot\sin\varphi)}{(x\,y)^{\mu/2}}$$

$$\sum_{\lambda=0}^{\infty} \frac{\lambda!}{\Gamma(1+\mu+\lambda)} \cdot \left(\mathfrak{Tg}\frac{\Phi}{2}\right)^{2\lambda} \cdot L_\lambda^{(\mu)}(x) \cdot L_\lambda^{(\mu)}(y) \tag{13b}$$
$$= \mathfrak{Cof}^2\left(\frac{\Phi}{2}\right) \cdot \left(\mathfrak{Cotg}\frac{\Phi}{2}\right)^\mu \cdot e^{-\frac{x+y}{2}(\mathfrak{Cof}\,\Phi - 1)} \cdot \frac{I_\mu(\sqrt{x\,y}\cdot\mathfrak{Sin}\,\Phi)}{(x\,y)^{\mu/2}}.$$

Da nun für reelle Werte von x, y nach den obigen Erörterungen die Reihe (12b) oder (13b) im ganzen abgeschlossenen Bereich $0 \lesseqgtr h \leqq 1$ gleichmäßig konvergiert, so darf sie nach h zwischen den Grenzen $0 \,..\, +1$ gliedweise integriert werden. Das führt im Hinblick auf (§ 6, 5c) zu der von G. N. Watson [7] aufgefundenen Beziehung:

$$\sum_{\lambda=0}^{\infty} \frac{\lambda!}{\Gamma(1+\mu+\lambda)} \cdot \frac{L_\lambda^{(\mu)}(x) \cdot L_\lambda^{(\mu)}(y)}{1+\lambda} \tag{14}$$
$$= e^{\frac{x+y}{2}} \cdot (x\,y)^{-\frac{1+\mu}{2}} \cdot W_{(\mu-1)/2,\,\mu/2}(x) \cdot \mathcal{M}_{(\mu-1)/2,\,\mu/2}(y) \qquad (x \geqq y > 0).$$

In dieser Reihe darf dann auch $x = y$ gesetzt werden. Die in (14) auf der rechten Seite auftretenden parabolischen Funktionen sind nach der Zusammenstellung im Anhang im wesentlichen mit den beiden unvollständigen Γ-Funktionen $P(z, \mu)$ und $Q(z, \mu)$ in der Bezeichnungsweise von N. Nielsen identisch. Läßt man in (14) überdies $y \to 0$ streben, so erhält man:

$$\sum_{\lambda=0}^{\infty} \frac{L_\lambda^{(\mu)}(x)}{\lambda+1} = e^{\frac{x}{2}} \cdot x^{-\frac{1+\mu}{2}} \cdot W_{(\mu-1)/2,\,\mu/2}(x) = e^x \cdot x^{-\mu} \cdot Q(x,\mu) \tag{14a}$$

$$(x > 0).$$

In (12a) werde die beliebige Größe $y = s/h$ gesetzt, und es gehe $h \to 0$. Mit $z \equiv x$ entsteht dann die Beziehung:

$$\sum_{\lambda=0}^{\infty} \frac{s^\lambda}{\Gamma(1+\mu+\lambda)} \cdot L_\lambda^{(\mu)}(z) = e^s \cdot \frac{J_\mu(2\sqrt{s z})}{(s z)^{\mu/2}} \qquad (s \text{ und } z \text{ beliebig}). \tag{15}$$

Auch hier spricht man oft von der Funktion auf der rechten Gleichungsseite als von der erzeugenden Funktion der Laguerre-Polynome. Die gleiche Reihensumme wie (15) hat nach A. Erdelyi [6, 7] bei einem beliebigen Wert von $\varkappa$ die unendliche Reihe

$$\begin{aligned} e^{s/2} \cdot s^{-\frac{1+\mu}{2}} \cdot \sum_{\lambda=0}^{\infty} s^{\lambda/2} \cdot \mathcal{M}_{\varkappa+\lambda/2,\,(\mu+\lambda)/2}(s) \cdot L_\lambda^{(\varkappa+(\mu-1)/2)}(z) \\ = e^s \cdot \frac{J_\mu(2\sqrt{s z})}{(s z)^{\mu/2}} \qquad (s \text{ und } z \text{ beliebig}), \end{aligned} \tag{16}$$

denn zieht man unter der Beschränkung $\Re((1+\mu)/2+\varkappa) > 0$ für die Funktion $\mathcal{M}$ die Formel (§ 2, 12), u-Form, heran und nimmt die erlaubte Vertauschung der Reihenfolge von Summation und Integration vor, so läßt sich die innere Reihe mit Hilfe von (15) summieren. Die Berechnung des Integrals liefert sofort die rechte Seite von (16). Für $\varkappa = n + (1+\mu)/2$ mit $n = 0, 1, 2, \ldots$ kann in (16) die $\mathcal{M}$-Funktion selbst als Laguerre-Polynom ausgedrückt werden, und man erhält im besonderen:

$$n! \cdot \sum_{\lambda=0}^{\infty} \frac{s^\lambda}{\Gamma(\mu+n+1+\lambda)} \cdot L_n^{(\mu+\lambda)}(s) \cdot L_\lambda^{(\mu+n)}(z) = e^s \cdot \frac{J_\mu(2\sqrt{s z})}{(s z)^{\mu/2}}. \tag{16a}$$

Nach (11a) läßt sich ferner schreiben

$$\begin{aligned} \sum_{\lambda=0}^{\infty} s^\lambda \cdot L_\lambda^{(\mu_1+\mu_2+1)}(x+y) &= \frac{e^{-x \cdot s/(1-s)}}{(1-s)^{1+\mu_1}} \cdot \frac{e^{-y \cdot s/(1-s)}}{(1-s)^{1+\mu_2}} \\ &= \sum_{n=0}^{\infty} s^n L_n^{(\mu_1)}(x) \cdot \sum_{m=0}^{\infty} s^m L_m^{(\mu_2)}(y). \end{aligned}$$

Werden die letzten beiden Summen nach der Produktregel von Cauchy multipliziert und die Koeffizienten gleich hoher Potenzen von s einander gleichgesetzt, so erhält man nach J. Meixner [1] das folgende Additionstheorem für Argument und Ordnungszahl:

$$L_n^{(\mu_1+\mu_2+1)}(x+y) = \sum_{\lambda=0}^{n} L_\lambda^{(\mu_1)}(x) \cdot L_{n-\lambda}^{(\mu_2)}(y). \tag{17}$$

Mit Hilfe von (8) einerseits und (2) andererseits bekommt man wegen

$$e^{-t(x+y)} = e^{y-xt} \cdot \sum_{\lambda=0}^{\infty} \frac{(-y)^\lambda}{\lambda!}(1+t)^\lambda$$

die Beziehung:

$$\begin{aligned} L_n^{(\mu)}(x+y) &= \sum_{\lambda=0}^{\infty}{}' \frac{y^\lambda}{\lambda!} \cdot \frac{d^\lambda}{dx^\lambda} L_n^{(\mu)}(x) = \sum_{\lambda=0}^{n} \frac{(-y)^\lambda}{\lambda!} \cdot L_{n-\lambda}^{(\mu+\lambda)}(x) \\ &= e^y \cdot \sum_{\lambda=0}^{\infty} \frac{(-y)^\lambda}{\lambda!} L_n^{(\mu+\lambda)}(x) \qquad (x, y \text{ beliebig}) \end{aligned} \tag{18}$$

und aus der letzten Form für $\mu = -n$ im Hinblick auf (6f) mit $x = s$ und $y = -s\alpha$ die von Deruyts [1] stammende Formel:

$$\sum_{\lambda=0}^{\infty} \frac{(s\alpha)^\lambda}{\lambda!} L_n^{(\lambda-n)}(s) = \sum_{m=-n}^{\infty} \frac{(s\alpha)^{m+n}}{(m+n)!} \cdot L_n^m(s) = \frac{s^n}{n!}(\alpha-1)^n e^{s\alpha}. \tag{18a}$$

Wegen solcher Integrale, die unter dem Integralzeichen Laguerre-Polynome enthalten, verweisen wir auf § 9.2 und § 10.1. An dieser Stelle wollen wir nur noch ein weiteres recht allgemeines Integral behandeln. Multipliziert man (12b) mit $(x y \cdot h)^{\mu/2} \cdot \exp(-(x+y)/2)$, setzt hinterher $x = \alpha_1 t$ und $y = \alpha_2 t$ und multipliziert erneut mit $t^\beta \cdot e^{-st}$, so darf für alle $|h| < 1$ auf der linken Seite gliedweise nach t zwischen den Grenzen $0 \ldots \infty$ integriert werden. Auf der rechten Seite führt die angegebene Behandlung der Gleichung auf ein Integral mit einer Zylinderfunktion, das nach G. N. Watson [2] im wesentlichen durch eine hypergeometrische Funktion von Gauß darstellbar ist. Entwickelt man auch diese rechte Gleichungsseite nach Potenzen von h und setzt die Koeffizienten gleich hoher Potenzen einander gleich, so resultiert:

$$\begin{aligned} &\int_0^\infty e^{-t\left(s+\frac{\alpha_1+\alpha_2}{2}\right)} \cdot t^{\mu+\beta} \cdot L_\lambda^{(\mu)}(\alpha_1 t)\, L_\lambda^{(\mu)}(\alpha_2 t) \cdot dt \\ &= \frac{\Gamma(1+\mu+\beta)\,\Gamma(1+\mu+\lambda)}{\lambda!\,\lambda!\,\Gamma(1+\mu)} \cdot \left\{ \frac{d^\lambda}{dh^\lambda} \left[\frac{{}_2F_1\left(\frac{1+\mu+\beta}{2},\ 1+\frac{\mu+\beta}{2};\ 1+\mu;\ \frac{A^2}{B^2}\right)}{(1-h)^{1+\mu} \cdot B^{1+\mu+\beta}} \right] \right\}_{h=0} \end{aligned} \tag{19}$$

$$\text{mit } A^2 = \frac{4\alpha_1\alpha_2 \cdot h}{(1-h)^2}, \quad B = s + \frac{\alpha_1+\alpha_2}{2} \cdot \frac{1+h}{1-h}$$

$$\left(\Re\left(s+\frac{\alpha_1+\alpha_2}{2}\right) > 0,\ \alpha_{1,2} > 0,\ \Re(\mu+\beta) > -1\right).$$

Mit den Abkürzungen

$$a_0 = s + \frac{\alpha_1+\alpha_2}{2} \ (20\text{a}) \quad a_2 = s - \frac{\alpha_1+\alpha_2}{2} \ (20\text{b}) \quad a_1^2 = a_0 a_2 + 2\alpha_1\alpha_2 \ (20\text{c})$$

läßt sich in (19) der Bruch hinter dem Zeichen d^λ/dh^λ auf die Form bringen

$$a_0^{-(1+\mu+\beta)} \cdot \frac{(1-h)^\beta}{\left(1-h\cdot\frac{a_2}{a_0}\right)^{1+\mu+\beta}}$$

$$\cdot\, {}_2F_1\left(\frac{1+\mu+\beta}{2},\ 1+\frac{\mu+\beta}{2};\ 1+\mu;\ -\frac{2\cdot h\frac{a_2}{a_0}\cdot\left(1-\frac{a_1^2}{a_0 a_2}\right)}{\left(1-h\cdot\frac{a_2}{a_0}\right)^2}\right).$$

Für die Jacobischen Polynome in der Bezeichnungsweise von G. Szegö [4]

$$\begin{gathered} P_n^{(\alpha,\beta)}(z) = \frac{\Gamma(\alpha+1+n)}{n!\,\Gamma(\alpha+1)}\cdot {}_2F_1\left(-n, \alpha+\beta+n+1; \alpha+1; \frac{1-z}{2}\right) \\ \text{mit } P_n^{(\alpha,\beta)}(-z) = (-)^n\cdot P_n^{(\beta,\alpha)}(z) \end{gathered} \tag{20α}$$

kann nun u. a. als erzeugende Funktion die Formel

$$\begin{aligned} &(1-t)^{-(1+\mu+\beta)}\cdot {}_2F_1\left(\frac{1+\mu+\beta}{2},\ 1+\frac{\mu+\beta}{2};\ 1+\mu;\ -\frac{2t(1-x)}{(1-t)^2}\right) \\ &\qquad = \sum_{\lambda=0}^{\infty} \frac{(1+\mu+\beta)_\lambda}{(1+\mu)_\lambda}\cdot t^\lambda\cdot P_\lambda^{(\mu,\beta)}(x) \qquad (|t|<1) \end{aligned} \tag{20β}$$

angegeben werden. Man beweist sie, indem man in (20β) die einzelnen Glieder der hypergeometrischen Reihe für genügend kleine Werte von t nach Potenzen dieser Variablen entwickelt und dann unter Berufung auf den Umordnungssatz gleich hohe Potenzen von t zusammenfaßt. Die in (19) vorgeschriebene Differentiation nach h ergibt damit die als Laplace- oder Mellintransformierte deutbare Formel:

$$\int_0^\infty e^{-t\left(s+\frac{\alpha_1+\alpha_2}{2}\right)}\cdot t^{\mu+\beta}\cdot L_\lambda^{(\mu)}(\alpha_1 t)\, L_\lambda^{(\mu)}(\alpha_2 t)\cdot dt \tag{21}$$

$$= (-)^\lambda\cdot\frac{\Gamma(1+\mu+\lambda)}{\lambda!\,a_0^{1+\mu+\beta}}\cdot\sum_{n=0}^{\lambda}\left(-\frac{a_2}{a_0}\right)^n\binom{\beta}{\lambda-n}\cdot\frac{\Gamma(1+\mu+\beta+n)}{\Gamma(1+\mu+n)}\cdot P_n^{(\mu,\beta)}\left(\frac{a_1^2}{a_0 a_2}\right)$$

$$\left(\Re(\mu+\beta) > -1,\ \Re\left(s+\frac{\alpha_1+\alpha_2}{2}\right) > 0\right).$$

Für $\beta = \mu$ kann in (21) rechter Hand das Jacobische Polynom vermöge der Beziehung

$$P_n^{(\mu,\mu)}(x) = \frac{\Gamma(2\mu+1)\,\Gamma(n+\mu+1)}{\Gamma(\mu+1)\,\Gamma(n+2\mu+1)} \cdot C_n^{\mu+1/2}(x) \qquad (21\text{a})$$

durch das Gegenbauersche Polynom ersetzt werden. In dieser spezielleren Form wurde (21) zuerst von W. T. Howell [3] aufgestellt.

Für $\beta = 0$ vereinfacht sich (21) beträchtlich, weil dann auf der rechten Seite allein das Glied $n = \lambda$ von Null verschieden ist. Es wird nämlich:

$$\int_0^\infty e^{-t\left(s+\frac{\alpha_1+\alpha_2}{2}\right)} \cdot t^\mu \cdot L_\lambda^{(\mu)}(\alpha_1 t)\, L_\lambda^{(\mu)}(\alpha_2 t) \cdot dt$$
$$= \frac{\Gamma(1+\mu+\lambda)}{a_0^{1+\mu+\lambda}} \cdot \frac{a_2^\lambda}{\lambda!} \cdot P_\lambda^{(\mu,0)}\left(\frac{a_1^2}{a_0\, a_2}\right) \quad \left(\Re(\mu) > -1,\ \Re\left(s+\frac{\alpha_1+\alpha_2}{2}\right) > 0\right). \qquad (22)$$

Wegen $P_\lambda^{(\mu,0)}(-1) = (-)^\lambda$ geht (22) in Rücksicht auf (20a, b, c) für $\alpha_1 = \alpha_2 = 1$ und $s = 0$ wieder in (§ 9, 8) über.

Die von H. Bateman [1, 3] stammende Formel

$$\sum_{\lambda=-n}^{\infty} \left(\sqrt{xy}\, e^{i\varphi}\right)^\lambda \cdot \frac{n!}{(n+\lambda)!} L_n^{(\lambda)}(x)\, L_n^{(\lambda)}(y)$$
$$= e^{\sqrt{xy}\cdot \exp(i\varphi)}\, L_n\left(x + y - 2\sqrt{xy}\cos\varphi\right) \qquad (x, y \text{ beliebig}) \qquad (23)$$

läßt sich beweisen, indem man z. B. $L_n^{(\lambda)}(x)$ gemäß (2), t-Form, darstellt, nach der Vertauschung von Integration und Summation (18a) anwendet und nach dem Ersatz von $t \cdot \sqrt{xy} \cdot e^{i\varphi}$ durch $u(\sqrt{xy} \cdot e^{i\varphi} - y)$ wieder auf (2) zurückgreift.

Darf $f(z)$ gemäß (24) in eine Reihe mit Laguerre-Polynomen entwickelt werden (Konvergenzentscheid nach (9c)) und überdies über den Bereich $0 \ldots \infty$ gliedweise integriert werden, so berechnen sich die c_λ in

$$f(z) = \sum_{\lambda=0}^{\infty} c_\lambda \cdot L_\lambda^{(\mu)}(z) \qquad (24)$$

im Hinblick auf (9) mittels der Formel:

$$c_\lambda = \frac{\lambda!}{\Gamma(1+\mu+\lambda)} \cdot \int_0^\infty e^{-x}\, x^\mu \cdot f(x) \cdot L_\lambda^{(\mu)}(x)\, dx. \qquad (24\text{a})$$

Für $f(x) = x^\nu$ wird z. B. in Rücksicht auf (§ 10, 4β) für $\Re(\mu+\nu) > -1$ der Koeffizient $c_\lambda = (-\nu)_\lambda \Gamma(\mu+\nu+1)/\Gamma(\lambda+\mu+1)$.

§ 13. Reihen und Integrale mit Hermite-Polynomen.

1. Zusammenstellung und Ergänzung des Formelmaterials. Der besseren Übersicht wegen führen wir auch für die Hermite-Polynome zunächst ihre Definitionsgleichung ($n = 0, 1, 2, \ldots$)

$$He_n(z) \equiv e^{z^2/4} \cdot D_n(z) = 2^{n/2+1/4} \cdot z^{-1/2} e^{z^2/4} \cdot W_{\frac{n}{2}+\frac{1}{4}, -\frac{1}{4}}(z^2/2)$$

$$= (-)^n e^{z^2/2} \cdot \frac{d^n}{dz^n}(e^{-z^2/2}) = \sum_{\lambda=0}^{[n/2]} \frac{\left(-\frac{1}{2}\right)^\lambda \cdot n!}{\lambda!(n-2\lambda)!} z^{n-2\lambda} \tag{1}$$

und die daraus im Hinblick auf § 2.5 folgende Integraldarstellung

$$He_n(z) = (\pm)^n \frac{n!}{2\pi i} \int^{(0+)} e^{-s^2/2 \pm sz} \cdot \frac{ds}{s^{n+1}}$$

$$= (2\pi)^{-1/2} \cdot e^{z^2/2+\pi i n/2} \int_{-\infty}^{+\infty} e^{-t^2/2-izt} \cdot t^n \cdot dt \tag{2}$$

$$= (2\pi)^{-1/2} \int_{-\infty}^{+\infty} e^{-v^2/2} \cdot (z+iv)^n \cdot dv$$

an. Getrennt nach den beiden Fällen eines geraden und eines ungeraden Zeigers lauten die Bestimmungsgleichungen:

$$He_{2n}(z) = \left(-\frac{1}{2}\right)^n \frac{(2n)!}{n!} \cdot {}_1F_1\left(-n; \frac{1}{2}; \frac{z^2}{2}\right) = (-2)^n \cdot n!\, L_n^{(-1/2)}\left(\frac{z^2}{2}\right)$$

$$= \left(\frac{\pi}{2}\right)^{1/2} \cdot e^{z^2/4} \cdot \frac{2^n \cdot E_{2n}^{(0)}(z)}{\Gamma\left(\frac{1}{2}-n\right)} \tag{3a}$$

$$He_{2n+1}(z) = \left(-\frac{1}{2}\right)^n \frac{(2n+1)!}{n!} \cdot z \cdot {}_1F_1\left(-n; \frac{3}{2}; \frac{z^2}{2}\right)$$

$$= (-2)^n \cdot n!\, z \cdot L_n^{(+1/2)}\left(\frac{z^2}{2}\right) = -\pi^{1/2} \cdot e^{z^2/4} \cdot \frac{2^n \cdot E_{2n+1}^{(1)}(z)}{\Gamma\left(-\frac{1}{2}-n\right)}. \tag{3b}$$

Für $z = 0$ ist also im besonderen

$$He_{2n}(0) = \left(-\frac{1}{2}\right)^n \cdot \frac{2n!}{n!} \quad (4a) \qquad He_{2n+1}(0) = 0. \quad (4b)$$

An Differentiationsregeln und an Formeln für die höheren Ableitungen folgen aus (1) die Beziehungen:

$$\frac{d^n}{dx^n}(e^{-\alpha x^2-2\beta x}) = (-)^n (2\alpha)^{n/2} \cdot e^{-\alpha x^2-2\beta x} \cdot He_n\left(\sqrt{2\alpha}\left(x+\frac{\beta}{\alpha}\right)\right) \tag{5}$$

$$\frac{d^p}{dz^p}(e^{-z^2/2} \cdot He_n(z)) = (-)^p \cdot e^{-z^2/2}\, He_{n+p}(z) \tag{6a}$$

$$\frac{d^p}{dz^p} He_n(z) = n!/(n-p)! \cdot He_{n-p}(z). \tag{6b}$$

Die D.Gl. der Hermite-Polynome hat nach (§ 3, 9) die Form:

$$y'' - z\,y' + n\,y = 0 \tag{7}$$

und besitzt die beiden Lösungen:

$$y_1(z) = He_n(z) \quad (7\text{a}) \qquad y_2(z) = e^{-z^2/4} \cdot D_{-n-1}(\pm i\,z). \quad (7\text{b})$$

Das asymptotische Verhalten der Hermite-Polynome geht für $z \to \infty$ oder $n \to \infty$ aus

$$He_n(z) \sim z^n \qquad (z \to \infty) \tag{8a}$$

$$He_n(z) \sim 2^{1/2} \cdot e^{z^2/4 + n/2 \cdot \ln(n/e)} \cdot \cos\left(z\sqrt{n} - \frac{\pi n}{2}\right) \cdot \{1 + O(n^{-1/2})\} \tag{8b}$$

$$(n \to \infty\ (0),\ 0 \lessgtr |\operatorname{arc}(z)| < \pi)$$

hervor. Haben x und n gleichzeitig große Werte, so kann entsprechend den beiden Fällen eines $x^2/8\varkappa \lessgtr 1$ das asymptotische Verhalten von $He_n(x)$ aus den Gl. (§ 8, 8) und (§ 8, 12) entnommen werden, wenn man noch den aus (3a, b) ersichtlichen Zusammenhang mit den Laguerre-Polynomen beachtet.

Ausführlichere Angaben über das asymptotische Verhalten der Hermite-Polynome findet man bei G. Szegö [4] und M. Plancherel und W. Rottach [1].

Die beiden Rekursionsformeln

$$He_{n+1}(z) = z \cdot He_n(z) - n \cdot He_{n-1}(z) \quad (9\text{a}) \qquad \frac{d}{dz} He_n(z) = n \cdot He_{n-1}(z), \quad (9\text{b})$$

von denen die erste zugleich die Differenzengleichung der Hermite-Polynome hinsichtlich des Zeigers darstellt, lassen sich leicht an Hand der Gl. (1) und (2) verifizieren.

Die n Nullstellen des Hermite-Polynoms $He_n(z)$ sind sämtlich einfach. Sie liegen alle symmetrisch zum Nullpunkt auf der reellen Achse der z-Ebene. Für ungeradzahliges n ist natürlich $z = 0$ die eine dieser Nullstellen. Im übrigen wird zu dieser Frage auf W. Hahn [1] und auf G. Szegö [4] verwiesen.

Neben dem hier benutzten Hermiteschen Polynom $He_n(z)$ ist in der Literatur auch noch häufig ein Hermite-Polynom mit der Definitionsgleichung

$$\begin{aligned} H_n(z) &\equiv 2^{n/2} \cdot He_n(z\sqrt{2}) = (-)^n \cdot e^{z^2} \cdot \frac{d^n}{dz^n}(e^{-z^2}) \\ &= 2^n \cdot e^{z^2/2} \cdot W_{\frac{n}{2}+\frac{1}{4},\,-\frac{1}{4}}(z^2) \cdot z^{-1/2} = 2^{n/2} \cdot e^{z^2/2} \cdot D_n(z\sqrt{2}) \end{aligned} \tag{1*}$$

anzutreffen.

2. Reihen und Integrale mit Hermite-Polynomen. Im Hinblick auf den Integralsatz von Cauchy folgt sofort aus (2) die Reihenentwicklung:

$$\sum_{\lambda=0}^{\infty} \frac{(\pm t)^\lambda}{\lambda!} \cdot He_\lambda(z) = e^{-t^2/2 \pm t \cdot z} \qquad (t, z \text{ beliebig}). \tag{10}$$

Sie konvergiert absolut und gleichmäßig, wenn sowohl z als auch t auf einen beliebigen abgeschlossenen Teil ihrer Ebenen beschränkt werden. Der in (10) rechts stehende Ausdruck wird häufig die erzeugende Funktion der Hermite-Polynome genannt. Zwei weitere Entwicklungen, die mitunter diesen Namen tragen, entstehen dadurch, daß man in der Reihe (§ 12, 11a) s durch t^2, z durch $z^2/2$ und das eine Mal μ durch $-1/2$, das andere Mal μ durch $+1/2$ ersetzt. Die Anwendung von (3a, b) führt dann auf die Reihen:

$$\sum_{\lambda=0}^{\infty} \frac{(-t^2/2)^{\lambda}}{\lambda!} \cdot He_{2\lambda}(z) = (1-t^2)^{-1/2} \cdot e^{-z^2/2 \cdot t^2/(1-t^2)} \tag{11a}$$

$$(|t| < 1).$$

$$\sum_{\lambda=0}^{\infty} \frac{(-t^2/2)^{\lambda}}{\lambda!} \cdot He_{2\lambda+1}(z) = z \cdot (1-t^2)^{-3/2} \cdot e^{-z^2/2 \cdot t^2/(1-t^2)} \tag{11b}$$

$$(|t| < 1).$$

In der gleichen Weise ergeben sich aus (§ 12, 13a, b) die Beziehungen:

$$\sum_{\lambda=1}^{\infty} \frac{i^{\lambda} \cdot \operatorname{tg}^{\lambda}(\varphi/2)}{\lambda!} \cdot He_{\lambda}(x) \cdot He_{\lambda}(y)$$

$$= \cos(\varphi/2) \cdot \exp\left\{i \cdot \frac{x\,y}{2} \cdot \sin\varphi + \frac{x^2+y^2}{4} \cdot (1-\cos\varphi)\right\} \tag{12a}$$

$$\left(\left|\operatorname{tg}\left(\frac{\varphi}{2}\right)\right| < 1\right),$$

$$\sum_{\lambda=0}^{\infty} \frac{\left(\mathfrak{Tg}\,\frac{\Phi}{2}\right)^{\lambda}}{\lambda!} \cdot He_{\lambda}(x) \cdot He_{\lambda}(y) \tag{12b}$$

$$= \mathfrak{Cof}\,\frac{\Phi}{2} \cdot \exp\left\{\frac{x\,y}{2} \cdot \mathfrak{Sin}\,\Phi - \frac{x^2+y^2}{4} \cdot (\mathfrak{Cof}\,\Phi - 1)\right\} \quad \left(\left|\mathfrak{Tg}\,\frac{\Phi}{2}\right| < 1\right).$$

Schreibt man die letzte Gleichung, die zuerst von G. Mehler [1] aufgestellt worden ist, nach dem Übergang von $\mathfrak{Tg}\,\frac{\Phi}{2}$ zu v in der Form

$$\sum_{\lambda=0}^{\infty} \frac{v^{\lambda}}{\lambda!} He_{\lambda}(x) \cdot He_{\lambda}(y) = (1-v)^{-1/2} \cdot \exp\left\{-\left(\frac{x-y}{2}\right)^2 \cdot \frac{v}{1-v}\right\} \tag{12\beta}$$

$$\cdot (1+v)^{-1/2} \cdot \exp\left\{+\left(\frac{x+y}{2}\right)^2 \cdot \frac{v}{1+v}\right\} \quad (|v| < 1),$$

so kann demnach im Hinblick auf (11a, b) die linke Seite von (12β) auch als das Produkt aus den beiden Reihen

$$\sum_{p=0}^{\infty} \frac{(-v/2)^p}{p!} \cdot He_{2p}\left(\frac{x-y}{\sqrt{2}}\right) \quad \text{und} \quad \sum_{q=0}^{\infty} \frac{(v/2)^q}{q!} \cdot He_{2q}\left(\frac{x+y}{\sqrt{2}}\right)$$

aufgefaßt werden. Diese Multiplikation im Sinne der Cauchyschen Regel führt mit $(x+y)/\sqrt{2} = x_1$ und $(x-y)/\sqrt{2} = x_2$ durch Vergleich der links und rechts stehenden Potenzreihen in v auf das Additionstheorem

$$He_n\left(\frac{x_1+x_2}{\sqrt{2}}\right)\cdot He_n\left(\frac{x_1-x_2}{\sqrt{2}}\right) \tag{13}$$
$$= (-2)^{-n}\cdot\sum_{\lambda=0}^{n}(-)^{\lambda}\cdot\binom{n}{\lambda}\cdot He_{2\lambda}(x_1)\cdot He_{2n-2\lambda}(x_2).$$

Eine andere Form des Additionstheorems spricht die Gleichung

$$(a_1^2+a_2^2)^{n/2}\cdot He_n\left(\frac{a_1x_1+a_2x_2}{\sqrt{a_1^2+a_2^2}}\right) \tag{14}$$
$$= \sum_{\lambda=0}^{n}\binom{n}{\lambda}\cdot a_1^{\lambda}\cdot a_2^{n-\lambda}\cdot He_{\lambda}(x_1)\cdot He_{n-\lambda}(x_2)$$

aus. Sie ist sehr einfach von (10) aus zu beweisen. Setzt man nämlich darin einmal $z = x_1$ und $t = a_1 s$ und das andere Mal $z = x_2$ und $t = a_2 s$ und multipliziert beide Reihen nach der Produktregel von Cauchy, so läßt sich die rechte Seite schreiben

$$\exp\left\{t(a_1x_1+a_2x_2)-\frac{1}{2}\cdot t^2(a_1^2+a_2^2)\right\}$$
$$= \exp\left\{t\sqrt{a_1^2+a_2^2}\cdot\frac{a_1x_1+a_2x_2}{\sqrt{a_1^2+a_2^2}}-\frac{1}{2}\left(\sqrt{a_1^2+a_2^2}\,t\right)^2\right\}$$

und nach (10) in eine Reihe nach wachsenden Potenzen von t entwickeln. Der Vergleich gleich hoher Potenzen von t führt unmittelbar zu (14).

Ein wichtiges Fourier-Integral mit Hermite-Polynomen stellt die Gleichung

$$(2\pi)^{-1/2}\cdot\int_{-\infty}^{+\infty} e^{+xyi-x^2/2}\cdot He_m(x)\,He_n(x)\,dx$$
$$= \begin{cases} m!\,(i\,y)^{n-m}\cdot e^{-y^2/2}\cdot L_m^{(n-m)}(y^2) & (n\geq m)\\ n!\,(i\,y)^{m-n}\cdot e^{-y^2/2}\cdot L_n^{(m-n)}(y^2) & (n\leq m)\end{cases} \tag{15}$$

dar. Die doppelte Ausdrucksmöglichkeit der rechten Gleichungsseite ist eine Folge von (§ 12, 6e). Um (15) zu beweisen, bringe man das Integral im Hinblick auf die Gl. (1) durch eine wiederholte Teilintegration auf die Gestalt

$$(2\pi)^{-1/2}\cdot\int_{-\infty}^{+\infty} e^{-x^2/2}\cdot\frac{d^n}{dx^n}\left(e^{+xyi}\cdot He_m(x)\right)\cdot dx.$$

Nun ist aber nach der s-Form von (2)

$$\frac{d^n}{dx^n}\,[e^{ixy}\cdot He_m(x)] = \frac{m!}{2\pi i}\int^{(0+)} e^{-t^2/2+x(t+yi)}\cdot\frac{(t+yi)^n}{t^{m+1}}\cdot dt.$$

Geht man hiermit in das darüberstehende Integral ein und vertauscht die Reihenfolge der Integrationen, was wegen der absoluten Konvergenz statthaft ist, so liefert die Ausführung der inneren Integration den Ausdruck $(2\pi)^{1/2}\cdot\exp(-(y-i\,t)^2/2)$. Die Substitution $t = i\,y\cdot u$ führt danach im Hinblick auf (§ 12, 2) sofort zu dem angegebenen Resultat.

Aus (15) folgt für $m = 0$ die Beziehung:

$$(2\pi)^{-1/2}\cdot\int_{-\infty}^{+\infty} e^{+xyi-x^2/2}\cdot He_n(x)\cdot dx = (i\,y)^n\cdot e^{-y^2/2}\quad (y \text{ beliebig}).\qquad (15\text{a})$$

Andererseits ergibt die Anwendung der Fourierschen Umkehrformel auf (15) die Integraldarstellung

$$e^{-x^2/2}\cdot He_m(x)\,He_n(x)$$

$$= \frac{m!}{(2\pi)^{1/2}}\int_{-\infty}^{+\infty} e^{ixy-(y^2/2)}\cdot(-i\,y)^{n-m}\cdot L_m^{(n-m)}(y^2)\cdot dy\quad (n \geqq m).\qquad (15\text{b})$$

Für $y = 0$ folgt aus (15) die Orthogonalitäts- und Normierungsrelation

$$\begin{aligned}\int_{-\infty}^{+\infty} e^{-x^2/2}\,He_m(x)\cdot He_n(x)\cdot dx &\equiv \int_{-\infty}^{+\infty} D_m(x)\,D_n(x)\cdot dx\\ &= (2\pi)^{1/2}\cdot n!\cdot\delta_{n,m}.\end{aligned}\qquad (15\text{c})$$

Hiernach bilden die Hermite-Polynome in dem Bereich $-\infty\cdots+\infty$ ein zu der Belegungsdichte $e^{-x^2/2}$ gehöriges orthogonales Funktionensystem. Wegen des Beweises seiner Vollständigkeit wird auf Courant-Hilbert [1] verwiesen.

Spezialisieren wir (§ 12, 21) im Hinblick auf (3a, b) auf Hermite-Polynome, so erhält man z. B. für die geraden Polynome die Formel:

$$\int_0^{\infty} e^{-\frac{v^2}{2}\cdot\left(s+\frac{\gamma_1^2+\gamma_2^2}{2}\right)}\cdot v^{2\beta}\cdot He_{2\lambda}(\gamma_1 v)\,He_{2\lambda}(\gamma_2 v)\cdot dv$$

$$= (-)^\lambda\left(\frac{\pi}{2a_0}\right)^{1/2}\cdot\left(\frac{2}{a_0}\right)^{\beta}\cdot(2\lambda)!\cdot\sum_{n=0}^{\lambda}\left(-\frac{a_2}{a_0}\right)^n\binom{\beta}{\lambda-n}\qquad (16)$$

$$\cdot\frac{\Gamma\left(\frac{1}{2}+\beta+n\right)}{\Gamma\left(\frac{1}{2}+n\right)}\cdot P_n^{(-1/2,\beta)}\left(\frac{a_1^2}{a_0\,a_2}\right)\quad\left(\Re(\beta) > -\frac{1}{2}\right).$$

Hierin ist jetzt

$$a_0 = s + \frac{1}{2}(\gamma_1^2 + \gamma_2^2) \quad (16a) \qquad a_2 = s - \frac{1}{2}(\gamma_1^2 + \gamma_2^2) \quad (16b)$$

$$a_1^2 = a_0 \cdot a_2 + 2\gamma_1^2\gamma_2^2. \tag{16c}$$

Für $s = \beta = 0$ und $\gamma_1^2 = \gamma_2^2 = 1$ folgt aus (16) wiederum (15c).

Ferner ist noch die Formel

$$He_n(z + z_1) = \sum_{\lambda=0}^{n} \binom{n}{\lambda} z_1^\lambda \cdot He_{n-\lambda}(z) \tag{17}$$

zu erwähnen, die mit Hilfe von (66) durch Taylor-Entwicklung bewiesen werden kann. Mittels (17) und des aus (3a, b) und (§ 10, 4b) folgenden Formelpaars

$$\int_0^\infty e^{-\alpha x^2} x^\nu He_{2n}(x)\,dx = (-2)^n \frac{\Gamma\left(\frac{\nu+1}{2}\right)\Gamma\left(n+\frac{1}{2}\right)}{2\pi^{1/2}\cdot\alpha^{(\nu+1)/2}} \cdot {}_2F_1\left(-n, \frac{\nu+1}{2}; \frac{1}{2}; \frac{1}{2\alpha}\right) \tag{18a}$$

$$\left(\Re(\alpha) > 0,\ \Re(\nu) > -1\right),$$

$$\int_0^\infty e^{-\alpha x^2} x^\nu He_{2n+1}(x)\,dx \tag{18b}$$

$$= (-2)^n \cdot \frac{\Gamma\left(\frac{\nu}{2}+1\right)\Gamma\left(n+\frac{1}{2}\right)}{\pi^{1/2}\,\alpha^{\nu/2+1}} \cdot {}_2F_1\left(-n, \frac{\nu}{2}+1; \frac{3}{2}; \frac{1}{2\alpha}\right)$$

$$\left(\Re(\alpha) > 0,\ \Re(\nu) > -2\right)$$

ergibt sich die von E. Feldheim [2] aufgestellte Beziehung:

$$e^{y^2/\beta} \cdot \int_{-\infty}^{+\infty} e^{ixy - \beta x^2/4} He_n(x)\,dx = \int_{-\infty}^{+\infty} e^{-\beta t^2/4} He_n(t + 2iy/\beta)\,dt \tag{19}$$

$$= 2\cdot\left(\frac{\pi}{\beta}\right)^{1/2} \cdot \left(1 - \frac{2}{\beta}\right)^{n/2} \cdot He_n\left(\frac{2iy/\beta}{\sqrt{1-(2/\beta)}}\right),$$

$$\left(n = 0, 1, 2, \ldots;\ \Re(\beta) > 0\right).$$

Besteht für eine Funktion $f(x)$ eine Entwicklung von der Form

$$f(x) = e^{-x^2/4} \sum_{\lambda=0}^{\infty} a_\lambda \cdot He_\lambda(x) \tag{20}$$

und ist es erlaubt, sie nach Multiplikation mit $e^{-x^2/4} \cdot He_n(x)$ gliedweise zu integrieren, so ist in Rücksicht auf (15c):

$$a_n = (2\pi)^{-1/2} \cdot \frac{1}{n!} \cdot \int_{-\infty}^{+\infty} e^{-x^2/4} f(x)\,He_n(x)\,dx. \tag{20a}$$

Für die Fourier-Transformierte von $f(x)$ gilt mithin nach (19) die Entwicklung:

$$F(t) \equiv (2\pi)^{-1/2} \int_{-\infty}^{+\infty} e^{ixt} f(x)\,dx = 2^{1/2}\, e^{-t^2} \cdot \sum_{\lambda=0}^{\infty} a_\lambda\, i^\lambda\, He_\lambda(2t). \tag{21}$$

§ 14. Weitere besondere Polynome und Funktionen.

1. Die Polynome von Charlier. Diese Polynome treten bei gewissen Fragestellungen in der Wahrscheinlichkeitstheorie auf. Handelt es sich z. B. darum, die aufeinanderfolgenden Differenzenquotienten aus der Poissonschen Wahrscheinlichkeitsverteilung $\psi_0(p, x) = x^p/p \cdot \exp(-x)$ mit $x \geq 0$ und $p = 0, 1, 2, \ldots$ anzugeben und wird rekursiv

$$\psi_{n+1}(p, x) = \psi_n(p-1, x) - \psi_n(p, x) \quad \text{mit} \quad \psi_n(-1, x) \equiv 0 \tag{1}$$

gesetzt, so berechnet sich für das Polynom $Q_n(p, x)$ mit der Definitionsgleichung

$$\psi_n(p, x) \cdot x^n = \psi_0(p, x) \cdot Q_n(p, x) \tag{2}$$

der Ausdruck

$$\begin{aligned} Q_n(p, x) &= \sum_{\lambda=0}^{n} \lambda! \binom{p}{\lambda} \cdot \binom{n}{\lambda} \cdot (-x)^{n-p} \\ &= n! \sum_{\lambda=0}^{n} \binom{n+p-n}{n-\lambda} \cdot \frac{(-x)^\lambda}{\lambda!} = n!\, L_n^{(p-n)}(x). \end{aligned} \tag{3}$$

Das Polynom $Q_n(p, x)$ stimmt also im wesentlichen mit dem Laguerre-Polynom vom Grade n und der Ordnung $p - n$ überein.

Für ein $p < n$ ist die Ordnung des Laguerre-Polynoms negativ. Im Hinblick auf (§ 12, 6e) ist dann in der jetzigen Bezeichnungsweise

$$Q_n(p, x) = (-x)^{n-p} \cdot Q_p(n, x). \tag{4}$$

Für die Charlierschen Polynome besteht eine bemerkenswerte bilineare Reihe. In Laguerre-Polynomen lautet sie:

$$\begin{aligned} &\sum_{\lambda=0}^{\infty} \lambda!\, L_\lambda^{(p-\lambda)}(x) \cdot L_\lambda^{(q-\lambda)}(y) \cdot t^\lambda \\ &\quad = e^{t \cdot xy} \cdot \begin{cases} (1-yt)^{p-q} \cdot t^q \cdot q!\, L_q^{(p-q)}\big(-(1-xt)(1-yt)/t\big) \\ (1-xt)^{q-p} \cdot t^p \cdot p!\, L_p^{(q-p)}\big(-(1-xt)(1-yt)/t\big). \end{cases} \end{aligned} \tag{5}$$

Sie kann, auf diese Form gebracht, sogar mit relativ einfachen Mitteln bewiesen werden, und zwar auf Grund der Formel

$$\sum_{\lambda=0}^{\infty} s^\lambda L_\lambda^{(\mu-\lambda)}(z) = (1+s)^\mu \cdot e^{-sz} \qquad (|s| < 1), \tag{6}$$

deren Richtigkeit leicht nachgewiesen werden kann, indem man in (6) das Laguerre-Polynom durch (§ 12, 2) ersetzt. Wegen weiterer Eigenschaften dieser Polynome wird auf die Arbeiten von E. Schmidt [1] (dort auch weitere Literatur), A. Erdelyi [34], J. Meixner [2, 3] und G. Doetsch [2] verwiesen.

2. Die k-Funktion von H. Bateman. Setzt man in Gl. (§ 5, 16) $\mu = -1$, so wird im besonderen

$$W_{\varkappa,-1/2}(z) = W_{\varkappa,+1/2}(z) = \frac{2\cdot\Gamma(1+\varkappa)}{2\pi i}\cdot\int\limits_{-\pi i/2(-\sigma)}^{+\pi i/2(-\sigma)} e^{2s\cdot\varkappa-(z/2)\cdot\mathfrak{Tg}\,s}\cdot ds \tag{7}$$

$$\left(|\sigma + \operatorname{arc}(z)| \lessgtr \pi/2\right).$$

Da jetzt unter dem Integralzeichen die Funktion $\mathfrak{Cof}\,s$ fehlt, so dürfen sich in (17) σ und arc (z) gemäß der dazu angegebenen weniger beschränkenden Ungleichung verhalten. Für ein reelles z ist es danach erlaubt, z. B. an der unteren Grenze $\sigma = -\pi/2$ und an der oberen Grenze $\sigma = +\pi/2$ zu setzen und als Integrationsweg die imaginäre Achse der s-Ebene zu wählen. Mit $s = i\,\vartheta$ und $z = x$ wird dann aus (7)

$$W_{\varkappa,1/2}(x) = \frac{\Gamma(1+\varkappa)}{\pi}\cdot\int\limits_{-\pi/2}^{+\pi/2} e^{i(2\varkappa\vartheta-x/2\cdot\operatorname{tg}\vartheta)}\cdot d\vartheta. \tag{8}$$

Vergleicht man dies mit der Definitionsgleichung

$$\begin{aligned} k_\nu(x) &= \frac{1}{\pi}\cdot\int\limits_{-\pi/2}^{+\varkappa/2} e^{ix\cdot\operatorname{tg}\vartheta-i\nu\vartheta}\cdot d\vartheta = \frac{2}{\pi}\cdot\int\limits_{0}^{+\pi/2}\cos(x\cdot\operatorname{tg}\vartheta-\nu\cdot\vartheta)\cdot d\vartheta \\ &= \frac{W_{\nu/2,\pm1/2}(2x)}{\Gamma(1+\nu/2)} \qquad (x>0) \end{aligned} \tag{9}$$

der von H. Bateman [2] eingeführten k-Funktion, so besteht demnach zwischen ihr und der Funktion $W_{\varkappa,\mu/2}$ der aus (9) ersichtliche Zusammenhang. Bei positiv ganzzahligen Werten von $\nu/2$ ist nach (9) und (§ 2, 28a) die Bateman-Funktion mit den Laguerre-Polynomen verwandt, denn man hat in diesem Falle

$$k_{2n}(x) = W_{n,+1/2}(2x)/n! = (-)^n\cdot e^{-x}\cdot L_n^{(-1)}(2x) \qquad (x \geqq 0). \tag{10}$$

Im besonderen ist für $\nu = 0$ nach (9)

$$k_0(x) = W_{0,1/2}(2x) = \left(\frac{2x}{\pi}\right)^{1/2}\cdot K_{1/2}(x) = e^{-x} \qquad (x \geqq 0). \tag{10a}$$

Für ungeradzahlige Werte von $\nu = 2n+1$ ist die Funktion $k_\nu(x)$ gemäß

$$k_{2n+1}(x) = -\pi^{-1/2}\cdot 2^{-n}\cdot\frac{e^x}{\Gamma\left(n+\frac{3}{2}\right)}\cdot\frac{d^{2n+1}}{dx^{2n+1}}\{e^{-x}\cdot x^{n+1}\cdot K_{n+1}(x)\} \qquad (x>0) \tag{10b}$$

als höhere Ableitung der Funktion $K_{n+1}(x)$ darstellbar. Dieses Resultat folgt unmittelbar aus (§ 2, 49b) für $p = 2n + 1$ und $\mu = 2n + 2$. Die D.Gl. für die Funktion $k_\nu(x)$ ist nach (9) und (§ 3, 4a) durch

$$x \cdot k_\nu''(x) + (\nu - x) \cdot k_\nu(x) = 0 \tag{11}$$

gegeben.

Für beliebige Werte von ν besteht mit den Laguerre-Polynomen für $x \geq 0$ der durch die Gleichung

$$e^{x/2} k_\nu\left(\frac{x}{2}\right) = -\frac{\sin\frac{\pi\nu}{2}}{\pi} \sum_{\lambda=0}^{\infty} \frac{\Gamma(2+\mu)\,\Gamma\left(\lambda-\frac{\nu}{2}\right)}{\Gamma\left(\lambda-\frac{\nu}{2}+2+\mu\right)} L_\lambda^{(\mu)}(x); \quad k_\nu(0) = \frac{\sin(\pi\nu/2)}{(\pi\nu/2)} \tag{12}$$

angegebene Zusammenhang. Die rechts stehende Reihe konvergiert auf Grund von (§ 12, 9b) bedingt für $-9/2 < \Re(\mu) < -5/2$ und absolut für $\Re(\mu) > -5/2$. Für $\mu = 0$ und -1 ergeben sich zwei interessante Sonderfälle. Der Beweis von (12) kann z. B. in der Weise geführt werden, daß man die Orthogonalitätseigenschaften der Laguerre-Polynome heranzieht, den Zusammenhang mit der W-Funktion nach (9) beachtet und (§ 10, 5) berücksichtigt.

Setzt man in (§ 12, 11a) in Rücksicht auf (10) $\mu = -1$ und $z = 2x$, so erhält man als erzeugende Funktion der Bateman-Funktion mit geradzahligem Index vermöge der Substitution $-s = \exp(2i\varphi)$ die Fourier-Reihe

$$e^{ix\cdot\operatorname{tg}\varphi} = \sum_{\lambda=0}^{\infty} k_{2\lambda}(x) \cdot e^{2i\lambda\varphi} \tag{13}$$

in der sich die Zählung von λ auch von $-\infty$ an erstrecken kann, da nach (9) $k_{-2\lambda}(x)$ mit $\lambda > 0$ identisch verschwindet.

Bei Beschränkung auf rein reelle Werte von x ist die nach (9) für positive x definierte Funktion $k_\nu(x)$ in der durch die einfache Formel

$$k_\nu(-x) = k_{-\nu}(x) \tag{14}$$

angegebenen Weise in den Bereich negativer Zahlen fortsetzbar. Wegen weiterer Angaben vergleiche man die Originalarbeit von H. Bateman [2].

3. Die verallgemeinerten Neumannschen Polynome. Diese Polynome sind von A. Erdelyi [2, 27] in die Theorie der parabolischen Funktionen im Zusammenhang mit der Aufgabe eingeführt worden, den Ausdruck $z^{(1+\mu)/2}/(t-z)$ als erzeugende Funktion gemäß der Gleichung

$$\frac{z^{(1+\mu)/2}}{(t-z)} = \sum_{\lambda=0}^{\infty} A_{\varkappa,\mu/2+\lambda,\lambda}(t) \cdot \mathcal{M}_{\varkappa,\mu/2+\lambda}(z) \quad (|t| > |z|) \tag{15}$$

in eine nach den Funktionen $\mathcal{M}_{\varkappa,\mu/2+\lambda}(z)$ fortschreitende Reihe zu entwickeln. Offenbar sind die Koeffizienten A in dieser Entwicklung Polynome von $1/t$ mit dem kleinsten Grade 1 und dem höchsten Grade $\lambda + 1$.

Man findet ihr Bildungsgesetz, indem man in (15) auf der rechten Seite unter der Voraussetzung eines $|z| < |t|$ das Binom $1/(t-z)$ in eine Reihe entwickelt, die Potenzen $z^{(1+\mu)/2+\lambda}$ durch die für jedes endliche z absolut konvergenten Entwicklungen (§ 11, $16\beta_1$) ersetzt und sodann die Glieder mit den $\mathcal{M}$-Funktionen vom gleichen hinteren Parameter zusammenfaßt. Die damit verbundene Umordnung der Doppelreihe ist wegen der absoluten Konvergenz erlaubt. Auf diese Weise entsteht für die Polynome A die Definitionsgleichung:

$$A_{\varkappa,\mu/2+\lambda,\lambda}(t) = t^{-\lambda-1} \sum_{p=0}^{\lambda} c_{\varkappa,\mu/2+\lambda,p} \cdot t^p, \tag{16}$$

worin die Koeffizienten c durch die Gl. (§ 11, $16\beta_2$) gegeben sind. Die mit diesen Koeffizienten (16) gebildete Reihe (15) ist für alle z aus dem Bereich $|z| \leq |t| - \delta$ mit $\delta > 0$ gleichmäßig konvergent.

Unter Zuhilfenahme des Residuensatzes folgt aus (16) sofort:

$$\frac{1}{2\pi i}\int^{(0+)} e^{zt/2} \cdot A_{\varkappa,\mu/2+\lambda,\lambda}(t)\cdot dt = \sum_{p=0}^{\lambda} c_{\varkappa,\mu/2+\lambda,p}\cdot\frac{(z/2)^{\lambda-p}}{(\lambda-p)!}$$

$$= \sum_{m=0}^{\infty} c_{\varkappa,\mu/2+\lambda,\lambda-m}\,\frac{(z/2)^m}{m!}\,.$$

Benutzt man hierin für c die zweite Darstellung in Gl. (§ 11, $16\beta_1$), so gelingt es, mit Hilfe des Additionstheorems der hypergeometrischen Funktion von Gauß hinsichtlich ihres Arguments die Summation auszuführen, und man erhält schließlich die Formel:

$$\frac{1}{2\pi i}\int^{(0+)} e^{zt/2}\cdot A_{\varkappa,\mu/2+\lambda,\lambda}(t)\cdot dt = (\mu+2\lambda)\,\Gamma(\mu+\lambda)\cdot P_\lambda^{\left(\frac{\mu-1}{2}+\varkappa,\,\frac{\mu-1}{2}-\varkappa\right)}(z)\,. \tag{17}$$

Die verallgemeinerten Neumannschen Polynome stellen daher auf Grund der aus (17) mittels des Umkehrtheorems der Laplace-Transformation folgenden Gleichung

$$A_{\varkappa,\mu/2+\lambda,\lambda}(t) = \frac{1}{2}\cdot\Gamma(\mu+\lambda)\cdot(\mu+2\lambda)\cdot\int_0^{\infty} e^{-t/2\cdot s}\cdot P_\lambda^{\left(\frac{\mu-1}{2}+\varkappa,\,\frac{\mu-1}{2}-\varkappa\right)}(s)\cdot ds \tag{18}$$

$$(\Re(t) > 0)$$

im wesentlichen die Laplace-Transformierten der Jacobischen Polynome dar.

Ist $F(z)$ eine innerhalb des um den Nullpunkt beschriebenen Kreises K und auf dessen Berandung eindeutige und reguläre Funktion, so ist nach der Cauchyschen Formel für jeden innerhalb des Kreises gelegenen Punkt z

$$z^{\frac{1+\mu}{2}}\cdot F(z) = \frac{1}{2\pi i}\int_K \frac{F(t)\cdot z^{\frac{1+\mu}{2}}}{t-z}\cdot dt.$$

Setzt man darin für $z^{(1+\mu)/2}/(t-z)$ die Entwicklung (15) ein und integriert gliedweise, was wegen der gleichmäßigen Konvergenz erlaubt ist, so entsteht die Entwicklung

$$z^{\frac{1+\mu}{2}}\cdot F(z) = \sum_{\lambda=0}^{\infty} \mathcal{M}_{\varkappa,\mu/2+\lambda}(z)\cdot\frac{1}{2\pi i}\int_K F(t)\cdot A_{\varkappa,\mu/2+\lambda,\lambda}(t)\cdot dt. \tag{19}$$

Diese Reihe konvergiert für jeden im Innern von K gelegenen Punkt z. Damit ist das allgemeine Bildungsgesetz für die Koeffizienten a_λ in der Entwicklung (α) am Schluß von § 11.3 gefunden.

In seiner unter [2] erwähnten Arbeit gibt A. Erdelyi auch noch die Entwicklungskoeffizienten für den allgemeineren Fall an, daß die Funktion $F(z)$ in einem Ringgebiet eindeutig und regulär ist.

Für $\varkappa = 0$ gehen die Polynome $A_{\varkappa,\,\mu/2,\,n}(t)$ in die Gegenbauerschen Polynome und für $\varkappa = 0$, $\mu = 2n$ in die Neumannschen Polynome $O_n(t)$ über, die beide in der Theorie der Zylinderfunktionen eine Rolle spielen. Siehe darüber G. N. Watson [1].

4. Die Polynome von Sonine. Die von Sonine [1, S. 41/42] in die Analysis eingeführten Polynome sind zufolge ihrer Definitionsgleichung

$$T_\mu^{(n)}(z) = \frac{(-)^n}{n!\,\Gamma(\mu+1)}\,{}_1F_1(-n;\,1+\mu;\,z) = \frac{(-)^n}{\Gamma(\mu+n+1)}\cdot L_n^{(\mu)}(z) \tag{20}$$

mit den Laguerre-Polynomen nahezu identisch. Ein sehr umfangreiches Formelmaterial über diese Polynome findet man in dem Buche [1] von H. Bateman. Vgl. auch L. Gegenbauer [1]. E. Laguerre [1, 2] selbst hat nur das Polynom nullter Ordnung betrachtet.

VI. Abschnitt.

Die Parameterintegrale in den Beziehungen für die verschiedenen Wellentypen der mathematischen Physik in parabolischen Koordinaten.

§ 15. Integrale über den vorderen Parameter von zwei und vier parabolischen Funktionen.

1. Die Ausgangsreihe und die Integrale über $\mathcal{M}$-Funktionen. Wir wählen als Ausgangsbasis für die Untersuchungen dieses Abschnitts die zuerst von A. Erdelyi [17] summierte Reihe

$$K(s,t;h) = \sum_{\lambda=0}^{\infty} \frac{\Gamma(\lambda+\alpha+1)}{\lambda!}\,h^\lambda\cdot\mathcal{M}_{\varkappa_1+\lambda,\,\mu_1/2}(s)\cdot\mathcal{M}_{\varkappa_2+\lambda,\,\mu_2/2}(t) \tag{1}$$

$$(|h|<1;\ s,t \text{ beliebig};\ \alpha \neq -1,-2,\ldots).$$

Sie konvergiert absolut bei beliebigen reellen oder komplexen Werten der Parameter $\varkappa_1$, $\varkappa_2$, μ_1, μ_2, α, s und t im Einheitskreis $|h|<1$, falls nur $\alpha \neq -1, -2$ —ist. Für einen solchen festen Wert von h ist die Konvergenz in bezug auf s und t sogar gleichmäßig ,falls s und t auf beliebige abgeschlossene Bereiche ihrer Ebenen beschränkt werden. Für reellwertiges s und t konvergiert sie nach den Angaben im Abschnitt III auch noch für $h = 1$, und zwar bedingt für $-1/2 < \Re(\alpha - (\mu_1+\mu_2)/2) < +1/2$ und absolut für $\Re(\alpha-(\mu_1+\mu_2)/2) < -1/2$.

Die Summe der Reihe läßt sich etwa in der Weise bestimmen, daß man jede der beiden $\mathcal{M}$-Funktionen durch (§ 11, 14b) darstellt und die hier erlaubte Vertauschung von Integration und Summation durchführt. Die innere Summation läuft dann hinaus auf die Bestimmung des Summenwerts einer Reihe nach Art von (§ 12, 12b). Führt man überdies noch zwei Substitutionen durch, die die anfänglichen Grenzen $0 \ldots 1$ beider Integrale in die Grenzen $0 \ldots s$ und $0 \ldots t$ verwandeln, so erhält man schließlich

$$K(s,t;h) = s^{\frac{1-\mu_1}{2}} \cdot t^{\frac{1-\mu_2}{2}} \cdot \frac{h^{-\alpha/2}}{1-h} \tag{1a}$$

$$\cdot \int_0^s \int_0^t e^{-\frac{1}{2}\cdot\frac{1+h}{1-h}\cdot(u+v)} \cdot (uv)^{\frac{\alpha}{2}} (s-u)^{\frac{\mu_1-\alpha}{2}-1} (t-v)^{\frac{\mu_2-\alpha}{2}-1}$$

$$\times I_\alpha\left(2\sqrt{uv}\cdot\frac{h^{1/2}}{1-h}\right) \mathcal{M}_{\varkappa_1-\frac{1+\alpha}{2},\frac{\mu_1-\alpha-1}{2}}(s-u)\, \mathcal{M}_{\varkappa_2-\frac{1+\alpha}{2},\frac{\mu_2-\alpha-1}{2}}(t-v)\cdot du\, dv$$

$$\left(\Re(\mu_{1,2}-\alpha) > 0,\ \Re(\alpha) > -1\right).$$

Von den Beschränkungen über μ und α rührt die erste von der Konvergenzforderung an der oberen, die zweite von der an der unteren Grenze her. Im Hinblick auf den Zweck, den diese Untersuchungen verfolgen, ist es erwünscht, von der ersten Beschränkung loszukommen. Wir erreichen dies in der bekannten Weise dadurch, daß wir in der u- und v-Ebene zu Schleifenintegralen übergehen, die im Punkt 0 beginnen, die Punkte s oder t von links her kommend von unten nach oben umlaufen und dann zum Nullpunkt zurückziehen. Ferner setzen wir

$$h^{1/2} = \pm i \cdot \operatorname{tg}\left(\frac{\varphi}{2}\right), \qquad s = -i\,\xi', \quad t = +i\,\eta' \qquad (\xi', \eta' > 0).$$

Nach den Substitutionen $u = -i\,x$ und $v = +i\,y$ erhält man dann neuerdings im Hinblick auf (§ 2, 5a, b) die Beziehung:

$$K\left(-i\,\xi', +i\,\eta'; -\operatorname{tg}^2\left(\frac{\varphi}{2}\right)\right) = \frac{\pi^2}{\sin\pi(\mu_1-\alpha)\cdot\sin\pi(\mu_2-\alpha)} \cdot \xi'^{\frac{1-\mu_1}{2}} \cdot \eta'^{\frac{1-\mu_2}{2}}$$

$$\cdot \frac{1}{(2\pi i)^2} \int_0^{(+\xi'+)} \int_0^{(+\eta'+)} e^{i\cdot\cos\varphi\cdot\frac{x-y}{2}} \cdot (xy)^{\frac{\alpha}{2}} \cdot (x-\xi')^{\frac{\mu_1-\alpha}{2}} \cdot (y-\eta')^{\frac{\mu_2-\alpha}{2}} \tag{2}$$

$$\cdot J_\alpha\left(2\sqrt{xy}\cdot\frac{1}{2}\sin\varphi\right) \mathcal{M}_{\frac{\alpha+1}{2}-\varkappa_1,\frac{\mu_1-\alpha-1}{2}}\left(-i\,(x-\xi')\right)$$

$$\cdot \mathcal{M}_{\frac{\alpha+1}{2}-\varkappa_2,\frac{\mu_2-\alpha-1}{2}}\left(+i\,(y-\eta')\right)\cdot dx\, dy$$

$$\left(|\operatorname{tg}(\varphi/2)| < 1,\ \Re(\alpha) > -1,\ \operatorname{Arc}(x-\xi', y-\eta') = -\pi\right).$$

Nun läßt sich die unendliche Reihe in (1) für ein $\varepsilon \to 0$ wegen $\Gamma(-\lambda-\varepsilon) \sim -1/\varepsilon \cdot (-)^{\lambda}/\lambda!$ nach dem Residuensatz von Cauchy auch wie folgt schreiben:

$$K\left(-i\,\xi',\ +i\,\eta';\ -\operatorname{tg}^2\left(\frac{\varphi}{2}\right)\right) = -\frac{1}{2\pi i}\int\limits_{\infty(0)}^{(0+)} \Gamma(-s')\,\Gamma(s'+\alpha+1)$$

$$\cdot\left(\operatorname{tg}\frac{\varphi}{2}\right)^{2s'} \cdot \mathcal{M}_{\varkappa_1+s',\,\frac{\mu_1}{2}}(-i\,\xi') \cdot \mathcal{M}_{\varkappa_2+s',\,\frac{\mu_2}{2}}(+i\,\eta') \cdot ds'.$$

Darin kommt der Integrationsweg vom Punkt ∞ (0) her, verläuft dicht oberhalb der positiv rellen Achse, umschlingt den Nullpunkt im mathematisch-positiven Sinne und zieht dicht unterhalb der positiv reellen Achse wieder zum Punkt ∞ zurück. Die Konvergenz dieses Integrals ist von genau derselben Art wie die der unendlichen Reihe in (1). Sie ist also für ein $|\operatorname{tg}(\varphi/2)| < 1$ mit Sicherheit für beliebige Werte der verschiedenen Parameter vorhanden.

Wir öffnen in dem letzten Integral, nachdem wir aus Gründen einer erhöhten Symmetrie $s' = s - (1+\alpha)/2$ gesetzt haben, den Integrationsweg bis zum Parallellauf mit der imaginären Achse. Diese Umgestaltung des Integrationsweges ist immer statthaft, wenn gleichzeitig $|\operatorname{tg}(\varphi/2)| < 1$ und der Absolutbetrag seines Arcus $< \pi/2$ ist. Mit σ als Integrationsabszisse entsteht damit endgültig die Beziehung

$$\frac{1}{2\pi i}\int\limits_{-\sigma-\infty i}^{-\sigma+\infty i} \Gamma\left(-s+\frac{1+\alpha}{2}\right)\Gamma\left(+s+\frac{1+\alpha}{2}\right)\cdot\left(\operatorname{tg}\left(\frac{\varphi}{2}\right)\right)^{2s}$$

$$\cdot\,\mathcal{M}_{\varkappa_1+s-\frac{1+\alpha}{2},\,\frac{\mu_1}{2}}(-i\,\xi')\cdot\mathcal{M}_{\varkappa_2+s-\frac{1+\alpha}{2},\,\frac{\mu_2}{2}}(+i\,\eta')\,ds$$

$$= \frac{\pi^2\cdot\sin\varphi}{2\cdot\sin\pi(\mu_1-\alpha)\cdot\sin\pi(\mu_2-\alpha)}\cdot\xi'^{\,1-\mu_1/2}\,\eta'^{\,1-\mu_2/2} \tag{3}$$

$$\cdot\,\frac{1}{(2\pi i)^2}\int\limits_0^{(\xi'+)}\int\limits_0^{(\eta'+)} e^{+i\cdot\cos\varphi\cdot(x-y)/2}\cdot(x\,y)^{\alpha/2}\cdot(x-\xi')^{\frac{\mu_1-\alpha}{2}-1}\,(y-\eta')^{\frac{\mu_2-\alpha}{2}-1}$$

$$\cdot\,J_\alpha\left(2\sqrt{x\,y}\cdot\frac{1}{2}\sin\varphi\right)\cdot\mathcal{M}_{\frac{\alpha+1}{2}-\varkappa_1,\,\frac{\mu_1-\alpha-1}{2}}(-i\,(x-\xi'))$$

$$\cdot\,\mathcal{M}_{\frac{\alpha+1}{2}-\varkappa_2,\,\frac{\mu_2-\alpha-1}{2}}(+i\,(y-\eta'))\,dx\,dy$$

$$\left(\Re(\alpha) > -1,\ \operatorname{Arc}(x-\xi',\eta-\eta') = -\pi,\ \left|\operatorname{arc}\left(\operatorname{tg}\frac{\varphi}{2}\right)\right| < \frac{\pi}{2},\ |\sigma| < \frac{1-\Re(\alpha)}{2}\right).$$

Selbstverständlich kann man von (3) aus zu (2) zurückgelangen, indem man den Integrationsweg wieder nach rechts an die reelle Achse der s-Ebene heranführt und über die Pole hinweg zusammenzieht, falls $|\operatorname{tg}(\varphi/2)| < 1$ ist. Man kann ihn aber auch nach links an die negativ reelle Achse heranbiegen, falls die Ungleichungen $|\operatorname{ctg}(\varphi/2)| < 1$ und $|\operatorname{arc}(\operatorname{ctg}(\varphi/2))| < \pi/2$

erfüllt sind. Das führt auf die Entwicklung

$$K\left(-i\,\xi',\,+i\,\eta';\,-\operatorname{tg}^2\frac{\varphi}{2}\right)=e^{+\frac{\pi i}{2}(\mu_2-\mu_1)}\cdot\left(\operatorname{ctg}\frac{\varphi}{2}\right)^{2(\alpha+1)} \tag{4}$$

$$\cdot\sum_{\lambda=0}^{\infty}\frac{\Gamma(\lambda+\alpha+1)}{\lambda!}(-)^{\lambda}\left(\operatorname{ctg}\frac{\varphi}{2}\right)^{2\lambda}\mathcal{M}_{-\varkappa_1+\alpha+1+\lambda,\frac{\mu_1}{2}}(+i\,\xi')\,\mathcal{M}_{-\varkappa_2+\alpha+1+\lambda,\frac{\mu_2}{2}}(-i\,\eta')$$

$$\left(\left|\operatorname{ctg}\frac{\varphi}{2}\right|<1\right).$$

Ein wichtiger Sonderfall von (3) liegt vor, wenn man über die Parameter gemäß der Festsetzung $\mu_1=\mu_2=\alpha=\mu$ verfügt. Dann bekommen nämlich die Faktoren $x-\xi'$ und $y-\eta'$ unter dem Integralzeichen den Exponenten -1. Die Auswertung von (3) ergibt unter diesen Umständen:

$$\frac{1}{2\pi i}\int_{-\sigma-i\infty}^{-\sigma+i\infty}\Gamma\left(-s+\frac{1+\mu}{2}\right)\Gamma\left(+s+\frac{1+\mu}{2}\right)\cdot\left(\operatorname{tg}\frac{\varphi}{2}\right)^{2s}$$

$$\cdot\,\mathcal{M}_{\varkappa_1+s-(1+\mu)/2,\,\mu/2}(-i\,\xi')\cdot\mathcal{M}_{\varkappa_2+s-(1+\mu)/2,\,\mu/2}(+i\,\eta')\cdot ds \tag{5}$$

$$=\frac{1}{2}\cdot\sin\varphi\cdot(\xi'\,\eta')^{1/2}\cdot e^{+i\cdot\cos\varphi\cdot(\xi'-\eta')/2}\cdot J_{\mu}\left(\sqrt{\xi'\eta'}\cdot\sin\varphi\right)$$

$$\left(\left|\operatorname{arc}\left(\operatorname{tg}\frac{\varphi}{2}\right)\right|<\frac{\pi}{2},\quad|\sigma|=\frac{1+\Re(\mu)}{2},\quad\Re(\mu)>-1\right).$$

In (5) spielen $\varkappa_1$, $\varkappa_2$ lediglich die Rolle willkürlicher Parameter. Setzt man z. B. beide gleich $(1+\mu)/2$, so gelangt man von (5) zu (§ 12, 2b) zurück.

Die Gl. (5) kann durch Multiplikation mit $C_r^{\mu+1/2}(\cos\varphi)\cdot\sin^{\mu}\varphi$ und eine nachfolgende Integration über φ zwischen den Grenzen $0\ldots\pi$ zu der Beziehung

$$\frac{1}{2\pi i}\int_{-\sigma-i\infty}^{-\sigma+i\infty}\left[\Gamma\left(-s+\frac{1+\mu}{2}\right)\Gamma\left(+s+\frac{1+\mu}{2}\right)\right]^2$$

$$\cdot\,{}_3F_2\left(-r,\,r+2\mu+1,\,s+\frac{1+\mu}{2};\,1+\mu,\,1+\mu;\,1\right)$$

$$\cdot\,\mathcal{M}_{\varkappa+s-(1+\mu)/2,\,\mu/2}(-i\,\xi')\cdot\mathcal{M}_{\varkappa+s-(1+\mu)/2,\,\mu/2}(+i\,\eta')\cdot ds \tag{6}$$

$$=\pi^{1/2}\cdot i^{r}\cdot\frac{r!\,\Gamma(2\mu+1)\,\Gamma(\mu+1)}{\Gamma(2\mu+r+1)}\cdot\frac{(\xi'\,\eta')^{(1+\mu)/2}}{(\xi'+\eta')^{\mu+1/2}}$$

$$\cdot\,C_r^{\mu+1/2}\left(\frac{\xi'-\eta'}{\xi'+\eta'}\right)\cdot J_{\mu+r+1/2}\left(\frac{\xi'+\eta'}{2}\right)$$

$$\left(|\sigma|<\frac{1+\Re(\mu)}{2};\ r=0,1,2,\ldots\right)$$

verallgemeinert werden. Hat in dieser Formel auf der linken Seite die erste $\mathcal{M}$-Funktion das Argument $+i\,\xi'$ und die zweite das Argument $-i\,\eta'$, was auf eine Vertauschung von ξ' und η' hinausläuft, so muß die rechte Gleichungsseite bei sonst unverändertem Aufbau mit $(-)^r$ multipliziert werden, weil die Funktion ${}_3F_2$ mit dem dritten Parameter $s + (1+\mu)/2$ nach dem Übergang von $+s$ zu $-s$ mit $(-)^r$ multipliziert werden muß, um zwischen beiden ${}_3F_2$-Funktionen Gleichheit zu erzielen. Eine Verwandlung von (6) in eine Reihe ist nicht mehr möglich.

Von ähnlicher Art wie die Gl. (5) ist die von J. Meixner [1] aufgestellte Beziehung:

$$\frac{1}{2\pi i}\int\limits_{-\infty i}^{+\infty i} \Gamma\left(\frac{\mu+1}{2}+i\alpha+s\right)\Gamma\left(\frac{\mu+1}{2}+i\alpha-s\right)\Gamma\left(\frac{\mu+1}{2}-i\alpha-s\right)$$
$$\cdot\Gamma\left(\frac{\mu+1}{2}-i\alpha+s\right)\cdot\mathcal{M}_{i\alpha+s,\mu/2}(x)\,\mathcal{M}_{i\alpha-s,\mu/2}(y)\,ds \tag{6a}$$
$$=\Gamma(\mu+1+2i\alpha)\,\Gamma(\mu+1-2i\alpha)\cdot\left(\frac{\sqrt{xy}}{x+y}\right)^{\mu+1}\cdot\mathcal{M}_{2i\alpha,\mu+1/2}(x+y).$$

Hierin ist der Integrationsweg wiederum so zu führen, daß er die zwei Paare nach links und nach rechts strebender Polketten voneinander trennt. Für den Beweis geht J. Meixner von der partiellen D.Gl. aus, der die rechts stehende Funktion genügt. Wegen Einzelheiten des Beweises muß jedoch auf die Originalarbeit verwiesen werden. Für $\alpha = 0$ geht (6a) in die Gl. (6) für $r = 0$ über.

Eine weitergehende Verallgemeinerung von (5) läßt sich auf dem folgenden Wege erzielen. Wir setzen zunächst in dieser Gleichung der Einfachheit halber $\varkappa_1 = \varkappa_2 = (1+\mu)/2$ und denken sie uns nach Vertauschung von ξ' und η' noch ein zweites Mal angeschrieben. In der ersten Gleichung bezeichnen wir fortan ξ' und η' mit ξ_0' und η_0' und die Integrationsvariable mit s, in der zweiten Gleichung mit ξ_1' und η_1' und die Integrationsvariable mit t. Wir multiplizieren dann beide Gleichungen miteinander, dividieren die neu entstandene Gleichung mit $\sin\varphi$ und integrieren sie nach φ, und zwar in einem ersten Gleichungssatz zwischen den Grenzen $0\ldots+\pi/2$ und in einem zweiten, gleichartigen Gleichungssatz von $+\pi/2\ldots+\pi$. Schließlich sind nach Ausführung dieser Rechenoperationen beide Gleichungssätze durch Addition zu einer einzigen Gleichung zusammenzufassen.

Das Ergebnis, das sich danach einstellt, bedarf für die rechte Gleichungsseite keiner besonderen Erläuterung. Es ist in (7) ebenfalls als rechte Gleichungsseite angeschrieben. Die linke Seite der Gleichung stellt sich zunächst als Summe zweier dreifacher Integrale dar. Die Integration über φ läßt sich ausführen, denn man hat

$$\int\left(\operatorname{tg}\frac{\varphi}{2}\right)^{2s+2t}\cdot\frac{d\varphi}{\sin\varphi}=\frac{(\operatorname{tg}(\varphi/2))^{2s+2t}}{2(s+t)}\,.$$

Für das Integral mit den Grenzen $0\ldots\pi/2$ ergibt sich also durch die Integration $+1/(2(s+t))$, falls $\Re(s+t)>0$ ist, während man für das Integral mit den Grenzen $+\pi/2\ldots+\pi$ den Wert $-1/(2(s+t))$ erhält, falls $\Re(s+t) < 0$ ist. Die resultierenden beiden Doppelintegrale haben also zwar bei gleichem Integranden entgegengesetztes Vorzeichen, sie unterscheiden sich jedoch hinsichtlich des Integrals über t in den Integrationswegen, und zwar insofern, als in dem ersten Doppelintegral der Integrationsweg in der t-Ebene rechts vom Pol $t = -s$ verläuft, in dem zweiten links von diesem Pol. Sorgt man demgemäß durch eine Verschiebung des Integrationsweges für eine Übereinstimmung der Wege, so fallen die beiden Doppelintegrale fort, und es bleibt nur noch ein einfaches Integral als Beitrag des Residuums in dem einfachen Pol $t = -s$ übrig. Im ganzen erhält man auf diese Weise die wichtige Beziehung:

$$\frac{1}{2\pi i}\int_{-\sigma-i\infty}^{-\sigma+i\infty}\left[\Gamma\left(-s+\frac{1+\mu}{2}\right)\Gamma\left(+s+\frac{1+\mu}{2}\right)\right]^2$$

$$\cdot\, \mathcal{M}_{\varkappa+s-\frac{1+\mu}{2},\frac{\mu}{2}}(-i\,\xi_0')\,\mathcal{M}_{\varkappa+s-\frac{1+\mu}{2},\frac{\mu}{2}}(+i\,\eta_0')$$

$$\cdot\, \mathcal{M}_{\varkappa-s-\frac{1+\mu}{2},\frac{\mu}{2}}(+i\,\xi_1')\,\mathcal{M}_{\varkappa-s-\frac{1+\mu}{2},\frac{\mu}{2}}(-i\,\eta_1')\cdot ds$$

$$=\frac{1}{2}\cdot(\xi_0'\,\eta_0'\cdot\xi_1'\,\eta_1')^{1/2}\cdot\int_0^{+\pi}\exp\left[+i/2\cdot\cos\varphi\cdot(\xi_0'-\eta_0'-(\xi_1'-\eta_1'))\right]$$

$$\cdot\, J_\mu\left(\sqrt{\xi_0'\,\eta_0'}\cdot\sin\varphi\right)J_\mu\left(\sqrt{\xi_1'\,\eta_1'}\cdot\sin\varphi\right)\cdot\sin\varphi\cdot d\varphi$$

$$=(\xi_0'\,\eta_0'\cdot\xi_1'\,\eta_1')^{1/2}\cdot\int_0^{+\pi/2}\cos\left[\frac{1}{2}\cos\varphi\cdot(\xi_0'-\eta_0'-(\xi_1'-\eta_1'))\right] \tag{7}$$

$$\cdot\, J_\mu\left(\sqrt{\xi_0'\,\eta_0'}\cdot\sin\varphi\right)J_\mu\left(\sqrt{\xi_1'\,\eta_1'}\cdot\sin\varphi\right)\cdot\sin\varphi\cdot d\varphi$$

$$=\frac{(\xi_0'\,\eta_0'\cdot\xi_1'\,\eta_1')^{\frac{1+\mu}{2}}}{2^{\mu+3/2}\,\Gamma\left(\mu+\frac{1}{2}\right)}\cdot\int_0^{\pi}\frac{J_{\mu+1/2}(\sqrt{A-B\cdot\cos\Phi})}{(\sqrt{A-B\cdot\cos\Phi})^{\mu+1/2}}\cdot\sin^{2\mu}\Phi\cdot d\Phi$$

$$=\frac{(\xi_0'\,\eta_0'\cdot\xi_1'\,\eta_1')^{\frac{1+\mu}{2}}}{2^{\mu+3/2}}\cdot\frac{\Gamma\left(\frac{1}{2}-\mu\right)}{2\pi i}$$

$$\int_0^{(1+)}\left\{\frac{J_{\mu+1/2}(\sqrt{A-B\,t})}{(\sqrt{A-B\,t})^{\mu+1/2}}+\frac{J_{\mu+1/2}(\sqrt{A+B\,t})}{(\sqrt{A+B\,t})^{\mu+1/2}}\right\}\cdot(t^2-1)^{\mu+1/2}\cdot dt,$$

$$A=\frac{1}{4}(\xi_0'-\eta_0'-(\xi_1'-\eta_1'))^2+\xi_0'\,\eta_0'+\xi_1'\,\eta_1' \tag{7a}$$

$$B=2\,(\xi_0'\,\eta_0'\cdot\xi_1'\,\eta_1')^{1/2}<A\quad\text{für }\xi_0'\,\eta_0'\neq\xi_1'\,\eta_1'. \tag{7b}$$

Dabei geht auf der rechten Seite von (7) die dritte Form aus der ersten durch Anwendung der bekannten Formel

$$\int_0^\pi \frac{J_\nu\left(\sqrt{a^2+b^2-2ab\cos\Phi}\right)}{(a^2+b^2-2ab\cos\Phi)^{\nu/2}}\cdot\sin^{2\nu}\Phi\cdot d\Phi = 2^\nu\cdot\Gamma\left(\frac{1}{2}\right)\Gamma\left(\nu+\frac{1}{2}\right)\cdot\frac{J_\nu(a)}{a^\nu}\,\frac{J_\nu(b)}{b^\nu}$$

hervor. Auch in (7) läßt sich das Integral auf der linken Gleichungsseite nicht etwa durch Herumlegen des Integrationsweges nach rechts in eine Reihe verwandeln, da die Konvergenz des Integrals aufhört, sobald der Integrationsweg parallel zur reellen Achse verläuft.

Setzt man in (7) ξ_1' und η_1' gleich Null, nachdem man vorher durch $(+i\,\xi_1')^{(1+\mu)/2}\cdot(-i\,\eta_1')^{(1+\mu)/2}$ dividiert hat, so wird man zu Gl. (6) für $r=0$ zurückgeführt.

2. Eine zweite Ausgangsreihe und Integrale über Produkte von $\mathcal{M}$- und W-Funktionen und W-Funktionen allein. Wir vervollständigen das bisher gewonnene Bild, indem wir Parameterintegrale herstellen, die außer $\mathcal{M}_{\varkappa,\mu/2}(z)$ auch $W_{\varkappa,\mu/2}(z)$ enthalten. Wir nehmen zu diesem Zweck als Ausgangsbasis die Reihe

$$N(s,t;\,h)=\begin{cases}\displaystyle\sum_{\lambda=0}^\infty\frac{\Gamma(\alpha+1+\lambda)}{\lambda!}\cdot(-h)^\lambda\,W_{-\lambda-\frac{1+\mu}{2},\,\frac{\mu}{2}}(s)\cdot W_{\lambda+\frac{1+\mu}{2},\,\frac{\mu}{2}}(t)\\[2ex] \displaystyle\sum_{\lambda=0}^\infty\frac{\Gamma(\alpha+1+\lambda)\,\Gamma(\mu+1+\lambda)}{\lambda!}\cdot h^\lambda\,W_{-\lambda-\frac{\mu+1}{2},\,\frac{\mu}{2}}(s)\cdot\mathcal{M}_{\lambda+\frac{1+\mu}{2},\,\frac{\mu}{2}}(t)\\[2ex] \displaystyle e^{-\frac{t}{2}}\,t^{\frac{1+\mu}{2}}\cdot\sum_{\lambda=0}^\infty\Gamma(\alpha+1+\lambda)\cdot h^\lambda\cdot W_{-\lambda-\frac{1+\mu}{2},\,\frac{\mu}{2}}(s)\cdot L_\lambda^{(\mu)}(t)\end{cases}\tag{8}$$

$$(|h|<1),$$

die sich in Rücksicht auf (§ 12, 1) in der Tat in den angeschriebenen drei Formen angeben läßt. Die Reihe (8) konvergiert für beliebige, aber feste Werte der darin auftretenden Parameter absolut und gleichmäßig für alle h aus dem Bereich $|h|<1$. Für $h=1$ besteht absolute Konvergenz nur, falls $\Re(s^{1/2})>|\Im(t^{1/2})|$ ist.

Um die Summe der Reihe (8) zu finden, gehen wir von der dritten Form von (8) aus, ersetzen darin $W_{-\lambda-(1+\mu)/2}$ durch die Integraldarstellung (§ 5, 4) und vertauschen die Reihenfolge von Summation und Integration. Für die entstehende innere Summe ist aber der Summenwert nach (§ 12, 11) bekannt, und man erhält:

$$\begin{aligned}N(s,t;h)&=(st)^{\frac{1+\mu}{2}}\cdot e^{-\frac{1}{2}(s+t)}\,\frac{\Gamma(\alpha+1)}{\Gamma(\mu+1)}\cdot\int_0^\infty e^{-vs}\cdot\frac{v^\mu(1+v)^\alpha}{[v(1-h)+1]^{1+\alpha}}\\&\quad\cdot{}_1F_1\left(\alpha+1;\,\mu+1;\,-\frac{h\cdot v\,t}{1+v\,(1-h)}\right)\cdot dv\end{aligned}\tag{8a}$$

$$(|h|<1,\ \Re(\mu)>-1;\ \alpha\neq-1,-2,-3,\ldots).$$

Wir setzen nun in (8) und (8a) $s=-i\,\xi'$, $t=-i\,\eta'$ und $h=\mathfrak{Tg}^2\frac{\Psi}{2}$ und verwandeln die zweite Reihe in (8) mittels des Residuensatzes auf die nämliche Weise wie früher in ein Schleifenintegral, das in der komplexen

s-Ebene zunächst allein die positiv reelle Achse dieser Ebene umschlingt. Damit dabei im Pol $s' = \lambda$ auch wirklich die Potenz $\left(+\mathfrak{Tg}^2\frac{\psi}{2}\right)^\lambda$ entsteht, muß im Integranden der Faktor $\exp(-\pi i s')$ mit aufgenommen werden. Das Integral konvergiert ebenso wie die Reihe ohne Einschränkung hinsichtlich ξ' und η', solange $\left|\mathfrak{Tg}\frac{\psi}{2}\right| < 1$ ist. Für ein $\left|\mathfrak{Tg}\frac{\psi}{2}\right| = 1$ muß $\xi' > \eta'$ sein. Wird nun wieder der Integrationsweg bis zum Parallellauf mit der imaginären Achse geöffnet, so muß in Rücksicht auf die Konvergenz des Integrals $0 \lessgtr \operatorname{arc}\left(\mathfrak{Tg}\frac{\psi}{2}\right) < +\pi$ sein. Wegen weiterer Einzelheiten in den Fragen der Konvergenz wird auf die Arbeit von H. Buchholz [5] verwiesen. Im ganzen hat sich damit ergeben:

$$\frac{1}{2\pi i}\int\limits_{-\sigma-i\infty}^{-\sigma+i\infty}\Gamma\left(-s+\frac{1+\mu}{2}\right)\Gamma\left(+s+\frac{1+\mu}{2}\right)\Gamma\left(+s+\frac{2\alpha-\mu+1}{2}\right)$$
$$\cdot\left(\mathfrak{Tg}^2\frac{\psi}{2}\cdot e^{-\pi i}\right)^s\cdot W_{-s,\mu/2}(-i\xi')\cdot\mathcal{M}_{s,\mu/2}(-i\eta')\cdot ds$$
$$=\left(\xi'\eta'\cdot e^{-2\pi i}\cdot\mathfrak{Tg}^2\frac{\psi}{2}\right)^{\frac{1+\mu}{2}}\cdot e^{+i\frac{\xi'+\eta'}{2}}\cdot\frac{\Gamma(\alpha+1)}{\Gamma(\mu+1)} \tag{9}$$
$$\cdot\int\limits_0^{\infty i}\exp\left\{i t\left(\xi'+\eta'\cdot\frac{\mathfrak{Sin}^2\frac{\psi}{2}}{t+\mathfrak{Cof}^2\frac{\psi}{2}}\right)\right\}\cdot t^\mu(1+t)^\alpha\cdot\left(\frac{\mathfrak{Sin}^2\frac{\psi}{2}}{t+\mathfrak{Cof}^2\frac{\psi}{2}}\right)^{1+\alpha}$$
$$\cdot{}_1F_1\left(\mu-\alpha;\mu+1;-i\eta' t\cdot\frac{\mathfrak{Sin}^2\frac{\psi}{2}}{t+\mathfrak{Cof}^2\frac{\psi}{2}}\right)\cdot dt$$
$$\left(0\lessgtr\operatorname{arc}\left(\mathfrak{Tg}\frac{\psi}{2}\right)<+\pi,\ \Re\left(-\frac{2\alpha-\mu+1}{2},-\frac{\mu+1}{2}\right)<-\sigma<\Re\left(\frac{1+\mu}{2}\right)\right).$$

Von den Sonderfällen, die diese Gleichung enthält, interessiert im folgenden vornehmlich der Grenzfall $\alpha = \mu$ und $\mathfrak{Tg}(\psi/2) = 1$ infolge eines $\psi \to \infty$. Das Integral auf der rechten Seite von (9) läßt sich dann durch die Hankelsche Funktion ausdrücken, und wir haben es mit der wesentlich einfacheren Formel

$$\frac{1}{2\pi i}\int\limits_{-\sigma-\infty i}^{-\sigma+\infty i}\Gamma\left(-s+\frac{1+\mu}{2}\right)\Gamma\left(+s+\frac{1+\mu}{2}\right)\Gamma\left(+s+\frac{1+\mu}{2}\right)$$
$$\cdot e^{-\pi i s}\cdot W_{-s,\mu/2}(-i\xi')\cdot\mathcal{M}_{s,\mu/2}(-i\eta')\cdot ds \tag{10a}$$
$$=\frac{1}{2}\cdot\pi^{1/2}\cdot\Gamma(1+\mu)\cdot(\xi'\eta')^{\frac{1+\mu}{2}}\cdot(\xi'+\eta')^{-1/2-\mu}\cdot H^{(1)}_{\mu+1/2}\left(\frac{\xi'+\eta'}{2}\right)$$
$$\left(|\sigma|<\frac{1+\Re(\mu)}{2},\quad\Re(\mu)>-1,\ \xi',\eta'>0\right)$$

zu tun. Wegen der entsprechenden Beziehung für $H^{(2)}_{\mu+1/2}$ vergleiche man (11a).

Das Integral (10a) läßt sich noch weiter umformen, indem man darin $\mathcal{M}_{s,\mu/2}$ mittels (§ 2, 20a) unter Benutzung des oberen Vorzeichens durch die Summe zweier W-Funktionen ersetzt. Das eine der dabei entstehenden Integrale hat einen in der rechten s-Halbebene singularitätenfreien Integranden. Da der Integrationsweg obendrein, ohne die Konvergenz zu gefährden, beliebig weit nach rechts verschoben werden kann, so hat dieses Integral einen verschwindenden Wert. Man wird so zu der anderen Darstellung

$$\frac{1}{2\pi i}\int\limits_{-\sigma-i\infty}^{-\sigma+i\infty}\Gamma\left(-s+\frac{1+\mu}{2}\right)\Gamma\left(+s+\frac{1+\mu}{2}\right)\cdot W_{-s,\mu/2}(-i\xi')\cdot W_{+s,\mu/2}(-i\eta')\cdot ds$$

$$=\frac{1}{2}\cdot\pi^{1/2}\cdot\Gamma(1+\mu)\cdot(e^{+\pi i}\cdot\xi'\eta')^{(1+\mu)/2}\cdot(\xi'+\eta')^{-1/2-\mu}\cdot H^{(1)}_{\mu+1/2}\left(\frac{\xi'+\eta'}{2}\right)$$

$$\left(|\sigma|<\frac{1+\Re(\mu)}{2},\quad \Re(\mu)>-1,\quad \xi',\eta'>0\right) \tag{10b}$$

geführt. Sie hätte sich ohne den Umweg über (10a) unmittelbar ergeben, wenn man für $h=1$ von der ersten Form von (8) ausgegangen wäre, oder anders ausgedrückt, wenn man in der dritten Darstellungsform dieser Gleichung das Laguerre-Polynom nicht als $\mathcal{M}$-, sondern als W-Funktion fortgesetzt hätte. (10b) gibt auch schon W. Magnus [3] an.

Man kann (10a, b) verallgemeinern, indem man in (6) $\varkappa=(1+\mu)/2$ setzt und im übrigen auch in dieser Gleichung zunächst die eine und dann auch die zweite $\mathcal{M}$-Funktion gemäß (§ 2, 20a) in die Summe zweier W-Funktionen aufspaltet. Das führt zu dem Formelpaar:

$$\frac{1}{2\pi i}\int\limits_{-\sigma-i\infty}^{-\sigma+i\infty}\Gamma\left(-s+\frac{1+\mu}{2}\right)\Gamma^2\left(+s+\frac{1+\mu}{2}\right)$$

$$\cdot\,{}_3F_2\left(-r,r+2\mu+1,s+\frac{\mu+1}{2};1+\mu,1+\mu;1\right)e^{\mp\pi i s}$$

$$\cdot\,W_{-s,\mu/2}(\mp i\xi')\,\mathcal{M}_{s,\mu/2}(\mp i\eta')\cdot ds$$

$$=\pi^{1/2}\cdot(\mp i)^r\cdot\frac{r!\,\Gamma(2\mu+1)\cdot\Gamma(\mu+1)}{2\cdot\Gamma(2\mu+r+1)}\cdot\frac{(\xi'\eta')^{\frac{1+\mu}{2}}}{(\xi'+\eta')^{\mu+1/2}} \tag{11a}$$

$$\cdot\,C_r^{\mu+1/2}\left(\frac{\xi'-\eta'}{\xi'+\eta'}\right)\cdot H^{(1)\,(2)}_{\mu+r+1/2}\left(\frac{\xi'+\eta'}{2}\right)$$

$$\left(|\sigma|<\frac{1+\Re(\mu)}{2},\quad \Re(\mu)>-1,\quad \xi',\eta'>0\right).$$

$$\frac{1}{2\pi i}\int\limits_{-\sigma-i\infty}^{-\sigma+i\infty}\Gamma\left(-s+\frac{1+\mu}{2}\right)\Gamma\left(+s+\frac{1+\mu}{2}\right)$$
$$\cdot {}_3F_2\left(-r, r+2\mu+1, s+\frac{\mu+1}{2}; 1+\mu, 1+\mu; 1\right)$$
$$\cdot W_{-s,\mu/2}(\mp i\,\xi')\cdot W_{+s,\mu/2}(\mp i\,\eta')\cdot ds \tag{11b}$$

$$= \pi^{1/2}\cdot(\mp i)^r\cdot\frac{r!\,\Gamma(1+2\mu)\,\Gamma(1+\mu)}{2\cdot\Gamma(2\mu+r+1)}\cdot\frac{(\xi'\,\eta'\cdot e^{\pm\pi i})^{\frac{1+\mu}{2}}}{(\xi'+\eta')^{1/2+\mu}}\cdot H^{(1)}_{\mu+r+1/2}{}^{(2)}\left(\frac{\xi'+\eta'}{2}\right)$$

$$\left(|\sigma|<\frac{1+\Re(\mu)}{2},\quad \Re(\mu)>-1,\quad \xi',\eta'>0\right).$$

In den letzten beiden Gleichungen ist der Übergang zu Reihenentwicklungen möglich, indem man den Integrationsweg entweder für ein $\xi' > \eta'$ nach rechts oder für ein $\xi' < \eta'$ nach links herumlegt.

Schließlich läßt sich auf diese Weise auch die Gl. (7) mit den vier $\mathcal{M}$-Funktionen im Integranden umgestalten, indem man $\varkappa = (1+\mu)/2$ macht und etwa die beiden $\mathcal{M}$-Funktionen mit den Argumenten $-i\,\xi_0'$ und $+i\,\eta_0'$ durch die Summe zweier W-Funktionen ersetzt. Von den entstehenden vier Integralen sind zwei identisch Null, weil ihre Integranden singularitätenfrei sind. Es entsteht die Gleichung:

$$\frac{1}{2\pi i}\int\limits_{-\sigma-i\infty}^{-\sigma+i\infty}\Gamma\left(-s+\frac{1+\mu}{2}\right)\Gamma\left(+s+\frac{1+\mu}{2}\right)$$
$$\cdot\{W_{-s,\mu/2}(+i\,\xi_0')\,W_{+s,\mu/2}(+i\,\eta_0')\cdot\mathcal{M}_{-s,\mu/2}(+i\,\xi_1')\,\mathcal{M}_{-s,\mu/2}(+i\,\eta_1')$$
$$+W_{+s,\mu/2}(-i\,\xi_0')\,W_{-s,\mu/2}(-i\,\eta_0')\cdot\mathcal{M}_{+s,\mu/2}(-i\,\xi_1')\,\mathcal{M}_{-s,\mu/2}(-i\,\eta_0')\}\cdot ds$$

$$=\frac{(\xi_0'\,\eta_0'\cdot\xi_1'\,\eta_1')^{\frac{1+\mu}{2}}}{2^{\mu+1/2}\cdot\Gamma\left(\frac{1}{2}+\mu\right)}\cdot\int\limits_0^{+\pi}\frac{J_{\mu+1/2}(\sqrt{A-B\cdot\cos\Phi})}{(\sqrt{A-B\cdot\cos\Phi})^{\mu+1/2}}\cdot\sin^{2\mu}\Phi\cdot d\Phi \tag{12}$$

$$\left(\Re(\mu)>-1,\quad |\sigma|<\frac{1+\Re(\mu)}{2},\quad \xi_0'>\xi_1',\ \eta_0'>\eta_1'>0\right).$$

Wegen A, B s. Gl. (7a, b).

Die beiden Integrale, in die sich die linke Seite von (12) zerlegen läßt, haben konjugiert komplexe Werte. In zwei konjugiert komplexe Bestandteile läßt sich aber auch die rechte Seite auftrennen, denn in der Relation $J_\nu = H_\nu^{(1)} + H_\nu^{(2)}$ sind die beiden Hankelschen Funktionen ebenfalls konjugiert komplex, wenn Argument und Zeiger ν reell sind. Es liegt daher die Vermutung nahe, daß in (12) diese beiden Bestandteile einander entsprechen. Diese Vermutung bestätigt sich und führt zu der folgenden

Schlußgleichung:

$$\frac{1}{2\pi i}\int\limits_{-\sigma-\infty i}^{-\sigma+\infty i}\Gamma\left(-s+\frac{1+\mu}{2}\right)\Gamma\left(+s+\frac{1+\mu}{2}\right)$$

$$\cdot W_{\pm s,\mu/2}(\mp i\,\xi_0')\,W_{\mp s,\mu/2}(\mp i\,\eta_0')\cdot \mathcal{M}_{\pm s,\mu/2}(\mp i\,\xi_1')\,\mathcal{M}_{\mp s,\mu/2}(\mp i\,\eta_1')\cdot ds$$

$$=\frac{(\xi_0'\eta_0'\cdot\xi_1'\eta_1')^{\frac{1+\mu}{2}}}{2^{\mu+3/2}\cdot\Gamma\left(\frac{1}{2}+\mu\right)}\cdot\int\limits_0^{+\pi}\frac{H^{(1)}_{\mu+1/2}{}^{(2)}\left(\sqrt{A-B\cdot\cos\Phi}\right)}{\left(\sqrt{A-B\cdot\cos\Phi}\right)^{\mu+1/2}}\cdot\sin^{2\mu}\Phi\cdot d\Phi$$

$$=\frac{(\xi_0'\eta_0'\cdot\xi_1'\eta_1')^{\frac{1+\mu}{2}}}{2^{\mu+3/2}}\cdot\frac{\Gamma\left(\frac{1}{2}-\mu\right)}{2\pi i}\tag{13}$$

$$\cdot\int\limits_0^{(1+)}\left\{\frac{H^{(1)}_{\mu+1/2}{}^{(2)}\left(\sqrt{A-B\cdot t}\right)}{\left(\sqrt{A-B\cdot t}\right)^{\mu+1/2}}+\frac{H^{(1)}_{\mu+1/2}{}^{(2)}\left(\sqrt{A+B\cdot t}\right)}{\left(\sqrt{A+B\cdot t}\right)^{\mu+1/2}}\right\}\cdot(t^2-1)^{\mu-1/2}\cdot dt$$

$$=\pm\frac{1}{2}(\xi_0'\eta_0'\cdot\xi_1'\eta_1')^{1/2}\cdot\int\limits_0^{\infty}\exp\left\{-\left|\frac{\xi_0'-\eta_0'}{2}-\frac{\xi_1'-\eta_1'}{2}\right|\cdot\sqrt{t^2-1}\right\}$$

$$\cdot J_\mu\left(\sqrt{\xi_0'\eta_0'}\cdot t\right)J_\mu\left(\sqrt{\xi_1'\eta_1'}\cdot t\right)\cdot\frac{t\cdot dt}{i\sqrt{t^2-1}}$$

$$\left(\Re(\mu)>-1,\ |\sigma|<\frac{1+\Re(\mu)}{2},\ \operatorname{Arc}(t-1)=\mp\pi,\ \operatorname{arc}(t-1)\to 0\text{ für }t\to\infty,\ \xi_0'>\xi_1',\ \eta_0'>\eta_1'\right).$$

Links wie rechts gehören hierin entweder die oberen oder die unteren Vorzeichen zusammen. Für $\xi_0'<\xi_1'$ braucht auf der linken Seite nur eine Vertauschung dieser beiden Größen vorgenommen zu werden.

Die linke Seite von (13) kann nach dem Residuensatz durch Herumlegen des Integrationsweges nach rechts in eine endliche Reihe entwickelt werden, falls bei Wahl des $\genfrac{}{}{0pt}{}{\text{oberen}}{\text{unteren}}$ Vorzeichens $\genfrac{}{}{0pt}{}{\sqrt{\eta_0'}>\sqrt{\xi_0'}+\sqrt{\xi_1'}+\sqrt{\eta_1'}}{\sqrt{\xi_0'}>\sqrt{\eta_0'}+\sqrt{\xi_1'}+\sqrt{\eta_1'}}$ ist. Es steht demnach stets dasjenige der vier Argumente auf der linken Seite dieser Ungleichungen, das zu der Funktion $W_{-s,\mu/2}$ gehört. Ersetzt man in (13) s durch $-s$, so ergibt sich als Bedingung für die Entwickelbarkeit, daß bei Wahl des $\genfrac{}{}{0pt}{}{\text{oberen}}{\text{unteren}}$ Vorzeichens $\genfrac{}{}{0pt}{}{\sqrt{\xi_0'}>\sqrt{\eta_0'}+\sqrt{\xi_1'}+\sqrt{\eta_1'}}{\sqrt{\eta_0'}>\sqrt{\xi_0'}+\sqrt{\xi_1'}+\sqrt{\eta_1'}}$ sein muß.

Einige einfachere der in diesem Abschnitt angegebenen Integrale sind auch von A. Erdelyi [39] mit Hilfe der Theorie der Transformierten hergeleitet worden. Er dehnt darin seine Untersuchungen auch auf andere Funktionen aus.

§ 16. Die Integraldarstellungen für die verschiedenen Wellentypen der mathematischen Physik.

1. Einleitende Bemerkungen. Die im vorigen Paragraphen aufgestellten Formeln finden eine unmittelbare Anwendung auf die mathematische Darstellung der verschiedenen Wellentypen der mathematischen Physik, wenn die Bewegung der Wellen in den Koordinaten des Drehparabols oder des parabolischen Zylinders beschrieben werden sollen. Der Zusammenhang dieser beiden Arten von Koordinaten mit den gewöhnlichen rechtwinkligen Koordinaten sowie den Zylinder- und Kugelkoordinaten wurde bereits in § 4 angegeben. Nun liegt es aber bei der hier zu behandelnden Aufgabe nicht etwa so, daß es zu ihrer Lösung bereits genügte, z. B. in dem Ausdruck

$$\Phi(x, y, z) = \epsilon^{ik(z\cdot\cos\psi + x\cdot\cos\chi\cdot\sin\psi + y\cdot\sin\chi\cdot\sin\psi) - i\omega t} \qquad \left(k = \frac{2\pi}{\lambda} = \frac{\omega}{c}\right) \tag{1a}$$

für die stationäre Schalldruckänderung in einer ebenen Schallwelle mit der aus Abb. 9 hervorgehenden Bedeutung der Winkel χ und ψ einfach die Koordinaten x, y, z durch die entsprechenden parabolischen Koordinaten zu ersetzen. Mit Hilfe von (§ 4, 2) geht dann (1a) zwar in die Gleichung

$$\Phi(\xi, \eta, \varphi) = e^{ik\cdot[(\xi-\eta)\cos\psi + 2\sqrt{\xi\eta}\cdot\sin\psi\cdot\cos(\varphi-\chi)]} \tag{1b}$$

mit den Koordinaten ξ, η, φ des Drehparabols und mittels (§ 4, 17) in die andere Gleichung

$$\Phi(\xi, \eta, z) = e^{ik[z\cdot\cos\psi + (\xi-\eta)\cdot\cos\chi\cdot\sin\psi \pm 2\sqrt{\xi\eta}\cdot\sin\chi\cdot\sin\psi]} \tag{1c}$$

mit den Koordinaten ξ, η, z des parabolischen Zylinders über, und während noch die Funktion Φ von (1a) der Wellengleichung

$$\Delta\Phi + k^2\cdot\Phi = 0 \qquad \left(k = \frac{2\pi}{\lambda} = \frac{\omega}{c}\right) \tag{2}$$

mit Δ in der Bedeutung von $\partial^2/\partial x^2 + \partial^2/\partial y^2 + \partial^2/\partial z^2$ genügt, befriedigen die Funktionen Φ von (1b, c) die Wellengleichung (2) mit einem Δ gemäß (§ 4, 6) und (§ 4, 21). In der Form (1b) und (1c) hat aber die Gleichung der ebenen Welle noch keineswegs diejenige Gestalt, die sie haben muß, soll danach mit Erfolg an die Lösung von Reflexions- und Beugungserscheinungen herangegangen werden können.

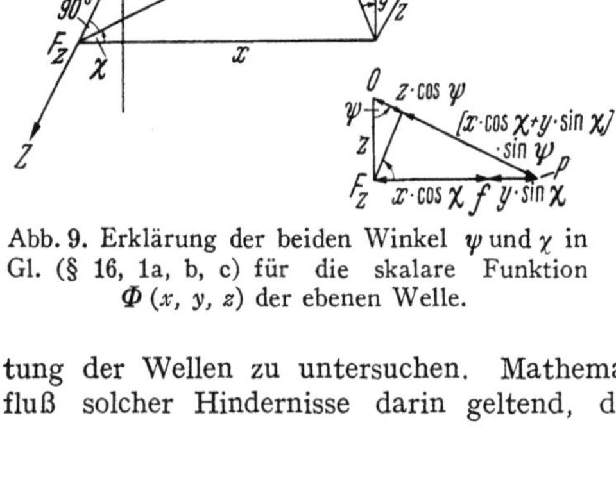

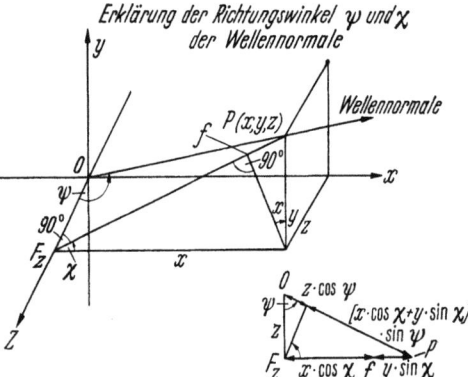

Abb. 9. Erklärung der beiden Winkel ψ und χ in Gl. (§ 16, 1a, b, c) für die skalare Funktion $\Phi(x, y, z)$ der ebenen Welle.

In der Tat hat die in Rede stehende Aufgabe überhaupt nur dann einen Sinn, wenn es sich darum handelt, den Einfluß räumlicher Begrenzungen auf die Ausbreitung der Wellen zu untersuchen. Mathematisch macht sich der Einfluß solcher Hindernisse darin geltend, daß an der Oberfläche des als starr vorausgesetzten begrenzenden Körpers, um beim Beispiel der Schallwelle zu bleiben, die zur Oberfläche normale Komponente der Schallgeschwindigkeit, die proportional der Normalableitung Φ ist, verschwinden muß. Wird nun diese Begrenzung z. B. von der äußeren Oberfläche des Drehparabols $\xi = \xi_0$ gebildet, so bringt die Verwendung der Koordinaten des Drehparabols bei der Lösung der Aufgabe jedenfalls den großen Vorteil mit sich, daß die Randwertbedingung, die den Einfluß des Hindernisses erfaßt, in die einzige Vorschrift $\partial\Phi/\partial\eta = 0$ für $\xi = \xi_0$ und für alle η und φ eingefangen werden kann. Dahinzu kommt noch eine Besonderheit in dem Verhalten der Wellengleichung gegenüber solchen Koordinaten, die für konstante Werte einer der Koordinaten Flächen zweiten Grades beschreiben: Es sind nämlich ihre Teillösungen in diesen Koordinaten separierbar; d. h. es läßt sich jede Teillösung als das Produkt aus drei Funktionen darstellen, von denen jede einzelne nur von einer der drei Koordinaten abhängt. Solche Teillösungen haben wir schon im (§ 4, 13) und (§ 4, 26) aufgestellt, und es wurde auch dort schon darauf hingewiesen, daß man von solchen Teillösungen aus wegen des beliebigen Wertes der darin vorkommenden Parameter $\varkappa$ oder ν nach Multiplikation mit willkürlichen und von den Koordinaten unabhängigen Faktoren oder Funktionen durch Addition oder gar Integration zu wesentlich allgemeineren Lösungen aufsteigen kann. Es liegt auf der Hand, daß die Wahl der willkürlichen Größen zum Zwecke der Herstellung der Lösung einmal von der Randbedingung und zum anderen auch von der Art der Anregung abhängen wird, d. h. von der Art der primären Welle.

Von dieser Einsicht ist dann aber nur noch ein kleiner Schritt bis zu der Erkenntnis, daß es für die geeignete Auswahl dieser unbekannten Funktion unerläßlich ist, auch für die den Reflexions- oder Beugungsvorgang auslösende Welle über eine Darstellungsform zu verfügen, die die gleichen Merkmale zeigt wie die aus den Teillösungen zusammengesetzte allgemeine Lösung, d. h. es muß z. B. auch für die ebene Welle (1b) oder (1c) ein Ausdruck bekannt sein der sie als ein Integral über das Produkt dreier Funktionen darstellt, die jeweils von ξ, η und φ oder z allein abhängen. Von den drei für die Funktion Φ in (1a, b, c) angegebenen Formen erfüllt nur (1a) diese Forderung, von (1b, c) trifft dies wegen des Gliedes $\sqrt{\xi\,\eta}$ im Exponenten nicht von vornherein zu.

Mit Hilfe der im § 15 hergeleiteten Formeln läßt sich nun aber diese Aufgabe in allen Fällen leicht bewältigen.

2. Die verschiedenen Wellentypen in den Koordinaten des Drehparabols. Es möchte zunächst als das Natürlichste erscheinen, bei der Herleitung der Reihen- und Integraldarstellungen in jedem Falle mit dem einfachsten Wellentypus, der ebenen Welle, zu beginnen. Das werden wir auch bei Bezugnahme auf das Koordinatensystem des parabolischen Zylinders tun. Wird jedoch die Wellenfortpflanzung auf die Koordinaten des Drehparabols bezogen, so ist es ratsamer, mit einem verwickelteren Wellentypus zu beginnen, nämlich mit der Zylinderwelle, da hierfür das notwendige Formelmaterial bereits zur Verfügung steht.

a) Die Zylinderwelle. In den Zylinderkoordinaten ϱ, φ, z ist die Zylinderwelle durch die Gleichung

$$\Phi_{\text{Zyl.}}(\varrho, \varphi, z) = e^{\pm ikz\cdot\cos\psi \pm ip\varphi} \cdot J_p(k\varrho\cdot\sin\psi) \qquad (p = 0, 1, 2, \ldots) \quad (3)$$

gegeben, in der die Doppelvorzeichen in beliebiger Weise miteinander kombiniert werden können. Offenbar befriedigt sie die auf Zylinderkoordinaten bezogene Wellengleichung. Sie stellt nur in Richtung zu- oder abnehmender Werte von z und φ eine wirkliche Wellenbewegung dar. In radialer Richtung gibt es nur stehende Schwingungen mit räumlich festliegenden Knoten und Bäuchen. Geht man in (3) zu den Koordinaten ξ, η, φ des Drehparabols über, so entsteht zunächst die erste Zeile der Gleichung:

$$\Phi_{\text{Zyl.}}(\xi, \eta, \varphi) = e^{\pm ik(\xi-\eta)\cdot\cos\psi \pm ip\varphi} \cdot J_p\left(2k\sqrt{\xi\eta}\cdot\sin\psi\right)$$

$$= e^{\pm ip\varphi} \cdot \frac{\left(\operatorname{tg}\frac{\psi}{2}\right)^p}{\cos^2\frac{\psi}{2}} \cdot (2\xi k \cdot 2\eta k)^{p/2} \cdot e^{ik(\xi-\eta)}$$

$$\cdot \sum_{\lambda=0}^{\infty} \frac{(-)^\lambda \cdot \lambda!}{\Gamma(1+p+\lambda)} \cdot \left(\operatorname{tg}\frac{\psi}{2}\right)^{2\lambda} \cdot L_\lambda^{(p)}(\mp 2i\xi k) \cdot L_\lambda^{(p)}(\pm 2i\eta k)$$

$$(|\operatorname{tg}(\psi/2)| < 1)$$

$$= \frac{2\cdot e^{\pm ip\varphi}}{\sin\psi} \cdot \frac{1}{2\pi i} \int_{-\sigma-i\infty}^{-\sigma+i\infty} \Gamma\left(-s + \frac{1+p}{2}\right) \Gamma\left(+s + \frac{1+p}{2}\right) \quad (3\text{a})$$

$$\cdot \left(\operatorname{tg}\frac{\psi}{2}\right)^{2s} \cdot \frac{\mathcal{M}_{s,p/2}(\pm 2i\eta k)}{(\pm 2i\eta k)^{1/2}} \cdot ds$$

$$\left(p = 0, 1, 2, \ldots; \ |\sigma| < \frac{1+p}{2}; \ 0 \lesseqgtr \psi \leqq \pi\right).$$

Die zweite Zeile folgt mit $x = \pm 2i\xi k$ und $y = \mp 2i\eta k$ aus (§ 12, 13a). Die Integraldarstellung in der dritten Zeile geht aus (§ 15,5) für $\xi' = 2k\xi$, $\eta' = 2k\eta$, $\varphi = \psi$ und $\varkappa_1 = \varkappa_2 = (1+\mu)/2$ hervor. Die letzte Form von (3a) läßt im Hinblick auf (§ 4, 12a, 13) sofort erkennen, daß das Integral in (3a) in der Tat die Wellengleichung (2) in den Koordinaten des Drehparabols befriedigt. Während die unendliche Reihe in der zweiten Zeile von (3a) nur für ein $0 \lesseqgtr \psi < \pi$ konvergiert, bleibt die Integraldarstellung auch noch für $\psi = \pi$ gültig. Vgl. H. Bateman [1, 3].

b) Die ebene Welle. Unter Zuhilfenahme des Ausdrucks (3a) für die Zylinderwelle kann man nun auch zu einer mathematischen Beziehung für die ebene Welle gelangen. Man braucht dazu nur auf die Formel

$$e^{ik\varrho\cdot\cos\varphi\cdot\sin\psi} = \sum_{p=0}^{\infty} (2-\delta_{0p})\cdot i^p \cdot J_p(k\varrho\sin\psi)\cdot\cos(p\varphi) \tag{4}$$

aus der Theorie der Zylinderfunktionen zurückzugreifen. Im Hinblick auf (3a) ergibt sich dann für die ebene Welle die Fourier-Reihe

$$\Phi_E(\xi,\eta,\varphi) \equiv e^{ik\cdot[(\xi-\eta)\cdot\cos\psi + 2\sqrt{\xi\eta}\cdot\cos\varphi\cdot\sin\psi]}$$

$$= \frac{2}{\sin\psi}\cdot\sum_{p=0}^{\infty}(2-\delta_{0p})\cdot i^p\cdot\cos p\varphi\cdot\frac{1}{2\pi i}\int_{-\sigma_p-\infty i}^{-\sigma_p+\infty i}\Gamma\left(-s+\frac{1+p}{2}\right) \tag{4a}$$

$$\cdot\Gamma\left(+s+\frac{1+p}{2}\right)\cdot\left(\operatorname{tg}\frac{\psi}{2}\right)^{2s}\cdot\frac{\mathcal{M}_{s,p/2}(-2i\xi k)}{(-2i\xi k)^{1/2}}\cdot\frac{\mathcal{M}_{s,p/2}(+2i\eta k)}{(+2i\eta k)^{1/2}}\cdot ds$$

$$\left(|\sigma_p| < \frac{1+p}{2},\quad 0 \lesseqgtr \psi \leqq \pi\right),$$

deren Koeffizienten die Integrale von (3a) sind. In (4a) ist ψ der Winkel, den die Wellennormale der ebenen Welle mit der z-Achse einschließt, während die xz-Ebene in (4a) so orientiert zu denken ist, daß sie die Wellennormale enthält. Der Winkel χ in (2b) ist daher im vorliegenden Falle gleich Null.

Die Gl. (4a) kann auch mit Hilfe von (§ 2, 8) als eine Fourier-Reihe geschrieben werden, in der p von $-\infty\cdots+\infty$ zählt. Geht man dabei gleichzeitig zu der Funktion $m_\varkappa^{(\mu)}$ von (§ 4, 12) über, so läßt sich für (4a) eleganter schreiben:

$$\Phi_E(\xi,\eta,\varphi) = \frac{2}{\sin\psi}\cdot\sum_{p=-\infty}^{+\infty} e^{ip(\varphi+\pi/2)}\cdot\frac{1}{2\pi i}\int_{-\sigma_p-\infty i}^{-\sigma_p+\infty i}\Gamma\left(-s+\frac{1+p}{2}\right) \tag{4b}$$

$$\cdot\Gamma\left(+s+\frac{1+p}{2}\right)\cdot\left(\operatorname{tg}\frac{\psi}{2}\right)^{2s}\cdot m_s^{(p)}(-2i\xi k)\cdot m_s^{(p)}(+2i\eta k)\cdot ds$$

$$\left(0 \lesseqgtr \psi \leqq 2\pi;\quad |\sigma_p| = \frac{1+|p|}{2}\right).$$

c) Die stehende und fortschreitende tesserale Kugelwelle. Einen komplizierteren Wellentypus bilden die stehende und die nach außen fortschreitende tesserale Kugelwelle, von der die zonale und sektorielle Kugelwelle Sonderfälle sind. Die Erzeugung der tesseralen Kugelwelle geht von n im Brennpunkt zusammenfallenden Dipolen aus. Die Achsen von $n-p$ dieser Dipole mit $0 \lesseqgtr p \leqq n$ haben die Richtung der

z-Achse, die Achsen der p übrigen Dipole liegen in der $x\,y$-Ebene und sind unter dem Winkel π/p gegeneinander geneigt. Die tesserale Kugelwelle geht in die zonale über für $p = 0$ und in die sektorielle für $p = n$. Auf Zylinderkoordinaten bezogen ist für die tesserale Kugelwelle vom stehenden oder fortschreitenden Typus nach A. Erdelyi [36]:

$$\left.\begin{matrix}\Phi^{(st)}_{\tau\varkappa}\\ \Phi^{(f)}_{\tau\varkappa}\end{matrix}\right\} = i^n\cdot(\pi/2kr)^{1/2}\cdot\left\{\begin{matrix}J_{n+1/2}(kr)\\ H^{(1)}_{n+1/2}(kr)\end{matrix}\right\}\cdot P_n^p(\cos\vartheta)\cdot e^{\pm ip\varphi} \qquad (5a,b)\quad (n,p=0,1,2,\ldots).$$

Wir begnügen uns hier mit der Behandlung der fortschreitenden tesseralen Kugelwelle. Um auch diesen komplizierteren Fall mit Hilfe der allgemeinen Formeln des vorigen § zu erfassen, genügt der Hinweis, daß für ein ganzzahliges $\mu = p$ zwischen den Gegenbauerschen Polynomen $C_{n-p}^{p+1/2}$ und der Kugelfunktion P_n^p die Relation

$$C_{n-p}^{p+1/2}(\cos\vartheta) = \frac{\pi^{1/2}}{\Gamma\left(p+\frac{1}{2}\right)}\left(\frac{-1}{2\sin\vartheta}\right)^p P_n^p(\cos\vartheta) \quad \text{mit} \quad \sin\vartheta = \frac{2\sqrt{\xi\eta}}{\xi+\eta} \qquad (6)$$

besteht. Außerdem ist $\cos\vartheta = (\xi-\eta)/(\xi+\eta)$. Dann aber läßt sich im Hinblick auf (§ 15, 11a, b) schreiben

$$\begin{aligned}\Phi^{(f)}_{\tau\varkappa} = {} & 2\cdot i^{p+1}\cdot e^{\pm ip\varphi}\cdot\frac{(-)^{n-1}}{(p!)^2}\cdot\frac{(n+p)!}{(n-p)!}\\ & \cdot\frac{1}{2\pi i}\int_{-\sigma_p-i\infty}^{-\sigma_p+i\infty}\Gamma\left(-s+\frac{p+1}{2}\right)\Gamma^2\left(+s+\frac{p+1}{2}\right)\\ & \cdot{}_3F_2\left(p-n,\, n+p+1,\, s+\frac{p+1}{2};\, 1+p,\, 1+p;\, 1\right)\\ & \cdot e^{-\pi i s}\cdot\frac{W_{-s,p/2}(-2ik\xi)}{(-2ik\xi)^{1/2}}\cdot\frac{\mathcal{M}_{s,p/2}(-2ik\eta)}{(-2ik\eta)^{1/2}}\cdot ds \qquad (7)\\ = {} & 2\cdot e^{\pm ip\varphi}\frac{(-)^{n-1}}{(p!)^2}\cdot\frac{(n+p)!}{(n-p)!}\cdot\frac{1}{2\pi i}\int_{-\sigma_p-i\infty}^{-\sigma_p+i\infty}\Gamma\left(-s+\frac{p+1}{2}\right)\Gamma\left(+s+\frac{p+1}{2}\right)\\ & \cdot{}_3F_2\left(p-n,\, n+p+1,\, s+\frac{p+1}{2};\, 1+p,\, 1+p;\, 1\right)\\ & \cdot\frac{W_{-s,\mu/2}(-2ik\xi)}{(-2ik\xi)^{1/2}}\cdot\frac{W_{+s,\mu/2}(-2ik\eta)}{(-2ik\eta)^{1/2}}\cdot ds\end{aligned}$$

$$\left(n,p=0,1,2,\ldots;\quad 0 \gtrless p\pm n;\quad |\sigma_p| < \frac{1+p}{2}\right).$$

Auch in (7) entspricht die Zusammensetzung des Integranden nach W- und $\mathcal{M}$-Funktionen durchaus dem in (§ 4, 13) angegebenen Aufbau.

d) Die gewöhnliche, fortschreitende Kugelwelle mit beliebig gelegenem Erregungszentrum. Liegt die Strahlungsquelle bei Bezugnahme auf ein Zylinderkoordinatensystem an der Stelle $\varrho_0, \varphi_0, z_0$, so ist nach einer bekannten Formel mit R als dem Abstand der Strahlungsquelle vom Punkt ϱ, φ, z:

$$\frac{e^{ikR}}{ikR} = \sum_{p=0}^{\infty} \frac{2}{1+\delta_{0p}} \cdot \cos p(\varphi-\varphi_0) \cdot \int_0^{\infty} e^{-|z-z_0|\cdot k \cdot \sqrt{t^2-1}} \cdot J_p(\varrho_0 k t)\, J_p(\varrho k t) \cdot \frac{t \cdot dt}{i\sqrt{t^2-1}} \tag{8}$$

$\big(\mathrm{Arc}\,(t+1) = 0,\ \mathrm{Arc}\,(t-1) = -\pi,\ \ \mathrm{arc}\,(t \mp 1) \to 0$ für $t \to \infty\ (0)\big)$.

Beim Übergang zu den Koordinaten des Drehparabols ist zu setzen $z = \xi - \eta$, $\varrho = 2(\xi\,\eta)^{1/2}$ usw. Mit Hilfe von (§ 15, 13) läßt sich dann die Funktion $\exp(i\,k\,R)/i\,k\,R$ in den Koordinaten des Drehparabols durch die Fourier-Entwicklung

$$\frac{e^{ikR}}{ikR} = -4 \cdot \sum_{p=0}^{\infty} \frac{\cos p(\varphi-\varphi_0)}{1+\delta_{0p}} \cdot \frac{1}{2\pi i} \int_{-\sigma_p - i\infty}^{-\sigma_p + i\infty} \Gamma\left(+s+\frac{1+p}{2}\right) \Gamma\left(-s+\frac{1+p}{2}\right)$$

$$\cdot \begin{Bmatrix} \dfrac{\mathcal{M}_{+s,p/2}(-2ik\xi)}{(-2ik\xi)^{1/2}} \cdot \dfrac{W_{+s,p/2}(-2ik\xi_0)}{(-2ik\xi_0)^{1/2}} & (\xi_0 > \xi) \\[2ex] \dfrac{\mathcal{M}_{+s,p/2}(-2ik\xi_0)}{(-2ik\xi_0)^{1/2}} \cdot \dfrac{W_{+s,p/2}(-2ik\xi)}{(-2ik\xi)^{1/2}} & (\xi_0 < \xi) \end{Bmatrix} \cdot \begin{Bmatrix} \dfrac{\mathcal{M}_{-s,p/2}(-2ik\eta)}{(-2ik\eta)^{1/2}} \cdot \dfrac{W_{-s,p/2}(-2ik\eta_0)}{(-2ik\eta_0)^{1/2}} & (\eta_0 > \eta) \\[2ex] \dfrac{\mathcal{M}_{-s,p/2}(-2ik\eta_0)}{(-2ik\eta_0)^{1/2}} \cdot \dfrac{W_{-s,p/2}(-2ik\eta)}{(-2ik\eta)^{1/2}} & (\eta_0 < \eta) \end{Bmatrix} \cdot ds \tag{9}$$

$$\left(|\sigma_p| < \frac{1+p}{2}\right)$$

$$= -2 \cdot \sum_{p=-\infty}^{+\infty} e^{ip(\varphi-\varphi_0)} \cdot \frac{1}{2\pi i} \int_{-\sigma_p - i\infty}^{-\sigma_p + i\infty} \Gamma\left(+s+\frac{1+p}{2}\right) \Gamma\left(-s+\frac{1+p}{2}\right)$$

$$\cdot \begin{Bmatrix} m_s^{(p)}(-2ik\xi) \cdot w_s^{(p)}(-2ik\xi_0) & (\xi_0 > \xi) \\ m_s^{(p)}(-2ik\xi_0) \cdot w_s^{(p)}(-2ik\xi) & (\xi_0 < \xi) \end{Bmatrix} \cdot \begin{Bmatrix} m_{-s}^{(p)}(-2ik\eta) \cdot w_{-s}^{(p)}(-2ik\eta_0) & (\eta_0 > \eta) \\ m_{-s}^{(p)}(-2ik\eta_0) \cdot w_{-s}^{(p)}(-2ik\eta) & (\eta_0 < \eta) \end{Bmatrix} \cdot ds$$

$$\left(|\sigma_p| < \frac{1+|p|}{2}\right)$$

darstellen. Sie ist hier im Hinblick auf die praktischen Bedürfnisse in jeder der vier Formen angeschrieben worden, die den vier möglichen Kombinationen eines $\xi_0 \lessgtr \xi$ und $\eta_0 \lessgtr \eta$ entsprechen. In (9) dürfen die vorderen Zeiger der parabolischen Funktionen auch durchweg mit den entgegengesetzten Vorzeichen genommen werden, da man ja unter dem Integralzeichen jederzeit von $+s$ zu $-s$ übergehen kann. Die Angaben $\xi_0 > \xi$, $\eta_0 > \eta$ oder $\xi_0 < \xi$, $\eta_0 < \eta$ jeweils über der zweiten oder unter der dritten Gleichungszeile sollen besagen, daß z. B. für $\xi_0 > \xi$ und $\eta_0 < \eta$ in Rücksicht auf die Konvergenz der Integrale das unterhalb $\xi_0 > \xi$ und oberhalb $\eta_0 < \eta$ stehende Produkt aus je einer $\mathcal{M}$- und W-Funktion zu nehmen ist.

3. Die verschiedenen Wellentypen in den Koordinaten des Zylinderparabols. Die Beziehungen für die verschiedenen Wellentypen in den Koordinaten des parabolischen Zylinders erscheinen ebenfalls zum größten Teil als Sonderfälle der in § 15 aufgestellten allgemeinen Formeln. Für die physikalischen Bedürfnisse reicht es dabei stets aus, den Schwankungsbereich von χ in (1c) auf das Intervall $0 \lesssim \chi \leq \pi$ zu beschränken. Wir beginnen hier zweckmäßig mit der ebenen Welle.

a) Die ebene Welle. Der Zusammenhang, in dem die jetzige Fragestellung mit (§ 15, 5) steht, wird sofort ersichtlich, wenn man die ebene Welle (1c) in zwei phasenverschobene Teilwellen zerlegt, bei denen eine wirkliche Fortbewegung nur in der $x\,z$-Ebene von Abb. 9 erfolgt, während sie sich in der Richtung der y-Achse wie stehende Wellen verhalten.

Den zu der ersten Teilwelle gehörenden analytischen Ausdruck gibt in geschlossener Form die erste Zeile der Gleichung

$$\begin{aligned}\Phi_{E_1} &\equiv e^{ik\cdot z\cdot\cos\psi + ik(\xi-\eta)\cdot\cos\chi\cdot\sin\psi}\cdot\cos\left(2k\sqrt{\xi\,\eta}\cdot\sin\chi\cdot\sin\psi\right) \qquad (0 \lesssim \psi \leq \pi)\\ &= \frac{e^{ikz\cdot\cos\psi}}{(2\pi\cdot\sin\chi)^{1/2}}\cdot\frac{1}{2\pi i}\int\limits_{-\sigma-i\infty}^{-\sigma+i\infty}\Gamma\left(-s+\tfrac{1}{4}\right)\Gamma\left(+s+\tfrac{1}{4}\right) \qquad (10\text{a})\\ &\quad\cdot\left(\operatorname{tg}\frac{\chi}{2}\right)^{2s}\cdot E^{(0)}_{2s-1/2}\left(2\sqrt{-ik\xi\sin\psi}\right)\cdot E^{(0)}_{2s-1/2}\left(2\sqrt{+ik\eta\sin\psi}\right)\cdot ds\\ &\qquad\left(0 \lesssim \chi \leq +\pi;\ \sqrt{\xi} > 0, \sqrt{\eta} \gtrless 0;\ |\sigma| < \tfrac{1}{4}\right)\end{aligned}$$

wieder. Von dem die Koordinate z enthaltenden Faktor abgesehen, läßt sich der übrige Bestandteil mit (§ 15, 5) in Zusammenhang bringen, indem man darin $\mu = -1/2$ und $(\xi', \eta') = (\xi, \eta)\cdot 2k\cdot\sin\psi$ setzt und außerdem (§ 3, 17a, b) beachtet.

Der geschlossene analytische Ausdruck für die zweite Teilwelle ist durch die erste Zeile der Gleichung

$$\Phi_{E_2} \equiv i \cdot e^{ikz\cdot\cos\psi + ik(\xi-\eta)\cdot\cos\chi\cdot\sin\psi} \cdot \sin\left(2k\sqrt{\xi\,\eta}\cdot\sin\chi\cdot\sin\psi\right) \quad (0 \lessgtr \psi \leqq \pi)$$

$$= i \cdot \frac{e^{ikz\cdot\cos\psi}}{(2\pi\cdot\sin\chi)^{1/2}} \cdot \frac{1}{2\pi i}\int\limits_{-\sigma-i\infty}^{-\sigma+i\infty} \Gamma\left(-s+\frac{3}{4}\right)\Gamma\left(+s+\frac{3}{4}\right) \qquad (10\text{b})$$

$$\cdot\left(\operatorname{tg}\frac{\chi}{2}\right)^{2s}\cdot E^{(1)}_{2s-1/2}\left(2\sqrt{-ik\xi\sin\psi}\right)\cdot E^{(1)}_{2s-1/2}\left(2\sqrt{ik\eta\sin\psi}\right)\cdot ds$$

$$\left(0 \lessgtr \chi \leqq \pi;\ \sqrt{\xi} > 0,\ \sqrt{\eta} \gtrless 0;\ |\sigma| < 3/4\right)$$

gegeben. Er entsteht bis auf den ersten Faktor aus (§ 15, 5), wenn man jetzt $\mu = +1/2$ setzt, sonst aber wie oben verfährt. Geht man in (10a, b) zu Reihenentwicklungen über, indem man den Integrationsweg an die positiv reelle s-Achse heranlegt und ihn auf die Pole $s = \lambda + 1/4$ und $s = \lambda + 3/4$ mit $\lambda = 0, 1, 2, \ldots$ zusammenzieht, so kommen im Hinblick auf (§ 3, 30a, b) die beiden Reihen zustande:

$$\Phi_{E_1} = \frac{e^{ikz\cdot\cos\psi}}{\cos(\chi/2)}\cdot\sum_{\lambda=0}^{\infty}\frac{\left(i\cdot\operatorname{tg}\frac{\chi}{2}\right)^{2\lambda}}{(2\lambda)!}\cdot D_{2\lambda}\left(2\sqrt{-ik\xi\cdot\sin\psi}\right) \qquad (11\text{a})$$

$$\cdot D_{2\lambda}\left(2\sqrt{+ik\eta\cdot\sin\psi}\right) \qquad \left(\operatorname{tg}\frac{\chi}{2} < 1\right)$$

$$\Phi_{E_2} = \frac{e^{ikz\cdot\cos\psi}}{}\cdot\sum_{\lambda=0}^{\infty}\frac{\left(i\cdot\operatorname{tg}\frac{\chi}{2}\right)^{2\lambda+1}}{(2\lambda+1)!}\cdot D_{2\lambda+1}\left(2\sqrt{-ik\xi\cdot\sin\psi}\right) \qquad (11\text{b})$$

$$\cdot D_{2\lambda+1}\left(2\sqrt{+ik\eta\cdot\sin\psi}\right) \quad \left(\operatorname{tg}\frac{x}{2} < 1\right).$$

Sie lassen sich noch zu der zweiten Zeile der Gleichung

$$\Phi_E = \Phi_{E_1} + \Phi_{E_2} \equiv e^{ikz\cdot\cos\psi + ik\sin\psi\cdot\left[(\xi-\eta)\cos\chi + 2\sqrt{\xi\eta}\sin\chi\right]}$$

$$= \frac{e^{ikz\cdot\cos\psi}}{\cos(\chi/2)}\cdot\sum_{\lambda=0}^{\infty}\frac{\left(i\cdot\operatorname{tg}\frac{\chi}{2}\right)^{\lambda}}{\lambda!}\cdot D_{\lambda}\left(2\sqrt{-ik\xi\cdot\sin\psi}\right)$$

$$\cdot D_{\lambda}\left(2\sqrt{+ik\eta\cdot\sin\psi}\right) \quad \left(\operatorname{tg}\frac{\chi}{2} < 1\right)$$

$$= \frac{e^{ikz\cdot\cos\psi}}{\cos(\chi/2)} \cdot \sum_{\lambda=0}^{\infty} \frac{\left(i\cdot\operatorname{ctg}\frac{\chi}{2}\right)^{\lambda}}{\lambda!} \cdot D_{\lambda}\left(2\sqrt{+ik\xi\cdot\sin\psi}\right) \tag{12}$$

$$\cdot D_{\lambda}\left(2\sqrt{-ik\eta\cdot\sin\psi}\right) \qquad \left(\operatorname{ctg}\frac{\chi}{2}<1\right)$$

zusammenfassen. Die Auflösung der Integrale in (10a, b) durch Herumlegen des Integrationsweges nach links führt hingegen zu der dritten Zeile von (12).

b) Die nach außen fortschreitende und die stehende sektorielle Zylinderwelle mit der Brennlinie als leuchtender Linie. In Zylinderkoordinaten besteht für die fortschreitende Welle dieses Typus der Ausdruck:

$$\Phi_{\text{Zyl.}}^{(f)} \equiv e^{i\alpha z}\cdot H_n^{\substack{(1)\\(2)}}(\varrho\gamma)\cdot\cos n\varphi \qquad (n=0,1,2,\ldots;\ \gamma=(k^2-a^2)^{1/2}). \tag{13}$$

Die entsprechende Integraldarstellung in den Koordinaten des parabolischen Zylinders ergibt sich aus (§ 15, 11a, b). Setzt man nämlich in (11a) $\mu+1/2=\nu$ und $r\equiv n$, so führt die Verdopplungsformel der Γ-Funktion zu

$$(\mp i)^n\cdot\frac{n!\left(\Gamma\left(\nu+\frac{1}{2}\right)\right)^2\cdot 2^{2\nu}}{4(\nu+n)\cdot\Gamma(2\nu+n)}\cdot\Gamma(\nu)\cdot(\nu+n)$$

$$\cdot C_n^{\nu}\left(\frac{\xi'-\eta'}{\xi'+\eta'}\right)\cdot\frac{(\xi'\eta')^{\frac{\nu}{2}+\frac{1}{4}}}{(\xi'+\eta')^{\nu}}\cdot H_{n+\nu}^{\substack{(1)\\(2)}}\left(\frac{\xi'+\eta'}{2}\right).$$

Für $\mu\to -1/2$ und also $\nu\to 0$ gilt aber die Grenzwertgleichung

$$\lim_{\nu\to 0}\left\{\Gamma(\nu)\cdot(\nu+n)\cdot C_n^{\nu}\left(\frac{\xi'-\eta'}{\xi'+\eta'}\right)\right\}=2\cos n\varphi' \qquad \left(\cos\varphi'=\frac{\xi'-\eta'}{\xi'+\eta'}\right) \tag{14}$$

und es nimmt danach die rechte Seite von (§ 15, 11a) die Form an

$$(\mp i)^n\cdot\frac{\pi}{2}\cdot\cos n\varphi'\cdot(\xi'\eta')^{1/4}\cdot H_n^{\substack{(1)\\(2)}}\left(\frac{\xi'+\eta'}{2}\right).$$

Setzt man in der so veränderten Gl. (11a) wie früher $\xi'=2\gamma\xi$ und $\eta'=2\gamma\eta$, so wird unter Hinweis auf Abb. 2 das Verhältnis $(\xi'-\eta')/(\xi'+\eta')=x/\varrho$. Der Hilfswinkel φ' in (14) hat also die gleiche Bedeutung wie in (13). Mit Hilfe von (§ 15, 11a) entsteht demnach für die fortschreitende Zylinderwelle (13) in den Koordinaten des parabolischen Zylinders die Integraldarstellung:

$$\Phi^{(f)}_{\text{Zyl.}} = \frac{2^{3/4}}{\pi^{3/2}} \cdot e^{i\alpha(\xi-\eta)} \cdot \frac{\left(e^{\pm\frac{\pi i}{2}}\right)^{n-1/2}}{2\pi i} \cdot \int\limits_{-\sigma-i\infty}^{-\sigma+i\infty} \Gamma\left(-s+\frac{1}{4}\right)\Gamma^2\left(+s+\frac{1}{4}\right)$$

$$\cdot {}_3F_2\left(-n, +n, s+\frac{1}{4}; \frac{1}{2}, \frac{1}{2}; 1\right) \cdot (2e^{\mp\pi i})^s$$

$$\cdot D_{-2s-1/2}\left(2\sqrt{\mp i\gamma\xi}\right) \cdot E^{(0)}_{2s-1/2}\left(2\sqrt{\mp i\gamma\eta}\right) \cdot ds \qquad (15)$$

$$= \frac{2^{3/2}}{\pi} \cdot e^{i\alpha(\xi-\eta)} \cdot \frac{\left(e^{\pm\frac{\pi i}{2}}\right)^{n-1}}{2\pi i} \cdot \int\limits_{-\sigma-i\infty}^{-\sigma+i\infty} \Gamma\left(-s+\frac{1}{4}\right)\Gamma\left(+s+\frac{1}{4}\right)$$

$$\cdot {}_3F_2\left(-n, +n, s+\frac{1}{4}; \frac{1}{2}, \frac{1}{2}; 1\right)$$

$$\cdot D_{-2s-1/2}\left(2\sqrt{\mp i\gamma\xi}\right) \cdot D_{2s-1/2}\left(2\sqrt{\mp i\gamma\eta}\right) \cdot ds$$

$$\left(|\sigma| < \frac{1}{4}; \sqrt{\xi} > 0, \sqrt{\eta} \equiv |\sqrt{\eta}|; n = 0, 1, 2, \ldots\right).$$

In (15) gehören jeweils die oberen oder die unteren Vorzeichen zusammen.

Für die stehende sektorielle Zylinderwelle ergibt sich auf dieselbe Weise aus (§ 15, 6) mit $\mu \to -1/2$, $r = n$ und $\varkappa = (1+\mu)/2$ die Integraldarstellung:

$$\Phi^{(st)}_{\text{Zyl.}} \equiv e^{i\alpha z} \cdot J_n\left(\gamma(\xi+\eta)\right) \cdot \cos n\varphi = \frac{(-i)^n}{2\pi^2} \cdot \frac{e^{i\alpha z}}{2\pi i}$$

$$\cdot \int\limits_{-\sigma-i\infty}^{-\sigma+i\infty} \left\{\Gamma\left(-s+\frac{1}{4}\right)\Gamma\left(s+\frac{1}{4}\right)\right\}^2 \cdot {}_3F_2\left(-n, +n, s+\frac{1}{4}; \frac{1}{2}, \frac{1}{2}; 1\right)$$

$$\cdot E^{(0)}_{2s-1/2}\left(2\sqrt{-i\gamma\xi}\right) \cdot E^{(0)}_{2s-1/2}\left(2\sqrt{+i\gamma\eta}\right) \cdot ds \qquad (16)$$

$$\left(|\sigma| < \frac{1}{4}; n = 0, 1, 2, \ldots; \sqrt{\xi} > 0, \sqrt{\eta} \gtrless 0\right).$$

c) Die nach außen fortschreitende, axialsymmetrische Zylinderwelle bei beliebiger Lage der zur Brennlinie parallelen leuchtenden Linie. In dem Falle, daß die leuchtende Linie als das lineare Erregungszentrum der Zylinderwelle nicht mehr mit der Brennlinie des parabolischen Zylinders zusammenfällt, sondern die von Null verschiedenen Koordinaten ξ_0, η_0 hat, wollen wir uns auf die axialsymmetrische, fortschreitende Zylinderwelle beschränken, deren Gleichung in Zylinderkoordinaten

$$\Phi^{(f)}_{\text{Zyl.}} \equiv e^{i\alpha z} \cdot H_0^{\substack{(1)\\(2)}}(\gamma r) \tag{17}$$

$$\begin{aligned} r^2 &= \varrho_0^2 + \varrho^2 - 2\varrho\,\varrho_0 \cdot \cos(\varphi - \varphi_0) \\ &= [\xi_0 - \eta_0 - (\xi - \eta)]^2 + \left[2\sqrt{\xi_0\,\eta_0} - 2\sqrt{\xi\,\eta}\right]^2 \end{aligned} \tag{17a}$$

ist. Darin sei r der senkrechte Abstand zwischen der Brennlinie und der leuchtenden Linie.

Um die erforderliche Integraldarstellung für $H_0^{(1,2)}(\gamma r)$ zu bekommen, gehen wir von (§ 15, 13) aus und setzen darin ein erstes Mal $\mu = -1/2$. Dann geht die dritte Zeile dieser Gleichung, da das Umlaufsintegral für diesen speziellen Wert von μ an der Stelle $t = 1$ einen einfachen Pol aufweist, in den Ausdruck über:

$$\frac{1}{4} \cdot (\xi_0'\,\eta_0' \cdot \xi_1'\,\eta_1')^{1/4} \cdot \left\{H_0^{\substack{(1)\\(2)}}\left(\sqrt{A - B}\right) + H_0^{\substack{(1)\\(2)}}\left(\sqrt{A + B}\right)\right\}.$$

Im zweiten Falle sei in (§ 15, 13) $\mu = +1/2$. Aus der zweiten Gleichungszeile wird dann in Rücksicht auf (§ 15, 7b):

$$\begin{aligned} &\frac{1}{4}(\xi_0'\,\eta_0' \cdot \xi_1'\,\eta_1')^{3/4} \cdot \int_{-1}^{+1} \frac{H_1^{\substack{(1)\\(2)}}\left(\sqrt{A - Bt}\right)}{\sqrt{A - Bt}} \cdot dt \\ &= +\frac{1}{8}(\xi_0'\,\eta_0' \cdot \xi_1'\,\eta_1')^{1/4} \cdot \int_{A-B}^{A+B} \frac{H_1^{\substack{(1)\\(2)}}(\sqrt{v})}{\sqrt{v}} \cdot dv \\ &= -\frac{1}{4}(\xi_0'\,\eta_0' \cdot \xi_1'\,\eta_1')^{1/4} \cdot \int_{\sqrt{A-B}}^{\sqrt{A+B}} d\left\{H_0^{\substack{(1)\\(2)}}(x)\right\} \\ &= \frac{1}{4}(\xi_0'\,\eta_0' \cdot \xi_1'\,\eta_1')^{1/4} \cdot \left\{H_0^{\substack{(1)\\(2)}}\left(\sqrt{A - B}\right) - H_0^{\substack{(1)\\(2)}}\left(\sqrt{A + B}\right)\right\}. \end{aligned}$$

Man setze nun wie früher $\xi_0' = 2\gamma\,\xi_0$, $\eta_0' = 2\gamma\,\eta_0$ und $\xi_1' = 2\gamma\,\xi$, $\eta_1' = 2\gamma\eta$ und beachte, daß wegen (§ 15, 7a) und der oben stehenden Gl. (17a) $\gamma\,r = \sqrt{A - B}$ ist. Von dem Faktor $\exp(i\,\alpha\,z)$ abgesehen, gelangt man dann in der Tat von Gl. (§ 15, 13) aus zu der Funktion $H_0^{(1,2)}(\gamma\,r)$, indem man diese Gleichung zunächst für $\mu = -1/2$ anschreibt, dazu dieselbe Gleichung für den Wert $\mu = +1/2$ hinzufügt und die Summe auf beiden Seiten der neuen Gleichung durch $1/2 \cdot (\xi_0'\,\eta_0' \cdot \xi_1'\,\eta_1')^{1/4}$ dividiert. Für die axialsymmetrische Zylinderwelle mit der Linienquelle an der Stelle ξ_0, η_0 als Erregungszentrum entsteht mithin im ganzen die folgende Integraldarstellung:

$$\Phi^{(f)}_{\text{Zyl.}} \equiv e^{i\alpha z} \cdot H_0^{\substack{(1)\\(2)}}(\gamma r)$$

$$= \frac{(2 \cdot e^{\mp \pi i})^{1/2}}{\pi} \cdot e^{i\alpha z} \cdot \frac{1}{2\pi i} \int_{-\sigma - i\infty}^{-\sigma + i\infty} \Gamma\left(-s + \frac{1}{4}\right) \Gamma\left(+s + \frac{1}{4}\right)$$

$$\cdot \begin{Bmatrix} E^{(0)}_{\pm 2s - 1/2}\left(2\sqrt{\mp i\gamma\xi}\right) \cdot D_{\pm 2s - 1/2}\left(2\sqrt{\mp i\gamma\xi_0}\right) & (\xi_0 > \xi) \\ E^{(0)}_{\pm 2s - 1/2}\left(2\sqrt{\mp i\gamma\xi_0}\right) \cdot D_{\pm 2s - 1/2}\left(2\sqrt{\pm i\gamma\xi}\right) & (\xi_0 < \xi) \end{Bmatrix}$$

$$\cdot \begin{Bmatrix} E^{(0)}_{\mp 2s - 1/2}\left(2\sqrt{\mp i\gamma\eta}\right) \cdot D_{\mp 2s - 1/2}\left(2\sqrt{\mp i\gamma\eta_0}\right) & (\eta_0 > \eta) \\ E^{(0)}_{\mp 2s - 1/2}\left(2\sqrt{\mp i\gamma\eta_0}\right) \cdot D_{\mp 2s - 1/2}\left(2\sqrt{\mp i\gamma\eta}\right) & (\eta_0 < \eta) \end{Bmatrix} \cdot ds \qquad \left(|\sigma| < \frac{1}{4}\right) \tag{18}$$

$$+ \frac{(2 \cdot e^{\mp \pi i})^{1/2}}{\pi} \cdot e^{i\alpha z} \cdot \frac{1}{2\pi i} \int_{-\sigma - \infty i}^{-\sigma + \infty i} \Gamma\left(-s + \frac{3}{4}\right) \Gamma\left(+s + \frac{3}{4}\right)$$

$$\cdot \begin{Bmatrix} E^{(1)}_{\pm 2s - 1/2}\left(2\sqrt{\mp i\gamma\xi}\right) \cdot D_{\pm 2s - 1/2}\left(2\sqrt{\mp i\gamma\xi_0}\right) & (\xi_0 > \xi) \\ E^{(1)}_{\pm 2s - 1/2}\left(2\sqrt{\mp i\gamma\xi_0}\right) \cdot D_{\pm 2s - 1/2}\left(2\sqrt{\mp i\gamma\xi}\right) & (\xi_0 < \xi) \end{Bmatrix}$$

$$\cdot \begin{Bmatrix} E^{(1)}_{\mp 2s - 1/2}\left(2\sqrt{\mp i\gamma\eta}\right) \cdot D_{\mp 2s - 1/2}\left(2\sqrt{\mp i\gamma\eta_0}\right) & (\eta_0 > \eta) \\ E^{(1)}_{\mp 2s - 1/2}\left(2\sqrt{\mp i\gamma\eta_0}\right) \cdot D_{\mp 2s - 1/2}\left(2\sqrt{\mp i\gamma\eta}\right) & (\eta_0 < \eta). \end{Bmatrix} \cdot ds \qquad \left(|\sigma| < \frac{3}{4}\right)$$

Hierin gehören jeweils die oberen oder die unteren Vorzeichen zusammen. Über die Entwickelbarkeit dieser Integrale in Reihen gelten die nämlichen Bemerkungen wie im Anschluß an die Gl. (§ 15, 13).

d) Die gewöhnliche fortschreitende Kugelwelle bei beliebiger Lage des Erregungszentrums. Das Erregungszentrum der Kugelwelle habe die gewöhnlichen Zylinderkoordinaten ϱ_0, φ_0, z_0 oder die Koordinaten ξ_0, η_0, z_0 des parabolischen Zylinders. Der beliebige Aufpunkt liege in ϱ, φ, z oder ξ, η, z. Wir gehen aus von der Beziehung

$$\frac{1}{2}\cdot\int\limits_{-\infty}^{+\infty} H_0^{(1)}(r\cdot t)\cdot\frac{e^{+i\cdot|z-z_0|\sqrt{k^2-t^2}}}{\sqrt{k^2-t^2}}\cdot t\cdot dt=\frac{e^{+ik\cdot\sqrt{(z-z_0)^2+r^2}}}{i\sqrt{(z-z_0)^2+r^2}} \tag{19}$$

$$\left(\Im(k)\geqq 0;\quad \operatorname{arc}(k-t)\to+\pi,\quad \operatorname{arc}(k+t)\to 0 \text{ für } t\to+\infty\right),$$

die in der Theorie der Zylinderfunktionen bewiesen wird. Die Größe r ist darin die in (17a) eingeführte Länge. Der Integrationsweg in (19) umläuft den Punkt $t=+k$ unterhalb der reellen Achse der t-Ebene, den Punkt $t=-k$ oberhalb dieser Achse. Identifizieren wir nun in (19) z mit $|z-z_0|$ und α mit $(k^2-t^2)^{1/2}$, so ist in (18) $\gamma=t$ zu setzen. Der gewünschte analytische Ausdruck für die Kugelwelle kann also aus (18) gewonnen werden, indem nach dem eben erwähnten Übergang von z, α und γ zu $z-z_0$, (k^2-t^2) und t die Gl. (18) noch mit $1/2\cdot t\cdot(k^2-t^2)^{-1/2}$ multipliziert und dann auf dem soeben beschriebenen Wege über t zwischen den Grenzen $-\infty\cdots+\infty$ integriert wird. Es dürfte sich unter diesen Umständen erübrigen, die neu entstehende Gleichung noch einmal anzuschreiben.

Von den in diesem Paragraphen mitgeteilten Formeln sind die Reihendarstellung (3a) für die Zylinderwelle und die der Gl. (4a) entsprechende Darstellung für die ebene Welle in Gestalt einer Doppelreihe wohl zuerst von H. Bateman [1] angegeben worden. Die dem axialsymmetrischen Fall angepaßte Integraldarstellung (9), die dann in Frage kommt, wenn die Erregung von einem ununterbrochenen, mit der z-Achse koaxialen Ring gleichphasig schwingender Dipole ausgeht, hat zuerst J. Meixner [1] aufgestellt. Den allgemeinen Fall hat H. Buchholz [5] erledigt. Die Formel (15) für die nach außen fortschreitende Zylinderwelle mit der Brennlinie als leuchtender Linie wurde für $n=0$ von W. Magnus [1, 2] gefunden. Die hier gebrachte gemeinsame Herleitung aller dieser Formeln für die verschiedenen Wellentypen, gleichgültig ob sie auf die Koordinaten des Drehparabols oder des parabolischen Zylinders bezogen werden, dürfte neu sein.

VII. Abschnitt.

Nullstellen und Eigenwerte.

§ 17. Die Nullstellen der Funktion $\mathcal{M}_{\varkappa,\mu/2}(z)$.

1. Über die Nullstellen von $\mathcal{M}_{\varkappa,\mu/2}(z)$ in bezug auf z. Es versteht sich von selbst, daß für ein $\Re(\mu) > -1$ zu den Nullstellen von $\mathcal{M}_{\varkappa,\mu/2}(z)$ stets auch die Stelle $z = 0$ gehört. Diese triviale Nullstelle wird im folgenden außer acht gelassen werden. Außerdem werde ein für allemal darauf hingewiesen, daß wegen der rein multiplikativen Verzweigung von $\mathcal{M}_{\varkappa,\mu/2}(z)$ im Nullpunkt der z-Ebene in jeder von Null verschiedenen Nullstelle nicht bloß der Hauptzweig dieser Funktion, sondern auch jeder beliebige andere Zweig verschwindet. In dieser Hinsicht verhält sich diese Funktion wesentlich anders als die Funktion $W_{\varkappa,\mu/2}(z)$.

Alle eventuell vorhandenen Nullstellen von $\mathcal{M}_{\varkappa,\mu/2}(z)$ können nur einfach sein, weil andernfalls, wie aus der fortgesetzten Differentiation der D.Gl. (§ 2, 2) hervorgeht, die Funktion an einer Stelle lauter verschwindende Ableitungen besäße und daher selbst identisch verschwände. Außerdem müssen die eventuellen Nullstellen der Funktion abgesehen von dem Fall $\frac{1+\mu}{2} \pm \varkappa = -n$ $(n = 0, 1, 2, \ldots)$ in unendlicher Zahl auftreten, denn sonst wäre die Funktion $\frac{z^{(1+\mu)/2}}{z^2 \cdot \mathcal{M}_{\varkappa,\mu/2}(z)}$, die für $|z| \to \infty$ für jeden Wert von arc (z) verschwindet, eine gebrochene rationale Funktion, was sie auf Grund ihrer asymptotischen Entwicklung gewiß nicht ist. Dann können aber auf Grund eines bekannten Lehrsatzes diese unendlich vielen Nullstellen nur den Punkt ∞ als Häufungsstelle haben.

Mittels der Rekursionsformeln läßt sich aus der Einfachheit der Nullstellen, wie bei A. Kienast [1], weiter folgern, daß die Nullstellen der zu $\mathcal{M}_{\varkappa,\mu/2}(z)$ benachbarten Funktion von denen der Funktion $\mathcal{M}_{\varkappa,\mu/2}(z)$ selbst stets verschieden sind. Ferner sind nach Gl. (§ 2, 5a, b) die von Null verschiedenen Wurzeln von $\mathcal{M}_{\varkappa,\mu/2}(z)$ entgegengesetzt gleich denen der Funktion $\mathcal{M}_{-\varkappa,\mu/2}(z)$. Es genügt daher, die Verteilung der Nullstellen von $\mathcal{M}_{\varkappa,\mu/2}(z)$ im Bereich $-\pi < \operatorname{arc}(z) \leqq +\pi$ allein für ein $\Re(\varkappa) \geqq 0$ zu kennen. Wegen der Nullstellenfreiheit von $\exp(\pm z/2)$ besitzt im übrigen die Funktion ${}_1F_1\left(\frac{1+\mu}{2} \mp \varkappa;\, 1+\mu;\, \pm z\right)$ dieselben Nullstellen wie die Funktion $\mathcal{M}_{\varkappa,\mu/2}(z)\, z^{-(1+\mu)/2}$.

Eine erste Information über die Lage der großen Nullstellen von $\mathcal{M}_{\varkappa,\mu/2}(z)$ liefert (§ 7, 3). Beschränkt man sich in dieser Gleichung auf die erste Näherung und setzt zur Abkürzung

$$\left\{\frac{\Gamma\left(\frac{1+\mu}{2}+\varkappa\right)}{\Gamma\left(\frac{1+\mu}{2}-\varkappa\right)}\right\}^{1/2} = e^{\alpha+i\beta} \text{ mit } \beta = 0 \text{ für } \frac{1+\mu}{2} \pm \varkappa > 0 \qquad (1\alpha)$$

$$\varkappa = \varkappa_1 + i\,\varkappa_2 \qquad (1\beta) \qquad\qquad z = |z| \cdot e^{i\varphi}, \qquad (1\gamma)$$

so läßt sich die genannte Gleichung bei reellen Werten von μ und für

$$\varphi = \operatorname{arc}(z) \approx \mp\left[\frac{\pi}{2} - \frac{2\varkappa_1 \cdot \ln|z| - 2\alpha}{|z|} + O\left(|z|^{-2}\right)\right] \qquad (2\text{a})$$

$$\text{ob. Vorz.: } -\frac{3\pi}{2} < \varphi < +\frac{\pi}{2} \qquad \text{unt. Vorz.: } -\frac{\pi}{2} < \varphi < +\frac{3\pi}{2}$$

auf die Form bringen:

$$\begin{aligned}\mathcal{M}_{\varkappa,\mu/2}(z) \sim 2 \cdot \left\{\Gamma\left(\frac{1+\mu}{2}-\varkappa\right)\cdot\Gamma\left(\frac{1+\mu}{2}+\varkappa\right)\right\}^{-1/2} \cdot e^{\pm\frac{\pi i}{2}\left(\varkappa-\frac{1+\mu}{2}\right)} \\ \cdot \cos\left[\pm\frac{1}{2}\cdot|z| + \varkappa_2 \cdot \ln|z| - \beta \mp \frac{\pi}{4}(1+\mu)\right]\end{aligned} \qquad (2\text{b})$$

$$\text{ob. Vorz.: } -\frac{3\pi}{2} < \varphi < +\frac{\pi}{2} \qquad \text{unt. Vorz.: } -\frac{\pi}{2} < \varphi < +\frac{3\pi}{2}$$

Die Nullstellen $z = z_n$ von $\mathcal{M}_{\varkappa,\mu/2}(z)$ berechnen sich mithin für $n \to \infty$ nach Betrag $|z_n|$ und Phasenwinkel $\varphi_n = \operatorname{arc}(z_n)$ gemäß den Formeln:

$$|z_n| \pm 2\varkappa_2 \cdot \ln|z_n| \sim \pi\left(2n + \frac{\mu-1}{2}\right) \pm 2\beta \qquad (3\text{a})$$

$$\varphi_n \sim \mp\left[\frac{\pi}{2} - \frac{2\varkappa_1 \cdot \ln|z_n| - 2\alpha}{|z_n|}\right] \qquad (3\text{b})$$

$$\text{ob. Vorz.: } -\frac{3\pi}{2} < \varphi_n < +\frac{\pi}{2} \qquad \text{unt. Vorz.: } -\frac{\pi}{2} < \varphi_n < +\frac{3\pi}{2}$$

Für $\operatorname{arc}(z_n)$ mit $-3\pi/2 < \varphi_n < +\pi/2$ nähern sich also die großen Nullstellen asymptotisch der negativ imaginären z-Achse, im Falle $-\pi/2 < \varphi_n < +3\pi/2$ der positiv imaginären Achse. Für $\varkappa_1 > 0$ erfolgt diese Annäherung von rechts her, für $\varkappa_1 < 0$ von links her. Selbst für $\Im(\varkappa) = 0$ sind also fast alle Nullstellen von $\mathcal{M}_{\varkappa,\mu/2}(z)$ komplexwertig. Nur für $\varkappa = i\,\tau$ mit $\tau \gtreqless 0$ fallen nach (3b) zum mindesten die großen Nullstellen genau in die imaginäre Achse.

Für reellwertiges $\varkappa$ sind diese Ergebnisse besonders auffällig. Sie lassen sich in diesem Falle auch noch von der Gleichung

$$(z_n - z_{n'}) \cdot \int_0^1 \left\{\frac{\varkappa}{x} - \frac{z_n + z_{n'}}{4}\right\} \cdot \mathcal{M}_{\varkappa,\mu/2}(z_n \cdot x) \cdot \mathcal{M}_{\varkappa,\mu/2}(z_{n'} \cdot x) \cdot dx = 0 \qquad (4)$$

$$(\Im(\varkappa) = 0;\ \mu > -1)$$

aus verstehen. Sie ist eine Folge von (§ 9, 4b), wenn man darin $a_1 = z_n$ und $a_2 = z_{n'}$, d. h. a_1, a_2 gleich zwei verschieden großen Nullstellen setzt, $z = x$ macht und die Integration nach x zwischen den Grenzen 0 und 1 ausführt, was für $\mu > -1$ statthaft ist. Sind nun $\varkappa$ und μ reell, so lassen sich die komplexen Nullstellen von $\mathcal{M}_{\varkappa,\mu/2}(z)$ zu konjugierten Paaren zusammenfassen, wie auch aus (3a) hervorgeht, da in diesem Falle $\varkappa_2 = \beta = 0$ ist. In (4) führt aber die Annahme $z_{n'} = \overline{z_n}$ nur dann auf einen Widerspruch, wenn $\varkappa$ und $z_n + \overline{z_n} = 2\Re(z_n)$ entgegengesetzte Vorzeichen haben. Die Funktion $\mathcal{M}_{\varkappa,\mu/2}(z)$ könnte also unter den genannten Voraussetzungen sehr wohl komplexe Nullstellen haben, die dann aber für $\varkappa_1 = \varkappa > 0$ in der rechten z-Halbebene liegen müssen. Ebenso sind nach (4) reelle Nullstellen möglich. Dagegen kann es keine rein imaginären Nullstellen geben, solange $\Re(\varkappa) \neq 0$ ist.

Bei rein imaginärem $\varkappa$ legte bereits (3b) die Vermutung nahe, daß in diesem Falle nicht allein die großen Nullstellen, sondern überhaupt alle Nullstellen von $\mathcal{M}_{\varkappa,\mu/2}$ rein imaginär sind. Dies läßt sich nach W. Magnus [1] in schlüssiger Weise zeigen, indem man von der D.Gl. (§ 3, 5) ausgeht und darin $\varkappa = i\tau$ mit $\tau = \tau_1 + i\tau_2$, $A = -i$ und $z = \zeta \gtrless 0$ setzt. Sie lautet dann

$$(\zeta \cdot y')' - \left(\frac{\mu^2/4}{\zeta} - \frac{\zeta}{4}\right) \cdot y + (\tau_1 + i\tau_2) \cdot y = 0 \qquad (\mu \text{ reell}) \tag{5}$$

und eine ihrer beiden Lösungen ist die Funktion $\mathcal{M}_{i\tau,\mu/2}(-i\zeta) \cdot (-i\zeta)^{-1/2}$. Mit $y = B(\zeta) \cdot \exp(i\varphi(\zeta))$, worin B und φ reelle Funktionen von ζ sind, folgt aus (5) nach der Trennung in die reellen und imaginären Bestandteile

$$(\zeta B')' - \zeta B \varphi'^2 - B \left\{\frac{\mu^2/4}{\zeta} - \frac{\zeta}{4}\right\} + \tau_1 B = 0 \tag{5a}$$

$$2\zeta B' \varphi' + B\varphi' + \zeta B \varphi'' + \tau_2 B = 0. \tag{5b}$$

Nach Multiplikation mit B und einer anschließenden Integration nach ζ läßt sich aber (5b) auch in der Form

$$\tau_2 \cdot \int_0^\zeta B^2(x) \cdot dx = -\zeta \cdot \varphi'(\zeta) \cdot B^2(\zeta) \tag{6}$$

schreiben, wenn als Lösung von (5) ein Partikularintegral $y = B(\zeta)\, e^{i\varphi(\zeta)}$ gewählt wird, in dem $B(\zeta) \sim \zeta^{-\varepsilon}$ für $\zeta \to 0$ mit $0 < \varepsilon < 1/2$ gilt. Die linke Seite von (6) bleibt für jedes $\zeta > 0$ ungleich Null, falls auch $\tau_2 \neq 0$ ist. Ein Verschwinden von $B(\zeta)$ kann nur für $\tau_2 = 0$ eintreten. Für verschwindendes τ ist dann aber für alle ζ die Funktion $\varphi(\zeta) = \text{const.}$ mit Ausnahme der Nullstellen von $B(\zeta)$, an denen $\varphi(\zeta)$ unstetig sein kann. Für $\varphi = \text{const.}$ reduziert sich jedoch (5a) auf die D.Gl. für

$\mathcal{M}_{i\tau,\mu/2}(-i\zeta)\cdot(-i\zeta)^{-1/2}$ bei reellem τ, und diese Funktion befriedigt auch für $\mu > -1$ die oben für $B(\zeta)$ angegebenen Bedingungen.

Von den damit für ein reelles τ selbst als reell erkannten Nullstellen von $\mathcal{M}_{i\tau,\mu/2}(-i\zeta)$ hinsichtlich ζ läßt sich weiterhin zeigen, daß jede beliebige der unendlich vielen reellen Nullstellen ζ_n dieser Funktion mit wachsenden Werten von τ an Größe abnimmt. Differenziert man nämlich den Ausdruck

$$\mathcal{M}_{i\tau,\mu/2}(-i\zeta_n)\cdot(-i\zeta_n)^{-\frac{1+\mu}{2}} \equiv \mathfrak{M}_{i\tau,\mu/2}(-i\zeta_n) = 0 \tag{7'}$$

nach τ und zieht (§ 9, 4α) mit $a = -i$ heran, wobei die Integration über $0\ldots\zeta_n$ erstreckt wird, so kann der Ableitung von (7') die Form gegeben werden:

$$\frac{d\zeta_n}{d\tau} = -\left\{\int_0^1 \mathfrak{M}^2_{i\tau,\mu/2}(-ix\zeta_n)\cdot x^{\mu}\cdot dx\right\}\left[\frac{d}{d\zeta}\left(\mathfrak{M}_{i\tau,\mu/2}(-i\zeta)\right)\right]^{-2}_{\zeta=\zeta_n} \quad (\mu > -1). \tag{7}$$

Hierin stehen auf der rechten Seite im Hinblick auf (§ 2, 39) nur reelle und positive Größen.

Das obige Beweisverfahren versagt für ein $\mu \lesseqgtr -1$. In der Tat liegen dann ähnliche Verhältnisse vor wie bei der Funktion $J_\nu(z)$, und die Funktion $\mathcal{M}_{i\tau,\mu/2}(-i\eta)$ kann in diesem Fall in der η-Ebene auch komplexe Nullstellen haben. Diese Frage ist von G. Giraud [1] untersucht worden. Er beweist, daß für ein $\tau \neq 0$ die Funktion $\eta^{-(1+\mu)/2}\cdot\mathcal{M}_{i\tau,\mu/2}(-i\eta)$ in der η-Ebene immer dann auch komplexe Nullstellen hat, wenn $\mu < -2$ und nicht ganzzahlig ist. Besteht für ein positives ganzzahliges p die Ungleichung $0 < \left|\frac{\mu+1}{2} + p\right| < \frac{1}{2}$, so beträgt die Zahl dieser Nullstellen $2p$ und nicht mehr. Über die Phasenwinkel dieser Nullstellen macht er die Angabe, daß sie für zwei verschiedene komplexe Nullstellen gleichfalls stets verschieden sind.

Dieses von der Verteilung der Nullstellen gewonnene allgemeine Bild wird in wirkungsvoller Weise durch die Untersuchungen von A. Kienast [1] ergänzt. Diese Arbeit enthält präzise Angaben über die Zahl aller reellen Nullstellen von $\mathcal{M}_{\varkappa,\mu/2}(z)\cdot z^{-(1+\mu)/2}$ bei reellen Werten von $\varkappa$ und μ, wobei auch der Fall $\mu < -1$ berücksichtigt wird. Der Beweis beruht im wesentlichen auf der Erkenntnis, daß die Funktionen $K_{-1}, K_0\ldots K_n$ mit $K_m = \mathcal{M}_{\varkappa+m,\mu/2}(z)$ ($m = -1, 0, \ldots, n$) eine Sturmsche Kette bilden. Hierbei spielt die Rekursionsformel (§5, 41a) eine wichtige Rolle. Die Ergebnisse der Arbeit von Kienast, die a. a. O. für die Funktion ${}_1F_1(\beta;\gamma;z)$ formuliert werden, sind dort zwar in etwas undurchsichtiger Weise zusammengestellt, sie umfassen aber alle denkbaren Fälle. Für die

Funktion $\mathcal{M}_{\varkappa,\mu/2}(z)\cdot z^{-(1+\mu)/2}$ lassen sie sich formelmäßig in der folgenden Weise wiedergeben:

Für die Zahl der positiv reellen Nullstellen N_+ hinsichtlich z gelten die Beziehungen

$$N_+ = -\left[\frac{1+\mu}{2}-\varkappa\right] \qquad +\infty > \varkappa \geqq \frac{1+\mu}{2}\,(>0) \qquad (8\alpha)$$

$$N_+ = 0 \qquad \frac{1+\mu}{2}\,(>0) \geqq \varkappa > -\infty \qquad (8\beta)$$

$$(\mu > -1)$$

$$N_+ = -\left[\frac{1+\mu}{2}-\varkappa\right]+\left[1+\mu\right] \qquad +\infty > \varkappa > -\frac{1+\mu}{2}\,(>0) \qquad (8\gamma)$$

$$N_+ = \begin{cases}1\\0\end{cases} \text{für } (-1)^{\left[\frac{1+\mu}{2}-\varkappa\right]+\left[-1-\mu\right]} \gtrless 0$$

$$-\frac{1+\mu}{2}\,(>0) > \varkappa > +\frac{1+\mu}{2}\,(<0),\quad \varkappa \neq \frac{1+\mu}{2}+\lambda \qquad (8\delta_1).$$

$$N_+ = 0 \qquad \varkappa = \frac{1+\mu}{2}+\lambda \text{ mit } \lambda = 0, 1, \ldots, [-1-\mu] \qquad (8\delta_2)$$

$$N_+ = \begin{cases}1\\0\end{cases} \text{für } (-1)^{-[\mu]} \gtrless 0 \qquad +\frac{1+\mu}{2}\,(<0) > \varkappa > -\infty \qquad (8\varepsilon)$$

$$(\mu < -1).$$

Hierin ist wie üblich $[a]$ die größte ganze Zahl $\leqq a$, also z. B. $[+{}^7/_3] = 2$ $[-{}^7/_3] = -3$.

Für die Zahl der negativ reellen Nullstellen N_- gilt hingegen:

$$N_- = 0 \qquad +\infty > \varkappa \geqq -\frac{1+\mu}{2}\,(<0) \qquad (8\alpha')$$

$$N_- = -\left[\frac{1+\mu}{2}+\varkappa\right] \qquad -\frac{1+\mu}{2}\,(<0) \geqq \varkappa > -\infty \qquad (8\beta')$$

$$(\mu > -1)$$

$$N_- = \begin{cases}1\\0\end{cases} \text{für } (-1)^{-[\mu]} \gtrless 0 \qquad +\infty > \varkappa \geqq -\frac{1+\mu}{2}\,(>0) \qquad (8\gamma')$$

$$N_- = \begin{cases}1\\0\end{cases} \text{für } (-1)^{\left[\frac{1+\mu}{2}+\varkappa\right]+[-1-\mu]} \gtrless 0$$

$$-\frac{1+\mu}{2}\,(>0) > \varkappa > \frac{1+\mu}{2}\,(<0),\quad \varkappa \neq -\frac{1+\mu}{2}-\lambda \qquad (8\delta_1')$$

$$N_- = 0 \qquad \varkappa = -\frac{1+\mu}{2}-\lambda \text{ mit } \lambda = 0, 1, \ldots, [-1-\mu] \qquad (8\delta_2')$$

$$N_- = -\left[\frac{1+\mu}{2}+\varkappa\right]+[1+\mu] \qquad +\frac{1+\mu}{2}\,(<0) > \varkappa > -\infty. \qquad (8\varepsilon')$$

$$(\mu < -1)$$

Für $\mu = -m$ mit $m = 1, 2, 3, \ldots$ gelten die obigen Angaben nicht mehr. Für solche Werte von μ hat aber die Funktion $\mathcal{M}_{\varkappa, -m/2}(z) \cdot z^{(m-1)/2}$ im Hinblick auf (§ 2, 8) dieselben Nullstellen wie die Funktion $\mathcal{M}_{\varkappa, +m/2}(z)\, z^{-(m+1)/2}$, vermehrt um m in $z = 0$ zusammenfallende Nullstellen. Für $\varkappa = n + (1+\mu)/2$ mit $n = 0, 1, 2, \ldots$ berechnet sich aus (8) dieselbe Nullstellenzahl wie nach dem am Schluß von § 12.1 mitgeteilten Lehrsatz von G. Szegö über die reellen Nullstellen des Laguerre-Polynoms $L_n^{(\mu)}(z)$, in das die hier betrachtete Funktion in diesem Grenzfall entartet. Man vergleiche auch über diese Frage eine neuere Arbeit von F. Tricomi [5], in der statt der obigen Formeln eine graphische Darstellung für die Nullstellenzahl der Funktion ${}_1F_1(a; c; z)$ gewählt wird.

Die Produktdarstellung, die nach allgemeinen Sätzen der Funktionentheorie bestehen muß, hat nach J. Horn [2] oder H. Kienast [1] für die Kummersche Funktion die Gestalt:

$$\frac{{}_1F_1(\alpha; \beta; z)}{\Gamma(\beta)} = e^{\frac{\alpha}{\beta} \cdot z} \cdot \prod_{\lambda=1}^{\infty} \left(1 - \frac{z}{a_\lambda}\right) e^{\frac{z}{a_\lambda}} \cdot \frac{1}{\Gamma(\beta)} \qquad (\beta > 0), \tag{8a}$$

worin a_λ die unendlich vielen Nullstellen von ${}_1F_1$ bedeuten. Die entsprechende Produktdarstellung für die Funktion $\mathcal{M}_{i\tau, \mu/2}(-i\zeta)$ hat die Form:

$$\mathcal{M}_{i\tau, \mu/2}(-i\zeta) = (-i\zeta)^{\frac{1+\mu}{2}} \cdot e^{\frac{-\tau\zeta}{(1+\mu)}} \cdot \prod_{\lambda=1}^{\infty} \left(1 - \frac{\zeta}{\zeta_\lambda}\right) e^{\frac{\zeta}{\zeta_\lambda}} \cdot \frac{1}{\Gamma(1+\mu)} \tag{8b}$$

$$(\mu > -1).$$

Zum Beweise von (8b) braucht man lediglich die Funktion $\mathcal{M}_{i\tau, \mu/2+1}(v) \cdot [\mathcal{M}_{i\tau, \mu/2}(v) \cdot v\,(v + i\,\zeta)]^{-1}$ über einen Kreis mit sehr großem Radius um den Nullpunkt der v-Ebene zu integrieren, den Residuensatz anzuwenden und die auf die Funktion von (7') umgeschriebene Gl. (§ 5, 42b) heranzuziehen.

Die Funktion $\mathcal{M}_{\varkappa, \mu/2}(z) \cdot z^{-(1+\mu)/2}$ ist danach genauer eine ganze, transzendente Funktion vom Geschlechte 1, vom Range 1 und von der Ordnung 1. Der Grenzexponent $\varrho = 1$ ist aber noch ein Divergenzexponent. Es konvergiert also die Reihe

$$\sum_{\lambda=1}^{\infty} \frac{1}{a_\lambda^{1+\varepsilon}} \qquad \text{oder} \qquad \sum_{\lambda=1}^{\infty} \frac{1}{\zeta_\lambda^{1+\varepsilon}}$$

für jedes $\varepsilon > 0$; für $\varepsilon \lesseqgtr 0$ ist sie aber bereits divergent.

Für die Summe der reziproken ganzzahligen Potenzen der Nullstellen von $\mathcal{M}_{\varkappa,\mu/2}(z)$ hinsichtlich z lassen sich ähnlich wie bei den Zylinderfunktionen geschlossene Ausdrücke angeben. Werden diese Nullstellen, die natürlich von $\varkappa$ und μ abhängen, mit a_λ bezeichnet, so daß $|a_1| \leqq |a_2| \leqq |a_3| \ldots$ ist, so gelten nach einer Arbeit von H. Buchholz [12] für

$$S_p = \sum_{\lambda=1}^{\infty} a_\lambda^{-p} \tag{8}$$

z. B. im Falle eines $p = 2, 3$ und 4 die folgenden Formeln:

$$S_2 = \frac{\varkappa^2 - \left(\frac{\mu+1}{2}\right)^2}{(\mu+1)^2 \cdot (\mu+2)} \quad (8\alpha) \qquad S_3 = \frac{2\varkappa\left(\varkappa^2 - \left(\frac{\mu+1}{2}\right)^2\right)}{(\mu+1)^3\,(\mu+2)\,(\mu+3)} \quad (8\beta)$$

$$S_4 = \frac{\left(\varkappa^2 - \left(\frac{\mu+1}{2}\right)^2\right) \cdot \left[\left(\varkappa^2 - \left(\frac{\mu+1}{2}\right)^2\right)(5\mu+11) + (\mu+1)^2\,(\mu+2)\right]}{(\mu+1)^4\,(\mu+2)^2\,(\mu+3)\,(\mu+4)}. \quad (8\gamma)$$

Daß alle diese Summen den Faktor $\varkappa^2 - (1+\mu)^2/4$ enthalten, folgt aus der Tatsache, daß für $\varkappa = \pm(1+\mu)/2$ die Funktion $\mathcal{M}_{\varkappa,\mu/2}(z)$ in den elementaren Ausdruck $z^{(1+\mu)/2} \cdot e^{\mp z/2}$ entartet, der keine Nullstellen hat. Für $\varkappa = 0$ entstehen die bekannten Formeln von Rayleigh für die reziproken Potenzsummen der Nullstellen der Besselschen Funktion, die bei G. N. Watson [2] angegeben sind. Im übrigen muß auf die Originalarbeit verwiesen werden.

2. Über die Nullstellen von $\mathcal{M}_{\varkappa,\mu/2}(z)$ in bezug auf $\varkappa$. Wir verlassen den früheren Standpunkt und fragen jetzt nach den Nullstellen von $\mathcal{M}_{\varkappa,\mu/2}(z)$ bei festen Werten von z und μ, wobei wir uns wieder auf den Fall reeller Werte von μ mit $\mu > -1$ beschränken wollen. Aus der asymptotischen Darstellung von $\mathcal{M}_{\varkappa,\mu/2}(z)$ für $\varkappa \to \infty$ kann geschlossen werden, daß diese Nullstellen ebenfalls in unendlicher Zahl auftreten mit dem Punkt $\varkappa = \infty$ als Häufungsstelle. Es handelt sich auch hier nur wieder um einfache Nullstellen, da sonst das zwischen geeigneten Grenzen genommene Integral (§ 9, 4α) mit $P^{(1)} = P^{(2)} = \mathcal{M}$ verschwinden müßte.

Auf die Frage nach der Verteilung dieser Nullstellen gibt eine erste Auskunft die Näherungsgleichung (§ 7, 17a) für $\varkappa \to \infty$. Danach liegen alle großen Nullstellen bei einem reellwertigen μ auf dem Halbstrahl $\operatorname{arc}(\varkappa) = -\operatorname{arc}(z)$ der $\varkappa$-Ebene. Insbesondere liegen sie also bei reellem z fast alle auf der positiv reellen Achse der $\varkappa$-Ebene und bei negativ imaginärem z auf der positiv imaginären Achse der $\varkappa$-Ebene. Eine Illustration hierzu liefern die beiden Formeln

$$\varkappa_n \sim \frac{\pi\left(n+\frac{\mu}{2}-\frac{1}{4}\right)}{\pi-2\beta+\sin 2\beta} - \frac{\operatorname{ctg}^3\beta}{96}\cdot\frac{3(4\mu^2-1)\cdot\operatorname{tg}^4\beta+6\cdot\operatorname{tg}^2\beta+5}{\pi\left(n+\frac{\mu}{2}-\frac{1}{4}\right)} + O\left(\frac{1}{\pi^3\left(n+\frac{\mu}{2}-\frac{1}{4}\right)^3}\right) \tag{9a}$$

$$\left(\cos^2\beta = \frac{z}{4\varkappa} = \text{const.}, \qquad 0<\beta<\frac{\pi}{2}, \quad n \text{ groß und ganzzahlig}\right)$$

$$\tau_n \sim \frac{\pi\left(n+\frac{\mu}{2}-\frac{1}{4}\right)}{2\alpha+\operatorname{Sin} 2\alpha} - \frac{\operatorname{Tg}^3\alpha}{96}\cdot\frac{3(4\mu^2-1)\cdot\operatorname{Cotg}^4\alpha-6\cdot\operatorname{Cotg}^2\alpha+5}{\pi\left(n+\frac{\mu}{2}-\frac{1}{4}\right)} + O\left(\frac{1}{\pi^3\left(n+\frac{\mu}{2}-\frac{1}{4}\right)^3}\right) \tag{9b}$$

$$\left(\tau,\zeta>0, \quad \frac{z}{4\varkappa} = -\frac{\zeta}{4\tau} = -\operatorname{Sin}^2\alpha = \text{const.}, \quad 0<\alpha<\infty, \quad n \text{ groß und ganzzahlig}\right),$$

die auf Grund einer bei G. N. Watson [2] vorgetragenen Schlußweise aus den asymptotischen Darstellungen (§ 8, 11) und (§ 8, 16) für $\mathscr{M}_{\varkappa,\mu/2}(z)$ und $\mathscr{M}_{i\tau,\mu/2}(-i\zeta)$ folgen.

Die Reellwertigkeit aller und nicht bloß der großen Nullstellen von $\mathscr{M}_{\varkappa,\mu/2}(z)$ in bezug auf $\varkappa$ bei reellem μ, $\varkappa$ und $z=x>0$ läßt sich mit Hilfe von (§ 9, 4a) beweisen, indem man darin $P^{(1)}=P^{(2)}=\mathscr{M}$, $a=1$, $\varkappa=\varkappa_p$ und $\lambda=\varkappa_q$ setzt. Sie lautet dann nämlich mit $x_0>0$

$$(\varkappa_p-\varkappa_q)\cdot\int_0^{x_0}\mathscr{M}_{\varkappa_p,\mu/2}(v)\cdot\mathscr{M}_{\varkappa_q,\mu/2}(v)\cdot\frac{dv}{v} = \mathscr{M}_{\varkappa_p,\mu/2}(x_0)\,\mathscr{M}'_{\varkappa_q,\mu/2}(x_0)-\mathscr{M}'_{\varkappa_p,\mu/2}(x_0)\,\mathscr{M}_{\varkappa_q,\mu/2}(x_0) \tag{10}$$

und hieraus kann in bekannter Weise gefolgert werden, daß es weder komplexe noch rein imaginäre Nullstellen geben kann. Darüber hinaus geht aber aus (10) hervor, wenn darin $\varkappa_p$ und $\varkappa_q$ zwei verschiedene von den unendlich vielen reellen Nullstellen $\varkappa_1, \varkappa_2, \varkappa_3, \ldots$ von $\mathscr{M}_{\varkappa,\mu/2}(x_0)=0$ bedeuten, daß es sich bei den Funktionen $x^{-1/2}\mathscr{M}_{\varkappa_n,\mu/2}(x) = m_{\varkappa_n}^{(\mu)}(x)$ mit $n=0,1,2,\ldots$ um ein über dem Grundgebiet $0\ldots x_0$ orthogonales Funktionensystem handelt, das in allen seinen Elementen der Forderung unterworfen ist, in den Randpunkten $x = 0$ und $x = x_0$ dieses Gebiets zu verschwinden. Eine entsprechende Behauptung gilt von dem Funktionensystem $\mathcal{M}'_{\varkappa,\mu/2}(x)$ mit $\varkappa'_n$ als den Nullstellen von $\mathcal{M}'_{\varkappa,\mu/2}(x)$. Die aus (10) für $\varkappa_q = \varkappa_n$ durch den Grenzübergang $\varkappa_p \to \varkappa_n$ entstehende Gleichung

$$\int_0^{x_0} \mathcal{M}^2_{\varkappa_n,\mu/2}(v)\cdot\frac{dv}{v} = \int_0^{x_0} \{m^{(\mu)}_{\varkappa_n}(v)\}^2\cdot dv \tag{10a}$$

$$= \mathcal{M}'_{\varkappa_n,\mu/2}(x_0)\left(\frac{\partial \mathcal{M}_{s,\mu/2}(x_0)}{\partial s}\right)_{s=\varkappa_n} - \mathcal{M}_{\varkappa_n,\mu/2}(x_0)\left(\frac{\partial \mathcal{M}'_{s,\mu/2}(x_0)}{\partial s}\right)_{s=\varkappa_n},$$

in der dann entweder die Funktion $\mathcal{M}$ oder nach dem Übergang zu $\varkappa'_n$ ihre Ableitung nach x_0 verschwindet, liefert das zu den beiden Funktionensystemen gehörende Normierungsintegral.

Setzt man hingegen in (§ 9, 4a) $a = -i$, verfährt aber sonst wie oben, so erhält man:

$$(\varkappa_q - \varkappa_p)\cdot\int_0^{\zeta_0} \mathcal{M}_{\varkappa_p,\mu/2}(-i\,v)\,\mathcal{M}_{\varkappa_q,\mu/2}(-i\,v)\cdot\frac{dv}{v} \tag{11}$$

$$= \mathcal{M}_{\varkappa_q,\mu/2}(-i\zeta_0)\cdot\mathcal{M}'_{\varkappa_p,\mu/2}(-i\zeta_0) - \mathcal{M}'_{\varkappa_q,\mu/2}(-i\zeta_0)\cdot\mathcal{M}_{\varkappa_p,\mu/2}(-i\zeta_0).$$

Ist nun $\varkappa_p$ eine Nullstelle von $\mathcal{M}_{\varkappa,\mu/2}(-i\zeta_0)$, so verschwindet wegen $\mathfrak{J}(\mu) = 0$ auch $\mathcal{M}_{\bar{\varkappa}_p,\mu/2}(+i\zeta_0)$, und in Rücksicht auf (§ 2, 5a, b) auch $\mathcal{M}_{-\bar{\varkappa}_p,\mu/2}(-i\zeta_0)$. Mit $\varkappa_p$ wäre also auch $\varkappa_q = -\bar{\varkappa}_p$ eine Nullstelle, und die rechte Seite von (11) verschwände. Auf der linken stehen aber in Rücksicht auf (§ 2,5a, b) zwei konjugiert komplexe Funktionen, was zu einem Widerspruch führt, solange $\varkappa_p$ nicht rein imaginär ist. In diesem Falle folgt dies auch schon aus den Ausführungen in der vorigen Nummer. Setzt man demgemäß $\varkappa = +i\tau$, so schreibt sich (11) in der Form:

$$i\,(\tau_p - \tau_n)\cdot\int_0^{\zeta_0} \mathcal{M}_{i\tau_n,\mu/2}(-i\,v)\;\mathcal{M}_{i\tau_p,\mu/2}(-i\,v)\cdot\frac{dv}{v} \tag{12}$$

$$= \mathcal{M}_{i\tau_p,\mu/2}(-i\zeta_0)\cdot\mathcal{M}'_{i\tau_n,\mu/2}(-i\zeta_0) - \mathcal{M}'_{i\tau_p,\mu/2}(-i\zeta_0)\cdot\mathcal{M}_{i\tau_n,\mu/2}(-i\zeta_0).$$

Mit τ_n als einer der unendlich vielen Nullstellen von $\mathcal{M}_{i\tau,\mu/2}(-i\zeta_0)$ führt der Grenzübergang $\tau_q \to \tau_n$ zu dem zu (12) gehörenden Normierungsintegral

$$i\cdot\int_0^{\zeta_0} \mathcal{M}^2_{i\tau_n,\mu/2}(-i\,v)\cdot\frac{dv}{v} = \int_0^{\zeta_0} \{m^{(\mu)}_{i\tau_n}(-i\,v)\}^2\cdot dv$$

$$= i\cdot e^{+\pi i/2\cdot(1+\mu)}\cdot\int_0^{\zeta_0} \mathcal{M}_{i\tau_n,\mu/2}(-i\,v)\,\mathcal{M}_{-i\tau_n,\mu/2}(+i\,v)\cdot\frac{dv}{v}$$

$$= \mathcal{M}'_{i\tau_n,\mu/2}(-i\zeta_0)\cdot\left\{\frac{\partial \mathcal{M}_{i\nu,\mu/2}(-i\zeta_0)}{\partial \nu}\right\}_{\nu=\tau_n} \tag{12a}$$

$$- \mathcal{M}_{i\tau_n,\mu/2}(-i\zeta_0)\cdot\left\{\frac{\partial \mathcal{M}'_{i\nu,\mu/2}(-i\zeta_0)}{\partial \nu}\right\}_{\nu=\tau_n}.$$

Darin ist rechts entweder die Funktion $\mathcal{M}_{i\tau_n,\mu/2}(-i\zeta_0)$ gleich Null zu setzen oder aber die Funktion $\mathcal{M}'_{i\tau'_n,\mu/2}(-i\zeta_0)$, wenn in (12a) nach dem Ersatz von τ durch τ' jetzt $i\tau'_n$ die Nullstellen von $\mathcal{M}'_{\varkappa,\mu/2}(-i\zeta_0)$ in bezug auf $\varkappa$ sind. Auch für $\varkappa = i\tau$ und ein $z = -i\zeta_0$ gibt es also entsprechend den unendlich vielen Nullstellen $\varkappa = i\tau_n$ mit $n = 1, 2, 3, \ldots$ ein aus unendlich vielen orthogonalen Funktionen bestehendes Funktionensystem, das zu dem Grundgebiet $0 \ldots -i\zeta_0$ gehört und an den beiden Rändern des Gebietes entweder selbst oder mit seinen Ableitungen verschwindet. Die Frage der Vollständigkeit dieser orthogonalen Systeme ist noch nicht untersucht worden.

In der Gleichung $\mathcal{M}_{\varkappa_n,\mu/2}(x_0) = 0$ hängt $\varkappa_n$ seiner Größe nach von x_0 ab. Differenziert man in Rücksicht darauf diese Gleichung nach x_0, setzt in (§ 9, 4α) $P^{(1)} = P^{(2)} = \mathcal{M}$, $\varkappa = \varkappa_n$, $a = 1$ und nimmt das Integral zwischen den Grenzen $0 \ldots x_0$, so führt die Elimination von $\partial\mathcal{M}_{\varkappa,\mu/2}/\partial\varkappa$ aus beiden Beziehungen zu der Relation

$$\frac{\partial\varkappa_n}{\partial x_0} = -\left\{\mathcal{M}'_{\varkappa_n,\mu/2}(x_0)\right\}^2 \left\{\int\limits_0^{x_0} \mathcal{M}^2_{\varkappa,\mu/2}(v)\cdot\frac{dv}{v}\right\}^{-1}. \tag{13}$$

Jede der unendlich vielen Wurzeln $\varkappa_n$ nimmt danach mit wachsenden Werten von x_0 ab. Nach (7) nimmt aber auch jede der unendlich vielen Nullstellen τ_n in der Gleichung $\mathcal{M}_{i\tau_n,\mu/2}(-i\zeta_0) = 0$ mit wachsenden Werten von ζ_0 ab. Für sehr kleine Werte von ζ_0 ist nun die kleinste Nullstelle τ_1 noch sehr groß, mit wachsendem ζ_0 wandert sie dann nach (7) in der positiv imaginären Achse der $\varkappa$-Ebene abwärts und erreicht dort gemäß (§ 2, 11b) den Ursprung der $\varkappa$-Ebene für $\zeta_0 = 2j_{\mu/2,1}$ mit $j_{\mu/2,1}$ als der kleinsten von Null verschiedenen Nullstelle von $J_{\mu/2}(\zeta_0/2)$. Bei der Funktion $\mathcal{M}_{i\tau,\mu/2}(-i\zeta_0)$ gehört also zum Argument $\zeta_0 = 2j_{\mu/2,1}$ als kleinste Nullstelle der Wert $\tau = 0$. Wächst ζ_0 über $2j_{\mu/2,1}$ hinaus, so wird die kleinste Nullstelle hinsichtlich τ sogar negativ. Für $\zeta_0 > 2j_{\mu/2,2}$ liegen auf der imaginären Achse bereits mindestens zwei Nullstellen unterhalb $\varkappa = 0$. Die Zahl der negativen Nullstellen der Funktion $\mathcal{M}_{i\tau,\mu/2}(-i\zeta_0)$ in bezug auf τ ist also gleich der Zahl aller nicht verschwindenden Nullstellen von $J_{\mu/2}$, deren zweifacher Wert kleiner bleibt als ζ_0. Der asymptotischen Darstellung (§ 8, 11a) für $\mathcal{M}_{-i\tau,\mu/2}(-i\zeta_0)$ kann man hierzu entnehmen, daß für die algebraisch kleinste negative Nullstelle τ_1 von $\mathcal{M}_{i\tau,\mu/2}(-i\zeta_0)$ die Ungleichung $-\zeta_0/4 < \tau_1 < 0$ bestehen muß.

Da die großen positiven Nullstellen τ_p von $\mathcal{M}_{i\tau,\mu/2}(-i\zeta_0)$ nach (§ 7, 16) bei mäßigen Werten von μ und ζ_0 in der Nähe der entsprechenden großen Nullstellen von $J_\mu\left(2\sqrt{\zeta_0\tau_p}\right)$ liegen müssen, so lassen sich die τ_p durch eine nach steigenden Potenzen von $1/j_{\mu p}$ fortschreitende

Reihe entwickeln. In der Tat führen diese allerdings ziemlich mühsamen Rechnungen zu der Entwicklung:

$$4\zeta_0\,\tau_p \sim j_{\mu p}^2 - \frac{1}{3}\cdot\zeta_0^2 - \frac{1}{45}\cdot\left(\frac{\zeta_0}{j_{\mu p}}\right)^2\cdot[30\,(\mu^2-1)-\zeta_0^2] \tag{14}$$
$$-\frac{1}{945}\cdot\left(\frac{\zeta_0}{j_{\mu p}}\right)^4\cdot[27\,(7\mu^2+17)+2\zeta_0^2]+O\left\{\left(\frac{\zeta_0}{j_{\mu p}}\right)^6\right\}.$$

Um ein Urteil über die Leistungsfähigkeit von (14) zu gewinnen, werde das Ergebnis eines Zahlenbeispiels mitgeteilt. Die Funktion $\mathscr{M}_{i\tau,1/2}(-2i)/(-2i)$ hat die zweitkleinste Nullstelle $\tau_2 = 5{,}9861$. Andererseits ist $j_{\mu,2} = j_{1,2} = 7{,}01559$. Nach Gl. (14) berechnet sich für τ_2 der Näherungswert $5{,}9865$.

Ähnliche Formeln wie (14) hat H. Schmidt [2] in einem anderen Zusammenhang für die Kummersche Funktion aufgestellt. Auch in der Theorie der Laguerre- und Hermite-Polynome sind Formeln nach Art von (14) zur näherungsweisen Lokalisierung der Nullstellen seit längerer Zeit bekannt. Man vergleiche in dieser Hinsicht G. Szegö [4] und F. Tricomi [2, 3].

3. **Die Nullstellen von $W_{\varkappa,\mu/2}(z)$ hinsichtlich z.** Die Frage nach den Nullstellen von $W_{\varkappa,\mu/2}(z)$ ist bisher ausführlicher nur in dem Falle untersucht worden, daß es sich dabei um die Nullstellen hinsichtlich z bei reellen Werten von $\varkappa$ und μ handelt. Wir erwähnen hierzu die Arbeiten von A. Milne [2] und Tsvettkoff [1, 2] und zitieren die Ergebnisse der in dieser Frage am weitesten vordringenden Arbeit von F. Tricomi [5]. Danach beträgt bei reellen Werten von $\varkappa$ und μ unter Ausschluß ganzzahliger Werte von μ und $(1+\mu)/2 \pm \varkappa$ die Gesamtzahl N_t der reellen und komplexen Nullstellen von $W_{\varkappa,\mu/2}(z)$

$$N_t = \begin{cases} \left[\varkappa-\dfrac{1+\mu}{2}\right]+1 & \varkappa > \dfrac{\mu+1}{2} & & > 0 \\[4pt] \left[\varkappa-\dfrac{1+\mu}{2}\right] & \varkappa > \dfrac{\mu+1}{2} & & < 0 \\[4pt] \quad\text{für} & \text{und} & \begin{pmatrix}\Gamma\left(\dfrac{1+\mu}{2}-\varkappa\right)\\[2pt] \cdot\,\Gamma\left(\dfrac{1-\mu}{2}-\varkappa\right)\end{pmatrix} & \\[4pt] -\left[\dfrac{1+\mu}{2}-\varkappa\right] & \dfrac{\mu+1}{2} > \varkappa \geq \dfrac{\mu-1}{2} & & > 0 \\[4pt] -\left[\dfrac{1+\mu}{2}-\varkappa\right]-\left[\dfrac{1-\mu}{2}+\varkappa\right] & \dfrac{\mu-1}{2} > \varkappa & & > 0. \end{cases} \tag{15}$$

Die Bedingung über die Nichtganzzahligkeit von μ und $\dfrac{1+\mu}{2} \pm \varkappa$ läßt sich nach den näheren Angaben in der Arbeit noch etwas mildern, so daß nur noch die Fälle ausgenommen zu werden brauchen, in denen die Funktion $W_{\varkappa,\mu/2}(z)$ in das Laguerre-Polynom entartet. Der Beweis von (15) gelingt Tricomi unter Benutzung der als bekannt vorausgesetzten Nullstellenzahl der Kummerschen Funktion mit Hilfe des Satzes von der Zunahme des arc längs eines geschlossenen Weges.

§ 18. Eigenwertprobleme mit parabolischen Funktionen.

In diesem abschließenden Paragraphen werden eine Reihe von Eigenwertproblemen behandelt, die größtenteils den Anwendungen entstammen. Sie lassen unmittelbar die verschiedenen dabei auftretenden Fragestellungen erkennen. Wir beginnen mit einer Aufgabe aus der Theorie der schwingenden Saiten.

1. Die Eigenschwingungen einer gespannten Saite mit parabolischer Massenbelegung. Eine zwischen den Punkten A und B mit den Abszissen $\xi = -a$ und $\xi = +a$ straff angespannte Saite habe eine nach einem parabolischen Gesetz schwankende Massenbelegung, und zwar wird der Einfachheit halber angenommen, daß die Dichteverteilung der Massenbelegung zur Mitte der Saite symmetrisch ist. Für ein allgemeineres Verteilungsgesetz wurde die Aufgabe zuerst von A. Erdelyi [11] gelöst. Aber auch die hier behandelten beiden einfacheren Fälle lassen bereits die charakteristischen Züge der Lösung deutlich erkennen.

Entsprechend den beiden Möglichkeiten einer symmetrischen Massenverteilung $\varrho(\xi)$ tritt für

$$\varrho(\xi) = \varrho_{\min} + (a^2 - \xi^2) \cdot \Delta \qquad \left([\varrho] = \frac{g}{\text{cm}}, \quad [\Delta] = \frac{g}{\text{m}^3}\right) \tag{1a}$$

das Minimum dieser Verteilung an den beiden Enden der Saite auf und für

$$\varrho(\xi) = \varrho_{\min} + \Delta \cdot \xi^2 \tag{1b}$$

in der Mitte der Saite. Bedeutet dann P die Spannung der Saite in g-Masse · cm/s² und $y(\xi, t)$ ihre Auslenkung an der Stelle ξ mit $|\xi| \lessgtr a$, so besteht bekanntlich für die freien Schwingungen der Saite die D.Gl.

$$\varrho(\xi) \cdot \frac{\partial^2 y}{\partial t^2} = P \cdot \frac{\partial^2 y}{\partial \xi^2} \qquad \left(-a \lessgtr \xi \leq +a, \; y(\pm a) = 0\right). \tag{2}$$

Im idealen Fall der reibungsfreien Bewegung vermag die einmal zu Schwingungen angeregte Saite eine unbegrenzt lange Zeit hindurch um ihre Ruhelage stationäre Schwingungen auszuführen, deren Frequenzen eine abzählbar unendliche Folge diskreter Werte bilden. Mit ω_n als der

Kreisfrequenz einer einzelnen Eigenschwingung läßt sich in (1) $y(\xi, t)$ durch $y(\xi) \cdot \exp(-i\omega_n t)$ ersetzen, und für $y(\xi)$ entsteht eine gewöhnliche D.Gl., die unter der Randbedingung $y(\pm a) = 0$ zu integrieren ist.

Hat die Saite ihre kleinste Massenbelegungsdichte in $y = \pm a$, so lautet die aus (2) durch Einführung des Ausdrucks (1a) für $\varrho(\xi)$ hervorgehende D.Gl. für die schwingende Saite:

$$\frac{d^2y}{d\xi^2} + \frac{\omega_n^2}{P}\{\varrho_{\min} + (a^2 - \xi^2)\cdot\Delta\}\cdot y(\xi) = 0 \qquad (\Delta\cdot a^2 = \varrho_{\max} - \varrho_{\min}). \quad (1)$$

Nach (§ 3, 8) ist ihre allgemeine Lösung durch

$$\begin{aligned} y(\xi) &= C_u\,\xi^{-1/2}\cdot\mathcal{M}_{\varkappa,+1/4}\left(\omega_n\cdot\sqrt{\frac{\Delta}{P}}\cdot\xi^2\right) \\ &\quad + C_g\,\xi^{-1/2}\cdot\mathcal{M}_{\varkappa,-1/4}\left(\omega_n\cdot\sqrt{\frac{\Delta}{P}}\cdot\xi^2\right) \end{aligned} \qquad \left(\varkappa = \frac{\omega_n}{4}\cdot\frac{\varrho_{\max}}{\sqrt{\Delta\cdot P}}\right)$$

gegeben. Der erste Bestandteil ist eine in ξ ungerade, der zweite eine in ξ gerade Funktion. Demnach wird durch

$$y(\xi) = C_u\cdot\xi^{-1/2}\cdot\mathcal{M}_{\varkappa,+1/4}\left(\omega_n^{(u)}\cdot\sqrt{\frac{\Delta}{P}}\cdot\xi^2\right)$$

$$\text{mit } \varkappa = \frac{1}{4}\,\omega_n^{(u)}\cdot\frac{a\cdot\varrho_{\max}}{\sqrt{P(\varrho_{\max} - \varrho_{\min})}} \quad (3)$$

eine Saitenschwingung beschrieben, bei der die beiden Hälften der Saite in entgegengesetzter Phase schwingen und also der Mittelpunkt in Ruhe bleibt. Da auch die Endpunkte der Saite in Ruhe bleiben sollen, so muß noch obendrein

$$\mathcal{M}_{\varkappa,+1/4}\left(\omega_n^{(u)}\cdot\sqrt{\frac{\Delta}{P}}\cdot a^2\right) = 0 \qquad (\varkappa \text{ wie in } (3)) \quad (3a)$$

sein. In (3a) ist allein $\omega_n^{(u)}$ unbekannt. Diese Gleichung legt daher die Eigenschwingungen $\omega_n^{(u)}$ der Saite im antisymmetrischen Schwingungszustand fest.

Der zweite Lösungsbestandteil

$$y(\xi) = C_g\cdot\xi^{-1/2}\cdot\mathcal{M}_{\varkappa,-1/4}\left(\omega_n^{(g)}\cdot\sqrt{\frac{\Delta}{P}}\cdot\xi^2\right) \quad (4)$$

$$\text{mit } \varkappa = \frac{1}{4}\,\omega_n^{(g)}\cdot\frac{a\cdot\varrho_{\max}}{\sqrt{P\cdot(\varrho_{\max} - \varrho_{\min}}}$$

beschreibt hingegen eine Saitenschwingung, bei der in $\xi = 0$ ein Schwingungsbauch vorhanden ist. Die Forderung $y(\pm a) = 0$ führt hier für die Eigenschwingungen $\omega_n^{(g)}$ der Saite im symmetrischen Schwingungszustand zu der Beziehung

$$\mathcal{M}_{\varkappa,\,-1/4}\left(\omega_n^{(g)}\cdot\sqrt{\frac{\Delta}{P}}\cdot a^2\right)=0 \qquad \big(\varkappa \text{ wie in } (4)\big). \tag{4a}$$

Unter der obigen Annahme über die Lage von $\varrho_{\min}$ sind in (3) und (4) sowohl der vordere Parameter als auch das Argument der M-Funktion reell.

Hat andererseits die Saite ihre minimale Belegungsdichte in der Mitte, so befolgen ihre freien Schwingungen in Rücksicht auf (16) und (2 a) das durch

$$\frac{d^2y}{d\xi^2}+\frac{\omega_n^2}{P}(\varrho_{\min}+\xi^2\cdot\Delta)\cdot y(\xi)=0 \tag{5}$$

ausgedrückte Gesetz. Die allgemeine Lösung von (5) entspricht nach wie vor (§ 3, 8). Es werden jetzt aber sowohl das Argument wie der vordere Parameter der lösenden M-Funktionen rein imaginär mit entgegengesetztem Vorzeichen. Das ändert nichts daran, daß die eine dieser beiden Funktionen wiederum eine in ξ gerade, die andere eine in ξ ungerade Funktion darstellt. Demnach gibt es auch hier einen antisymmetrischen Schwingungszustand mit einem Knoten in $\xi=0$ und einen symmetrischen Schwingungszustand mit einem Schwingungsbauch in $\xi=0$. Die antisymmetrischen Schwingungen und ihre Eigenfrequenzen werden durch

$$y(\xi)=D_u\cdot\xi^{-1/2}\cdot\mathcal{M}_{i\tau,\,+1/4}\left(-i\,\omega_n^{(u)}\cdot\sqrt{\frac{\Delta}{P}}\cdot\xi^2\right)$$

mit

$$\tau=\frac{1}{4}\,\omega_n^{(u)}\cdot\frac{a\cdot\varrho_{\min}}{\sqrt{P(\varrho_{\max}-\varrho_{\min})}}, \tag{6}$$

$$\mathcal{M}_{i\tau,\,+1/4}\left(-i\,\omega_n^{(u)}\cdot\sqrt{\frac{\Delta}{P}}\cdot a^2\right)=0 \qquad \big(\tau \text{ wie in } (6)\big) \tag{6a}$$

angegeben. Die zur Mitte symmetrischen Schwingungen und ihre Eigenfrequenzen bestimmen sich aus den Gleichungen

$$y(\xi)=D_g\cdot\xi^{-1/2}\cdot\mathcal{M}_{i\tau,\,-1/4}\left(-i\,\omega_n^{(g)}\cdot\sqrt{\frac{\Delta}{P}}\cdot\xi^2\right)$$

mit

$$\tau=\frac{1}{4}\,\omega_n^{(g)}\cdot\frac{a\cdot\varrho_{\min}}{\sqrt{P\,(\varrho_{\max}-\varrho_{\min})}}, \tag{7}$$

$$\mathcal{M}_{i\tau,\,-1/4}\left(-i\,\omega_n^{(g)}\cdot\sqrt{\frac{\Delta}{P}}\cdot a^2\right)=0 \qquad \big(\tau \text{ wie in } (7)\big). \tag{7a}$$

a. Die expliziten Näherungsformeln für die Eigenfrequenzen. Gl. (3a), (4a) und (6a), (7a) für die Eigenfrequenzen erfordern die Kenntnis der Nullstellen von $\mathcal{M}_{\varkappa, \pm 1/4}(z)$, und zwar im Falle von (3a), (4a), wenn der vordere Parameter und das Argument rein reell sind, und im Falle von (6a), (7a), wenn $\varkappa$ und z bei entgegengesetztem Vorzeichen rein imaginär sind. Da in allen vier Fällen das Verhältnis $z/4\varkappa$ stets einen bekannten, festen Wert hat, so ist es das Gegebene, die Berechnung der Eigenfrequenzen mit Hilfe von (§ 8, 11) und (§ 8, 16a) vorzunehmen.

Setzt man in (3a) und (4a) im Sinne von (§ 8, 11) $z = 4\varkappa \cdot \cos^2\beta$, so ist der Hilfswinkel β durch

$$\frac{z}{4\varkappa} = 1 - \frac{\varrho_{\min}}{\varrho_{\max}} = \cos^2\beta \quad (8a) \qquad \sin\beta = \left(\frac{\varrho_{\min}}{\varrho_{\max}}\right)^{1/2} < 1 \quad (8b)$$

$$\left(0 < \beta < \frac{\pi}{2}\right)$$

bestimmt. Für die Eigenfrequenzen $\omega_n^{(u)}$ und $\omega_n^{(g)}$ bestehen demnach die Beziehungen

$$\frac{1}{4}\,\omega_n^{(u)} \cdot \frac{a}{\cos\beta} \cdot \left(\frac{\varrho_{\max}}{P}\right)^{1/2} \sim \frac{\pi n}{\pi - 2\beta + \sin 2\beta} - \frac{\operatorname{ctg}\beta}{96} \cdot \frac{6 + 5\operatorname{ctg}^2\beta}{\pi n} + O\left((\pi n)^{-3}\right) \tag{9a}$$

$$\frac{1}{4}\,\omega_n^{(g)} \cdot \frac{a}{\cos\beta} \cdot \left(\frac{\varrho_{\max}}{P}\right)^{1/2} \sim \frac{\pi\left(n - \frac{1}{2}\right)}{\pi - 2\beta + \sin 2\beta} - \frac{\operatorname{ctg}\beta}{96} \cdot \frac{6 + 5\operatorname{ctg}^2\beta}{\pi\left(n - \frac{1}{2}\right)} + O\left(\left(\pi\left(n - \frac{1}{2}\right)\right)^{-3}\right). \tag{9b}$$

Beide Formeln geben die gesuchten Eigenfrequenzen um so genauer an je größer n ist, aber im Notfalle lassen sie sich auch schon für $n = 1$ verwenden.

In (6a), (7a) hat man gemäß § 8.4 $z \equiv -i \cdot \zeta = -4i\tau \cdot \mathfrak{Sin}^2\alpha$ zu setzen. Demnach berechnet sich jetzt α aus

$$\mathfrak{Sin}^2\alpha = \frac{\varrho_{\max}}{\varrho_{\min}} - 1 \quad (10a) \qquad (\alpha > 0) \qquad \mathfrak{Cof}\,\alpha = \left(\frac{\varrho_{\max}}{\varrho_{\min}}\right)^{1/2} > 1 \quad (10b)$$

und die beiden Eigenfrequenzen sind gegeben durch

$$\frac{1}{4}\,\omega_n^{(u)}\cdot\frac{a}{\mathfrak{Sin}\,\alpha}\left(\frac{\varrho_{\min}}{P}\right)^{1/2}$$

$$\sim\frac{\pi n}{2\alpha+\mathfrak{Sin}\,2\alpha}+\frac{\mathfrak{Tg}\,\alpha}{96}\cdot\frac{6-5\,\mathfrak{Tg}^2\,\alpha}{\pi n}+O\left((\pi n)^{-3}\right) \tag{11a}$$

$$\frac{1}{4}\,\omega_n^{(g)}\cdot\frac{a}{\mathfrak{Sin}\,\alpha}\left(\frac{\varrho_{\min}}{P}\right)^{1/2}$$

$$\sim\frac{\pi\left(n-\frac{1}{2}\right)}{2\alpha+\mathfrak{Sin}\,2\alpha}+\frac{\mathfrak{Tg}\,\alpha}{96}\cdot\frac{6-5\,\mathfrak{Tg}^2\,\alpha}{\pi\left(n-\frac{1}{2}\right)}+O\left(\left(\pi\left(n-\frac{1}{2}\right)\right)^{-3}\right). \tag{11b}$$

Zu der Eigenfrequenz $\omega_n^{(g)}$ gehört eine symmetrische Schwingung mit n Schwingungsbäuchen und $n-1$ Knoten zwischen den Enden der Saite, zu der Eigenfrequenz $\omega_n^{(u)}$ eine antisymmetrische Schwingung mit n Schwingungsknoten zwischen den beiden Enden der Saite. Für ein und dasselbe n liegt dann in der Tat die Eigenfrequenz der symmetrischen Schwingung niedriger als die Eigenfrequenz der antisymmetrischen Schwingung.

2. Die Greensche Funktion der ersten homogenen Randwertaufgabe der Wellengleichung in einem von konfokalen Drehparabolen begrenzten Raum. Ein Eigenwertproblem anderer Art liegt in der Aufgabe vor, die dreidimensionale Greensche Funktion für einen von konfokalen Drehparabolen begrenzten Raum zu bestimmen. Wir stellen zunächst die allgemeinen Forderungen auf, die diese Funktionen erfüllen müssen. Dabei wird der Fall der zweiten Randwertaufgabe mitberücksichtigt. Damit auch die Anwendungen zu ihrem Recht kommen, wird noch der Zusammenhang der Greenschen Funktion mit der Druckverteilungsfunktion eines punktförmig erregten Schallfeldes herausgearbeitet. Der Raum, für den die Greensche Funktion bestimmt wird, ist das in Richtung der Koordinate ξ unbegrenzte Innere eines parabolischen Doppelhorns, das von den Drehparabolen $\eta=\eta_i$ und $\eta=\eta_a>\eta_i$ begrenzt wird. Die Entwicklung nach den Eigenfunktionen wird jedoch auf den Fall $\eta_i=0$ beschränkt, wenn nur ein einfaches parabolisches Horn mit der äußeren Begrenzungsfläche $\eta=\eta_a$ vorhanden ist.

a) Die Forderungen an die Greenschen Funktionen 1. und 2. Art. Bezeichnen $G_1(P,Q)$ und $G_2(P,Q)$ die beiden zur ersten oder zweiten Randwertaufgabe gehörenden zweimal stetig differenzierbaren Greenschen Funktionen mit P als dem Aufpunkt mit den parabolischen Koordinaten ξ, η, φ und Q als dem Quellpunkt mit den Koordinaten ξ_0, η_0, φ_0, so haben bekanntlich in dem Raumteil zwischen den Drehparabolen $\eta = \eta_a$ und $\eta = \eta_i$ diese beiden Funktionen den folgenden Bedingungen zu genügen:

α) Es ist überall innerhalb dieses Raumes, d. h. für alle $\eta_i \lessgtr \eta \leq \eta_a$ und alle $0 \lessgtr \xi < \infty$ mit Ausnahme des Punktes $\xi = \xi_0$, $\eta = \eta_0$, $\varphi = \varphi_0$

$$\Delta G_{1,2} + k^2 \cdot G_{1,2} = 0 \qquad \left(k = \frac{2\pi}{\lambda_0} > 0\right), \tag{12}$$

worin der Operator Δ durch (§ 4, 6) gegeben ist.

β) An den beiden Oberflächen des Raums mit $\eta = \eta_a$ und $\eta = \eta_i$ ist für alle $0 \lessgtr \xi < \infty$ entweder $G_1 = 0$ oder $\partial G_2/\partial\eta = 0$.

γ) In der unmittelbaren Nachbarschaft des Quellpunktes ist bei einer Einheitsquelle an der Oberfläche K einer den Quellpunkt dicht umhüllenden Kugel

$$\int_K \frac{\partial G_{1,2}}{\partial N_a} \cdot dF = 1 \qquad (N_a \text{ äußere Normale}). \tag{13}$$

Ist der Raum, in dem die Lösungen gelten sollen, wie im vorliegenden Falle unbegrenzt, und sei es auch nur einseitig, so muß noch, um Eindeutigkeit der Lösung zu erzielen, in beiden Fällen die weitere vierte Forderung hinzutreten:

δ) Der durch (1) beschriebene Ausbreitungsvorgang muß für $\xi \to \infty$ einer Ausstrahlung von Energie entsprechen, und zwar so, daß sich der über den Ausbreitungsquerschnitt gemittelte Energiestrom mit dem Hinausrücken ins Unendliche einem festen endlichen Grenzwert nähert.

Für den allseitig unbegrenzten Raum, in dem die Bedingung β) gegenstandslos ist, ist die Greensche Funktion G_∞ eindeutig durch

$$G_\infty(P, Q) = -\frac{e^{ikR}}{4\pi R} \qquad (R = \overline{PQ}) \tag{14}$$

gegeben, denn bei dem Zeitgesetz $\exp(-i\,\omega\, t)$ mit $\omega = k/c = 2\pi f$ und $f \cdot \lambda_0 = c$ beschreibt (14) in der Tat eine ins Unendliche abwandernde Kugelwelle.

Um diese physikalische Umschreibung einer zum Zwecke der Eindeutigkeit zu erhebenden Forderung mathematischer Natur verständlicher zu machen, wird noch kurz auf die physikalische Aufgabe eingegangen, deren Lösung im wesentlichen auf die Angabe der beiden Greenschen Funktionen hinausläuft.

Neben den schon eingeführten Zeichen λ_0, k, c und ω mögen bedeuten

- ϱ_0 die konstante mittlere Dichte des den Schall fortpflanzenden homogenen Mediums in g/cm,
- p den ortsabhängigen Schalldruck in g/(cm · s²),
- F die Oberfläche der als Schallquelle fungierenden pulsierenden Kugel mit dem sehr kleinen Radius a cm,
- V_r die radiale maximale Geschwindigkeit der kugelförmigen Oberfläche der Schallquelle in cm/s,
- $v_{\xi,\eta,\varphi}$ die drei Komponenten der Schallschnelle in cm/s.

Dann läßt sich das Schallfeld u. a. durch die Angabe der zugehörigen Druckverteilungsfunktion $p(\xi, \eta, \varphi)$ beschreiben, die mit der Schallschnelle gemäß

$$\mathfrak{v}(\xi, \eta, \varphi) = \frac{\lambda_0}{c\,\varrho_0} \cdot \frac{1}{2\pi i} \operatorname{grad} p(\xi, \eta, \varphi) \tag{15}$$

zusammenhängt. Nach den Gesetzen der Akustik hat bei kleinen Amplituden die Druckverteilungsfunktion p im eingeschwungenen Zustand überall außerhalb der Schallquelle der Wellengleichung $\Delta p + k^2 p = 0$ zu genügen. Das Verhalten von p an den den Raum begrenzenden Oberflächen $\eta = \eta_a$ und $\eta = \eta_i$ hängt unabhängig von dem den Schall fortpflanzenden Medium von der Oberflächenbeschaffenheit der Begrenzungsflächen ab. Sind sie mit einem idealen schallschluckenden Stoff belegt, so muß daselbst überall p verschwinden. Verhalten sie sich wie ideale schallharte Stoffe, so muß dort die Normalkomponente der Schallschnelle $\partial p/\partial \eta$ verschwinden. Demnach verhält sich im ersten Falle die Druckverteilungsfunktion p wie die Greensche Funktion G_1, im zweiten Falle wie die Greensche Funktion G_2. In der Tat kann man setzen

$$p(\xi, \eta, \varphi) = \frac{c\,\varrho_0}{\lambda_0} \cdot 2\pi i \cdot F\,V_r \cdot \begin{cases} G_1(P, Q) & \text{(schallweich)} \\ G_2(P, Q) & \text{(schallhart)} \end{cases} \tag{16}$$

und es zeigt sich dann, daß bei diesem Zusammenhang zwischen p einerseits und $G_{1,2}$ andererseits auch (13) erfüllt ist, denn man kann sich die beiden Greenschen Funktionen $G_{1,2}$ stets additiv zusammengesetzt denken aus der Funktion G_∞ von (14) für den unbegrenzten Raum und einer zusätzlichen Funktion $\delta G_{1,2}$, die sich im Punkt ξ_0, η_0, φ_0 regulär verhält, und die lediglich für die Anpassung von G_∞ an die vorgeschriebenen Randwerte sorgt. Dann aber wird das Verhalten von p in der unmittelbaren Nachbarschaft der Schallquelle allein von dem Bestandteil G_∞ von $G_{1,2}$ bestimmt, und es wird daher nach (14), (15) und (16) an der Oberfläche der pulsierenden Kugel mit $R = a$

$$v_R \approx \frac{\lambda_0}{c\,\varrho_0} \cdot \frac{1}{2\pi i} \cdot \left\{ \frac{\partial}{\partial R} \left(\frac{c\,\varrho_0}{\lambda_0} \cdot 2\pi i \cdot F\,V_r \cdot \left[-\frac{e^{ikR}}{4\pi R} \right] \right) \right\}_{R=a} \doteq V_r \cdot e^{ika}.$$

Damit haben die beiden Greenschen Funktionen auch eine unmittelbare physikalische Bedeutung bekommen.

Die oben aufgestellte Forderung δ) besagt im vorliegenden Falle, daß der Energiestrom S_e in dem Raum zwischen den beiden Drehparabolen stets in Richtung zunehmender Werte von ξ fließen und für $\xi \to \infty$ gegen einen festen Grenzwert streben soll. Es ist aber der Energiestrom durch die Kappe des Drehparabols $\xi = \text{const.}$ zwischen den beiden Kreisringen, in denen sie von den Drehparabolen $\eta = \eta_a$ und $\eta = \eta_i$ geschnitten wird, wegen (15) durch

$$\begin{aligned} S_e(\xi) &= 2 \cdot \int_0^{2\pi} \int_{\eta_i}^{\eta_a} \overline{p(\xi, \eta, \varphi) \cdot v_\xi(\xi, \eta, \varphi)} \cdot [(\xi + \eta)\,\xi]^{1/2} \cdot d\eta \cdot d\varphi \\ &\quad \frac{i\,\lambda_0}{2\pi c\,\varrho_0} \cdot 2\xi \cdot \int_0^{2\pi} \int_{\eta_i}^{\eta_a} \overline{p(\xi, \eta, \varphi) \cdot \frac{\partial p(\xi, \eta, \varphi)}{\partial \xi}} \cdot d\eta \cdot d\varphi \end{aligned} \tag{17}$$

gegeben. Da auf den Flächen $\eta = \eta_a$ und $\eta = \eta_i$ entweder p oder $\partial p/\partial N_a = \pm\, \partial p/\partial \xi$ verschwindet, so könnte man sich in (17) die Integration auch über die ganze Oberfläche des parabolischen Doppelhorns und seiner ringförmigen Kappe erstreckt denken. In der rechten Seite von (1) liegt dann dasselbe Oberflächenintegral vor, das im zweiten Greenschen Satz auftritt.

Soll nun $p(\xi, \eta)$ für $\xi \to \infty$ eine ins Unendliche abwandernde Welle darstellen, so muß der mutmaßliche asymptotische Ausdruck für $p(\xi, \eta)$ für $\xi \to \infty$ von der Form $p(\xi) \sim \xi^{-\alpha} \cdot e^{+ik\xi}$ sein. Für α ergibt sich aus (17) der Wert 1/2. Erfolgt also die Ausstrahlung ins Unendliche wie oben innerhalb eines durch ein Drehparabol begrenzten Raumteils, so verlangt die Ausstrahlungsbedingung für die mit $p(\xi)$ äquivalente Greensche Funktion für $\xi \to \infty$ das Verhalten

$$G_{1,2}(\xi, \eta, \varphi) \sim \text{Const.} \cdot \xi^{-1/2} \cdot e^{+ik\xi} \; \big(\text{Zeitgesetz}: \exp(-i\omega t)\big) \quad (\xi \to \infty). \tag{17a}$$

Erfolgt die Ausstrahlung nach Art einer Kugelwelle in den nahezu allseitig freien Raum, so fordert die Ausstrahlungsbedingung nach dem Vorbild der Funktion $\exp(i\,k\,R)/i\,k\,R$ mit $R = \xi + \eta$ die schärfere Abnahme der Schwingungsamplitude für ξ oder $\eta \to \infty$ gemäß dem Gesetz

$$G_{1,2}(\xi, \eta, \varphi) \sim \text{Const.}\; \xi^{-1} \cdot e^{ik\xi} \qquad (\xi \to \infty). \tag{17b}$$

(17a, b) genügen mit $r = \xi + \eta$ der allgemeinen dreidimensionalen Ausstrahlungsbedingung

$$r \cdot \left\{\frac{\partial G_{1,2}}{\partial r} - i\,k \cdot G_{1,2}\right\} \to 0 \qquad (r \to \infty), \tag{18}$$

die unter Bezugnahme auf Kugelkoordinaten zuerst von A. Sommerfeld [3] aufgestellt worden ist.

Die Greensche Funktion G zeigt für $\xi \to \infty$ ein noch wieder anderes asymptotisches Verhalten, wenn sich die Welle wie im Innern eines unendlich ausgedehnten parabolischen Zylinders mit der Begrenzungsfläche $\eta = \eta_a$ allein in Richtung zunehmender Werte der Koordinate ξ ausbreitet. Dieser Fall ist von W. Magnus [1] genauer untersucht worden. In diesem Fall entspricht das Verhalten der den Wellenvorgang beschreibenden Funktion für weit entfernte Aufpunkte analog zu (17a) der Form

$$G(\xi, \eta, z) \sim \text{Const.}\; \xi^{-1/4} \cdot e^{+ik\xi} \qquad (\xi \to \infty). \tag{19a}$$

Hingegen muß es für die nach allen Richtungen senkrecht zur z-Achse erfolgende zweidimensionale Ausbreitung nach dem Vorbild des asymptotischen Verhaltens der Funktion $H_0^{(1)}(k\,\varrho)$ mit $\varrho = \xi + \eta$ in der Form

$$G(\xi, \eta, z) \sim \text{Const.}\; \xi^{-1/2} \cdot e^{+ik\xi} \qquad (\xi \to \infty) \tag{19b}$$

wiedergegeben werden. (19a, b) genügen mit $\varrho = \xi + \eta$ der allgemeinen zweidimensionalen Ausstrahlungsbedingung:

$$\varrho^{1/2} \cdot \left\{\frac{\partial G}{\partial \varrho} - i\,k\,G\right\} \to 0 \qquad (\varrho \to \infty). \tag{20}$$

In der Formulierung der Einstrahlungsbedingung, wobei sich für $\xi \to \infty$ die Druckverteilung wie eine aus dem Unendlichen einwandernde Welle verhält, wäre in den obigen Gleichungen das Vorzeichen von i umzukehren.

b) **Die dreidimensionale Greensche Funktion der ersten homogenen Randwertaufgabe.** Den Ausgangspunkt für die Lösung dieser Aufgabe bildet die Beziehung (§ 16, 9) für $G_\infty(P, Q)$. Sie erfüllt alle in 2. a) aufgezählten Bedingungen mit Ausnahme von β). Es kommt also nur noch darauf an, sie gemäß der Beziehung

$$G_1(P, Q) = G_\infty(P, Q) + \delta G_1(P, Q) \qquad \left(G_\infty = -\frac{e^{ikR}}{4\pi R}\right) \tag{21}$$

derart durch eine die Wellengleichung befriedigende Funktion zu ergänzen, daß für $\eta = \eta_a$ und $\eta = \eta_i$ die eine oder die andere der beiden Randbedingungen erfüllt wird. Auf die Bedingung γ) braucht bei der Auswahl der Funktion δG_1 nicht mehr geachtet zu werden. Sie muß eine im Innern des parabolischen Doppelhorns reguläre Funktion sein.

Mit dem Aufbau der Funktion G_∞ von (§ 16, 9) als Richtschnur läßt sich für δG_1 in (21) der Ansatz

$$\delta G_1 = \frac{k}{8\pi i} \cdot \sum_{p=-\infty}^{+\infty} e^{ip(\varphi-\varphi_0)} \cdot \frac{1}{2\pi i} \int\limits_{-\sigma_p - i\infty}^{-\sigma_p + i\infty} \Gamma\left(+s + \frac{1+p}{2}\right) \Gamma\left(-s + \frac{1+p}{2}\right)$$

$$\cdot \begin{cases} m_s^{(p)}(-i\xi') \cdot w_s^{(p)}(-i\xi_0') & (\xi_0 > \xi) \\ m_s^{(p)}(-i\xi_0') \cdot w_s^{(p)}(-i\xi') & (\xi_0 < \xi) \end{cases} \cdot \left[A_p \cdot m_{-s}^{(p)}(-i\eta') + B_p \cdot w_{-s}^{(p)}(-i\eta')\right] \cdot ds \tag{22}$$

$$(\eta_i \lesseqgtr \eta \leqq \eta_a)$$

$$(\xi', \eta', \ldots) = (2k\xi, 2k\eta \ldots)$$

machen. Er erfüllt in der Tat die Wellengleichung, solange darin A_p, B_p von ξ, η und φ unabhängige Größen sind. Nach der Vereinigung von (§ 16, 9) und (§ 16, 22) im Sinne von (21) kann das noch zu fordernde Verschwinden von G_1 an den Flächen $\eta = \eta_a$ und $\eta = \eta_i$ dadurch erreicht werden, daß man A_p und B_p den Bedingungen

$$A_p \cdot m_{-s}^{(p)}(-i\eta_a') + B_p \cdot w_{-s}^{(p)}(-i\eta_a') = -m_{-s}^{(p)}(-i\eta_0') \cdot w_{-s}^{(p)}(-i\eta_a') \tag{23a}$$

$$A_p \cdot m_{-s}^{(p)}(-i\eta_i') + B_p \cdot w_{-s}^{(p)}(-i\eta_i') = -m_{-s}^{(p)}(-i\eta_i') \cdot w_{-s}^{(p)}(-i\eta_0') \tag{23b}$$

$$(p = 0, \pm 1, \pm 2, \ldots)$$

unterwirft. Da für beliebige Werte von s die Determinante

$$\Delta_{-s}^{(p)}(-i\eta_a', -i\eta_i') = \begin{vmatrix} m_{-s}^{(p)}(-i\eta_a') & w_{-s}^{(p)}(-i\eta_a') \\ m_{-s}^{(p)}(-i\eta_i') & w_{-s}^{(p)}(-i\eta_i') \end{vmatrix} \tag{24}$$

von Null verschieden ist, so ist die Berechnung der A_p und B_p immer möglich. Mit den so errechneten Ausdrücken für A_p und B_p ergibt sich schließlich für die gesuchte Greensche Funktion $G_1(P, Q)$ die Beziehung:

$$G_1(P,Q) = \frac{k}{8\pi i} \cdot \sum_{p=-\infty}^{+\infty} e^{ip(\varphi-\varphi_0)}$$

$$\cdot \frac{1}{2\pi i} \int_{+\sigma_p - i\infty}^{+\sigma_p + i\infty} \Gamma\left(+s + \frac{1+p}{2}\right) \Gamma\left(-s + \frac{1+p}{2}\right) \tag{25}$$

$$\cdot \left\{ \begin{matrix} (\xi < \xi_0) \\ m_s^{(p)}(-i\xi') \cdot w_s^{(p)}(-i\xi_0') \\ m_s^{(p)}(-i\xi_0') \cdot w_s^{(p)}(-i\xi') \\ (\xi > \xi_0) \end{matrix} \right\} \cdot \frac{\Delta_{-s}^{(p)}(-i\eta', -i\eta_i') \cdot \Delta_{-s}^{(p)}(-i\eta_a', -i\eta_0')}{\Delta_{-s}^{(p)}(-i\eta_a', -i\eta_i')} \cdot ds$$

$$(0 < \eta_i < \eta < \eta_0 < \eta_a).$$

Für $\eta_i < \eta_0 < \eta < \eta_a$ enthält die erste Zählerdeterminante von (25) die Argumente $-i\eta_0'$, $-i\eta_i'$ und die zweite die Argumente $-i\eta_a'$, $-i\eta'$. Die Funktion $G_1(P, Q)$ verschwindet also in der Tat für $\eta = \eta_i$ und $\eta = \eta_a$. Außerdem befriedigt sie die Wellengleichung (§ 4, 6).

Es muß jedoch noch die Frage nach den zulässigen Werten für die Integrationsabszissen σ_p in (25) erörtert werden. In (§ 16, 9) konnten die σ_p noch an beliebiger Stelle zwischen dem äußersten rechten Pol von $\Gamma\left(+s+\frac{1+p}{2}\right)$ und dem äußersten linken Pol von $\Gamma\left(-s+\frac{1+p}{2}\right)$ liegen. In (25) sind aber die Pole von $\Gamma\left(+s+\frac{1+p}{2}\right)$ in den Punkten $s = -\lambda - (p+1)/2$ mit $\lambda = 0, 1, 2, \ldots$ nur noch scheinbar Singularitäten, denn nach (§ 2, 10) ist

$$\begin{aligned} m^{(p)}_{\lambda+\frac{1+p}{2}}(-i\eta') &= \frac{(-)^\lambda}{(\lambda+p)!} \cdot w^{(p)}_{\lambda+\frac{1+p}{2}}(-i\eta') \\ &= \frac{\lambda!}{(\lambda+p)!} \cdot e^{+i\eta'/2} \cdot (-i\eta')^{p/2} \cdot L_\lambda^{(p)}(-i\eta'). \end{aligned} \tag{26}$$

Mithin verhält sich an der Stelle $s = -\lambda - (p+1)/2$ der Integrand von (25) durchaus regulär. Die Pole $s = \lambda + (p+1)/2$ von $\Gamma\left(-s+\frac{1+p}{2}\right)$ sind aber nach wie vor auch Pole der Integranden von (25).

Gegenüber (§ 16, 9) enthält aber der Integrand von (25) in der Nennerdeterminante einen neuen, Singularitäten erzeugenden Bestandteil. Es sind dies die Pole, die den einfachen Nullstellen von $\Delta_{-s}(-i\eta_a', -i\eta_i')$

in bezug auf s entsprechen, und alle diese Nullstellen liegen auf der imaginären Achse der s-Ebene. Verliefen nun in (25) die Integrationswege alle links von der imaginären Achse der s-Ebene, so verschwände G_1 identisch, denn das analytische Verhalten der Integranden ließe es durchaus zu, den Integrationsweg beliebig weit nach links zu verschieben, weil dabei weder die Konvergenz gefährdet noch Singularitäten überschritten würden. Soll also (25) keine identisch verschwindende Lösung beschreiben, so müssen darin die Integrationsabszissen σ_p der Forderung $0 < \sigma_p < (p+1)/2$ entsprechen.

Die Entwicklung von (25) nach Eigenfunktionen werde der größeren Durchsichtigkeit wegen auf die einfachere erste Randwertaufgabe beschränkt, bei der lediglich das äußere Drehparabol vorhanden ist. An die Stelle der früher erhobenen Forderung von dem Verschwinden der Greenschen Funktion für $\eta = \eta_i$ tritt jetzt die weniger einschränkende, daß sie für $\eta = 0$ endlich bleibt. Die Lösung dieser einfacheren Aufgabe ergibt sich aus (25) durch den Grenzübergang $\eta_i' \to 0$. Aus der Tab. 2 von § 4.2 geht nämlich hervor, daß für ein $\eta_i' \to 0$ die Funktion $w_\varkappa^{(p)}(-i\eta_i') \to \infty$ geht. Im Hinblick auf (24) geht mithin für $\eta_i' \to 0$ der Quotient aus der ersten Zählerdeterminante und der Nennerdeterminante in das Verhältnis $m_{-s}^{(p)}(-i\eta')/m_{-s}^{(p)}(-i\eta_a')$ über, und wir erhalten mithin nach dem Ersatz von $+s$ durch $-s$ für die Lösung dieser einfacheren Randwertaufgabe den Ausdruck:

$$G_1(P,Q)_{\eta_i'=0} = \frac{k}{8\pi i} \cdot \sum_{p=-\infty}^{+\infty} e^{ip(\varphi-\varphi_0)} \cdot \frac{1}{2\pi i}$$

$$\int_{-\sigma_p-\infty i}^{-\sigma_p} \Gamma\left(+s+\frac{1+p}{2}\right)\Gamma\left(-s+\frac{1+p}{2}\right) \cdot \left\{\begin{matrix} m_{-s}^{(p)}(-i\xi') \cdot w_{-s}^{(p)}(-i\xi_0') & (\xi_0 > \xi) \\ m_{-s}^{(p)}(-i\xi_0') \cdot w_{-s}^{(p)}(-i\xi') & (\xi_0 < \xi) \end{matrix}\right\}$$

$$\cdot \begin{vmatrix} m_{+s}^{(p)}(-i\eta_a') & w_{+s}^{(p)}(-i\eta_a') \\ m_{+s}^{(p)}(-i\eta_0') & w_{+s}^{(p)}(-i\eta_0') \end{vmatrix} \cdot \frac{m_s^{(p)}(-i\eta')}{m_s^{(p)}(-i\eta_a')} \cdot ds. \tag{27}$$

$$\left(0 < \sigma_p < \frac{1+p}{2};\ 0 \lesseqgtr \eta' < \eta_0' < \eta_a'\right)$$

Für $0 \lesseqgtr \eta_0' < \eta' < \eta_a'$ muß in der zweiten Zeile der Determinante im Argument η' statt η_0' stehen, während es im Zähler des letzten Bruchs dann $-i\eta_0'$ heißen muß.

c) Die Entwicklungen für die Greensche Funktion G_1 im Falle $\eta_i' = 0$ nach Eigenfunktionen. Um einen tieferen Einblick in die Natur der Lösung der ersten Randwertaufgabe zu erhalten, entwickeln wir in (27) die darin auftretenden Integrale in Reihen. Ihr Integrand hat zu Singularitäten die Pole, die von den einfachen Nullstellen der Funktion $m_s^{(p)}(-i\,\eta_a')$ in bezug auf s herrühren und die auf der imaginären Achse der s-Ebene liegen, und die einfachen Pole der Γ-Funktion $\Gamma(s+(p+1)/2)$ an den Stellen $s=-\lambda-(p+1)/2$. Dem zur imaginären Achse parallelen Integrationsweg von (27) geben wir für alle Werte von p die gleiche Lage zwischen den Punkten $-1/2$ und dem Ursprung.

Es werde dann von rechts her an den Integrationsweg (27) der unendlich ferne Halbkreis angesetzt, so daß ein geschlossener Integrationsweg vorliegt, der die Polkette auf der imaginären Achse einschließt. Nach den asymptotischen Näherungsformeln von Abschnitt 3 verschwindet der absolute Betrag aller Integranden auf diesem Halbkreis so stark, daß dieser Weganteil keinen Beitrag zum Integralwert liefert. Bei dem Übergang vom Integral zur Reihe mit Hilfe des Residuensatzes macht man mit Vorteil von (§ 2, 33) Gebrauch. Im Falle eines $z=-i\,\eta_a'$ und eines $\tau=\tau_{p,n}$ mit $m_{i\tau_{p,n}}^{(p)}(-i\,\eta_a')=0$ ermöglicht sie, die Funktion $w_{i\tau_{p,n}}^{(p)}(-i\,\eta_a')$ durch die bequemer berechenbare Funktion $m_{i\tau_{p,n}}^{(p)\prime}(-i\,\eta_a')$ auszudrücken. Damit erhält man im ganzen aus (27) die Doppelreihe

$$G_1(P,Q)_{\eta_i=0}=\frac{k}{8\pi\,\eta_a'}\cdot\sum_{p=-\infty}^{+\infty}\sum_{n=1}^{\infty}e^{ip(\varphi-\varphi_0)}\cdot\Gamma\left(i\tau_{p,n}+\frac{1+p}{2}\right)\cdot\left\{\begin{matrix}m_{-i\tau_{p,n}}^{(p)}(-i\,\xi')\cdot w_{-i\tau_{p,n}}^{(p)}(-i\,\xi_0') & (\xi_0>\xi)\\ m_{-i\tau_{p,n}}^{(p)}(-i\,\xi_0')\cdot w_{-i\tau_{p,n}}^{(p)}(-i\,\xi') & (\xi_0<\xi)\end{matrix}\right\}\cdot\frac{m_{i\tau_{p,n}}^{(p)}(-i\,\eta')\cdot m_{i\tau_{p,n}}^{(p)}(-i\,\eta_0')}{m_{i\tau_{p,n}}^{(p)\prime}(-i\,\eta_a')\cdot\left[\dfrac{\partial m_s^{(p)}(-i\,\eta_a')}{\partial s}\right]_{s=i\tau_{p,n}}}\tag{28}$$

$$(0\lesseqgtr\eta',\ \eta_0'\leq\eta_a'),$$

die sowohl für ein $0\lesseqgtr\eta'<\eta_0'<\eta_a'$ als auch für ein $0\lesseqgtr\eta_0'<\eta<\eta_a'$ Geltung hat. In (28) sind die $i\,\tau_{p,n}$ die unendlich vielen Nullstellen der Funktion $m_s^{(p)}(-i\,\eta_a')$ in bezug auf s, wenn p und η_a' feste Werte haben. Sie sind so zu zählen, daß $\tau_{p,1}<\tau_{p,2}<\tau_{p,3}\ldots$ ist. Im Hinblick auf (§ 4, 12c) ist im übrigen stets $\tau_{p,n}=\tau_{-p,n}$.

Nach (28) ist in der Tat $G_1(P,Q)=0$ für $\eta=\eta_a$ und für jedes ξ, während G_1 für $\eta=0$ einen endlichen, von Null verschiedenen Wert annimmt. Jedes Glied der Reihe (28) erfüllt danach für sich selbst sowohl die Wellengleichung in parabolischen Koordinaten als auch die Randbedingungen für $\eta'=\eta_a'$ und $\eta'=0$. Auch das Verhalten im Unendlichen entspricht im Hinblick auf Gl. (§ 7, 2a, b) Glied für Glied der durch

Gl. (18a) ausgesprochenen Forderung. Die Gl. (28) erfährt wesentliche Vereinfachungen, wenn der Quellpunkt Q auf der Achse des Drehparabols liegt und also entweder $\xi_0 = 0$ oder $\eta_0 = 0$ ist.

Über das Konvergenzverhalten von (28) ist zu sagen, daß die Reihe hinsichtlich der Summation über n bei beliebigen positiven Werten der vier Variablen ξ', ξ_0', η' und η_0' absolut konvergiert, solange $\xi' \neq \xi_0'$ und $\eta' \neq \eta_0'$ ist. Für $\xi' = \xi_0'$ und $\eta' \neq \eta_0'$ ist diese Konvergenz nur noch bedingter Natur und für $\eta' = \eta_0'$ hört sie als Folge der polartigen Singularität an der Stelle $\xi = \xi_0$, $\eta = \eta_0$ ganz auf.

In (28) bilden die Glieder der Doppelreihe im Hinblick auf (§ 17, 12) und (§ 17, 12a) ein in bezug auf beide Variablen φ und η' orthogonales Funktionensystem. Hinsichtlich φ besteht die Orthogonalität für den Bereich $0 \leqq \varphi \leqq 2\pi$, hinsichtlich η' für den Bereich $0 \leqq \eta' \leqq \eta_a'$. Das hat physikalisch zur Folge, daß in dem (28) entsprechenden Ausdruck für die gesamte abgestrahlte Energie keine Kopplungsterme, d. h. Produkte von Reihengliedern mit verschiedenen Werten von p oder n vorkommen.

Die unter den Voraussetzungen zu (28) gültige Entwicklung nach Eigenfunktionen für die Greensche Funktion der zweiten homogenen Randwertaufgabe hat das Aussehen

$$G_2(P,Q)_{\eta_i'=0} = -\frac{k}{8\pi\eta_a'}\cdot\sum_{p=-\infty}^{+\infty}\sum_{n=1}^{\infty} e^{ip(\varphi-\varphi_0)}\cdot\Gamma\left(i\tau_{p,n}'+\frac{1+p}{2}\right) \tag{29}$$

$$\cdot\begin{Bmatrix} m^{(p)}_{-i\tau_{p,n}'}(-i\xi')\cdot w^{(p)}_{-i\tau_{p,n}'}(-i\xi_0') & (\xi_0>\xi) \\ m^{(p)}_{-i\tau_{p,n}'}(-i\xi_0')\cdot w^{(p)}_{-i\tau_{p,n}'}(-i\xi') & (\xi_0<\xi)\end{Bmatrix}\cdot\frac{m^{(p)}_{i\tau_{p,n}'}(-i\eta_0')\cdot m^{(p)}_{i\tau_{p,n}'}(-i\eta)}{m^{(p)}_{i\tau_{p,n}'}(-i\eta_a')\cdot\left(\frac{\partial m_s^{(p)'}(-i\eta_a')}{\partial s}\right)_{s=i\tau_{p,n}'}}$$

$$(0 \lesseqgtr \eta', \eta_0' \leqq \eta_a').$$

Hierin bedeuten $\tau_{p1}' < \tau_{p2}' < \tau_{p3}' \ldots$ die unendlich vielen Nullstellen der Funktion $m_s^{(p)'}(-i\eta_a')$ in bezug auf s bei festen Werten von p und η_a'.

Die Entwicklungen nach Eigenfunktionen sind bereits in mehreren älteren Arbeiten von H. Buchholz [1, 2, 3, 6] angegeben worden. Das analoge Entwicklungsproblem beim parabolischen Zylinder hat nach der gleichen Methode noch vordem W. Magnus [1, 2] behandelt. Statt der Funktionen M und W treten hier die Funktionen D_ν und E_ν von § 3.3 auf.

d) Die nach Laguerre-Polynomen fortschreitende Reihenentwicklung für G_1. Außer der Entwicklung (28) läßt sich noch eine andere Reihe für G_1 angeben. Sie kann einmal unmittelbar aus (27) gewonnen werden, indem nunmehr der unendlich große Halbkreis von links her an den zur imaginären Achse parallelen Integrationsweg angesetzt wird, was unter gewissen Bedingungen über die ξ', ξ_0' usw. ohne Wertänderung der Integrale möglich ist, und dann nach den Polen von $\Gamma(s + (p + 1)/2)$ entwickelt wird. Es ist jedoch zweckmäßiger, zunächst in (27) die darin vorkommende Determinante unter dem Integralzeichen aufzulösen und damit jedes Integral in die Differenz zweier Integrale zu zerlegen. Die ersten Integrale stellen dann die Funktion $G_\infty(P, Q)$ dar. In der davon abzuziehenden Fourierschen Reihe geht man wieder zu der gewöhnlichen Schreibweise über, in der statt der Exponentialfunktion die Funktion cos verwendet wird und p nur von $0 \ldots \infty$ zählt. Auf diese Weise kommt für die Greensche Funktion G_1 von (27) neuerdings die Darstellung

$$G_1(P,Q)_{\eta_i'=0} = G_\infty(P,Q) - \frac{k}{4\pi i} \cdot \sum_{p=0}^{\infty} \frac{\cos p(\varphi - \varphi_0)}{1+\delta_{0p}}$$

$$\cdot \frac{1}{2\pi i} \int_{-\sigma_p - i\infty}^{-\sigma_p + i\infty} \Gamma\left(-s + \frac{1+p}{2}\right) \Gamma\left(+s + \frac{1+p}{2}\right)$$

$$\cdot \left\{ \begin{matrix} m_{-s}^{(p)}(-i\xi') \cdot w_{-s}^{(p)}(-i\xi_0') & (\xi < \xi_0) \\ m_{-s}^{(p)}(-i\xi_0') \cdot w_{-s}^{(p)}(-i\xi') & (\xi_0 < \xi) \end{matrix} \right\} \cdot \frac{m_s^{(p)}(-i\eta_0') \cdot w_s^{(p)}(-i\eta_a') \cdot m_s^{(p)}(-i\eta')}{m_s^{(p)}(-i\eta_a')} \cdot ds \qquad \left(0 < \sigma_p < \frac{1+p}{2}\right) \tag{30}$$

zustande. In den Integralen von (30) hat man es mit drei Polketten zu tun, nämlich mit den Polen $s = +\lambda + (p + 1)/2$, $s = -\lambda - (p + 1)/2$ und $s = +i\tau_{p,n}$ mit $\lambda = 0, 1, 2, \ldots$ und $n = 1, 2, 3, \ldots$.

Wir legen nun den Integrationsweg von (30) von oben und unten her nach links an die negativ reelle s-Achse heran und ziehen ihn über die Pole der zweiten der oben erwähnten Polketten hinweg. Diese Operation ist nur statthaft, solange (31a) erfüllt ist. In der entstehenden Doppelreihe treten nebeneinander die vier Funktionen $m^{(p)}$ und $w^{(p)}$ mit den Zeigern $\lambda + (p + 1)/2$ und $-\lambda - (p + 1)/2$ auf. Drei von ihnen lassen sich im Hinblick auf (§ 2, 10) und (§ 2, 28a) im wesentlichen durch Laguerre-Polynome wiedergeben. Von der vierten trifft das jedoch nicht zu. Im ganzen entsteht für G_1 die Beziehung

$$G_1(P,Q)_{\eta_i'=0} = G_\infty(P,Q) - \frac{k}{4\pi i} \cdot e^{i/2 \cdot [\xi' + \xi_0' - \eta' - \eta_0' - \eta_a']} \tag{31}$$

$$\cdot \sum_{p=0}^{\infty} \sum_{\lambda=0}^{\infty} \frac{\cos p(\varphi - \varphi_0)}{1+\delta_{0p}} \cdot \frac{\lambda!\,\lambda!}{(p+\lambda)!} \, e^{-3\pi i p/4} \left(\frac{\xi'\xi_0' \cdot \eta'\eta_0'}{\eta_a'}\right)^{p/2} \cdot w^{(p)}_{-\lambda-(p+1)/2}(-i\eta_a')$$

$$\cdot \frac{L_\lambda^{(p)}(-i\xi_0') \cdot L_\lambda^{(p)}(+i\eta_0') \cdot L_\lambda^{(p)}(-i\xi') \cdot L_\lambda^{(p)}(+i\eta')}{L_\lambda^{(p)}(+i\eta_a')}.$$

Sie gilt für $\xi' \gtrless \xi_0'$ und $\eta' \gtrless \eta_0'$, aber es muß $\eta_a' > \eta', \eta_0'$ sein. Die absolute Konvergenz der Reihe ist nach (§ 7, 22) und (§ 12, 9c) nur solange gewährleistet als

$$2\sqrt{\eta_a'} - \sqrt{\eta'} - \sqrt{\eta_0'} > \sqrt{\xi'} + \sqrt{\xi_0'} \tag{31a}$$

ist, und nur bei Erfülltsein dieser Ungleichung ist es zugleich erlaubt, die Integrale in (30) auf die geschilderte Weise in die Doppelreihe (31) umzuformen. Die Konvergenz von (31) ist daher für numerische Zwecke nur dann einigermaßen befriedigend, wenn Aufpunkt und Quellpunkt in der Nähe des Brennpunktes liegen.

3. Entwicklung einer willkürlichen Funktion nach Eigenfunktionen. Das in der vorigen Nummer behandelte Eigenwertproblem läuft im Falle der ersten Randwertaufgabe auf die Lösung der Aufgabe hinaus, die D.Gl.

$$\frac{d}{d\eta}\left(\eta \frac{dy}{d\eta}\right) - \left(\frac{\mu^2/4}{\eta} - \frac{\eta}{4}\right) y + \tau y = 0 \tag{32}$$

unter der Bedingung zu integrieren, daß ihre Lösungsfunktion $m_{i\tau}^{(\mu)}(-i\eta)$ bei reellen Werten von $\mu \gtreqless 0$ für $\eta = 0$ zum mindesten endlich bleibt und für $\eta = \eta_a$ verschwindet. Wie sich gezeigt hat, ist diese Aufgabe nur für eine diskrete, einfach unendliche Mannigfaltigkeit von reellen τ-Werten lösbar, von denen für $\eta_a > 0$ fast alle positiv sind. Wird diese Aufgabe nach bekannten Regeln gemäß der Gleichung

$$m_{i\tau}^{(\mu)}(-i\eta) = \tau \cdot \int_0^{\eta_a} K(\eta, \varrho)\, m_{i\tau}^{(\mu)}(-i\varrho) \cdot d\varrho \tag{33}$$

als ein Integralgleichungsproblem formuliert, so ist deren die Gl. (32) für $\tau = 0$ befriedigender Kern

$$K(\eta, \varrho) = \frac{\pi/2}{J_{\mu/2}\left(\frac{\eta_a}{2}\right)} \cdot \begin{cases} J_{\mu/2}\left(\frac{\eta}{2}\right) \cdot \left[J_{\mu/2}\left(\frac{\varrho}{2}\right) Y_{\mu/2}\left(\frac{\eta_a}{2}\right) - J_{\mu/2}\left(\frac{\eta_a}{2}\right) Y_{\mu/2}\left(\frac{\varrho}{2}\right)\right] & (0 < \eta \leqq \varrho) \\ J_{\mu/2}\left(\frac{\varrho}{2}\right) \cdot \left[J_{\mu/2}\left(\frac{\eta}{2}\right) Y_{\mu/2}\left(\frac{\eta_a}{2}\right) - J_{\mu/2}\left(\frac{\eta_a}{2}\right) Y_{\mu/2}\left(\frac{\eta}{2}\right)\right] & (\varrho \lesseqgtr \eta < \eta_a). \end{cases} \tag{33a}$$

An dem analytischen Verhalten dieser Kernfunktion interessiert hier vor allem die Tatsache, daß sie für $\eta_a/2$ gleich einer der unendlich vielen Nullstellen der Funktion $J_{\mu/2}$ zu existieren aufhört. In der Tat kann in diesem Falle die Greensche Funktion $K(\eta, \varrho)$ nicht bestehen, denn die Forderungen an den beiden Rändern des Bereichs $0 \lesseqgtr \eta \leqq \eta_a$ können im allgemeinen nur von einer Funktion $K(\eta, \varrho)$ erfüllt werden, in der zwei linear unabhängige Lösungen von (32) mit $\tau = 0$ vorkommen. In dem angegebenen Ausnahmefall, wo $\eta_a/2$ gleich einer der Wurzeln von $J_{\mu/2}$ ist, werden aber beide Randbedingungen schon von der Funktion $J_{\mu/2}(x)$ selbst erfüllt. Dieses Verhalten ist gleichbedeutend damit, daß in diesen Fällen der Wert $\tau = 0$ selbst die Rolle eines Eigenwerts spielt, und in der Tat wissen wir ja, daß die Funktion $m_0^{(\mu)}(-i\eta)$ im wesentlichen mit der Funktion $J_{\mu/2}$ identisch ist.

Die Eigenwertgleichung (32) legt die Frage nahe, ob es nicht auch hier möglich ist, eine im Intervall $0 \ldots \eta_a$ integrable Funktion $f(x)$ unter der Voraussetzung eines $\mu \geqq 0$ in eine nach den Eigenfunktionen von (32) fortschreitende Reihe zu entwickeln, die sich hinsichtlich ihrer Konvergenz nach Art einer Fourierschen Reihe verhält. Das ist tatsächlich möglich. Um dafür den Nachweis zu erbringen, führen wir zunächst nach dem Vorgehen von E. Titchmarsh [2] die D.Gl. (32) mittels der Substitution $y = \eta^{-1/4} \cdot v$ und $t = 2\eta^{1/2}$ in die Liouvillesche Normalform

$$\frac{d^2v}{dt^2} - \left[\frac{\mu^2 - 1/4}{t^2} - \frac{t^2}{16}\right] \cdot v + \tau \cdot v = 0 \tag{34}$$

über. Zwei linear unabhängige Lösungen von (34) sind die Funktionen

$$\Phi(t, \tau) = -\frac{2i}{(t\,t_a)^{1/2}} \cdot \Gamma\left(\frac{1+\mu}{2} - i\tau\right) \tag{35a}$$

$$\cdot \left\{\mathcal{M}_{i\tau,\mu/2}\left(-\frac{i}{4}t^2\right) W_{i\tau,\mu/2}\left(-\frac{i}{4}t_a^2\right) - \mathcal{M}_{i\tau,\mu/2}\left(-\frac{i}{4}t_a^2\right) W_{i\tau,\mu/2}\left(-\frac{i}{4}t^2\right)\right\}$$

$$\Psi(t, \tau) = \left(\frac{t_a}{t}\right)^{1/2} \cdot \mathcal{M}_{i\tau,\mu/2}\left(-\frac{i}{4}t^2\right) \Big/ \mathcal{M}_{i\tau,\mu/2}\left(-\frac{i}{4}t_a^2\right). \tag{35b}$$

Sie sind so bestimmt, daß $\Phi(t_a) = 0$ und $\Phi'(t_a) = -1$ ist und das Quadrat von $\Psi(t)$ im Intervall $0 \ldots t_a$ konvergiert. Ferner ist nach den Formeln des § 2.7 die Wronskische Determinante $\mathfrak{W}[\Phi, \Psi] = 1$, wobei in der Determinante die Differentiationen nach t selbst gehen. Eine für $t = t_a$ verschwindende und für $t \to 0$ endlich bleibende Lösung der inhomogenen D.Gl.

$$\frac{d^2Y}{dt^2} - \left[\frac{\mu^2 - \frac{1}{4}}{t^2} - \frac{t^2}{16}\right] \cdot Y + \tau \cdot Y = f(t) \tag{36}$$

ist daher durch den Ausdruck

$$Y(t,\tau) = -\Phi(t,\tau) \cdot \int_0^t \Psi(s,\tau) \cdot f(s) \cdot ds - \Psi(t,\tau) \cdot \int_t^{t_a} \Phi(s,\tau) \cdot f(s) \cdot ds \tag{36a}$$

gegeben. Hinsichtlich τ ist $Y(t, \tau)$ wegen der durch die Nullstellen von $\mathcal{M}_{i\tau,\mu/2}(-i/4\, t_a^2)$ verursachten Pole eine meromorphe Funktion, deren asymptotisches Verhalten auf dem unendlich fernen Kreis der τ-Ebene aus den Gl. von § 7.4 hervorgeht. Damit aber führt das längs eines solchen Kreises über die Funktion $Y(t, \tau)$ erstreckte Integral schließlich zu der Entwicklung

$$\frac{1}{2}[f(t+)+f(t-)] = \frac{2i}{t^{1/2}} \cdot \sum_{n=1}^{\infty} \frac{\mathcal{M}_{i\tau_n,\mu/2}\left(-\frac{i}{4}t^2\right)}{\mathcal{M}'_{i\tau_n,\mu/2}\left(-\frac{i}{4}t_a^2\right)\left(\frac{\partial \mathcal{M}_{i\alpha,\mu/2}\left(-\frac{i}{4}t_a^2\right)}{\partial \alpha}\right)_{\alpha=\tau_n}} \int_0^{t_a} \mathcal{M}_{i\tau_n,\mu/2}\left(-\frac{i}{4}s^2\right) \cdot \frac{f(s)}{s^{1/2}} \cdot ds \tag{37a}$$

oder in anderer Form zu der Beziehung

$$\frac{1}{2}[h(x+)+h(x-)] \tag{37b}$$

$$= \sum_{n=1}^{\infty} \frac{i \cdot \mathcal{M}_{i\tau_n,\mu/2}(-ix) \cdot x^{-1/2}}{\mathcal{M}'_{i\tau_n,\mu/2}(-ib) \cdot \left(\frac{\partial \mathcal{M}_{i\alpha,\mu/2}(-ib)}{\partial \alpha}\right)_{\alpha=\tau_n}} \cdot \int_0^b \mathcal{M}_{i\tau_n,\mu/2}(-iy) \cdot \frac{h(y)}{y^{1/2}} \cdot dy$$

$$(\mu > -1).$$

Die einzelnen $\mathcal{M}$-Funktionen in (37a, b) sind zwar nicht selbst reell. Da sie aber, um sie reell zu machen, nur mit $\exp(+\pi i(1+\mu)/4)$ multipliziert zu werden brauchen, so ist die Kombination von $\mathcal{M}$-Funktionen in (37a, b) sehr wohl reell.

Die Integration auf der rechten Seite von (37a, b) wird nach (§ 9, 5) z. B. für $h(y) = y^{\mu/2} \cdot e^{\mp iy/2}$ ausführbar. Man erhält dann nach einigen Umformungen die folgende in $0 \lesseqgtr y \leq b$ gleichmäßig konvergente Entwicklung nach Eigenfunktionen:

$$(y/b)^{\frac{1+\mu}{2}} \cdot \sin\frac{b-y}{2} = -\frac{1+\mu}{2} \cdot \sum_{n=0}^{\infty} \frac{\mathcal{M}_{i\tau_n,\mu/2}(-iy)}{\left[\tau_n + \left(\frac{1+\mu}{2}\right)^2\right]\left(\frac{\partial \mathcal{M}_{\alpha,\mu/2}(-ib)}{\partial \alpha}\right)_{\alpha=i\tau_n}}$$

$$(\mu > -1,\ 0 \lesseqgtr y \leq b). \tag{38}$$

Zwei andere Entwicklungen einer integrablen Funktion $f(x)$ nach Eigenfunktionen gibt E. Titchmarsh [2] an. Die erste betrifft eine Entwicklung nach den Eigenfunktionen der D.Gl.

$$\frac{d^2y}{dx^2} + \left(\lambda - x^2 - \frac{\mu^2 - \frac{1}{4}}{x^2}\right) y = 0 \qquad (0 < x < \infty) \tag{39}$$

im Bereich $0 < x < \infty$ unter der Bedingung, daß für $\mu > -1/2$ die Funktion an den beiden Rändern $x = 0$ und $x \to \infty$ des Bereichs verschwindet. Sie ist gegeben durch

$$f(x) = \sum_{n=0}^{\infty} \frac{2 \cdot n!}{\Gamma(n+\mu+1)} \cdot x^{\mu+1/2} \cdot e^{-x^2/2} \cdot L_n^{(\mu)}(x^2) \cdot \int_0^{\infty} y^{\mu+1/2} \cdot e^{-y^2/2} \cdot L_n^{(\mu)}(y^2) \cdot f(y) \cdot dy. \tag{40}$$

Hier sind also die Eigenfunktionen die Laguerre-Polynome und die Eigenwerte $\lambda = 4n + 2\mu + 2$ mit $n = 0, 1, 2, \ldots$.

Der andere Fall diene als Beispiel einer Entwicklung nach Eigenfunktionen, deren Eigenwerte im Bereich $-\infty < \lambda < 0$ einem diskreten Punktspektrum und im Bereich $0 < \lambda < \infty$ einem kontinuierlichen Spektrum angehören. Die D.Gl. der Eigenfunktionen lautet in diesem Falle:

$$\frac{d^2 y}{dx^2} + \left\{\lambda + \frac{c}{x} - \frac{r(r+1)}{x^2}\right\} y = 0 \qquad (0 < x < \infty,\ c > 0,\ r = 0, 1, 2, \ldots). \tag{41}$$

Die Gl. (41) liegt bekanntlich der Theorie des Wasserstoffatoms zugrunde. Eine willkürliche integrable Funktion $f(x)$ läßt sich jetzt darstellen in der Form:

$$\begin{aligned} f(x) = {} & \sum_{n=0}^{\infty} \frac{c^{2r+3}}{2\,(n+r+1)^{2r+4}} \cdot \frac{n!}{[(n+2r+1)!]^3} \cdot x^{r+1} \cdot e^{-\frac{cx}{n+r+1}} \\ & \cdot L_n^{(2r+1)}\left(\frac{cx}{n+r+1}\right) \cdot \int_0^{\infty} y^{r+1} \cdot e^{-\frac{cy}{n+r+1}} \cdot L_n^{(2r+1)}\left(\frac{cy}{n+r+1}\right) \cdot f(y)\, dy \\ & + \frac{(-)^r}{4\pi} \cdot \int_0^{\infty} \Gamma\left(1 + r + \frac{ci}{2} \cdot \lambda^{-1/2}\right) \Gamma\left(1 + r - \frac{ci}{2} \cdot \lambda^{-1/2}\right) \\ & \cdot \lambda^{-1/2} \mathcal{M}_{\frac{ic}{2}\lambda^{-1/2},\, r+1/2}(-2ix\lambda^{1/2}) \left(\int_0^{\infty} \mathcal{M}_{\frac{ic}{2}\lambda^{-1/2},\, r+1/2}(-2iy\lambda^{1/2}) \cdot f(y)\, dy\right) d\lambda. \end{aligned} \tag{42}$$

Die Reihe in (42) entspricht dem Punktspektrum, das Integral dem kontinuierlichen Spektrum für alle positiven λ-Werte. Daß hier auch die Eigenfunktionen des Punktspektrums ein orthogonales Funktionensystem bilden, geht aus (§ 9, 9a) hervor.

Andere hierher gehörige Eigenwertprobleme findet der Leser in den Büchern oder Aufsätzen von A. Sommerfeld [1*], S. Flügge [1*], W. Magnus [1, 2] und H. A. Lauwerier [1].

Anhang I.

Zusammenstellung der Sonderfälle der parabolischen Funktionen $\mathcal{M}_{\varkappa,\mu/2}(z)$ und $\mathcal{W}_{\varkappa,\mu/2}(z)$.

A. Transzendente Funktionen.

1. Das Produkt aus Potenz- und Exponentialfunktion.

$$\mathcal{M}_{\frac{\mu+1}{2},\frac{\mu}{2}}(z) = z^{\frac{1+\mu}{2}} \cdot \frac{e^{-z/2}}{\Gamma(1+\mu)} \quad (1a) \qquad \mathcal{M}_{-\frac{1+\mu}{2},\frac{\mu}{2}}(z) = z^{\frac{1+\mu}{2}} \cdot \frac{e^{+z/2}}{\Gamma(1+\mu)} \quad (1b)$$

$$W_{\frac{\mu+1}{2},\pm\frac{\mu}{2}}(z) = z^{\frac{1+\mu}{2}} \cdot e^{-z/2} \quad (2)$$

Die Funktion $W_{-\frac{1+\mu}{2},\frac{\mu}{2}}(z)$ ist eine nicht elementare Funktion. Vgl. Nr. 4.

2. Die allgemeine Zylinderfunktion.

$$\mathcal{M}_{0,\mu/2}(z) = (\pi z)^{1/2} \cdot \frac{I_{\mu/2}\left(\frac{z}{2}\right)}{\Gamma\left(\frac{1+\mu}{2}\right)} \quad (1a)$$

$$\mathcal{M}_{0,\mu/2}(\pm i z) = (\pm \pi i z)^{1/2} \cdot e^{\pm \pi i \mu/4} \cdot \frac{J_{\mu/2}\left(\frac{z}{2}\right)}{\Gamma\left(\frac{1+\mu}{2}\right)} \quad (1b)$$

$$W_{0,\mu/2}(+i z) = +\frac{1}{2} \cdot (-\pi i z)^{1/2} \cdot e^{-\frac{\pi i \mu}{4}} \cdot H^{(2)}_{\mu/2}\left(\frac{z}{2}\right) \quad (2a)$$

$$W_{0,\mu/2}(-i z) = +\frac{1}{2} \cdot (+\pi i z)^{1/2} \cdot e^{+\frac{\pi i \mu}{4}} \cdot H^{(1)}_{\mu/2}\left(\frac{z}{2}\right) \quad (2b)$$

$$W_{0,\mu/2}(z) = (z/\pi)^{1/2} \cdot K_{\mu/2}\left(\frac{z}{2}\right) \quad (2c)$$

Die Funktionen $\mathcal{M}_{\mp\frac{p}{2},\frac{\mu+p}{2}}(z)$, $\mathcal{M}_{-\frac{p}{2},\frac{\mu-p}{2}}(z)$, $W_{-\frac{p}{2},\frac{\mu\pm p}{2}}(z)$ und $W_{+\frac{p}{2},\frac{\mu\pm p}{2}}(z)$ sind mit $p = 0, 1, 2, 3, \ldots$ gemäß (§ 3, 40) bis (§ 3, 43) als die p-ten Ableitungen von $I_{\mu/2}(z/2)$ und $K_{\mu/2}(z/2)$ in Kombination mit $\exp(\pm z/2) \cdot z^{\pm\mu/2}$ darstellbar.

Wegen der halbzahligen Zylinderfunktionen vergleiche man die Angaben zu den Laguerre-Polynomen.

2a. Die Kreis-, Hyperbel- und Exponentialfunktionen.

$\mathcal{M}_{0,1/2}(-iz) = -2i \cdot \sin(z/2)$ (1a) $\mathcal{M}'_{0,1/2}(-iz) = \cos(z/2)$ (1b)

$\mathcal{M}_{0,1/2}(z) = 2 \cdot \mathfrak{Sin}(z/2)$ (1α) $\mathcal{M}'_{0,1/2}(z) = \mathfrak{Cos}(z/2)$ (1β)

$W_{0,1/2}(\mp iz) = e^{\pm iz/2}$ (2a) $W'_{0,1/2}(\mp iz) = -\frac{1}{2} \cdot e^{\pm iz/2}$ (2b)

$W_{0,1/2}(\pm z) = e^{\mp z/2}$ (2α) $W'_{0,1/2}(\pm z) = -\frac{1}{2} \cdot e^{\mp z/2}$ (2β)

3. Die Kummersche Funktion.

$$ {}_1F_1(\alpha;\beta;z)/\Gamma(\beta) = z^{-\beta/2} \cdot e^{-z/2} \cdot \mathcal{M}_{(\beta/2)-\alpha,(\beta-1)/2}(z). \quad (1)$$

In den Funktionentafeln von Jahnke-Emde und in dem Brit. Assoc. Report, Oxford 1926, wird an Stelle von ${}_1F_1(\alpha;\beta;z)$ das Symbol $M(\alpha,\beta,z)$ verwendet.

Im Report 1926 (279) wird die Funktion ${}_1F_1(\alpha;\beta;x)$ vertafelt für die Bereiche: $\alpha = -4\,(0{,}5)+4$, $\beta = \pm 1/2, \pm 3/2$, $x = 0\,(0{,}1)\,1\,(0{,}2)\,3\,(0{,}5)\,8$ auf fünf Dezimalstellen.

Der Report 1927 (221) bringt auf fünf Dezimalstellen dieselbe Funktion für die Werte $\alpha = -4\,(0{,}5)+4$, $\beta = \pm 1/2, \pm 3/2$ und $x = 0\,(0{,}02)$ 0,08, 0,15 (0,1) 0,95, 1,1 (0,2) 1,9.

Der Report 1927 (229) gibt sie auf fünf Dezimalstellen an für die Bereiche: $\alpha = -4\,(1/2)+4$, $\beta = 1\,(1)\,4$, $x = 0\,(0{,}02)\,0{,}1\,(0{,}05)\,1\,(0{,}1)\,2\,(0{,}2)\,3\,(0{,}5)\,8$.

In den Tafeln von Jahnke-Emke 1948 werden von der Funktion ${}_1F_1(\alpha;\beta;z)$ Schaubilder gebracht, die sich auf die Tafeln im Brit. Ass. Rep. 1926, 1927 stützen.

Gran Olsson vertafelt in der Arbeit [2*] auf vier Dezimalstellen die Kummersche Funktion mit dem Argument $z = k\varrho^2$ für $k = -2\,(0{,}5)+2$, $\varrho = 0\,(0{,}1)\,1$ und für die folgenden α, β-Werte:

$\alpha = 0{,}65$	$\beta = 2$	$\alpha = 1{,}325$	$\beta = 2{,}5$
$\alpha = 0{,}50$	$\beta = 2$	$\alpha = -0{,}35$	$\beta = 1$
$\alpha = 0{,}325$	$\beta = 1{,}5$	$\alpha = -0{,}50$	$\beta = 1$
$\alpha = 1{,}65$	$\beta = 3$	$\alpha = -0{,}675$	$\beta = 0{,}5$
$\alpha = 1{,}50$	$\beta = 3$	$\alpha = 0{,}825$	$\beta = 1{,}5$

In der Arbeit [3*, II] werden auf vier Dezimalstellen vertafelt für die Argumente $x = 0{,}02\,(0{,}02)\,0{,}1\,(0{,}05)\,1\,(0{,}1)\,2{,}5$ die Funktionen mit den Parametern

$\alpha = 1{,}3$	$\beta = 3$	$\alpha = 0{,}325$	$\beta = 1{,}5$
$\alpha = 0{,}65$	$\beta = 2$	$\alpha = -0{,}175$	$\beta = 0{,}5$

Im letzteren Falle werden die mit $x^{-1/2}$ multiplizierten Funktionswerte angegeben.

B. W. Conolly [1] berechnet die Funktion ${}_1F_1(\alpha;\beta:x)$ für die Argumente $x = 0{,}1,\ 0{,}2\ (0{,}2)\ 1{,}0$ und für die Parameterwerte $\alpha = -1{,}0\ (0{,}2) + 1{,}0$ und $\beta = 0{,}2\ (0{,}2)\ 1{,}0$.

Vom Admiralty Research Laboratory wurde berechnet die Funktion $(i x)^{-1/2}\ \mathcal{M}_{i h, 0}(i x)$ für die Bereiche: $h = -1{,}0\ (0{,}5) + 1{,}5$ und $x = 0{,}00\ (0{,}02)\ 10$ auf vier Dezimalstellen. Vgl. auch 15 und H. Buchholz [13*].

Aus den Veröffentlichungen der allerletzten Zeit ist schließlich noch eine Vertafelung der Funktion ${}_1F_1$ zu erwähnen, die von E. Nath [1] stammt. Sie ist auf sechs Dezimalstellen für die Bereiche durchgeführt worden: $\beta = 3$, $\alpha = 1\ (1)\ 40$ und $x = 0{,}02\ (0{,}02)\ 0{,}1\ (0{,}1)\ 1\ (1)\ 10\ (10)\ 50,\ 100$ und 200 und $\beta = 4$, $\alpha = 1\ (1)\ 50$ und dieselben Werte von x wie oben.

4. Die unvollständige Γ-Funktion. Es wird definitionsgemäß von N. Nielsen [1] gesetzt:

$$P(z,\nu) = \int_0^z e^{-t}\cdot t^{\nu-1}\cdot dt \quad (\Re(\nu) > 0) \quad (1\alpha) \qquad Q(z,\nu) = \int_z^\infty e^{-t}\cdot t^{\nu-1}\cdot dt. \quad (1\beta)$$

In der neueren Literatur schreibt man:

$$\gamma_{\mp}(\nu, z) = \int_0^z e^{\mp t}\, t^{\nu-1}\cdot dt = z^\nu/\nu\cdot e^{\mp z}\,{}_1F_1(1; \nu+1; \pm z) \qquad (1\gamma)$$

$$= \Gamma(\nu)\cdot z^{\frac{\nu-1}{2}}\cdot e^{\mp z/2}\,\mathcal{M}_{\pm\frac{\nu-1}{2}, \frac{\nu}{2}}(z).$$

Demnach ist offenbar mit $\gamma_-(\nu, z) \equiv \gamma(\nu, z)$

$$\gamma(\nu, z) = P(z,\nu) = \Gamma(\nu)\cdot z^{\frac{\nu-1}{2}}\cdot e^{-z/2}\cdot \mathcal{M}_{\frac{\nu-1}{2}, \frac{\nu}{2}}(z) = \Gamma(\nu) - Q(z,\nu) \qquad (1a)$$

$$Q(z,\nu) = z^{\frac{\nu-1}{2}}\cdot e^{-z/2}\cdot W_{\frac{\nu-1}{2}, \frac{\nu}{2}}(z). \qquad (1b)$$

Es ist also im Hinblick auf Nr. 1

$$W_{-\frac{\mu+1}{2}, \frac{\mu}{2}}(z) = z^{\frac{1+\mu}{2}}\cdot e^{+z/2}\cdot Q(z, -\mu). \qquad (1c)$$

4a) Die Funktion von Schlömilch. Nach Definition von O. Schlömilch [1] ist

$$S(\nu, z) = \int_0^\infty \frac{e^{-zt}}{(1+t)^\nu}\cdot dt = z^{\nu-1}\cdot e^z\cdot Q(z, 1-\nu) = z^{\frac{\nu}{2}-1}\cdot e^{z/2}\cdot W_{-\frac{\nu}{2}, \frac{1-\nu}{2}}(z). \qquad (1)$$

G. Placzek [1] betrachtet die Funktion $E_n(x) = \int_1^\infty e^{-xu}\cdot u^{-n}du = e^{-x}\cdot S(n, x)$.

Diese Funktion findet man a. a. O. vertafelt für die Bereiche $n = 0\ (1)\ 20$, $x = 0\ (0{,}01)\ 2$, $x = 2\ (0{,}1)\ 10$.

4b) Das Exponential-Potenzintegral.

$$\frac{1}{\Gamma(1+\nu)}\cdot\int_0^z e^{\mp x^{1/\nu}}\cdot dx = \frac{z}{\Gamma(1+\nu)}\cdot{}_1F_1(\nu; 1+\nu; \mp z^{1/\nu}) \qquad (1)$$

$$= \exp\left(\mp {}^1\!/_2\cdot z^{1/\nu}\right)\cdot z^{\frac{\nu-1}{2\nu}}\cdot \mathcal{M}_{\pm\frac{\nu-1}{2}, \frac{\nu}{2}}(z^{1/\nu}) = \frac{\gamma_{\mp}(\nu, z^{1/\nu})}{\Gamma(\nu)}.$$

4c) Der Integrallogarithmus. Aus der Definition dieser Funktion folgt unmittelbar

$$\mathrm{Ei}\,(-z) = -e^{-z}\cdot\int_0^\infty e^{-vz}\cdot\frac{dv}{1+v} = -\int_1^\infty e^{-zv}\cdot\frac{dv}{v} = -z^{-1/2}\cdot e^{-z/2}\cdot W_{-1/2,0}(z). \tag{1}$$

Man beachte hier die Bemerkungen zu 2.

4d) Der Integralsinus und Integralcosinus. In Rücksicht auf die Definitionsgleichung (1a, b) von N. Nielsen [3] für si (z) und ci (z) ist

$$\begin{aligned}\mathrm{si}\,(z) = \mathrm{Si}\,(z) - \frac{\pi}{2} &= -\int_z^\infty \frac{\sin t}{t}\cdot dt = \frac{1}{2i}\{\mathrm{Ei}\,(+iz) - \mathrm{Ei}\,(-iz)\}\\ &= z^{-1/2}/2i\cdot\left\{e^{-\frac{\pi i}{4}-\frac{iz}{2}}W_{-1/2,0}(+iz) - e^{+\frac{\pi i}{4}+\frac{iz}{2}}W_{-1/2,0}(-iz)\right\}\end{aligned} \tag{1a}$$

$$\begin{aligned}\mathrm{ci}\,(z) = \mathrm{Ci}\,(z) &= -\int_z^\infty \frac{\cos t}{t}\cdot dt = \frac{1}{2}\{\mathrm{Ei}\,(+iz) + \mathrm{Ei}\,(-iz)\}\\ &= z^{-1/2}/2\cdot\left\{e^{-\frac{\pi i}{4}-\frac{iz}{2}}W_{-1/2,0}(+iz) + e^{+\frac{\pi i}{4}+\frac{iz}{2}}W_{-1/2,0}(-iz)\right\}.\end{aligned} \tag{1b}$$

Andererseits findet man z. B. aus den Integraldarstellungen für $\mathcal{M}_{\varkappa,\mu/2}(z)$:

$$\left\{\frac{\partial}{\partial\varkappa}\mathcal{M}_{\varkappa,1/2}(z)\right\}_{\varkappa=0} = 2\cdot\mathrm{Cof}\frac{z}{2}\cdot[\mathrm{Ci}\,(iz) - C - \ln\,(iz)] + 2i\cdot\mathrm{Sin}\frac{z}{2}\cdot\mathrm{Si}\,(iz) \tag{2}$$

$$\text{mit } C = 0{,}577\,2157\ldots.$$

Die rechte Seite von (2) ist wie die linke rein reell.

Der von E. Kreyssig [1] näher untersuchte allgemeine Integralsinus mit der Definitionsgleichung

$$\mathrm{si}\,(z,\alpha) = -\int_z^\infty \frac{\sin t}{t^\alpha}\cdot dt \qquad (\Re(z) > 0,\ 0 < \alpha < 2)$$

erlaubt die Darstellung:

$$-2\cdot z^{\alpha/2}\cdot \mathrm{si}\,(z,\alpha) = e^{-\frac{iz}{2}+\frac{i\pi\alpha}{4}}\cdot W_{-\frac{\alpha}{2},\frac{1-\alpha}{2}}(iz) + e^{+\frac{iz}{2}-\frac{i\pi\alpha}{4}}\cdot W_{-\frac{\alpha}{2},\frac{1-\alpha}{2}}(-iz).$$

5. Die Funktionen des parabolischen Zylinders. Es ist nach Definition

$$D_\nu(z) = 2^{\nu/2}\cdot(z^2/2)^{-1/4}\cdot W_{\frac{\nu}{2}+\frac{1}{4},\pm\frac{1}{4}}(z^2/2) \tag{1a}$$

$$D_\nu(\sqrt{2z}) = 2^{1/2}\cdot z^{-1/4}\cdot W_{\frac{\nu}{2}+\frac{1}{4},\pm\frac{1}{4}}(z) \tag{1b}$$

$$E_\nu^{(0)}(z) = (2\pi)^{1/2}\cdot(z^2/2)^{-1/4}\cdot\mathcal{M}_{\frac{\nu}{2}+\frac{1}{4},-\frac{1}{4}}(z^2/2) = 2^{1/2}\cdot e^{-z^2/4}\cdot {}_1F_1\left(-\frac{\nu}{2};\frac{1}{2};\frac{z^2}{2}\right) \tag{2a}$$

$$E_\nu^{(1)}(z) = (2\pi)^{1/2}\cdot(z^2/2)^{-1/4}\cdot\mathcal{M}_{\frac{\nu}{2}+\frac{1}{4},+\frac{1}{4}}(z^2/2) = 2z\cdot e^{-z^2/4}\cdot {}_1F_1\left(\frac{1-\nu}{2};\frac{3}{2};\frac{z^2}{z}\right). \tag{2b}$$

Die Funktionen $W_{\frac{\nu-p}{2}+\frac{1}{4},\pm\frac{1}{4}+\frac{p}{2}}(z)$ mit $p=1,2,3,\ldots$ sind gemäß den Gl. (§ 3, 50a, b) als die p-ten Ableitungen von $D_\nu(\sqrt{2z})$ multipliziert mit $e^{+z/2}$ oder mit $e^{-z/2}\cdot z^{-1/2}$ darstellbar.

6. Das Fehlerintegral. Es ist definitionsgemäß

$$\operatorname{erfc}(z)=2\pi^{-1/2}\cdot\int_z^\infty e^{-t^2}\cdot dt=(\pi z)^{-1/2}\cdot e^{-z^2/2}\cdot W_{-1/4,\pm1/4}(z^2) \tag{1a}$$

$$=(2/\pi)^{1/2}\cdot e^{-z^2/2}\cdot D_{-1}\left(\sqrt{2}\,z\right)=(2z/\pi)\cdot\int_0^\infty e^{-(t^2+z^2)}\cdot\frac{dt}{t^2+z^2}$$

$$\Phi(z)=2\pi^{-1/2}\cdot\int_0^z e^{-t^2}\cdot dt=1-\operatorname{erfc}(z) \tag{1b}$$

$$=z^{-1/2}\cdot e^{-z^2/2}\cdot \mathcal{M}_{-1/4,+1/4}(z^2)=(2\pi)^{-1/2}\cdot e^{-z^2/2}\cdot E_{-1}^{(1)}\left(\sqrt{2}\,z\right)$$

$$L(z)=\int_z^\infty e^{-t^2}\cdot dt=2^{-1/2}\,e^{-z^2/2}\cdot D_{-1}\left(\sqrt{2}\,z\right). \tag{1c}$$

Merke: $\int_0^\infty e^{-t^2}\cdot dt=\frac{\pi^{1/2}}{2}$. $\Phi(z)$ ist die sog. Krampsche Transzendente, $L(z)$ ein von N. Nielsen [1] eingeführtes Funktionszeichen.

Hingegen ist $\mathcal{M}_{+1/4,-1/4}(z^2)=(z/\pi)^{1/2}\cdot\exp(-z^2/2)$.

6a) Die beiden Fresnelschen Integrale. In Rücksicht auf (1c) sind auch die beiden Fresnelschen Integrale mit den Definitionsgleichungen

$$C(z)=\left(\frac{\pi}{8}\right)^{1/2}-\int_0^z\cos t^2\cdot dt \quad (1\alpha) \qquad S(z)=\left(\frac{\pi}{8}\right)^{1/2}-\int_0^z\sin t^2\cdot dt \quad (1\beta)$$

wie folgt durch die Funktionen $W_{\varkappa,\mu/2}$ darstellbar: Es ist

$$\left.\begin{matrix}2\cdot C(z)\\ 2i\cdot S(z)\end{matrix}\right\}=\frac{z^{-1/2}}{2}\cdot\left\{e^{+\frac{3\pi i}{8}+\frac{iz^2}{2}}\cdot W_{-1/4,\pm1/4}(-iz^2)\pm e^{-\frac{3\pi i}{8}-\frac{iz^2}{2}}\cdot W_{-1/4,\pm1/4}(+iz^2)\right\}. \tag{1}$$

Mithin ist

$$W_{-1/4,1/4}(\pm iz^2)=2\cdot e^{\pm\frac{3\pi i}{8}\pm\frac{iz^2}{2}}\cdot z^{1/2}\cdot\int_z^\infty e^{\mp iv^2}\cdot dv$$

$$=2\cdot e^{\pm\frac{3\pi i}{8}\pm\frac{iz^2}{2}}\cdot z^{1/2}\cdot[C(z)\mp i\cdot S(z)] \tag{2a}$$

$$=\pi^{1/2}(\pm iz^2)^{1/4}\cdot e^{\pm\frac{iz^2}{2}}-\pi^{1/2}\cdot\mathcal{M}_{-1/4,+1/4}(\pm iz^2)$$

$$\mathcal{M}_{-1/4,+1/4}(\pm iz^2)=2\cdot e^{\pm\frac{3\pi i}{8}\pm\frac{iz^2}{2}}\cdot\left(\frac{z}{\pi}\right)^{1/2}\cdot\int_0^z e^{\mp iv^2}\cdot dv \tag{2b}$$

$$=2\cdot e^{\pm\frac{3\pi i}{8}\pm\frac{iz^2}{2}}\cdot\left(\frac{z}{\pi}\right)^{1/2}\cdot\left\{\sqrt{\frac{\pi}{8}}\cdot(1\mp i)-C(z)\pm i\,S(z)\right\}$$

Man merke an:

$$\int_0^\infty e^{\pm i v^2} \cdot dv = \left(\frac{\pi}{8}\right)^{1/2} (1 \pm i) = \frac{\pi^{1/2}}{2} \cdot e^{\pm \pi i/4}.$$

7. Die Laguerre-Funktionen nach E. Pinney [1]. E. Pinney definiert a. a. O. für beliebige reelle oder komplexe Werte von ν

$$\begin{aligned} L_\nu^{(\mu)}(z) &= \frac{\Gamma(\mu+\nu+1)}{\Gamma(1+\nu)} \cdot z^{-\frac{1+\mu}{2}} \cdot e^{+\frac{z}{2}} \cdot \mathcal{M}_{\nu+\frac{1+\mu}{2}, \frac{\mu}{2}}(z) \\ &= \frac{\Gamma(1+\mu+\nu)}{\Gamma(1+\nu)\cdot\Gamma(1+\mu)} \cdot {}_1F_1(-\nu; 1+\mu; z). \end{aligned} \tag{1}$$

Als zweite von $L_\nu^{(\mu)}(z)$ linear unabhängige Lösung der D.Gl. (§ 3, 7b) mit $n = \nu$ verwendet er die Funktion

$$U_\nu^{(\mu)}(z) = \frac{\pm i}{\sin(\pi\mu)} \cdot \left\{ e^{\mp \pi i \mu} L_\nu^{(\mu)}(z) - \frac{\Gamma(\mu+\nu+1)}{\Gamma(\nu+1)} \cdot z^{-\mu} L_{\mu+\nu}^{(-\mu)}(z) \right\} \tag{2}$$

ob. Vorz.: $0 < \operatorname{arc}(z) < +\pi$, unt. Vorz.: $-\pi < \operatorname{arc}(z) < 0$

und also

$$\begin{aligned} U_\nu^{(\mu)}(z) &= \pm \frac{\Gamma(-\nu)}{\pi i} z^{-\frac{1+\mu}{2}} \cdot e^{+\frac{z}{2}} \\ &\cdot \left\{ W_{\nu+\frac{1+\mu}{2}, \frac{\mu}{2}}(z) - e^{\pm i\nu\pi} \Gamma(1+\mu+\nu) \cdot \mathcal{M}_{\nu+\frac{1+\mu}{2}, \frac{\mu}{2}}(z) \right\} \\ &= \mp \frac{\Gamma(1+\mu+\nu)}{\pi i} (z\, e^{\pm \pi i})^{-\frac{1+\mu}{2}} e^{\frac{z}{2}} W_{-\nu-\frac{1+\mu}{2}, \frac{\mu}{2}}(z\, e^{\mp \pi i}) \end{aligned} \tag{3}$$

ob. Vorz.: $\mathfrak{J}(z) > 0$, unt. Vorz.: $\mathfrak{J}(z) < 0$.

An Stelle der Funktionen $m_\varkappa^{(\mu)}(z)$ und $w_\varkappa^{(\mu)}(z)$ von (§ 4, 12a, b) verwenden E. Pinney [1] und R. G. Mirimanov [1, 2] die Funktionen

$$S_\nu^\mu(z) = z^{\mu/2} e^{-z/2} L_\nu^\mu(z) \qquad V_\nu^\mu(z) = z^{\mu/2} e^{-z/2} U_\nu^\mu(z).$$

8. Die ω-Funktion von E. Cunningham [1]. Im Zusammenhang mit statistischen Untersuchungen hat E. Cunningham die Funktion definiert:

$$\omega_{n,m} = e^{-x} \cdot (1/2\pi i) \int_{\infty(0)}^{(0+)} e^{-ux}(1+u)^{n+m/2} u^{m/2-n-1} du. \tag{1}$$

Nach § 5 (6) ist also

$$\omega_{n,m} = x^{-(1+m)/2} \frac{e^{-x/2-\pi i(n-m/2)}}{\Gamma\left(n+1-\frac{m}{2}\right)} \cdot W_{n+1/2, m/2}(x). \tag{2}$$

Die Normalfunktionen Cunninghams sind im wesentlichen die Laguerre-Polynome.

9. Die Toronto-Funktion $T(m, n, r)$. Von A. H. Heatley [1, 2] wurde die Funktion

$$T(m,n,r) \equiv r^{2n+m+1} e^{-r^2} \frac{\Gamma\left(\frac{m+1}{2}\right)}{n!} {}_1F_1\left(\frac{m+1}{2}; n+1; r^2\right) \tag{1}$$

eingeführt und für die Werte $m = -1/2\,(1/2) + 1, n = -2\,(1/2) + 2$ und $r = 0\,(0,2)\,4, 5, 6, 10, 25$ und 50 vertafelt. Nach (1) ist

$$T(m, n, r) = \Gamma\left(\frac{m+1}{2}\right) r^{n+m}\, e^{-r^2/2} \cdot \mathcal{M}_{(n+m)/2,\, n/2}(r^2). \qquad (2)$$

10. Die Funktion von G. E. Chappell. Sie ist definiert [1] durch

$$C(z, \varkappa) = \frac{1}{2}\Gamma\left(\frac{1}{2} - \varkappa\right) \cdot W_{\varkappa, 0}(z/\varkappa).$$

A. a. O. sind Schaubilder dieser Funktion zu finden.

11. Die Funktionen von J. Meixner. J. Meixner arbeitet in seiner unter [1] erwähnten Arbeit ausschließlich mit der Kummerschen Funktion selbst. Er spaltet sie wie E. W. Barnes [2] gemäß der Gleichung

$${}_1F_1(\alpha; \gamma; z) = \frac{1}{2} \cdot F_1(\alpha; \gamma; z) + \frac{1}{2} \cdot F_2(\alpha; \gamma; z) \qquad (1)$$

in die beiden Funktionen F_1 und F_2 auf. Sie hängen mit den Funktionen Whittakers in der folgenden Weise zusammen:

$$\frac{\frac{1}{2} \cdot F_1\left(\frac{1+\mu}{2} - \varkappa; 1+\mu; z\right)}{\Gamma(1+\mu)} = \frac{e^{+\pi i\left(\frac{1+\mu}{2} - \varkappa\right) + \frac{z}{2}} \cdot z^{-\frac{1+\mu}{2}} \cdot W_{\varkappa, \mu/2}(z)}{\Gamma\left(\frac{1+\mu}{2} + \varkappa\right)} \qquad (2a)$$

$$\frac{\frac{1}{2} \cdot F_2\left(\frac{1+\mu}{2} - \varkappa; 1+\mu; z\right)}{\Gamma(1+\mu)} = \frac{e^{-\pi i \varkappa + \frac{z}{2}} \cdot z^{-\frac{1+\mu}{2}} \cdot W_{-\varkappa, \mu/2}(z e^{-\pi i})}{\Gamma\left(\frac{1+\mu}{2} - \varkappa\right)}. \qquad (2b)$$

Man vergleiche wegen der Zerlegung (1) auch A. Sommerfeld [1], S. 795.

12. Spezielle Funktionen des parabolischen Zylinders. W. Magnus verwendet in seiner bekannten Arbeit [2] über den zylindrisch parabolischen Spiegel die folgenden beiden besonderen Funktionen:

$$\delta(\xi, \nu) = e^{i\xi^2/2} \cdot D_\nu\left(\sqrt{2i} \cdot \xi\right)$$

$$p(\xi, \nu) = \pi^{\frac{1}{2}} \cdot 2^{-\nu-1} \cdot \Gamma\left(-\frac{\nu}{2}\right) \cdot e^{\frac{\pi i}{4}\left(\nu - \frac{1}{2}\right) + \frac{i\xi^2}{2}} \cdot \xi^{-\frac{1}{2}} \mathcal{M}_{\frac{\nu}{2} + \frac{1}{4}, -\frac{1}{4}}(i\xi^2)$$

$$= \Gamma\left(-\frac{\nu}{2}\right) \cdot e^{\frac{\pi i \nu}{4} + \frac{i\xi^2}{2}} \cdot 2^{-\nu - \frac{3}{2}} \cdot E_\nu^{(0)}\left(\sqrt{2i} \cdot \xi\right)$$

13. H. Krupp [1] betrachtet die beiden Funktionen

$${}_1R(\nu, l; x) = \frac{\nu^{l+1}}{2x} \cdot \mathcal{M}_{\nu, l+1/2}\left(\frac{2x}{\nu}\right)$$

$${}_2R(\nu, l; x) = \frac{\nu^{l+1}}{2x} \cdot \frac{\Gamma(-\nu - l)}{\pi} \cdot W_{\nu, l+1/2}\left(\frac{2x}{\nu}\right)$$

$$(\nu \text{ beliebig}, \; l = 0, 1, 2, \ldots).$$

Die Vertafelung dieser beiden Funktionen selbst und ihrer ersten Ableitungen nach x bis auf 4 geltende Ziffern wird vorgenommen für den Bereich 0 (1/2) 8,

10 oder 12 oder 15 für x und $n = 1/2\,(1/2)\,7/2$ für $l = 0$ und $n = 3/2\,(1/2)\,7/2$ für $l = 1$ und $n = 5/2\,(1/2)\,7/2$ für $l = 2$.

14. Die Coulomb-Funktionen. In der Kernphysik werden mit diesem Namen mitunter die beiden Lösungsfunktionen der D.Gl. (§ 3, 4α) belegt, wenn darin $a = -1$, $b = -2\eta$, $c = L(L+1)$ und $z = \varrho > 0$ ist. Die eine von ihnen, die sogenannte reguläre Coulomb-Funktion, ist nach (§ 3, 4β) durch $A \cdot \mathcal{M}_{i\eta, L+1/2}(2i\varrho) \equiv F_L(\eta, \varrho)$ gegeben. Der Ausdruck für die andere, die irreguläre Coulomb-Funktion $G_L(\eta, \varrho)$, muß jedenfalls die Wh.-Funktion W enthalten. Allgemeiner kann aber auch gesetzt werden: $G_L(\eta, \varrho) = B \cdot W_{i\eta, L+1/2}(2i\varrho) + C \cdot \mathcal{M}_{i\eta, L+1/2}(2i\varrho)$. Die Konstanten A, B, C bestimmen sich nach dem derzeitigen Übereinkommen aus der Forderung, daß für $\varrho \to \infty$ $F_L(\eta, \varrho) \to \sin\Phi$ und $G_L(\eta, \varrho) \to \cos\Phi$ geht, worin $\Phi = \varrho - \eta \cdot \ln(2\varrho) - \pi L/2 + \delta$ ist mit δ in der Bedeutung der Gl. (§ 7, 4a). Hieraus ergibt sich dann

$$A = 1/2 \cdot |\Gamma(L + 1 \pm i\eta)| \cdot \exp\left(-\pi\eta/2 - (\pi i/2)(L+1)\right) = -i \cdot C \qquad (1)$$

$$B = \exp(-i\delta + \pi\eta/2 + \pi i/2 \cdot L). \qquad (\eta > 0;\ L = 0, 1, 2, \ldots)$$

Umfangreiches Zahlenmaterial über diese Funktionen geben die Tables of Coulomb-Wave-Functions, Vol. 1, Nat. Bureau of Standards, Appl. Math. Ser. 17, 1952, Washington. Vgl. auch I. A. Wheeler und F. L. Yost [1] und die von A. Lowan und Horenstein [1] eingeführte Funktion.

B. Polynome.

1. Das Laguerre-Polynom. Es ist nach (§ 2, 10) oder (§ 12, 1)

$$\mathcal{M}_{n+\frac{\mu+1}{2}, \frac{\mu}{2}}(z) = \frac{n!}{\Gamma(n+\mu+1)} \cdot z^{\frac{1+\mu}{2}} \cdot e^{-z/2}\, L_n^{(\mu)}(z) \qquad (1a)$$

$$\mathcal{M}_{-n-\frac{\mu+1}{2}, \frac{\mu}{2}}(z) = \frac{n!}{\Gamma(n+\mu+1)} \cdot z^{\frac{1+\mu}{2}} \cdot e^{+z/2} \cdot L_n^{(\mu)}(-z) \quad (n = 0, 1, 2, \ldots) \qquad (1b)$$

$$W_{n+\frac{1+\mu}{2}, \frac{\mu}{2}}(z) = (-)^n \cdot n!\, z^{\frac{1+\mu}{2}} \cdot e^{-z/2} \cdot L_n^{(\mu)}(z). \qquad (1c)$$

Durch das Laguerre-Polynom sind darstellbar

1a) Die halbzahligen Zylinderfunktionen. Nach § 2 (30) ist

$$H^{(1)}_{-n-1/2}(z) = e^{+\pi i(n+1/2)} \cdot H^{(1)}_{n+1/2}(z) \qquad (1)$$

$$= 2\,\pi^{-1/2} \cdot n!\,(2z)^{-n-1/2} \cdot e^{+iz}\, L_n^{(-2n-1)}(-2iz)$$

$$K_{-n-1/2}(z) = K_{n+1/2}(z) \qquad (n = 0, 1, 2, \ldots).$$

$$= (-)^n\, \pi^{1/2} \cdot n!\,(2z)^{-n-1/2} \cdot e^{-z}\, L_n^{(-2n-1)}(2z) \qquad (2)$$

1b) Die Funktion von Bateman bei geradzahligem Index. Es ist

$$k_{2n}(x) = (-)^n\, e^{-x}\, L_n^{(-1)}(2x) \qquad (x > 0) \qquad (n = 0, 1, 2, \ldots). \qquad (1)$$

1c) Die Polynome von Charlier. Nach Definition ist

$$Q_n(p, x) = \sum_{\lambda=0}^{n} \lambda! \binom{p}{\lambda}\binom{m}{\lambda} \cdot (-x)^{n-p} = n!\, L_n^{(p-n)}(x) \quad (n, p = 0, 1, 2, \ldots). \qquad (1)$$

2. Die Weberschen Polynome des parabolischen Zylinders und die Polynome von Hermite. Hier ist für $n = 0, 1, 2, 3, \ldots$ nach (§ 3, 22b), (§ 3, 28β) und (§ 3, 30a, b)

$$\mathcal{M}_{n+\frac{1}{4},-\frac{1}{4}}(z) = \frac{(-)^n}{\Gamma\left(\frac{1}{2}+n\right)} \cdot W_{n+\frac{1}{4},\pm\frac{1}{4}}(z) = \frac{(-)^n}{\Gamma\left(\frac{1}{2}+n\right)} \cdot 2^{-n} \cdot z^{1/4} \cdot D_{2n}\left(\sqrt{2z}\right)$$

$$= \frac{z^{1/2}}{(2\pi)^{1/2}} \cdot E_{2n}^{(0)}\left(\sqrt{2z}\right) = \frac{(-2)^n \cdot n!}{\pi^{1/2} \cdot (2n)!} \cdot z^{1/4} \cdot e^{-z/2} \cdot He_{2n}\left(\sqrt{2z}\right) \tag{1}$$

$$\mathcal{M}_{n+\frac{3}{4},+\frac{1}{4}}(z) = \frac{(-)^n}{\Gamma\left(\frac{3}{2}+n\right)} \cdot W_{n+\frac{3}{4},\frac{1}{4}}(z) \tag{2}$$

$$= \frac{(-)^n}{\Gamma\left(n+\frac{3}{2}\right)} \cdot 2^{-n-1/2} \cdot z^{1/4} \cdot D_{2n+1}\left(\sqrt{2z}\right) = \frac{z^{1/4}}{(2\pi)^{1/2}} \cdot E_{2n+1}^{(1)}\left(\sqrt{2z}\right)$$

$$= (2/\pi)^{1/2} \cdot \frac{(-2)^n \cdot n!}{(2n+1)!} z^{1/4} \cdot e^{-z/2} \cdot He_{2n+1}\left(\sqrt{2z}\right).$$

Anhang II.

Schrifttumsverzeichnis.

Der Stern an der Nummer eines Zitats kennzeichnet eine Arbeit, die sich in erster Linie mit einem physikalischen, technischen oder statistischen Problem beschäftigt, dessen Lösung auf parabolische Funktionen führt.

Abraham, M.: [1*]: Elektrische Schwingungen in einem frei endigenden Draht. Ann. Phys., Leipzig, IV. F. **2** (1900) 32—60.

Adamoff, A.: [1]: Über asymptotische Ausdrücke für die Polynome
$$U_n(x) = e^{a x^2/2} \cdot \frac{d^n}{dx^n}\left(e^{-\frac{1}{2} a x^2}\right)$$ für sehr große Werte von n. Ann. Inst. Polytechn. St. Pétersbourg **5** (1906) 127—143.

Airey, J. R.: [1]: The converging factor in asymptotic series and the calculation of Bessel-, Laguerre- and other functions. Phil. Mag., J. theor. exper. appl. Phys., London, VII. S. **24** (1937) 521—552; [2]: The confluent hypergeometric function. Report Brit. Ass. Adv. Science **1** (1926) 276—296, **2** (1927) 220—244.

Airey, J. R. and Webb, H. A.: [1]: The practical importance of the confluent hypergeometric function. Phil. Mag., J. theor. exper. appl. Phys., London, VI. S. **36** (1918) 129—141.

Aitkin, A. C. and Gonin, H. T.: [1*]: On fourfold sampling with and without replacement. Proc. R. Soc. Edinburgh, A **55** (1935) 114—125.

Angelescu, A.: [1]: Sur certains polynomes généralisant les polynomes de Laguerre. C. r. Acad. Sci. Roumanie **2** (1938) 199—201.

Appell, P. et Kampé de Feriet, J.: [1]: Fonctions hypergéométriques et hypersphériques. Polynomes d'Hermite. Paris 1926.

Archibald, W. J.: [1]: The complete solution of the differential equation for the confluent hypergeometric function. Phil. Mag., J. theor. exper. appl. Phys., London, VII. S. **26** (1938) 415—419.

Bailey, W. N.: [1]: Some classes of functions which are their own reciprocals in the Fourier-Bessel integral transforms. J. London math. Soc. **5** (1930) 258—265;

[2]: On the product of two Legendre polynomials with different arguments. Proc. London math. Soc. II. S. **41** (1936) 215—220; [3]: An integral representation for the product of two Wh.-functions. Quart. J. Math. (Oxford Ser.) **8** (1937) 51—53; [4]: Self-reciprocal functions involving confluent hypergeometric functions. Proc. London math. Soc. II. S. **13** (1938) 111—112; [5]: On the product of two Laguerre polynomials. Quart. J. Math. (Oxford Ser.) **10** (1939) 60—66.

Banerjee, D. P.: [1]: On the expansion of a function in a series of parabolic cylindrical functions of unrestricted order. Indian phys.-math. J. **6** (1935) 45—48; [2]: A note on zeros of parabolic cylinder functions of the second kind. J. Indian math. Soc. **2** (1936) 51—52; [3]: On infinite integrals containing parabolic cylinder functions. Proc. Benares math. Soc. **3** (1941) 13—15. [4]: On the expansions and infinite integrals containing Wh. M-functions. Proc. Indian Acad. Sci., Sect. A **11** (1941) 84—86.

Barnes, E. W.: [1]: On the homogeneous linear difference equation of the second order with linear coefficients. Messenger Math. **34** (1905) 52—71; [2]: On functions defined by simple hypergeometric series. Trans. Cambridge phil. Soc. **20** (1908) 253—279; [3]: A new development of the theory of hypergeometric functions. Proc. London math. Soc. **6** (1908) 141—177.

Bateman, H.: [1*]: The mathematical analysis of electrical and optical wave-motion. Cambridge 1915; [2]: The k-function, a particular case of the confluent hypergeometric function. Trans. Amer. math. Soc. **33** (1931) 817—831; [3*]: Partial differential equations of mathematical physics. Cambridge 1932; [4]: The polynomial $F_n(\ )$ and its relation to other functions. Annals Math., Linceton **38** (1932) 303—310; [5]: Two systems of polynomials for the solution of Laplace's integral-equation. Duke math. J. **2** (1936) 569—577; [6]: Paraboloidal coordinates. Phil. Mag., J. theor. exper. appl. Phys., London, VII. S. **26** (1938) 1063—1068, s. auch [3*], Kap. IX; [7]: Spheroidal and bipolar coordinates. Duke math. J. **4** (1938) 39—50; [8]: The polynomials of Mittag-Leffler. Proc. nat. Acad. Sci. USA **26** (1940) 491—496.

Bock, Ph.: [1]: Einige Integrale aus der Theorie der hypergeometrischen und mit ihr verwandten Funktionen. Comp. scific. math. **7** (1939) 123—134; [2]: Über einige Integrale aus der Theorie der Besselschen, der Wh.- und verwandter Funktionen. Nieuw Arch. Wiskunde **20** (1940) 163—170.

Borngässer, L.: [1]: Über hypergeometrische Funktionen zweier Veränderlichen. Diss. Techn. Hochsch. Darmstadt, 1933.

Bose, P. K.: [1]: On confluent hypergeometric series. Sankhyā **6** (1944) 407—412.

Bottema, O.: [1]: Über die Nullstellen der Hermiteschen Polynome. Proc. Akad. Wet. Amsterdam **33** (1930) 495—503.

Brauer, A.: [1]: Über die Nullstellen der Hermiteschen Polynome. Math. Ann., Berlin **107** (1932) 87—89.

Bremmer, H. und van der Pol, B.: [1]: Operational calculus. Cambridge, University Press, 1950.

Buchholz, H.: [1*]: Die Ausbreitung von Schallwellen in einem Horn von der Gestalt eines Rotationsparaboloids bei Anregung durch eine im Brennpunkt gelegene punktförmige Schallquelle. Ann. Phys., Leipzig, V. S. **42** (1943) 423—460; [2*]: Die konfluente hypergeometrische Funktion mit besonderer Berücksichtigung ihrer Bedeutung für die Integration der Wellengleichung in den Koordinaten eines Rotationsparaboloids. Z. angew. Math. Mech. **23** (1943) 47—58, 100—118; [3*]: Das Feld der Strahlung im Innern eines hohlen Drehparabols mit einem axial gerichteten elektrischen oder magnetischen Dipol in oder vor dem Brennpunkt. Deutsche Luftfahrtforschung, Zentrale für wissenschaftliches Berichtswesen, Forschungsbericht Nr. 2009, 1944; [4*]: Die konfluente hypergeometrische Funktion bei der Berechnung des Schallfeldes einer punktförmigen Schallquelle im Zwischenraum zweier konfokaler Drehparabole und ihrer Entartungen. Ber. Math.-Tagung Tübingen **1946** (1947) 49—56; [5]: Integral- und Reihendarstellungen für die verschiedenen Wellentypen der mathematischen Physik in den Koordinaten des Rotationsparaboloids. Z. Phys., Berlin **24** (1948) 196—218; [6*]: Die axialsymmetrische elektromagnetische Strahlung zwischen konfokalen Drehparabolen bei verschiedenen Anregungsarten. Ann. Phys., Leipzig **2** (1948)

185—210; ([7]: Uneigentliche Integrale mit parabolischen Funktionen über einen der beiden Parameter. Math. Z., Berlin **52** (1949) 355—383; [8]: Die asymptotischen Entwicklungen für die beiden parabolischen Funktionen $M_{\varkappa, \mu/2}(z)$ und $W_{\varkappa, \mu/2}(z)$ bei großen Werten von $\varkappa$ und z für $-\infty < z/4\varkappa < +\infty$. Z. angew. Math. Mech. **30** (1950) 133—148; [9]: Bemerkung zur Fourierschen Reihe für die dreidimensionale Greensche Funktion des unbegrenzten Raums in den Koordinaten des Drehparabols. Z. angew. Math. Mech. **30** (1950) 125—127; [10]: Komplexe Integrale für die parabolischen Funktionen mit dem wesentlich singulären Kern exp $(-z/2 \cdot \mathfrak{Tg}\, s)$. Math. Z., Berlin, **53** (1950), 387—402; [11]: Die Lösungsfunktionen einer besonderen inhomogenen Whittakerschen Differentialgleichung. Math. Z., Berlin, erscheint demnächst. [12]: Die Summe der reziproken Potenzen der Nullstellen von $M_{\varkappa, \mu/2}(z)$ hinsichtlich z. Z. angew. Math. Mech. **31** (1951) 149—152; [13*]: Der schleifenerregte Hohlraumresonator aus zwei konfokalen drehparabolischen Kappen. Arch. f. elektr. Übertragung **6** (1952) 6—16, 67—72. Die Arbeit enthält die Werte der Funktion $\mathcal{M}_{i\tau, 1/2}(-i\zeta)/(-i\zeta)$ für die Bereiche $\tau = -3\ (1)\ +6$, $\zeta = 0\ (1)\ 8$ sowie eine Tafel der ersten beiden Nullstellen in bezug auf τ für $\zeta = 0{,}5,\ 1\ (1)\ 8$ auf 6 gültige Dezimalstellen.

Campbell, G. A. and Foster, R. M.: [1]: Fourier integrals for practical applications. Bell Telephone System, Technical publications, Monograph B-584, 1931.

Campbell, J. T.: [1]: Factorial moments and frequencies of Charlier's type B. Proc. Edingburgh math. Soc., II. S. **3** (1932) 99—106.

Chappell, G. E.: [1]: The properties of a new orthogonal function associated with the confluent hypergeometric function. Proc. Edinburgh math. Soc. **43** (1925) 117—130.

Charlier, C. V. L.: [1]: Über die Darstellung willkürlicher Funktionen. Arkiv Mat. Astr. Fys. **2** (1905/06), Nr. 20, 35 S.

Chaundy, T. W.: [1]: Integrals expressing products of Bessel's functions. Quart. J. Math. (Oxford Ser.) **2** (1931) 144—154.

Conolly, B. W.: [1]: A short table of the confluent hypergeometric function $M(\alpha, \gamma, x)$. Quart. J. Mech. appl. Math., Oxford **3** (1950) 236—240.

Copson, E. T.: [1]: The asymptotic expansion of a function defined by a definite integral or contour integral. Published by Director of Scientific Research. Admiralty Computing Service. Reference SRE/ACS 26.

Courant, R. und Hilbert, D.: [1*]: Methoden der mathematischen Physik. Bd. I, Berlin 1924.

Cunningham, E.: [1*]: ω-function, a class of normalfunctions in statistics. Proc. R. Soc., London, A **81** (1908) 310—331.

Curzon, A. E. J.: [1]: On a connection between the functions of Hermite and the functions of Legendre. Proc. London math. Soc., II. S. **12** (1913) 236—259; [2]: Generalisation of the Hermite functions and their connection with the Besselfunctions. Proc. London math. Soc., II. S. **13** (1914) 417—441.

Deruyts: [1]: (Titel der Arbeit nicht zu ermitteln). Liége mémoires, II. S. **14** (1888) 9— .

Dhar, S. C.: [1]: On the product of parabolic cylinder functions. J. Indian math. Soc. **1** (1934) 105—108; [2]: On the product of parabolic cylinder functions with different arguments. J. London math Soc. **10** (1935) 171—175; [3]: On the product of parabolic cylinder functions. Bull. Calcutta math. Soc. **26** (1935) 57—64; [4]: On operational representations of confluent hypergeometric functions and their integrals. Phil. Mag., J. theor. exper. appl. Phys., London, VII. S. **21** (1936) 1082—1096; [5]: On the operational representation of M-functions of the confluent hypergeometric typs. Phil. Mag., J. theor. exper. appl. Phys., London, VII. S. **25** (1938) 416—425; [6]: On certain functions which are reciprocal in the Hankeltransform. J. London math. Soc. **14** (1939) 30—32; [7]: Note on the addition theorem of parabolic cylinder functions. J. Indian math. Soc. **4** (1940) 29—30; [8]: On certain self-reciprocal functions. J. Indian math. Soc. **4** (1940) 91—96; [9]: Integral representations of Whittaker- and Weber-functions. J. Indian math. Soc. **6** (1942) 181—185.

Dhar, S. C. and Shestri, N. A.: [1]: On parabolic cylinder functions. Phil. Mag., J. theor. exper. appl. Phys., London, VII. S. **18** (1934) 401—405.

Doetsch, G.: [1]: Integraleigenschaften der Hermiteschen Polynome. Math. Z., Berlin **32** (1930) 587—599; [2]: Die in der Statistik seltener Ereignisse auftretenden Charlierschen Polynome und eine damit zusammenhängende Differential-Differenzengleichung. Math. Ann., Berlin **109** (1933) 257—266; [3]: Le formale di Tricomi sui polinomi di Laguerre. Atti Accad. naz. Lincei, Rend. Cl. Sci. fis. mat. natur. **22** (1935) 300—304; [4]: Theorie und Anwendungen der Laplace-Transformation. Berlin 1937.

Dusl, K.: [1]: Quelques remarques sur les polynomes d'Hermite. Atti Congr. Bologna **3** (1930) 315—322.

Eckart, G.: [1*] Le rayonnement d'un dipôle magnétique dans un milieu stratifié de symétrie sphérique. Ann. Télécommunications **5** (1950) 173—178; [2*]: Über die Strahlung eines magnetischen Dipols in kugelförmig geschichteter Atmosphäre. Arch. f. elektr. Übertragung **5** (1951) 113—118.

Emde, F.: [1]: Unterteilung des Tafelschritts. Z. angew. Math. Mech. **14** (1934) 333—339.

Epstein, P. S. und Muskat, M.: [1]: On the continuous spectrum of the hydrogen atom. Proc. nat. Acad. Sci. USA **15** (1929) 405—411.

Erdelyi, A.: [1]: Über einige bestimmte Integrale, in denen die Wh. $M_{k,\,m}$ Funktionen auftreten. Math. Z. Berlin, **40** (1936) 693—702; [2]: Entwicklung von analytischen Funktionen nach $M_{k,\,m}$-Funktionen. Proc. Akad. Wet., Amsterdam **39** (1936) 1092—1099; [3]: Über eine Methode zur Gewinnung von Funktionalbeziehungen zwischen konfluenten hypergeometrischen Funktionen. Mh. Math. Phys., Wien **45** (1936) I. 31—52, II. 251—279; [4]: Sulla generalizzazione di una formula di Tricomi. Atti Accad. naz. Lincei. Rend. Cl. Sci. fis. mat. natur. **29** (1936) 347—350; [5]: Sulla trasformazione di Hankel plaridimonzionade. Atti Accad. Sci. Torino, Cl. Sci. fis. mat. natur. **72** (1936/37) 96—108; [6]: Funktionalrelationen mit konfluenten hypergeometrischen Funktionen: I. Additions- und Multiplikationstheoreme. Math. Z., Berlin **42** (1937) 125—143; [7]: Funktionalrelationen mit konfluenten hypergeometrischen Funktionen: II. Reihenentwicklungen. Math. Z., Berlin **42** (1937) 641—670; [8]: Über eine Integraldarstellung der $W_{k,\,m}$-Funktion und ihre Darstellung durch die Funktionen des parabolischen Zylinders. Math. Ann., Berlin **113** (1937) 347—356; [9]: Über eine Integraldarstellung der $M_{k,\,m}$-Funktion und ihre asymptotische Darstellung für große Werte von Re (k). Math. Ann., Berlin **113** (1937) 357—361; [10]: Beitrag zur Theorie der konfluenten hypergeometrischen Funktionen von mehreren Veränderlichen. S.-B. Akad. Wiss. Wien, math.-phys. Kl., IIa **146** (1937) 431—467; [11*]: Inhomogene Saiten mit parabolischer Dichteverteilung. S.-B. Akad. Wiss. Wien, math.-phys. Kl., IIa **146** (1937) 589—604; [12]: Über gewisse Funktionalbeziehungen. Mh. Math. Phys., Wien **45** (1937) 251—279; [13]: Der Zusammenhang zwischen verschiedenen Integraldarstellungen hypergeometrischer Funktionen. Quart. J. Math. (Oxford Ser.) **8** (1937) 200—213; [14]: Integraldarstellungen hypergeometrischer Funktionen. Quart. J. Math. (Oxford Ser.) **8** (1937) 267—277; [15]: Integral representations for products of Wh.-functions. Phil. Mag., J. theor. exper. appl. Phys., London, VII. S. **26** (1938) 821—877; [16]: Über die Integration der Wh.-Differentialgleichung in geschlossener Form. Mh. Math. Phys., Wien **46** (1938) 1—9; [17]: Untersuchungen über Produkte von Wh.-Funktionen. Mh. Math. Phys., Wien **46** (1938) 132—156; [18]: Bilineare Reihen der verallgemeinerten Laguerreschen Polynome. S.-B. Akad. Wiss. Wien, math.-phys. Kl., IIa **147** (1938) 513—520; [19]: Einige Integralformeln für Wh.-Funktionen. Proc. Akad. Wet., Amsterdam **41** (1938) 481—486; [20]: On certain Hankel-transforms. Quart. J. Math. (Oxford Ser.) **9** (1938) 196—198; [21]: The Hankel-transform of Wh.-function $W_{k,\,m}(z)$. Proc. Cambridge phil. Soc. **34** (1938) 28—29; [22]: Asymptotische Darstellung der Wh.-Funktionen für große reelle Werte des Arguments und der Parameter. Jednota Ceskoslovenských Matematiků a Fysiku **67** (1938) 240—248; [23]: The Hankel-transform of a product of Wh.-functions. J. London math. Soc. **13** (1938) 146—154; [24]: On some expansions in Laguerre polynomials. J. London math. Soc. **13** (1938) 154—156; [25]: Infinite integrals involving Wh.-functions. J. Indian math. Soc. **3** (1938) 169—181; [26]: Transformation einer gewissen nach

Produkten konfluenter hypergeometrischer Funktionen fortschreitenden Reihe. Compositio math. **6** (1939) 336—347; [27]: Eine Verallgemeinerung der Neumannschen Polynome. Mh. Math. Phys., Wien **47** (1939) 87—103; [28]: Über eine erzeugende Funktion von Produkten Hermitescher Polynome. Math. Z., Berlin **44** (1939) 201—211; [29]: Note on the transformation of Eulerian hypergeometric integrals. Quart. J. Math. (Oxford Ser.) **10** (1939) 129—134; [30]: Transformation of hypergeometric integrals by means of fractional integration by parts. Quart. J. Math. (Oxford Ser.) **10** (1939) 176—189; [31]: Einige nach Produkten von Laguerreschen Polynomen fortschreitende Reihen. S.-B. Akad. Wiss. Wien, math.-phys. Kl., IIa **148** (1939) 33—39; [32]: Integraldarstellungen für Produkte Whittakerscher Funktionen. Nieuw Arch. Wiskunde **20** (1939) 1—34; [33]: Integral representations for Wittaker functions. Proc. Benares math. Soc. **1** (1939) 39—53; [34]: Transformation of a certain series of products of confluent hypergeometric functions with applications to Laguerre and Charlier polynomials. Compositio math. **7** (1939) 340—352; [35]: An integral representation for the product of two Whittaker functions. J. London math. Soc. **14** (1939) 23—30; [36*]: Zur Theorie der Kugelwellen. Physica **4** (1937) 107—120; [37]: On some generalisations of Laguerre polynomials. Proc. Edinburgh math. Soc. **6** (1940) 193—221; [38]: Some confluent hypergeometric functions of two variables. Proc. Edinburgh math. Soc. **60** (1940) 344—361; [39]: Generating functions of certain continuous orthogonal systems. Proc. Edinburgh math. Soc. **61** (1941) 61—70; [40]: Transformations of hypergeometric functions of two variables. Proc. Edinburgh math. Soc. **62** (1948) 378—385.

Erdelyi, A. and Cossar, J.: [1]: Dictionary of Laplace transforms. Published by Director of Scientific Research, Admiralty Computing Service.

Feldheim, E.: [1]: Applicazioni dei polinomi di Hermite a qualche problema di calcolo delle probabilita. Giorn. Ist. Ital. Attuari **8** (1937) 303—327; [2]: Quelques nouvelles relations pour les polynomes d'Hermite. J. London math. Soc. **13** (1938) 22—29; [3]: Sur les fonctions génératrices des polynomes de Laguerre et d'Hermite. Bull. Sci. math., II. S. **63** (1939) 307—329; [4]: Equations intégrales pour les polynomes d'Hermite à une et plusieurs variables, pour les polynomes de Laguerre et pour les fonctions hypergéométriques les plus générales. Ann. Scuola norm. sup. Pisa, Sci. fis. mat., II. S. **9** (1940) 225—252; [5]: Une propriété caractéristique des polynomes de Laguerre. Comment. math. Helvetici **13** (1940) 6—10; [6]: Expansions and integral transforms for products of Laguerre and Hermite polynomials. Quart. J. Math. (Oxford Ser.) **11** (1940) 18—29; [7]: Développements en série de polynomes d'Hermite et de Laguerre à l'aide de transformations de Gauß et de Hankel. Proc. Akad. Wet., Amsterdam **43** (1940) I. 224—239, II. 240—247, III. 379—386; [8]: Relations entre les polynomes de Jacobi, Laguerre et Hermite. Acta math., Uppsala **75** (1940) 117—138; [9]: Alcuni risultati sulle funzioni di Whittaker e del cilindro parabolico. Atti Accad. Sci. Torino, Cl. Sci. fis. mat. natur. **76** (1941) 541—555; [10]: Trasformato di Hankel di funzioni di Whittaker. Ann. Scuola norm. sup. Pisa, Sci. fis. mat., II. S. **10** (1941) 103—114.

Flügge, S.: [1*]: Rechenmethoden der Quantentheorie. 1. Teil. Elementare Quantenmechanik. Bd. 53 der Grundlehren der mathematischen Wissenschaften. Berlin 1947.

Fränz, K.: [1*]: Die Übertragung von Rauschspannungen über den linearen Gleichrichter. Hochfrequenztech. Elektroak. **57** (1941) 146—151; [2*]: Der Einfluß von Trägern auf das Rauschen hinter Amplitudenbegrenzern und linearen Gleichrichtern. Elektr. Nachr. Techn. **20** (1943) 183—189.

Frank, Ph. und v. Mises, R.: [1*]: Die Differential- und Integralgleichungen der mathematischen Physik. 2. Aufl., Braunschweig 1930.

Frenkel, M.: [1*]: Die asymptotischen Lösungen der in der radioaktiven α-Emission auftretenden Differentialgleichung. Z. Phys., Berlin **95** (1935) 599—629.

Gaunt, J. A.: [1*]: Über die Strahlung der freien Elektronen im Coulombfeld. Z. Phys., Berlin **59** (1930) 508—513.

Gegenbauer, L.: [1]: Über die Funktion $T_n^m(x)$. S.-B. Akad. Wiss. Wien **2** (1887) 234.

Gheorghin, Gh. Th.: [1]: Sur les fonctions génératrices des polynomes d'Hermite. Mathematica, Cluj **12** (1936) 180—184; [2]: Sur les fonctions hypergéométriques confluentes. Bull. sci. Ecole Polytech. Timisoara **8** (1938) 17—27.

Gibb, D.: [1]: On integral relations connected with the confluent hypergeometric functions. Proc. Edinburgh math. Soc. **34** (1916) 93—101.

Giraud, G.: [1]: Sur les zéros de certaines fonctions de Bessel et de Whittaker. C. r. Acad. Sci., Paris **214** (1942) 649—651.

Goldstein, S.: Operational representations of Whittaker's confluent hypergeometric function and Weber's parabolic cylinder function. Proc. London math. Soc., II. S. **34** (1932) 103—125.

Gordon, W.: [1*]: Über den Stoß zweier Punktladungen nach der Wellenmechanik. Z. Phys., Berlin **48** (1928) 180—191; [2*]: Zur Berechnung der Matrizen beim Wasserstoffatom. Ann. Phys., Leipzig **2** (1929) 1031—1056.

Gran Olsson, R.: [1*]: Biegung kreisförmiger Platten von radial veränderlicher Dicke. Ingenieur-Arch. **8** (1937) 81—98; [2*]: Tabellen der konfluenten hypergeometrischen Funktion erster und zweiter Art. Ingenieur-Arch. **8** (1937) 99—103; [3*] Über einige Lösungen des Problems der rotierenden Scheibe. Ingenieur-Arch. **8** (1937) I. 270—275, II. 373—380; [4*]: A problem of buckling of elastic plates of variable thickness. J. Math. Phys., Massachusetts **19** (1940) 131—139; [5*]: Über die Knickung der Kreisringplatte von veränderlicher Dicke. Ingenieur-Arch. **12** (1941) 123—137; [6*]: Elastische Knickung gerader Stäbe von exponentiell veränderlichem Querschnitt unter dem Einfluß ihres Eigengewichtes. Ingenieur-Arch. **13** (1942) 162—174.

Hahn, W.: [1]: Die Nullstellen der Laguerreschen und Hermiteschen Polynome. Schr. math. Sem. u. Inst. angew. Math. Univ. Berlin **1** (1933) 213—244 u. Jber. Deutsch. Math.-Verein. **44** (1934) 215—236.

Hankel, H.: [1]: Bestimmte Integrale mit Zylinderfunktionen. Math. Ann., Berlin **8** (1875) 453—470.

Hardy, G. H.: [1]: Summation of a series of Laguerre-polynomials. J. London math. Soc. **7** (1932) 138—139.

Heatly, A. H. [1]: University of Toronto studies. Mathematical series No. 7, Toronto (1939); [2]: A short table of the Toronto function. Trans. Roy. Soc. Canada, Sect. III (1943) 13—19.

Hermite, G.: [1]: Sur un nouveau développement en séries. C. r. Acad. Sci., Paris **58** (1864) 93 und 266—273.

Hille, E.: [1]: On Laguerre's series. Proc. nat. Acad. Sci. USA **12** (1926) I. 261 bis 265, II. 265—269, III. 348—352.

Hlawka, E.: [1]: Eine asymptotische Formel der Laguerre-Polynome. Mh. Math. Phys., Wien **42** (1925) 225—278.

Horn, J.: [1]: Über die Konvergenz der hypergeometrischen Reihe zweier und dreier Veränderlichen. Math. Ann., Berlin **34** (1889) 577—600; [2]: Verwendung asymptotischer Darstellungen zur Untersuchung der Integrale einer speziellen Differentialgleichung. Math. Ann., Berlin **49** (1897) 453—472 und 473—496; [3]: Hypergeometrische Funktionen zweier Veränderlicher. Math. Ann., Berlin **105** (1931) 381—407, Math. Ann., Berlin **111** (1935) 638—677, Math. Ann., Berlin **113** (1936) 242—291; [4]: Über eine hypergeometrische Funktion zweier Veränderlicher. Mh. Math. Phys., Wien **47** (1939) I. 186—194, II. 359—379; [5]: Hypergeometrische Funktionen zweier Veränderlicher im Schnittpunkt dreier Singularitäten. I. Math. Ann., Berlin **114** (1938) 435—455, II. Math. Ann., Berlin **117** (1940) 579—586.

Horton, C. W. und Karal, F. C.: [1*]: On the diffraction of a plane electromagnetic wave by a paraboloid of revolution. J. appl. Phys., Lancaster **22** (1951) 575—581.

Howell, W. T.: [1]: A note on Laguerre-polynomials. Phil. Mag., J. theor. exper. appl. Phys., London, VII. S. **23** (1937) 807—811; [2]: On some operational representations of products of parabolic cylinder functions and products of Laguerre-polynomials. Phil. Mag., J. theor. exper. appl. Phys., London, VII. S. **24** (1937) 1082—1093; [3]: On products of Laguerre-polynomials. Phil. Mag., J. theor. exper. appl. Phys., London, VII. S. **24** (1937) 396—405; [4]: A note on Hermite-polynomials. Phil. Mag., J. theor. exper. appl. Phys., London, VII.

S. **25** (1938) 600—601; [5]: Integral representations for products of Weber's parabolic cylinder function. Phil. Mag., J. theor. exper. appl. Phys., London, VII. S. **25** (1938) 456—458; [6]: On a class of functions, which are self-reciprocal in the Hankel-transform. Phil. Mag., J. theor. exper. appl. Phys., London, VII. S. **25** (1938) 622—628.

Humbert, P.: [1]: Sur les fonctions hypercylindriques. C. r. Acad. Sci., Paris **171** (1920) 490—492; [2]: Sur une nouvelle application de la fonction $W_{k,m}$. C. r. Acad. Sci., Paris **170** (1920) 832—834; [3]: The confluent hypergeometric functions of two variables. Proc. R. Soc. Edinburgh, A **41** (1920) 73—96; [4]: Sur les fonctions de l'hypercylindre parabolique. C. r. Acad. Sci., Paris **170** (1920) 564—566; [5]: Fonctions de l'hyperparaboloïde de révolution et fonctions hypersphériques. C. r. Acad. Sci., Paris **170** (1920) 1482—1484; [6]: La fonction $W_{k, u_1, u_2, \ldots u_n}(z_1, z_2, \ldots z_n)$. C. r. Acad. Sci., Paris **171** (1920) 428—430; [7]: Sur les polynomes de Sonine à une et deux variables. J. Ecole Polytech., II. S. **24** (1924) 59—75; [8]: Le calcul symbolique à deux variables. C. r. Acad. Sci., Paris **199** (1934) 657—660.

Ince, E. L.: [1]: Ordinary differential equations. Dover publications 1926.

Jacobsthal, W.: [1]: Asymptotische Darstellungen von Lösungen linearer Differentialgleichungen. Math. Ann., Berlin **56** (1903) 129—154.

Jahnke, R. und Emde, F.: [1]: Funktionentafeln. 4. Aufl., Leipzig 1948, S. 271—278.

Kamke, E.: [1]: Differentialgleichungen, Lösungsmethoden und Lösungen. Leipzig 1943.

Kienast, A.: [1]: Untersuchungen über die Lösungen der Differentialgleichung $xy'' + (\gamma - x)\, y' - \beta y = 0$. Mitt. Naturforsch. Ges. Bern **57** (1921) 247—325; [2]: Über die asymptotische Darstellung gewisser Lösungen der Differenzengleichung der Hermiteschen Polynome. Math. Z., Berlin **41** (1936) 739—753.

Klein, F.: [1]: Vorlesungen über die hypergeometrische Funktion. Universität Göttingen W. S. 1893/94. Berlin 1933.

Knopp, K.: [1]: Theorie und Anwendung der unendlichen Reihen. 3. Auflage, Berlin 1931.

Kober, H.: [1]: On some generalisations of Laguerre polynomials. Proc. Edinburgh math. Soc. **6** (1940) 135—146.

Kogbetliantz, E.: [1]: Sur les séries d'Hermite et de Laguerre. C. r. Acad. Sci., Paris **193** (1931) 366—389; [2]: Sur la convergence des séries d'Hermite. C. r. Acad. Sci., Paris **194** (1932) 161—163; [3]: Sur les développements de Laguerre. C. r. Acad. Sci., Paris **194** (1932) 1422—1424; [4]: Sur la série de Laguerre. C. r. Acad. Sci., Paris **196** (1932) 523—525; [5]: Sur les moyennes arithmétiques des séries-noyaux des développements en séries d'Hermite et de Laguerre etc. J. Math. Phys., Massachusetts **14** (1935) 37—99; [6]: Recherches sur la sommabilité des séries d'Hermite. Ann. sci. Ecole norm. sup. **49** (1932) 137—221.

Koschmieder, L.: [1]: Operatorenrechnung in zwei Veränderlichen und die bilineare Formel der Laguerreschen Polynome. S.-B. Akad. Wiss. Wien, math.-phys. Kl., IIa **145** (1936) 650—655; [2]: Eine Erzeugende der Hermiteschen Polynome, deren Grundgebiet die Ebene ist. Math. Z., Berlin **43** (1937) 248—254; [3]: Ein Ausdruck, der die Hermiteschen Polynome der Ebene und die zu ihnen Biorthogonalen auf einmal erzeugt. Math. Z., Berlin **43** (1938) 783—792.

Koshliakov, N. S.: [1]: On Sonine's polynomials. Messenger Math. **55** (1926) 152—160.

Kreissig, E.: [1]: Über den allgemeinen Integralsinus *si* (z, α). Acta math. **85** (1951) 117—181.

Krupp, H.: [1]: Bestimmung der allgemeinen Lösung der Schrödinger-Gleichung für Coulomb-Potentiale. Ber. Verh. Sächs. Akad. Wiss. Leipzig, math.-naturw. Kl. **97** (1950) 1—28.

Kummer, E.: [1]: Über die hypergeometrische Reihe $F(\alpha, \beta, x)$. J. reine angew. Math. **15** (1836) 39—83.

Laguerre, E.: [1]: Oeuvres I. Paris 1898, p. 428—437; [2]: Sur l'intégrale $\int_x^\infty x^{-1} e^{-x} dx$. Bull. Soc. math. France **7** (1879) 72—81.

Langer, R. E.: [1]: On the asymptotic solutions of ordinary differential equations with an application to the Bessel functions. Trans. Amer. math. Soc. **33** (1931) 23—64; [2]: On the asymptotic solutions of differential equations with an application to the Bessel functions of large complex order. Trans. Amer. math. Soc. **34** (1932) 447—486; [3]: The asymptotic solutions of certain linear ordinary differential equations of the second order. Trans. Amer. math. Soc. **36** (1934) 90—106; [4]: On the asymptotic solutions of ordinary differential equations with reference to the Stokes' phenomenon about a singular point. Trans. Amer. math. Soc. **37** (1935) 357—416.

Lauricella, G.: [1]: Sulle funzioni ipergeometriche a più variabili. Rend. Circ. mat. Palermo **7** (1893) 111—158.

Lauwerier, H. A. [1*]: The use of confluent hypergeometric functions in mathematical physics and the solution of an eigenvalue problem. Appl. sci. Research, A **2** (1950) 184—204; [2]: The asymptotic expansion of the confluent hypergeometric function $M_{\omega/2,0}(2\omega)$. Nederl. Akad. Wet., Proc., **53** (1950) 188—195; [3]: The calculation of the coefficients of certain asymptotic series by means of linear recurrent relations. Appl. sci. Research, B **2** (1950) 77—84; [4*]: Poiseuille functions. Appl. sci. Research, A **3** (1951) 58—72.

Lawton, W.: [1]: On the zeros of certain polynomials related to Jacobi and Laguerre polynomials. Bull. Amer. math. Soc. **38** (1932) 442—448.

Lee, Y. W.: [1*]: Synthesis of electric networks by means of the Fourier transforms of Laguerre's functions. J. Math. Phys., Massachusetts **11** (1931/1932) 83—113.

Lowan, A. and Horenstein, W.: [1]: On the function $H(m, a, x)$. J. Math. Phys., Massachusetts **21** (1942) 264—283.

Mac-Robert, T. M.: [1]: Proof of some formulae for the generalized hypergeometric function and certain related functions. Phil. Mag., J. theor. exper. appl. Phys., London, VII. S. **26** (1938) 82—93; [2]: Some integrals involving E-funktions and confluent hypergeometric functions. Quart.. J. Math. (Oxford Ser.) **13** (1942) 65—68.

Magnus, W.: ([1*]: Über eine Randwertaufgabe der Wellengleichung für den parabolischen Zylinder. Jber. Deutsch. Math.-Verein. **50** (1940) 140—161; [2*]: Zur Theorie des zylindrisch-parabolischen Spiegels. Z. Phys., Berlin **11** (1941) 343—356; [3]: Über eine Beziehung zwischen Wh.-Funktionen. Nachr. Akad. Wiss. Göttingen, math.-phys. Kl., 4. Januar 1946.

Magnus, W. und Oberhettinger, F.: [1]: Formeln und Lehrsätze für die speziellen Funktionen der mathematischen Physik. 2. Aufl., Berlin 1948.

Mayr, K.: [1]: Integraleigenschaften der Hermiteschen und Laguerreschen Funktionen. Math. Z., Berlin **39** (1935) 597—604.

Mehler, G.: [1]: Über die Entwicklung einer Funktion von beliebig vielen Variablen nach Laplaceschen Funktionen höherer Ordnung. J. reine angew. Math. **66** (1866) 161—176.

Meijer, C. S.: [1]: Einige Integraldarstellungen für Wh.sche und Besselsche Funktionen. Proc. Akad. Wet., Amsterdam **37** (1934) 805—812; [2]: Über die Integraldarstellungen der Wh.schen, der Hankelschen und der Besselschen Funktion. Nieuw Arch. Wiskunde **18** (1934) 35—57; [3]: Noch einige Integraldarstellungen für die Wh.sche Funktion. Proc. Akad. Wet., Amsterdam **38** (1935) 528—535; [4]: Einige Integraldarstellungen für die Produkte von Wh.-Funktionen. Quart. J. Math. (Oxford Ser.) **6** (1935) 241—248; [5]: Neue Integraldarstellungen aus der Theorie der Wh.-Funktionen und der Hankelschen Funktionen. Math. Ann., Berlin **112** (1936) 469—489; [6]: Über die Integraldarstellungen der Wh.-Funktionen $W_{k,m}(z)$ und der Hankelschen und Besselschen Funktion. Nieuw Arch. Wiskunde **18** (1936) 10—39 und 35—37; [7]: Einige Integraldarstellungen aus der Theorie der Besselschen und der Wh.-Funktionen. Proc. Akad. Wet., Amsterdam **39** (1936) I. 394—403 und II. 519 bis 527; [8]: Integraldarstellungen aus der Theorie der Besselschen Funktionen. Proc. London math. Soc., II. S. **40** (1936) 1—22; [9]: Über Produkte von Wh.-Funktionen. Proc. Akad. Wet., Amsterdam **40** (1937) I. 133—141 und II. 259 bis 268; [10]: Noch einige Integraldarstellungen für Produkte von Wh.-Funktionen. Proc. Akad. Wet., Amsterdam **40** (1937) 871—879; [11]: Note über das

Produkt $M_{k,m}(z) \cdot M_{-k,m}(z)$. Proc. Akad. Wet., Amsterdam **41** (1938) 275 bis 277; [12]: Über eine Integraldarstellung der Wh.-Funktion. Proc. Akad. Wet., Amsterdam **41** (1938) 42—44; [13]: Beiträge zur Theorie der Wh.-Funktionen. Proc. Akad. Wet., Amsterdam **41** (1938) I. 624—633, II. 744—745, III. 879—888, IV. 1096—1107 und **42** (1939) 141—146; [14]: Über die Kummersche Funktion. Proc. Akad. Wet., Amsterdam **41** (1938) 1108—1114; [15]: Zur Theorie der hypergeometrischen Funktionen. Proc. Akad. Wet., Amsterdam **42** (1939) 355 bis 369; [16]: Über Besselsche, Lommelsche und Wh.-Funktionen. Proc. Akad. Wet., Amsterdam **42** (1939) I. 872—879, II. 938—947; [17]: Eine neue Erweiterung der Laplace-Transformation. Proc. Akad. Wet., Amsterdam **44** (1941) I. 727—737, II. 831—839; [18]: Neue Integraldarstellungen für Wh.-Funktionen. Proc. Akad. Wet., Amsterdam **44** (1941) I. 81—92, II. 186—194, III. 298—307, IV. 442—451 und V. 590—598; [19]: Integraldarstellungen für Wh.-Funktionen und ihre Produkte. Proc. Akad. Wet., Amsterdam **44** (1941) I. 435—441, II. 599 bis 605.

Meixner, J.: [1*]: Die Greensche Funktion des wellenmechanischen Keplerproblems. Math. Z., Berlin **36** (1933) 677—707; [2]: Orthogonale Polynomsysteme mit einer besonderen Gestalt der erzeugenden Funktion. J. London math. Soc. **9** (1934) 6—13; [3]: Erzeugende Funktionen der Charlierschen Polynome. Math. Z., Berlin **44** (1939) 531—535; [4]: Umformung gewisser Reihen, deren Glieder Produkte hypergeometrischer Funktionen sind. Deutsche Math. **6** (1941) 341—349.

Miller, J. C. P.: [1]: A method for the determination of converging factors, applied to the asymptotic expansions for the parabolic cylinder function. Proc. Cambridge philos. Soc. **48** (1952) 243—254.

Milne, A.: [1]: On the equation of the parabolic cylinder function. Proc. Edinburgh math. Soc. **32** (1914) 2—14; [2]: On the roots of the confluent hypergeometric functions. Proc. Edinburgh math. Soc. **33** (1915) 48—64.

Mirimanov, R. G.: [1*]: Lösung der Aufgabe der Diffraktion einer ebenen elektromagnetischen Welle an einem Rotationsparaboloid von unbeschränkten Ausmaßen mit Hilfe der Laguerreschen Funktionen. Doklady Akad. Nauk SSSR, II. S. **60** (1948) 203—206 (Russisch); [2*]: Lösung des Problems der Diffraktion einer sphärischen elektromagnetischen Welle an einem Rotationsparaboloid von unbeschränkter Ausdehnung. Doklady Akad. Nauk SSSR, II. S. **60** (1948) 357—360 (Russisch); [3*]: Diffraktion einer sphärischen elektromagnetischen Welle an einem Rotationsparaboloid von begrenzten Dimensionen, wenn der das Feld erregende Dipol in der Achse des Drehparabols liegt. Doklady Akad. Nauk SSSR, II. s. **67** (1949) 835—838 (Russisch); [4*]: Diffraktion einer sphärischen elektromagnetischen Welle an einem Rotationsparaboloid begrenzter Dimensionen bei Anordnung des das Feld erregenden Dipols senkrecht zur Symmetrieachse des Paraboloids. Doklady Akad. Nauk SSSR, II. s. **67** (1949) 1021—1023 (Russisch).

von Mises, R. und Frank, Ph.: [1*]: Die Differential- und Integralgleichungen der Mechanik und Physik. Bd. 1, 2. Aufl., Braunschweig 1930.

Mitra, S. C.: [1]: On the expansion of the product of parabolic cylinder functions in a series of parabolic cylinder functions. Bull. Calcutta math. Soc. **17** (1926) 31—38; [2]: On a certain new connection between Legendre-functions and Wh.'s *M*-functions. Bull. Calcutta math. Soc. **31** (1939) 161—162.

Moecklin, E.: [1]: Asymptotische Entwicklungen der Laguerreschen Polynome. Comment. Math. Helvetici **7** (1934/35) 24—46.

Mohan, B.: [1]: Self-reciprocal functions involving Laguerre-polynomials. J. Indian math. Soc. **3** (1939) 268—270; [2]: On self-reciprocal functions. Quart. J. Math. (Oxford Ser.) **10** (1939) 252—260; [3]: A confluent hypergeometric function. Proc. nat. Inst. Sci. India **7** (1941) 177—182; [4]: Properties of a certain confluent hypergeometric function. Bull. Calcutta math. Soc. **33** (1941) 99—103; [5]: Properties of a confluent hypergeometric function. Proc. nat. Inst. Sci. India **8** (1942) 93—97; [6]: A class of infinite integrals. II. J. Indian math. Soc. **6** (1942) 98—101; [7]: On confluent hypergeometric functions. Proc. Benares math. Soc. **4** (1943) 59—60. [8]: Some infinite integrals. Proc. Indian Acad. Sci., Sect. A **13** (1943) 175—178.

Mott, N. F. and Massey, H. S. W.: [1*]: Theory of atomic collisions. Oxford 1933.

Myller-Lebedeff, W.: [1]: Die Theorie der Integralgleichungen in Anwendung auf einige Reihenentwicklungen. Math. Ann. 64 (1907) 388—416.

Nath, P.: [1]: Confluent hypergeometric function. Sankhya 11 (1951) 153—166.

Neumann, E. R.: [1]: Beiträge zur Kenntnis der Laguerreschen Polynome. Jber. Deutsch. Math.-Verein. 30 (1921) 15—25.

Nielsen, N.: [1]: Handbuch der Theorie der Zylinderfunktionen. Leipzig 1906; [2]: Recherches sur les polynomes d'Hermite. Danske Vid. Selsk., mat.-fys. Medd. 1 (1918), Nr. 6, 80 S.; [3]: Theorie des Integrallogarithmus und verwandter Transzendenten. Leipzig 1906.

Nörlund, N. E.: [1]: Vorlesungen über Differenzenrechnung. Berlin 1924.

Pasricha, B. R.: [1]: Some infinite integrals involving Whittaker's functions. Proc. Benares math. Soc. 4 (1943) 61—69.

Pauli, W.: [1]: On asymptotic series for functions in the theory of diffraction on light. Phys. Rev., Lancaster Pa. 54 (1938) 924—931.

Perron, O.: [1]: Über das infinitäre Verhalten der Koeffizienten einer gewissen Potenzreihe. Archiv Math. Phys., III. S. 22 (1914) 329—340; [2]: Über das Verhalten der hypergeometrischen Reihe bei unbegrenztem Wachstum eines oder mehrerer Parameter. S.-B. Heidelberger Akad. Wiss., math.-naturw. Kl., Abt. A, I. 1916, 9. Mitt., II. 1917, 1. Mitt.; [3]: Über das Verhalten einer ausgearteten hypergeometrischen Reihe bei unbegrenztem Wachstum eines Parameters. J. reine angew. Math. 151 (1921) 63—78.

Pevnyi, B. C.: [1]: On the asymptotic expansion of Whittaker's function. C. r. Acad. Sci. URSS 28 (1940) 308—309.

Pinney, E.: [1*]: Laguerre functions in the mathematical foundations of the electromagnetic theory of the paraboloidal reflector. J. Math. Phys., Massachusetts 25 (1946) 49—79; [2*]: Electromagnetic fields in a paraboloidal reflector. J. Math. Phys., Massachusetts 26 (1947) 42—55.

Placzek, G.: [1]: The function $E_n(x) = \int_1^\infty e^{-xu} u^{-n}\, du$. National Research Council of Canada. Document No. MT./1 (1946) 39ff.

Plancherel, M. und Rotach, W.: [1]: Sur les valeurs asymptotiques des polynomes d'Hermite. Comm. Math. Helvetici 1 (1929) 227—254.

Pochhammer, L.: [1]: Über eine Klasse von Integralen mit geschlossenen Integrationskurven. Math. Ann. 37 (1890) 500—511.

van der Pol, B.: [1]: On the operational solution of linear differential equations and an investigation of the properties of their solutions. Phil. Mag., J. theor. exper. appl. Phys., London, VII. S. 8 (1929) 861—898.

van der Pol, B. und Bremmer, H.: Operational calculus. Cambridge 1950.

van der Pol, B. and Niessen, K. F.: [1]: On simultaneous operational calculus. Phil. Mag., J. theor. exper. appl. Phys., London, VII. S. 11 (1931) 368—376; [2]: Symbolic calculus. Phil. Mag., J. theor. exper. appl. Phys., London, VII. S. 13 (1932) 537—577.

Poole, E. G. C.: [1]: The dual integral representations of Kummer's series ${}_1F_1(a, c, x)$. Proc. London math. Soc., II. S. 38 (1935) 542—552.

Prasad, G.: [1]: On the expansion of the product of two parabolic cylinder functions in a series of parabolic cylinder functions. Proc. Benares math. Soc. 2 (1920) 12—22; [2]: On the parabolic cylinder functions. Proc. Benares math. Soc. 7 (1926) 47—53.

Rainville, D., Earl: [1]: A relation between Jacobi and Laguerre polynomials. Bull. Amer. math. Soc. 51 (1945) 266—267.

Rotach, W.: [1]: Reihenentwicklungen einer willkürlichen Funktion nach Hermiteschen und Laguerreschen Polynomen. Diss. Techn. Hochsch. Zürich, 1925; [2]: S. unter Plancherel.

Salzer, H. E.: [1]: A new formula for inverse interpolation. Bull. Amer. math. Soc. 50 (1944) 513—516.

Scherzer, O.: [1*]: Über die Ausstrahlung bei der Bremsung von Protonen und schnellen Elektronen. Ann. Phys., Leipzig **13** (1932) 137—160.

Schlömilch, O.: [1]: Über Fakultätenreihen. Z. Math. Phys. **4** (1859) 390—415.

Schmidt, E.: [1]: Über die Charlier-Jordansche Entwicklung einer willkürlichen Funktion nach der Poissonschen Funktion und ihren Ableitungen. Z. angew. Math. Mech. **13** (1933) 139—142.

Schmidt, H.: [1]: Über einige neuere Beispiele zur Wertverteilungslehre. J. reine angew. Math. **176** (1937) 250—252; [2]: Über Existenz und Darstellung impliziter Funktionen bei singulären Anfangswerten. Math. Z., Berlin **43** (1937/38) 539—556.

Schoblik, F.: [1]: Über eine Funktionalbeziehung Hermitescher Polynome. Mh. Math. Phys., Wien **47** (1939) 333—337.

Schumann, W.: [1*]: Elektrische Durchbruchsfeldstärke von Gasen. Berlin 1923.

Schwid, N.: [1]: The asymptotic forms of the Hermite and Weber functions. Trans. Amer. math. Soc. **37** (1935) 339—362.

Sexl, Th.: [1*]: Zur Theorie der bei der wellenmechanischen Behandlung des radioaktiven α-Zerfalls auftretenden Differentialgleichung. Z. Phys., Berlin **56** (1929) 72—93; [2*]: Zur quantitativen Theorie der radioaktiven α-Emission. Z. Phys., Berlin **81** (1933) 163—177.

Shabde, N. G.: [1]: On some k_n-function formulae. J. Indian math. Soc. **2** (1937) 276—279; [2]: On some results involving k_n-functions. J. Indian math. Soc. **3** (1938/39) 146—151; [3]: On some series and integrals involving k_n-functions. J. Indian math. Soc. **3** (1938/39) 307—311; [4]: On some results involving confluent hypergeometric functions. J. Indian math. Soc. **4** (1940) 151—157; [5]: On certain relations between Bessel and Laguerre functions. Proc. Benares math. Soc. **3** (1941) 11.

Shanker, H.: [1]: On the expansion of the parabolic cylinder function in a series of the product of two parabolic cylinder functions. J. Indian math. Soc. **3** (1939) 228—230; [2]: On integral representation of Weber's parabolic cylinder function and its expansion into an infinite series. J. Indian mat. Soc. **4** (1940) 34—38; [3]: On certain integrals and expansions involving Weber's parabolic cylinder functions. J. Indian math. Soc. **4** (1940) 158—166; [4]: On the expansion of the product of two parabolic cylinder functions of non integral order. Proc. Benares math. Soc. **2** (1940) 61—68; [5]: On confluent hypergeometric functions which are Hankel transforms of each other. J. Indian math. Soc. **7** (1943) 63—67; [6]: On some integrals and expansions involving Whittaker's confluent hypergeometric functions. Proc. Benares math. Soc. **4** (1943) 51—57; [7]: On integral representations for the product of two Wh. functions. J. London math. Soc. **22** (1947) 112—115; [8]: On integral representation for Wh. functions. J. Indian math. Soc., n. Ser. **9** (1945) 42—46; [9]: Some definite integrals involving confluent hypergeometric functions. J. London math. Soc. **23** (1948) 44—49; [10]: An integral equation for Wh.'s confluent hypergeometric function. Proc. Cambridge philos. Soc. **45** (1949) 482—483.

Sharma, J. L.: [1]: On Whittaker's confluent hypergeometric function. Phil. Mag., J. theor. exper. appl. Phys., London, VII. S. **25** (1938) 491—504; [2]: An integral equation for Whittaker's confluent hypergeometric function. J. London math. Soc. **13** (1938) 117—119.

Shastri, N. A.: [1]: Some integral representations of the k-function. J. Indian math. Soc. **1** (1935) 129—132; [2]: An indefinite integral involving the square of the parabolic cylinder functions. Tôhoku math. J. **41** (1935/36) 411—414; [3]: On simultaneous operational calculus. J. Indian math. Soc. **1** (1935) 235—240; [4]: On some results involving Bateman's function. J. Indian math. Soc. **3** (1938/39) 8—18; [5]: Integral relations between the k-function with non-integral index and confluent hypergeometric functions. J. Indian math. Soc. **3** (1938/39) 152—154; [6]: Relations between some confluent hypergeometric functions. J. Indian math. Soc. **3** (1938/39) 155—163; [7]: An infinite integral involving Bessel functions, parabolic cylinder functions and confluent hypergeometric functions. Math. Z., Berlin **44** (1939) 789—793; [8]: Some integrals involving products of Laguerre polynomials. Proc. Benares math. Soc. **3** (1941) 23—35; [9]: Some relations between Bessel functions of third order and confluent hypergeometric functions. Proc. Indian Acad. Sci. **13** (1941) 521—525; [10]: Infinite series involving confluent hypergeometric functions. Proc. Benares math. Soc. **6** (1944) 11—33.

Shastri, N. A. and Dhar, S. C.: [1]: On parabolic cylinder functions. Phil. Mag., J. theor. exper. appl. Phys., London, VII. S. **18** (1934) 401—405.

Sommerfeld, A.: [1*]: Atombau und Spektrallinien. Bd. II, 2. Aufl., Braunschweig 1939; [2*]: Über die Beugung und Bremsung der Elektronen. Ann. Phys., Leipzig **11** (1931) 257—330; [3*]: Partielle Differentialgleichungen der Physik. Vorlesungen über theoretische Physik, Bd. VI., Leipzig 1947.

Sonine, N.: [1]: Recherches sur les fonctions cylindriques et le développement des fonctions continues en séries. Math. Ann., Berlin **16** (1880) 1—80.

Spence, R. D. and Wells, C. P.: [1*]: The propagation of electromagnetic waves in parabolic pipes. Phys. Rev., Lancaster Pa., II. S. **62** (1942) 58—62.

Spencer, V. E.: [1]: Asymptotic expressions for the zeros of generalized Laguerre-polynomials and Weber-functions. Duke math. J. **3** (1937) 667—675.

Svetlov, A.: [1]: On the asymptotic expansions of the confluent hypergeometric functions. Trav. Inst. Math. Stekloff **9** (1935) 201—221.

Szegö, G.: [1]: Ein Beitrag zur Theorie der Polynome von Laguerre und Jacobi. Math. Z., Berlin **1** (1918) 341—356; [2]: Beiträge zur Theorie der Laguerre-Polynome. I. Entwicklungssätze. Math. Z., Berlin **25** (1926) 87—115; II. Zahlentheoretische Anwendungen. Math. Z., Berlin **25** (1926) 388—404; [3]: An integral equation for the square of a Laguerre polynomial. J. London math. Soc. **12** (1937) 162—163; [4]: Orthogonal polynomials. Amer. Math. Soc., Colloquium Publications, vol. 23, New York 1939.

Taylor, W. C.: [1]: A complete set of asymptotic formulae for the Whittaker function and the Laguerre polynomials. J. Math. Phys., Massachusetts **18** (1939) 34—49.

Titchmarsh, E. C.: [1]: Introduction to the theory of fourier-integrals. Oxford 1937; [2]: Eigenfunction expansions associated with second order differential-equations. Oxford 1946.

Toscano, L.: [1]: La trasformazione di Gauss e i polinomi di Hermite. Atti Accad. Sci. Torino, Cl. Sci. fis. mat. natur. **75** (1939) 39—46; [2]: Relazioni tra i polinomi di Laguerre e di Hermite. Boll. Un. mat. Ital., II. S. (1940) 460—466; [3]: Sul prodotte di due polinomi di Laguerre e di Hermite. Atti Accad. Italia, Rend. Cl. Sci. fis. mat. natur., VII. S. **1** (1940) 405—411; [4]: Formula di addizione e moltiplicazione sui polinomi di Laguerre. Atti Accad. Sci. Torino, Cl. Sci. fis. mat. natur. **76** (1941) 417—432.

Tricomi, F.: [1]: Trasformazione di Laplace e polinomi di Laguerre I. u. II. Atti Accad. naz. Lincei, Rend. Cl. Sci. fis. mat. natur. **21** (1935) I. 232—239, II. 332—335; [2]: Generalizzazione di una formula asintotica sui polinomi di Laguerre e sue applicazione. Atti Accad. Sci. Torino, Cl. Sci. fis. mat. natur. **76** (1941) 288—316; [3]: Svilluppo dei polinomi di Laguerre e di Hermite in serie di funzioni di Bessel. Giorn. Ist. Ital. Attuari **12** (1941) 14—33; [4]: Sulle funzioni ipergeometriche confluenti. Ann. Mat. pura appl., Bologna, IV. S. **36** (1947) 141 bis 175; [5]: Über die Abzählung der Nullstellen der konfluenten hypergeometrischen Funktionen. Math. Z., Berlin **52** (1950) 669—675; [6]: Asymptotische Eigenschaften der unvollständigen Γ-Funktion. Math. Z., Berlin **53** (1950) 136—148.

Truesdell, C.: [1]: A note on the Poisson-Charlier function. Ann. math. Statistics **18** (1947) 450—454.

Tsvetkoff, G. E.: [1]: On roots of Whittaker's functions. C. r. Acad. Sci. URSS **32** (1941) 10—12; [2]: Sur les racines complexes des fonctions de Whittaker. C. r. Acad. Sci. URSS **33** (1941) 290—291.

Uspensky, J. V.: [1]: On the development of arbitrary functions in series of Hermite and Laguerre polynomials. Ann. Math., Princeton **28** (1927) 593—619.

Varma, R. S.: [1]: An integral equation for the Weber-Hermite functions. Tôhoku math. J. **35** (1932) 323—325; [2]: Some definite integrals for the parabolic cylinder functions. Proc. Benares math. Soc. **15** (1933) 21—27; [3]: Operational representation of the parabolic cylinder functions. Phil. Mag., J. theor. exper.

appl. Phys., London, VII. S. I. **22** (1936) 29—34, II. **23** (1937) 926—928; [4]: An infinite integral involving Bessel functions and parabolic cylinder functions. Bull. Calcutta math. Soc. **28** (1936) 209—211; [5]: Some functions which are selfreciprocal in the Hankel-transform. Proc. London math. Soc., II. S. **42** (1937) 9—17; [6]: Some infinite integrals involving Weber's parabolic cylinder functions. J. Indian math. Soc. **3** (1938/39) 25—33; [7]: On Laguerre polynomials which are self-reciprocal in the Hankel-transform. J. Indian math. Soc. **3** (1938/39) 54—55; [8]: Some infinite series involving Sonine's polynomial. J. Indian math. Soc. **3** (1938/39) 330—333; [9] Some infinite integrals involving parabolic cylinder functions. Proc. Benares math. Soc. **1** (1939) 61—67; [10]: Some infinite integrals involving parabolic cylinder functions. J. Math. pures appl. **18** (1939) 157 bis 166; [11]: Some infinite integrals involving Whittaker's functions. Proc. Benares math. Soc. **2** (1940) 81—84; [12]: An infinite series of Weber's parabolic cylinder functions. Proc. Benares math. Soc. **3** (1941) 37; [13]: An infinite integral involving Wh. function. Proc. Indian Acad. Sci., Sect. A **13** (1943) 40—41.

van Veen, S. C.: [1]: Asymptotische Entwicklung und Nullstellenabschätzung der Hermiteschen Polynome. Math. Ann., Berlin **105** (1931) 408—436.

Volk, O.: [1]: Über die Entwicklung von Funktionen einer komplexen Veränderlichen nach Funktionen, die einer linearen Diff. Gl. zweiter Ordnung mit einem Parameter genügen. Math. Ann., Berlin **86** (1922) 296—316.

Watson, G. N.: [1]: The harmonic functions associated with the parabolic cylinder, I. und II. Proc. London math. Soc., II. S. **8** (1910) 393—420; **17** (1919) 116 bis 148; [2]: A treatise on the theory of Bessel-functions. Cambridge 1922; [3]: Notes on generating functions. I. Laguerre-polynomials. J. London math. Soc. **8** (1933) 189—192; II. Hermite-polynomials. J. London math. Soc. **8** (1933) 194—199; [4]: An integral equation for the square of a Laguerre polynomial. J. London math. Soc. **11** (1936) 256—268; [5]: A note on parabolic cylinder functions. J. London math. Soc. **11** (1936) 250—251; [6]: Über eine Reihe aus verallgemeinerten Laguerreschen Polynomen. S.-B. Akad. Wiss. Wien, math.-phys. Kl., IIa **147** (1938) 150—159; [7]: A note on the polynomials of Hermite and Laguerre. J. London math. Soc. **13** (1938) 29—32 und 204—209.

Weber, H.: [1]: Über die Integration der partiellen Differentialgleichung $\Delta u + u = 0$. Math. Ann., Berlin **1** (1869) 1—36.

Wells, C. P. and Spence, R. D.: [1*]: The propagation of electromagnetic waves in parabolic pipes. Phys. Rev., Lancaster Pa., II. S. **62** (1942) 58—62.

Wheeler, J. A. and Yost, F. L.: [1*]: Coulomb wave functions in repulsive fields. Phys. Rev., Lancaster Pa. **49** (1936) 174—189.

Whittaker, E. T.: [1]: On the functions associated with the parabolic cylinder in harmonic analysis. Proc. London math. Soc., I. S. **35** (1903) 417—427; [2]: An expression of certain known functions as generalised hypergeometric functions. Bull. Amer. math. Soc. **10** (1904) 125—134.

Whittaker, E. T. and Watson, G. N.: [1]: A course of modern analysis. 4. edition reprinted, Cambridge 1940.

Widder, D. V.: [1]: An application of Laguerre polynomials. Duke math. J. **1** (1935) 126—136.

Wigert, S.: [1]: Contributions à la théorie des polynomes d'Abel-Laguerre. Ark. Mat. Astr. Fys. **15** (1921) Nr. 25.

Wilson, B. M.: [1]: On an extension of Milne's integral equation. Messenger Math. **53** (1934) 157—160.

Wright, E. M.: [1]: The coefficients of a certain power series. J. London math. Soc. **7** (1932) 256—262.

Yamamoto, I.: [1]: Beiträge zur Theorie der Laguerreschen und Hermiteschen Polynome. Tôhoku math. J. **30** (1929) 84—89.

Zernicke, F. [1]: Eine asymptotische Entwicklung für die größte Nullstelle der Hermite-Polynome. Proc. Akad. Wet., Amsterdam **34** (1931) 673—680.

Sachverzeichnis.

(Der Kürze halber werden im folgenden die beiden Whittaker-Funktionen und die Kummersche Funktion durch die Zeichen M, W und F gekennzeichnet. Ferner steht Fkt. für Funktion und Pol. für Polynom.)

Fourier-Reihen für die Fkt. $\exp(i x \cdot \operatorname{tg} \varphi)$ 153; — für die Fkt. $L_n(x+y-2\sqrt{xy} \cdot \cos\varphi)$ 144; — für die Fkt. $E_\nu^{(0,1)}(z \cdot \sin\vartheta/2)$ 132; — für e^{ikR}/ikR in den Koordinaten des Drehparabols 171.

Fourier-Transformierte der Fkt. M in bezug auf den vorderen Parameter 31; — des Produktes zweier Hermite-Pol. 148; — einer nach Hermite-Pol. entwickelbaren Fkt. 150, 151.

Fresnelsche Integrale 212.

Gamma-Fkt., unvollständige 210.

Gegenbauersche Pol. 131, 144.

Geschlecht der Fkt. M und der Fkt. F 184.

Greensche Fkt. des unbegrenzten Raumes in den Koordinaten des Drehparabols 171; — — des Zylinderparabols 178; — erster Art des von zwei konfokalen Drehparabolen begrenzten Raumes 199; — erster Art des inneren Hohlraumes eines Drehparabols 200; — zweiter Art des inneren Hohlraumes eines Drehparabols 202; Verhalten im Unendlichen 197; Forderungen an die — 195; Normierungsgleichung 195.

$H_{\varkappa, m/2}(z)$ 21.

Halbumlaufsrelationen für die Fkt. M 11 und 26, 27; für die Fkt. W 26, 27.

Hankelsche Transformierte der Fkt. M und W 128.

Hermite-Pol. $H_n(z)$ 146.

Hermite-Pol. $He_n(z)$ 42, 45, 145···151, 216.

Hyperbel-Fkt. 209.

Integralcosinus 211.

Integraldarstellungen für die Fkt. F 7···9; — für die Fkt. M 14, 15, 16, 17, 31, 65, 66, 67, 71, 72, 77, 79; — für die Fkt. W 60, 61, 62, 63, 64, 68···71, 73···79; — für die Produkte aus zwei M-Fkt. 83, 84, 85, 89; — für die Produkte aus zwei W-Fkt. 84···90; — für das Produkt aus einer M- und einer W-Fkt. 86.

Integrale für die M- oder W-Fkt. mit dem singulären Kern $\exp(2\varkappa\nu - z/2 \cdot \mathfrak{Tg}\,\nu)$ 67···71; — mit doppelt verzweigtem binomischen Kern 59···66; — mit einem aus Γ-Fkt. zusammengesetzten Kern 75···77; — mit einer Zylinderfkt. im Kern 72···74; — mit einem willkürlichen Parameter 77, 78; — über den vorderen Parameter 31, 157···165, 168···177.

Integralgleichung, homogene und Fredholmsche, für $m_{i\tau}^{(\mu)}(-i\eta)$ 204,

Integrallogarithmus 211.

Integralsinus 211.

Jacobische Pol. 18, 130, 131, 143, 144; Def.Gl. 143; ihre Laplace-Transformierte 154.

k-Fkt. von Bateman 152, 153.

Kelvinsche Fkt., halbzahlige, darstellbar durch Laguerre-Pol. 24.

Konturintegrale s. unter Schleifenintegrale.

Koordinaten des Drehparabols 50···52; — des Zylinderparabols 55 bis 57.

Kreisfunktionen 209.

Kugelfunktionen erster Art 79, 121; — zweiter Art 119.

Kugelwelle 169, 170, 171, 178.

Kummersche Transformation erster Art 6; — zweiter Art 7.

Laguerre-Fkt. 213.

Satz und Druck: (IV/5/1) Paul Dünnhaupt, Köthen L 115/51

MIX
Papier aus verantwortungsvollen Quellen
Paper from responsible sources
FSC® C105338

If you have any concerns about our products,
you can contact us on
ProductSafety@springernature.com

In case Publisher is established outside the EU,
the EU authorized representative is:
Springer Nature Customer Service Center GmbH
Europaplatz 3, 69115 Heidelberg, Germany

Printed by Libri Plureos GmbH
in Hamburg, Germany